中国海洋大学教材建设基金资助

海洋腐蚀与防护

杜 敏 高荣杰 魏世丞 王玉江 编著

科学出版社

北 京

内 容 简 介

本书主要讲述金属在海洋环境的腐蚀原理、防护技术和腐蚀试验方法。根据知识结构主要分为三个部分：第一部分是基础腐蚀理论，包括海洋腐蚀环境、腐蚀分类、电化学腐蚀热力学、电化学腐蚀动力学、电化学测量技术；第二部分是腐蚀防护技术，包括常用耐蚀材料及其在海洋环境中的耐蚀性、表面处理与涂层技术、缓蚀剂、阴极保护和海洋生物污损与微生物腐蚀；第三部分包括腐蚀实验方法及腐蚀检测、监测与评价，还增加了案例。

本书内容丰富，实用性较强，为高等院校相关专业师生提供了一部全面了解与学习海洋腐蚀与防护领域的参考书，有助于其构建较为完整的腐蚀与防护技术知识体系，也可供从事海洋腐蚀与防护工作的工程技术人员使用。

图书在版编目（CIP）数据

海洋腐蚀与防护/杜敏等编著. —北京：科学出版社，2023.5

ISBN 978-7-03-075559-9

Ⅰ. ①海… Ⅱ. ①杜… Ⅲ. ①海水腐蚀－防腐－研究
②金属材料－防腐－研究 Ⅳ. ①TG172.5 ②TG174.4

中国国家版本馆 CIP 数据核字（2023）第 085801 号

责任编辑：李明楠 宁 倩 / 责任校对：杜子昂
责任印制：吴兆东 / 封面设计：图阅盛世

科 学 出 版 社 出版
北京东黄城根北街 16 号
邮政编码：100717
http://www.sciencep.com

北京中科印刷有限公司 印刷
科学出版社发行 各地新华书店经销

*

2023 年 5 月第 一 版 开本：720 × 1000 1/16
2023 年 5 月第一次印刷 印张：21 3/4
字数：433 000

定价：128.00 元

（如有印装质量问题，我社负责调换）

前　言

金属材料在海洋中的腐蚀相当严重。目前全世界每年因腐蚀造成的经济损失高达数万亿美元。据统计，2014 年我国因腐蚀损失约 2 万亿元人民币，约占国内生产总值的 3.34%，人均约为 1550 元。其中，海洋环境中的腐蚀由于具有独特的性质约占腐蚀总量的 1/3，这比每年因水灾、风灾、火灾、地震等自然灾害造成的损失总和还要大。2021 年我国的海洋经济总产值超 9 万亿元人民币！随着我国海洋经济的迅猛发展和海洋开发的深入，海洋渔业、海洋油气业、海上风电、海水淡化工程、海洋化工业、海洋盐化工、海洋矿业开采、海洋船舶工业、海洋工程建筑业、海洋交通运输业、滨海旅游业等潜力无限，海洋腐蚀与防护也越来越受到人们的关注。

欲选择适合于海洋工程的金属材料，必须了解海洋腐蚀环境特点，了解金属材料的腐蚀行为、腐蚀机理以及相应的防腐蚀技术，加强腐蚀控制，减少金属材料的损耗，防止地球上有限的矿产资源过早地枯竭和避免设备在海洋环境中遭到过早的或意外的破坏，因此，海洋腐蚀与防护技术有着重要的战略意义。目前虽然有一些关于海洋腐蚀的专论，但却没有一部既包括必要的基础理论知识，又含有近代防护技术和腐蚀监（检）测实用知识的书，本书正以此为契机，主要讲述海洋环境的腐蚀特点与防护技术，兼顾其他重要的腐蚀知识和实际工程常用的监（检）测方法，既适合于大专院校相关专业师生参考，又对工程技术人员有较好的指导作用。

全书以绪论开篇，主要分为三个部分：第一部分为基础腐蚀理论，包括海洋腐蚀环境、腐蚀分类、电化学腐蚀热力学、电化学腐蚀动力学、电化学测量技术 5 章；第二部分为腐蚀防护技术，包括常用耐腐蚀材料及其在海洋环境中的耐蚀性、表面处理与涂层技术、缓蚀剂、阴极保护和海洋生物污损与微生物腐蚀 5 章；第三部分包括腐蚀实验方法，腐蚀检测、监测与评价和案例 3 章。

本书的一些内容是作者及同事多年教学、科研与实际工程工作的经验总结，也参考了大量书籍，如《金属材料的海洋腐蚀与防护》《腐蚀实验方法与防腐蚀检测技术》《电化学理论与应用》《电极过程动力学》等，在此，感谢上述参考书的作者。参考书及其他参考文献已在本书中列出，在此不一一列举。

中国海洋大学张静参与第 8 章的资料整理，吕美英参与第 10 章的资料整理，王庆璋教授帮助搜集、整理、提供了大量的工程实用资料；在本书的撰写过程中，还得到了许多同志的鼓励，让我们能够克服困难，终于成稿；同时也得到许多同志的具体帮助，他们反馈了发现的内容中的不足，补充了必要的图表、资料等，在此一并表示衷心的感谢。

本书虽经多次修改和一再校阅，但不妥之处在所难免，敬请读者批评指正，以期再版时订正。

作　者

2023 年 3 月

目　　录

绪　　论

0.1　腐蚀与防护的意义

0.1.1　腐蚀损害

腐蚀是材料受环境的作用而发生破坏或变质从而失去原有功能的一种现象。腐蚀的主体——材料，包括各种金属和非金属材料。材料腐蚀问题涉及国民经济的各个领域，包括：能源（石油、天然气、煤炭、火能、水能、核能、风能等）、交通（航空、铁路、公路、船舶等）、机械、冶金（火法冶金、湿法冶金、电冶金、化工冶金等）、化工（石油化工、煤化工、精细化工、制药工业等）、轻工、纺织、城乡建设、农业、食品、电子、信息、海洋开发等，还有尖端科技和国防工业。凡是使用材料的地方，都存在不同形式和不同程度的腐蚀问题。可以说腐蚀无时无处不存在，所造成的后果也十分严重，可以从以下几个方面说明腐蚀的危害。

1. 巨大的经济损失

腐蚀造成的经济损失可分为直接损失和间接损失。直接损失主要包括：更换设备和构件费、修理费和防蚀费等。间接损失则包括：停产损失、事故赔偿、腐蚀泄漏引起的产品流失、腐蚀产物积累或腐蚀破损引起的效能降低以及腐蚀产物导致成品质量下降等所造成的损失。其中间接损失远远大于直接损失，且难以估计。

腐蚀损失评价常用 Uhlig 方法（即从制造和生产方面推算）、Hoar 方法（从各个使用领域推算，源自英国学者 T. P. Hoar）和 Battelle 方法（从国家或地区的经济活动领域划分推算）。根据惯用的估算方法，金属构筑物在一般环境下的防腐蚀费用占整体成本的 2%～4%，而在腐蚀因素较多的海洋环境中则达到 10%～30%。因此，在致力开发海洋资源、发展海洋蓝色经济的今天，海洋腐蚀及其防护彰显了重要性。

据统计，每年因腐蚀造成的经济损失占国民生产总值（GNP）的 3%～5%，其上限包含了间接经济损失；因腐蚀消耗的钢材大约为钢材年产量的三分之一，其中占总产量十分之一的部分是不可回收利用的。根据典型企业有效统计及统计遗漏率估算,钢铁行业腐蚀损失占行业生产总值比重在 1.40%±0.10%,以 2013 年和 2014 年钢铁行业生产总值 7.63 万亿元和 7.43 万亿元计算,钢铁行业年腐蚀损失总计在 950 亿～1150 亿元。

虽然因腐蚀造成的经济损失大约相当于水灾、火灾、风暴和地震等自然灾害损失总和的 6 倍,但因为这种损失不像上述自然灾害那样比较集中,所以人们对腐蚀造成的危害没有特别重视。

21 世纪是海洋的世纪,海洋资源的开发与利用具有广阔的发展前景,世界海洋经济也得到了空前的发展。有数据表明,海洋腐蚀损失占腐蚀造成的经济损失的约三分之一以上[1]。图 0-1 显示了 2009～2014 年中国海洋工程防腐总费用。

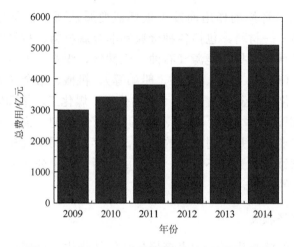

图 0-1　2009～2014 年中国海洋工程防腐总费用

钢筋混凝土结构中的钢筋腐蚀问题也不容忽视。在 1981 年调查的华南 18 座海港钢筋混凝土码头中,因钢筋腐蚀而危及安全使用的占 89%。1985 年调查的北方港口,因钢筋腐蚀而造成混凝土结构破损的占总数的 44%[2]。在海洋大气环境中工作的舰载飞机以及从海面上起飞的水上飞机,出现过由于修复腐蚀损失的费用超过本身造价而提前报废的情况。

20 世纪六七十年代,某些国家曾对本国的腐蚀损失进行过调查。2007 年国际货币基金组织提供的数据显示全球范围内的腐蚀损失为 1.3 万亿～1.4 万亿欧元,占世界 GDP 的 2%左右[3],这还不包括腐蚀带来的间接损失。2005 年,美国腐蚀工程师协会(NACE)调查显示,美国腐蚀防护总损失为 2760 亿美元,约占全年 GDP 总量的 3.10%[4]。由表 0-1 可以看出,即使是发达国家,腐蚀造成的损失也相当可观。按美国腐蚀工程师协会主席霍特伯姆(W. B. Holtabaum)的说法,美国腐蚀损失达 1100 美元·人$^{-1}$·年$^{-1}$。

表 0-1　部分国家腐蚀损失统计

国家	统计年份	直接损失/(亿美元·年$^{-1}$)	占国民生产总值比例/%
美国	1949	55	—
	1960~1970	150~200	—
	1975	820	4.4
	1984	750	4
	1995[*]	3000	4.2
	1998[*]	2757	—
	2005	2760	3.1
苏联	1969	67	2
	1985	400 亿卢布	—
联邦德国	1969	60	3
	1974	90	—
	1982	150	3
日本	1976~1977	92	1.8
	1984	130~150	1.3
	1997[*]	150	—
英国	1957	15	3.5
	1969~1970	32	—
加拿大	1965	10	—
澳大利亚	1973	4.7~5.5	1.5
瑞典	1968	4	1.25
芬兰	1965	0.47~0.62	—
印度	1960~1961	3.2	—

[*] 参照其他年份腐蚀调查结果给出。

　　近年来，我国两次权威的腐蚀调查，一是由柯伟院士牵头编写的《中国腐蚀调查报告》，数据显示：2000 年我国每年腐蚀造成的直接损失约 2288 亿元人民币（利用 Hoar 估算法），占我国 GNP 的 2.4%；若计入间接损失，腐蚀总损失可达 5000 亿元，约占我国 GNP 的 5%，即 2000 年我国因腐蚀造成的损失约为 400 元·人$^{-1}$[5]。二是由侯保荣院士牵头组织的调查，其撰写的专著《中国腐蚀成本》指出，采用 Uhlig 法在基础建设、交通、能源、水环境、生产制造及公共事业等五大领域，覆盖 30 多个国民经济关键行业进行调查，统计出 2014 年中国腐蚀总成本为 21278.2 亿元人民币，占 2014 年中国 GDP 的 3.34%，即每位中国公民当年需承担约 1550 元人民币的腐蚀成本。因此，腐蚀问题已经成为影响国民经济和社会可持续发展的重要因素之一。

　　随着我国经济的迅猛发展，以及"关心海洋，认识海洋，经略海洋"战略的实施，由于腐蚀所造成的经济损失势必也逐年上升，必须采取适当的防护措施，如对设备、零部件等进行有效防护、控制腐蚀，尽量减少腐蚀经济损失。

2. 对安全构成威胁

在航空航天、船舶、舰艇及机械结构方面因腐蚀造成的事故屡屡发生。海洋腐蚀屡屡向人类敲响警钟。1985 年 8 月 12 日，日本一架波音 747 客机由于应力腐蚀开裂而坠毁，造成 500 多人死亡，直接损失 1 亿多美元。1967 年，在美国东部快乐岬和卡诺加之间的一座铁桥，使用了 40 年后塌落在俄亥俄河中，使 46 人丧生。美国国家标准技术研究院和商业部的专家们对桥梁残骸做了检查，发现受力部分出现深达 3 mm 以上的蚀孔，缺口处钢材的抗断强度显著降低，致使蚀孔处发生应力腐蚀开裂（SCC）而酿成灾难性事故[6]。

1980 年 3 月，在北海埃科菲斯油田上作业的"亚历山大·基定德"号钻井平台，在 8 级大风掀起高 6~8 m 海浪的反复冲击下，5 根巨大桩腿中的 D 号桩腿，因 6 根主撑管先后断裂而发生剪切断裂，万余吨重的平台在 25 min 内倾倒并沉没于汪洋大海，致使 123 名工作人员全部遇难，造成近海石油钻探史上罕见的灾难。挪威事故调查委员会检查报告表明，D 号桩腿上的 D-6 主撑管首先断裂，这里曾经开过一个直径 325 mm 的孔，并焊上一个法兰，准备安装平台定位声呐装置，而实际施工过程中并未安装，开裂就从这个法兰角上的 6 mm 焊缝开始。裂纹在涌浪与载荷的反复作用下不断扩展，最后导致平台沉没[6]。

2013 年 11 月 22 日，青岛市黄岛区某输油管线破裂爆炸。爆炸的直接原因是输油管道与排水暗渠交汇处管道腐蚀减薄、管道破裂、原油泄漏，流入排水暗渠及反冲到路面。原油泄漏后，现场处置人员采用液压破碎锤在暗渠盖板上打孔破碎，产生撞击火花，引发暗渠内油气爆炸。事故共造成 62 人死亡、136 人受伤，直接经济损失 7.5 亿元[7]。

化工厂的腐蚀事故更多，如储酸槽穿孔泄漏造成重大环境污染；管道和设备的跑、冒、滴、漏，不但严重污染生产环境，而且有毒气体，如氯、硫化氢、氰化氢等的泄漏更危及工作人员和附近居民的生命安全。因而，腐蚀对安全的危害决不容忽视。

3. 阻碍新技术发展

一些新技术、新工艺、新产品的实现过程中，可能会遇到腐蚀问题，只有解决了这些棘手的腐蚀问题，这些新技术、新工艺、新产品才能够得以发展。工业史上有许多例子，如铅室法硫酸工业在找到了耐稀硫酸的铅材之后才得以发展；发明了不锈钢以后，生产硝酸和应用硝酸的工业才蓬勃兴起。近代，美国在实施登月计划的过程中，遇到一个严重的腐蚀问题，即盛放 N_2O_4（氧化剂）的容器是用钛合金（6% Al，4% V）制成的，其在试验中几小时内就破裂，经查是应力腐蚀所致。后来科学家找到了防止腐蚀开裂的方法，即在氧化剂中加入少量水（＞1.5%）或加入 0.6% NO 作为缓蚀剂，才控制了应力腐蚀，克服了这道障碍，人类终于登上了月球。

现在和未来的高新技术发展过程中，还会不断遇到各种新的腐蚀问题，而且解决难度会越来越大，如化学、能源（包括核能）、航天工业等都有向高温、高压方向发展的趋势，这样可获得更高的生产率、更快的生产速度和更低的生产成本，但高温高压却会造成更加苛刻的腐蚀环境。早期的喷气机油泵温度约为 790℃，现在已达到约 1100℃，这就需要能适应高温、高速的新材料。由于石油和天然气的短缺，特别是我国，因此利用蕴藏量巨大的煤转化为气体或液体燃料是有重大意义的，但这就会遇到一连串的难题，高温（超过 1650℃）、高压、粉尘的磨损腐蚀，硫化氢与加氢引起的氢腐蚀，以及开发适应高温、高速、高腐蚀的泵阀和庞大的容器等。只有解决了这一系列问题，才可能获得廉价的液化煤和气化燃料，使得新技术得到应用，使我国乃至世界的经济面貌大为改观。为了探索深空、深海、深地等这些极端环境，必须解决腐蚀问题。

4. 加速自然资源的耗损和浪费

地球只有薄薄的一层外壳储藏着可用的矿藏，而金属矿的储量是有限的，并且越来越少。人类花费大量人力、物力，消耗相当多的能量而获得的金属材料，多数会在自然条件（大气、天然水体、土壤）或人为条件（酸、碱、盐及其他介质）下发生悄无声息的腐蚀而消耗，变成无用的、不能回收的散碎的氧化物，致使整个配件、机械、设备和装置报废。21 世纪以来，随着陆地资源的逐渐减少，人类对海洋资源的开发日益加剧，在海洋这个腐蚀因素更多的环境中，金属材料的腐蚀消耗会更加显著，虽然人们采用阴极保护的方法能减缓钢铁的腐蚀，但同时也需要消耗更多的能源或其他活性金属材料，如 Al、Zn、Mg 及其合金等。因此，腐蚀加速了自然资源的耗损和浪费。为了经济持续、快速增长，迫切需要政府各部门、各企业和全民都来关注腐蚀问题，与腐蚀做斗争，实现开源节流，促进经济的可持续发展。

5. 引起环境污染并导致水和土地资源紧缺

我国是一个水资源严重短缺的国家。我国淡水资源总量为 2.8 万亿 m^3 左右，水资源总量仅占全球的 6%。但人均淡水资源量只有 2300 m^3，仅为世界人均占有量的 1/4，被联合国列为 13 个贫水国家之一，全国 660 个城市中有 400 多个城市供水不足。缺水给农业造成的经济损失约 1500 亿元，如 2000 年全国七大水系，化学需氧量（COD）的排放量达到 1445 万 t，2001 年水质检测达到三类水质的仅占 29.5%，而低于五类的劣质水高达 44%。如不采取有力措施，今后可供饮用的清洁水资源将更趋紧张。由于腐蚀导致设备工艺流程中的有害介质向外跑、冒、滴、漏所造成的污染，使全国水、土地资源紧缺的矛盾更为突出和尖锐。

地球表面的土地资源是有限的、脆弱的和不可再生的。我国因人口众多，人均可耕地面积每千人约在 5 km² 以下。而加拿大人均耕地面积是我国人均耕地面积的 9 倍。土地退化的主要原因和类型可分为水蚀、风蚀、化学退化（即工业污染）和自然退化等四个方面，都和水、大气和化学品引起的污染有关。而密密麻麻的地下管网、西气东输的长输管线、南水北调工程以及快速发展的高速铁路等，均有腐蚀隐患，一旦发生，也会对土地资源造成污染和破坏。要对受污染的土地进行修复，无论是物理修复、化学修复或生物修复都将付出很大的代价。

0.1.2 腐蚀控制的意义

实践告诉人们腐蚀是可以控制的，若充分利用现有的防腐蚀技术，广泛开展防腐蚀教育，并采用严格的防腐蚀设计与科学的管理，因腐蚀造成的经济损失中有 25%～40%是可以避免的。另外，仍有一半多的腐蚀损失在目前还没有一种行之有效的防腐蚀方法来避免，需要今后加强腐蚀基础理论、发展腐蚀与防护技术及工程应用研究来予以控制。可见，防腐蚀工作的潜在经济价值与综合效益是不可忽视的。

作为防腐蚀工程技术人员，除了掌握先进实用的防腐蚀理论与技术外，还需要宣传腐蚀的危害性，呼吁全民关注腐蚀问题，各行各业重视腐蚀问题，广泛普及腐蚀与防护知识，提高民众的腐蚀科学素养，引起有关部门乃至全社会的重视，同心协力控制腐蚀，使腐蚀损失降到最低程度。

正是由于认识到了腐蚀危害的严重性，2009 年经过世界腐蚀组织（Worldwide Corrosion Organization，WCO）各成员的讨论并一致通过，在世界范围内确立每年的 4 月 24 日作为"世界腐蚀日"（Worldwide Corrosion Day）。

0.1.3 控制腐蚀危害的途径

腐蚀好比金属的癌症和无焰的火灾，面对建设资源节约型与环境友好型社会，实施可持续发展的任务，我们希望全社会要像关注环境保护、减灾、医学一样来关注腐蚀问题，对腐蚀及其控制提出如下建议。

1. 提高腐蚀防护意识

全面协调和可持续的科学发展观不但要遵循经济发展的规律，而且要遵循社会和自然的发展规律。纠正和克服以过度消耗资源为代价而求得高速增长的片面观点和倾向，树立节约资源、保护环境的责任感和主人翁意识，将节能、节材、节水和节省土地资源等变成全体公民的自觉行为,大力提倡绿色生产和绿色消费,自觉选择有利于节约资源、保护环境的生活方式和消费方式,提高腐蚀防护意识,加快资源节约型社会的建设。

2. 大力研究和推广腐蚀与防护的新技术和新材料

依靠科技进步,加强耐蚀新材料和防护新技术的研究与开发,改进和提高材料的防腐蚀性能,延长材料和设备的使用寿命,减少腐蚀的损失,降低对环境的污染,合理利用资源。例如,在防腐蚀涂料方面,积极开展和应用水性涂料、粉体涂料、高固体分无溶剂涂料、辐照固化涂料等低污染、低挥发性有机化合物(VOC)的环保涂料。在缓蚀剂方面推广应用无磷、无毒、无公害的缓蚀剂,在冬季避免滥用化学除雪剂等。

3. 积极推行清洁生产和循环经济

作为一个企业的层面首先应推行清洁生产,作为一个地区或城市的层面还要在企业或工业园区内推行循环经济,组成一个"资源—产品—再生资源"的反复循环的过程,进而形成经济发展与节约资源、保护环境相协调、可持续发展的模式。

4. 加强防腐蚀科技人才的培养和培训

"人才资源是第一资源"。加强腐蚀与防护工程师、技师以及防腐工(包括高级工、中级工、初级工)的岗位职业培训,并通过考评后发放职业资格证书。防腐蚀作为特殊工种之一将实行持证上岗,以满足腐蚀与防护专业人才的迫切需求。

0.2　腐蚀定义、腐蚀环境与腐蚀学

关于腐蚀的定义,学术界争议颇多。早期的提法是"金属和周围介质发生化学或电化学作用而导致的消耗或破坏,称为金属的腐蚀"。这一定义的缺陷是没有包括非金属材料。事实上,非金属材料如混凝土、塑料、橡胶等,它们在介质的作用下也会发生消耗或破坏。另外,也有人认为生物作用和某些物理作用引起的材料破坏也属于腐蚀的范畴。

目前腐蚀界多数人采用的定义是"材料在环境作用下引起的破坏或变质称为腐蚀"。除此之外,国外还有采用"除了单纯机械破坏以外的材料的一切破坏""冶金的逆过程"等定义。对于人们最关注的金属材料而言,比较确切而实

用的腐蚀定义为"金属材料与环境相互作用，在界面处发生化学、电化学和（或）生化反应而破坏的现象"。

同任何"破坏"效应一样，它的"害"和"利"，取决于人们的意愿，对于材料腐蚀来说，一方面，结构部件的腐蚀是有害的，这是一种导致严重损害的材料失效方式；另一方面，利用腐蚀手段进行金属材料的表面刻蚀以观察其晶界结构、制作不锈钢铭牌、玻璃刻花，利用电化学加工和表面氧化、磷化、钝化处理，制备信息硬件的印刷线路、制取奥氏体不锈钢粉末，充分利用介质的腐蚀作用制作螺栓松动剂等，此处腐蚀对材料的应用与开发有利。

腐蚀环境泛指影响材料腐蚀的一切外界因素，包括化学因素、物理因素和生物因素。化学因素指介质的成分与性质，如溶液成分、pH、pE、溶解氧及物相等；物理因素指介质的物理状态与作用场，如温度、压力、速度、机械作用（冲击、摩擦、振动、张力等）、辐射强度及电磁场强度等；生物因素指生物种类、群落活动特性及代谢产物，如细菌、黏膜、藻类、附着生物及其排泄物和污损等。

从实际情况出发，也可将腐蚀环境分为介质性环境和作用性环境。介质性环境指材料所处的周围介质，如湿的或干的、热的或冷的、淡的或咸的、化学的或生物的，以及土壤、大气、水膜、烟气、熔盐、液体金属、食品、饮料等。作用性环境指材料所受的外界作用，如应力、疲劳、振动、湍流、冲击、摩擦、空泡、辐射等。

腐蚀学是研究腐蚀的学科，可将其划分为微观及宏观两个分支。微观腐蚀学着眼于腐蚀现象的微观分析，建立腐蚀理论，在它的指导下，开发防蚀技术，即材料的腐蚀与防护。微观腐蚀学体系包括腐蚀科学和防蚀技术，是处理环境与材料之间交互作用问题的学科，这一分支内容就是本书讲述的腐蚀工程。

宏观腐蚀学着眼于从整体上分析腐蚀问题，即将腐蚀现象的整体作为研究对象，考察它与社会环境的交互作用以及腐蚀学的经济与社会效应。宏观腐蚀学是自然科学与社会科学之间的交叉科学，强调腐蚀学的经济效益和社会效应。这一分支的主要内容是以方法论为指导，腐蚀教育为基础，腐蚀经济为核心，科学研究与技术开发为未来，腐蚀管理为保证。

0.3 腐蚀工程

腐蚀工程包括腐蚀原理和防护技术两部分。腐蚀原理是从热力学和动力学方面解释和论述腐蚀的原因、过程和控制。防护技术泛指防止或延缓腐蚀损害所采用的有效措施，大体上有以下几种：①选择材料，根据使用环境合理选用各类金属材料或非金属材料；②电化学保护技术，主要是阴极保护技术、阳极保护技术与排流技术；③表面处理技术，如磷化、氧化、钝化及表面转化膜；④涂层、镀层技术，主要有涂料、油脂、镀层、衬里与包覆层等；⑤调节环境，即改善环境介质条件，如封闭式循环体系中使用缓蚀剂、调节 pH，以及脱气、除氧和脱盐等；⑥正确设计与施工，从工程与产品设计时就应考虑腐蚀问题，如正确选材与配合，合理设计表面与几何形状，严格施工工艺，采取保护措施，特别是防止接触腐蚀、应力腐蚀、缝隙腐蚀及焊接腐蚀等。

由此可见，腐蚀工程涉及的专业知识领域很广，主要有冶金、材料、机械、表面处理、化学、化工、电子、生物和环境科学等。

参 考 文 献

[1]　侯保荣. 中国腐蚀成本[M]. 北京：科学出版社，2017.

[2]　王胜年，黄君哲，张举连，等. 华南海港码头混凝土腐蚀情况的调查与结构耐久性分析[J]. 水运工程，2000，317（6）：8-12.

[3]　祝继红. 美国海军加强舰船耐蚀可行性防腐措施[J]. 海军新科技，2011，（3）：23-34.

[4]　Gerhardus K，Jeff V，Neil T，et al. International measures of prevention，application，and economics of corrosion technologies study[R]. Houston：NACE International，2016.

[5]　柯伟. 中国腐蚀调查报告[M]. 北京：化学工业出版社，2003.

[6]　赵永贵，王世杏，张炎明. 浅析防腐蚀工作在石油、石化和化工生产安全管理工作中的重要性[J]. 全面腐蚀控制，2002，16（4）：3.

[7]　张世翔，章言鼎. 青岛输油管道泄露爆炸事故分析与整改建议[J]. 工业安全与环保，2014，40（12）：89-91.

第1章　海洋腐蚀环境

自然腐蚀环境可分为大气、水及土壤。在海洋腐蚀环境中，按照浸入海水的深度，从上到下通常分为海洋大气区、飞溅区、潮差区、全浸区和海泥区。

1.1　海洋大气区

在腐蚀学科中，常把大气分为工业大气、海洋大气和农村大气三类。其中以海洋大气腐蚀最为严重，工业大气次之，农村大气最轻。日常生活中，常可看到海边城市金属锈蚀比内陆严重得多。据报道，钢在海岸的腐蚀比在沙漠中高 400～500 倍；离海岸 24 m 的钢试样比离 240 m 的腐蚀快 12 倍；工业大气比沙漠区的腐蚀可能高 50～100 倍。工业大气的腐蚀性超过农村大气，其主要原因是工业大气污染严重，含有大量的腐蚀性气体，如 SO_2、CO_2 和 NO_x 等。

海洋大气因含有盐分及蒸发的海水，其腐蚀性较工业和农村大气都严重。有文献指出，碳钢、低合金钢在海洋大气环境下的腐蚀情况，除与自身合金成分有关外，受海洋大气环境因素的影响也很大，其中气象因素中的湿度、温度和大气污染因素中的 SO_2 等起着至关重要的作用[1]。

在我国不同的海域，由于地理位置和外界环境的差异，腐蚀环境也不尽相同。例如，我国南海海域，由于纬度低、日照强烈且降水量大，形成了高湿热的海洋大气环境。在某些环境污染较严重的区域，酸雨、酸雾的出现使金属更易发生腐蚀。一年四季气候的变化，也会影响海洋大气的温度、湿度等，造成金属腐蚀情况的不同。海洋大气腐蚀的影响因素通常不是单独出现的，而是多种因素交互作用。可见，海洋大气腐蚀是一个综合作用的结果。

影响海洋大气腐蚀的主要因素是湿度、温度与温差、盐分含量和工业污染。

1.1.1　湿度

大气腐蚀环境中，湿度对腐蚀性的影响有着决定性的作用。空气中相对湿度（RH）的大小，决定了其中金属腐蚀的速率。通常存在着临界相对湿度，即金属腐蚀速率突然上升时的相对湿度。研究结果表明，当 RH＞65%时，物体表面上附着 0.001～0.01 μm 厚的水膜，如水膜中溶解有酸、碱、盐，则会加速大气腐蚀。

空气中相对湿度越高，金属表面上的水膜越厚，水膜厚度与腐蚀速率的关系见图
1-1。一般因降水造成干湿交替的情况下大气腐蚀性最强。

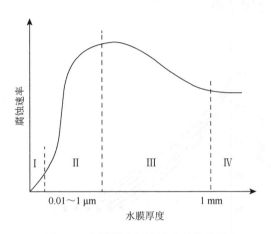

图 1-1　水膜厚度与腐蚀速率的关系

在海洋大气环境中，这层水膜是导致金属发生腐蚀的主要原因之一[2]。海洋
大气环境下的水膜由于长期处于含有盐粒子的介质环境中，盐粒子的溶入使水膜
的导电性提高，水膜相当于电解质溶液。大气中的水汽会优先凝聚或吸附在金属
表面的不均匀处，或是表面上有可溶性固体颗粒沉积的部位，然后逐渐长大形成
液滴，加速金属材料的腐蚀过程。湿度的大小决定了水膜的厚度，进而影响了腐
蚀速率[3]。水膜厚度的变化影响许多过程，如溶解氧的传递、腐蚀产物的积累和溶
解的金属离子的水合过程等。因此，水膜的厚度对金属的大气腐蚀具有重要作用[4]。

水膜中溶解的腐蚀性物质除氧外，还有硫的氧化物 SO_x（主要是 SO_2）、CO_2
和氯化物，在城市大气中 SO_2 的沉积速度可达 100 $mg·m^{-2}·d^{-1}$，在工业大气中可
达 200 $mg·m^{-2}·d^{-1}$，农村大气在 10～30 $mg·m^{-2}·d^{-1}$。大气中 CO_2 的浓度为 0.03%～
0.05%（V/V）。水膜中的氯化物约在 10^{-5} $mol·dm^{-3}$ 数量级，在海洋大气中，氯化
物沉积速度按照 Cl^- 计算一般在 0.3～300 $mg·m^{-2}·d^{-1}$。

1.1.2　温度和温差

温度是影响海洋大气腐蚀较为重要的因素。温度的影响通常是与其他因素共
同起作用的。在海洋大气环境中，一方面，温度的升高有利于溶解氧快速扩散、
传输到钢基体表面，从而加速腐蚀；另一方面，温度的升高导致水膜中溶解氧的
溶解度降低，影响腐蚀反应的去极化过程，降低腐蚀性。通常随着温度的升高，
化学反应速率也会升高，影响腐蚀的许多因素也会随着温度的变化而变化[5]。

温度差会造成凝结水膜。如图 1-2 所示，图中曲线是产生水膜的条件，6℃温差变化在相对湿度 65%~70%时就可以产生凝结水膜；17.5℃温差变化可在相对湿度为 25%时产生凝结水膜。

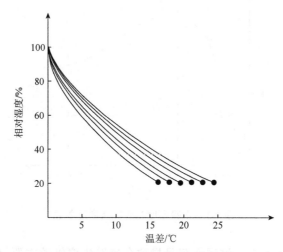

图 1-2　　温差与相对湿度对凝结水膜的影响

图中曲线初始温度由左至右分别为 5℃、10℃、20℃、30℃、40℃和 50℃

1.1.3　盐分含量

在海洋大气中，离海越近，氯化物含量越高，因氯化物具有吸湿作用以及强侵蚀性，腐蚀性加剧。氯化物能加速点蚀、应力腐蚀、晶间腐蚀和缝隙腐蚀等局部腐蚀。

1.1.4　工业污染

大气中的工业废气污染程度决定了它的腐蚀性，工业废气中含有大量的 SO_x、NO_x、CO_2、CO、Cl_2、H_2S、NH_3 等，这些气体会形成酸雨，危害很大。同时，工业排放的固体尘埃因具备吸湿性且可形成缝隙，也会加速腐蚀。

防止海洋大气腐蚀的措施有以下几点。

（1）研制和选用耐蚀材料。大气腐蚀过程往往受到阳极控制，利用合金化手段促使金属材料发生钝化或生成保护性的腐蚀产物，能有效地提高金属材料在大气中的耐蚀性。钢材中添加合金元素，改变锈层结构，形成致密保护层，可改善钢的耐大气腐蚀性能。例如，著名的 Corten 钢加入 Cu、P、Cr、Ni 后可制备耐候钢。

（2）使用涂层和金属镀层保护。对长期暴露在空气中的钢铁材料，经常使用油漆和镀层进行保护。在油漆中加入钝化剂，有良好的防蚀效果。锌、铝、锡等金属镀层被普遍采用。

（3）使用气相缓蚀剂和临时性保护层。此法主要用于保护储藏和运输过程中的金属制品。

（4）降低大气湿度。湿度是影响大气腐蚀的主要因素，只要把大气的湿度保持在临界湿度以下，就可以减缓金属的大气腐蚀。该法常用于库存金属制品的防蚀。

防止大气腐蚀的措施还有许多，如合理设计构件、防止缝隙中存水及除尘等。其中尤须重视的问题是减少大气污染，这不但有利于环境保护和提高人们生活质量，而且对于延长金属材料在大气中的使用寿命也是非常重要的。

1.2　飞溅区和潮差区

飞溅区指平均高潮线以上海浪飞溅润湿的区段。在飞溅区，海洋构筑物表面几乎连续不断地被充分充气而又不断更新的海水所润湿。由于波浪和飞溅，海水与空气充分接触，海水含氧量达到最大程度。海浪飞溅对金属表面的冲击和频繁的干湿交替使氧在金属表面水膜中的扩散达到了最大速度。另外，在风浪作用下，海水的冲击作用也会加剧飞溅区海洋构筑物防腐保护层的破坏。因此，海洋构筑物在海水飞溅区的腐蚀都有一个腐蚀峰值，防腐涂料层在这个区带比其他区带更易脱落。另外，没有海生物污损也是飞溅区的一个重要特点。

海水从平均高潮位到平均低潮位之间的区域称为潮差区。潮差的大小随季节、海域有所变化。同飞溅区一样，潮差区的金属表面也与充分充气的海水接触，至少每天有一段时间如此。但潮差区又与飞溅区不同，潮差区氧的扩散不及飞溅区那么快。飞溅区金属表面温度主要受气温控制，接近于气温。而潮差区金属表面的温度既受气温影响，又受海水温度影响，通常更接近或等于表层海水的温度。飞溅区无海生物附着，而潮差区海生物会栖居在金属表面上，使金属得到一定程度的局部保护。潮差区不像飞溅区那样有强烈的海水冲击，因此潮差区的磨蚀作用较小。总之，潮差区的腐蚀性没有飞溅区那么大。但在冬季有流冰的海域，潮差区的海洋构筑物也会受到冰块的磨蚀。

在飞溅区及潮差区，随着干湿交替过程的进行，水膜表面的氯离子被浓缩，成为点蚀坑形成的位点。

1.3　全　浸　区

自然界中存在的水，如海水、江河水、雨水、地下水等对金属构件和设备均会产生腐蚀作用。这些水大部分为近中性介质，其腐蚀过程的主要去极化剂为溶

解氧，在某些受污染的水质中，还会发生氢去极化过程。其腐蚀反应为

阳极反应　　　　$M - ne^- \longrightarrow M^{n+}$

阴极反应　　　　$O_2 + 2H_2O + 4e^- \longrightarrow 4OH^-$　　　　（氧去极化）

　　　　　　　　$2H^+ + 2e^- \longrightarrow H_2$　　　　　　　　（氢去极化）

在水介质中，除了发生一般的电化学腐蚀外，某些条件下（如厌氧环境）也会发生微生物腐蚀。

海水是自然界中量最大且具有很大腐蚀性的天然电解质溶液。海水是腐蚀性电解质，盐度在33‰～38‰，其组成极为复杂，几乎含有地壳中所有的元素。海水中因溶有大量强电解质，平均电导率为 4.0 $S \cdot m^{-1}$，其导电性远远超过河水（2×10^{-2} $S \cdot m^{-1}$）和雨水（1×10^{-3} $S \cdot m^{-1}$）。

处于全浸区的金属，其腐蚀与海水的温度、pH、溶解氧浓度、离子浓度、海水流速、生物污损等有关。随着海水深度的增加，各个环境因素有所变化。图1-3是美国西海岸太平洋试验场海水环境因素随着深度的变化情况。

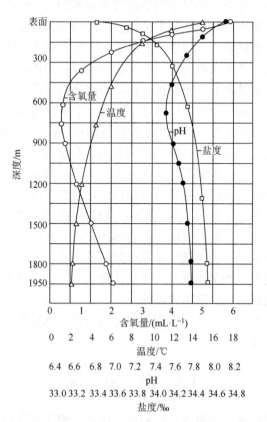

图1-3　美国西海岸太平洋试验场海水盐度、含氧量、温度和pH随海水深度的变化

1. 温度

海水的温度范围为-2～35℃，热带浅水区的表层水温还可能更高些。海水温度变化平缓，季节内的温度波动通常小于 10℃。有研究表明，温度对不锈钢在海水中的耐点蚀性能有一定的影响，随着温度的升高，不锈钢的腐蚀速率加快，点蚀敏感性明显提高[6]。

2. pH

天然海水 pH 一般为 8.1～8.3。海水中溶有碳酸盐、磷酸盐等盐类，具有很强的缓冲作用，所以海水的 pH 相当稳定。海水的中性特征以及高溶解氧含量，决定了绝大多数金属和合金在海水中的腐蚀都是氧去极化过程。

3. 溶解氧浓度

海水中还溶有大气所包含的各种气体成分，如氮、氧、二氧化碳和污染性气体等。海水的含氧量是影响海水腐蚀的重要因素，对于碳钢等常用金属材料来说，海水的含氧量越高，金属的腐蚀速率也越大。由于经常不断的风浪搅动和剧烈的自然对流，海水表层几十米深度以内充气良好，海水表层几乎被氧所饱和，常温下的氧含量平均值约 8.0 mg·dm^{-3}。

4. 离子浓度

海水中含有复杂的无机物和有机物。其中，Cl$^-$是诱发点蚀的关键因素。在全浸区，点蚀程度随着 Cl$^-$浓度的增大先增大后减小，适中的 Cl$^-$浓度能促进点蚀的发生和发展[7]。除了氯化物以外，海水还含有经常处于饱和状态的碳酸盐以及大量的镁、钙离子，在施加阴极保护过程中，它们在金属表面可生成保护性的覆盖层。海水中的微量组分也会影响腐蚀，其中某些有机、无机分子能和金属形成配合物，这些配合物直接影响着金属的溶解和腐蚀产物的性质。

5. 海水流速

海水的流速和冲击作用也是腐蚀的影响因素。对于碳钢等在海水中难以钝化的金属材料，海水流速的增加将加速氧的输运及其腐蚀过程，如图 1-4 所示。在海水中能钝化的金属则不然，有一定流速的海水能促进钛、铬镍合金或高铬不锈钢的钝化而提高其耐蚀性。当海水流速很高时，金属的腐蚀急剧增加，此时已不仅是介质的腐蚀作用，而且在介质的摩擦冲击等机械力的作用下产生磨损腐蚀、冲击腐蚀和空泡腐蚀等。

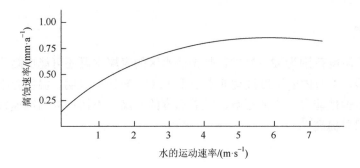

图 1-4　海水的运动速率对低碳钢腐蚀速率的影响

6. 生物污损

海洋环境中栖息着多种海生物和微生物。海水腐蚀常受到生物性因素的影响，尤其是海洋附着生物对材料的污损。

海洋附着生物是生长在船底、海水管道及海水中一切人工设施表面上的动植物及微生物。其中与海水腐蚀有关的常见附着生物有藤壶、贻贝、牡蛎、苔藓虫、石灰虫、海葵、海鞘、水螅、海藻等种类。

生物污损的影响很复杂，有时附着海生物形成了完整致密的覆盖层，对金属结构有一定保护作用，但是在以下情况下会促进金属的腐蚀。

（1）海生物的附着并非完整、均匀，附着层内外形成氧浓差电池。例如，藤壶附着在金属表面时，藤壶的壳底和金属表面之间形成缝隙，造成缝隙腐蚀。

（2）由于生物的生命活动，局部改变了海水介质的成分。例如，附着的海藻因其光合作用，增加了周围海水的氧浓度，加速了金属的腐蚀，在某些情况下可提高 20% 腐蚀率。生物呼吸作用排放的二氧化碳以及生物遗体分解形成的硫化氢，也有加速腐蚀的作用。

（3）附着生物穿透或剥落破坏金属表面上的保护膜和涂层。

（4）在附着生物的附着层底部形成缺氧环境，促进了硫酸盐还原菌等厌氧性微生物的繁殖及其腐蚀破坏作用。

金属材料在海水中被生物污损的程度是不同的。对紫铜和含铜量高（大于 70%）的合金，海生物附着很少。一般认为，对生物具有毒性的 Cu^{2+} 的溶出率大于 $0.021\ g \cdot m^{-2} \cdot h^{-1}$，就能避免海生物的污损。另外，当水流速超过 $1\ m \cdot s^{-1}$ 时，海生物也不易附着。

7. 海水腐蚀过程特征

海水腐蚀的电化学过程具有以下几方面特征。

1）海水中的氯离子等卤素离子能阻碍和破坏金属的钝化，使得阳极过程较易进行

氯离子的破坏作用有：①破坏氧化钝化膜。氯离子对氧化膜具有渗透破坏作用，对胶状保护膜具有解胶破坏作用。②吸附作用。氯离子比某些钝化剂更容易被吸附，从而阻碍了钝化过程。③电场效应。氯离子在金属表面或在薄的钝化膜上吸附，形成强电场，使金属离子易于溶出。④形成配合物。氯离子与金属可生成氯的络合物，加速金属溶解。以上这些作用都能减少阳极极化阻滞，造成海水对金属的高腐蚀性。据此，一些耐大气腐蚀的低合金钢在海水中的耐蚀性并不好，甚至不锈钢在海水中也常因钝态的局部破坏而遭受严重孔蚀、缝隙腐蚀等局部腐蚀。只有极少数易钝化金属，如钛、锆、铌、钽和哈氏合金等，才能在海水中保持钝态。

2）海水腐蚀的主要阴极去极化剂是氧，阴极过程是腐蚀反应的控制性环节

在海水的 pH 条件下，阴极过程主要是氧的去极化。溶解氧的还原反应在 Cu、Ag、Ni 等金属上比较容易进行，其次是 Fe 和 Cr，在 Sn、Al、Zn 上因过电位较大，反应较困难。因此，Cu、Ag、Ni 等金属在溶解氧量低的情况下是较稳定的金属，而在溶解氧量高和流速大的情况下腐蚀速率加快。在含有大量 H_2S 的污染海水中，还会发生 H_2S 的阴极去极化作用。Cu、Ni 是易受 H_2S 腐蚀的金属。Fe^{3+}、Cu^{2+} 等重金属离子也可促进阴极反应。由 $Cu^{2+} + 2e^- \longrightarrow Cu$ 的反应而析出的铜，能沉积在金属表面成为有效的阴极。所以海水中如含有 $0.1 \times 10^{-6} \ mol \cdot L^{-1}$ 以上浓度的 Cu^{2+}，就不宜使用铝合金。

3）海水腐蚀的电阻性阻滞很小，异种金属的接触能造成显著的电偶腐蚀效应

海水具有良好的导电性，与大气及土壤腐蚀相比较，在海水、海泥中不同金属接触所构成的腐蚀宏电池，其作用将更强烈，影响范围更大。

另外，在高速流动的海水中，金属材料容易发生冲击腐蚀和空泡腐蚀。

其他水环境，如浓缩海水、淡化海水、油田采出水、地下卤水，与海水环境相似，腐蚀规律也相似。

金属材料在海水中耐蚀性的比较由表 1-1 示出。各种材料在海水中的腐蚀性能有明显差别，其中耐蚀性最好的是钛合金和镍铬钼合金（Hastelloy），而铸铁和碳钢的耐蚀性相当差。

表 1-1　金属材料的耐海水腐蚀性能

合金	全浸区腐蚀速率/ $(mm \cdot a^{-1})$		潮差区腐蚀速率/ $(mm \cdot a^{-1})$		抗冲击腐蚀性能
	平均	最大	平均	最大	
低碳钢（无氧化皮）	0.12	0.40	0.3	0.5	劣
低碳钢（有氧化皮）	0.09	0.90	0.2	1.0	劣

合金	全浸区腐蚀速率/ (mm·a⁻¹)		潮差区腐蚀速率/ (mm·a⁻¹)		抗冲击腐蚀性能
	平均	最大	平均	最大	
普通铸铁	0.15	—	0.4	—	劣
铜（冷轧）	0.04	0.08	0.02	0.18	不好
顿巴黄铜（10% Zn）	0.04	0.05	0.03		不好
黄铜（70Cu-30 Zn）	0.05	—			满意
黄铜（22Zn-2Al-0.02As）	0.02	0.18			良好
黄铜（20Zn-1Sn-0.02As）	0.04	—			满意
黄铜（60Cu-40Zn）	0.06	脱 Zn	0.02	脱 Zn	良好
青铜（5% Sn，0.1% P）	0.03	0.1	—	—	良好
Al 青铜（7% Al，2% Si）	0.03	0.08	0.01	0.05	良好
铜镍合金（70Cu-30Ni）	0.008	0.03	0.05	0.3	0.15% Fe，良好 0.45% Fe，优秀
镍	0.02	0.1	0.4		良好
蒙乃尔（65Ni-31Cu-4Fe）	0.03	0.2	0.5	0.25	良好
因科镍合金（80Ni-13Cr）	0.005	0.1	—	—	良好
Hastelloy（53Ni-19Mo-17Cr）	0.001	0.001			优秀
Cr13 钢	—	0.28			满意
Cr17 钢	—	0.20			满意
Cr18Ni9 钢		0.18			良好
Cr28-Ni20 钢	—	0.02			良好
Zn（99.5% Zn）	0.028	0.03	—		良好
钛	0.00	0.00	0.00	0.00	优秀

减缓与防止海水腐蚀的有效措施有以下几种。

a. 合理设计和施工

（1）正确给出腐蚀裕量。例如，海上建筑物的桩柱在不同位置的腐蚀程度有所不同，最好采用不同的厚度。

（2）降低流速以避免冲击腐蚀和空泡腐蚀。

（3）尽可能消除不必要的缝隙和表面污垢物。

（4）避免不同金属材料的接触，必要时应尽可能减少阴极性接触物的面积，或采取绝缘措施。

（5）构件的应力分布应均匀化，减轻腐蚀区的载荷。

（6）铆接和焊接时采用正确的工艺，使用比基体的电位稍正的材料做铆钉或焊丝。注意焊接作业时杂散电流的影响。

b. 涂覆防蚀

保护性覆盖层（尤其是油漆）至今仍是普遍采用的防止海水腐蚀的有效措施。防蚀性能较好的常用涂料有环氧沥青涂料、焦油环氧涂料、氯化橡胶涂料和高聚氯乙烯涂料等。为了防止生物污损，需使用防污漆。但含铜离子的涂料在铝制构件上不宜使用，此时应选用有机防污涂料。

c. 电化学保护

阴极保护是防止海水腐蚀最有效的手段之一，它通常与涂层保护联合使用。海水中的阴极保护电流在阴极产生氢氧根离子，结果使阴极区海水中的碳酸钙和氢氧化镁过饱和，在金属表面形成致密的石灰质覆盖层。这时所需施加的保护电流就可大大减少。在海水中进行阴极保护的实际操作中，往往一开始先施加比通常阴极极化更大的电流密度（如 500 mA·m^{-2}）加速极化。海水常用的牺牲阳极有锌合金、铝合金和镁合金。铝合金由于价格较便宜，综合性能较好，日益得到广泛应用。

1.4　海　泥　区

海泥是特殊的土壤，其腐蚀性介于海水和土壤之间。金属在土壤中的腐蚀一般也属于电化学腐蚀。

土壤腐蚀和其他介质中的电化学腐蚀过程一样，因金属和介质的电化学不均一性而形成腐蚀原电池。但因土壤介质具有多样性和不均匀性等特点，所以除了有可能生成和金属组织的不均一性有关的腐蚀微电池外，土壤介质的宏观不均一性还会引起腐蚀宏电池，它在土壤腐蚀中往往起着更大的作用。

土壤介质的不均一性与土壤透气性有关。在不同透气性条件下，氧的渗透速度变化幅度很大，强烈地影响着土壤中金属各部分的电位，这是促成氧浓差电池的基本因素。土壤的 pH、含盐量等性质的变化也会造成腐蚀宏电池。此外，地下的长距离管道难免要穿越各种不同状况的土质，从而形成有别于其他介质情况的长距离腐蚀宏电池。

影响土壤腐蚀的主要因素是水分、pH、含盐量、含氧量、透水性和透气性以及杂散电流与细菌活动情况等。一般常用土壤电阻率作为腐蚀性指标，电阻率越小，腐蚀性越大。

海泥即海洋沉积物，沉积物主要由矿物质和有机物碎屑构成，沉积物的颗粒直径大小不一，且期间充斥着沉积物间隙水。海洋沉积物一般处于相对缺氧的环境，其中的微生物含量较海水环境中多[8]。

沉积物颗粒大小影响海泥腐蚀。沉积物的平均直径较大时，氧及其他物质的传输受到的阻力较小，因此，腐蚀速率随着沉积物粒径的增加而增大。但由于海洋沉积物处于缺氧环境，即使在大粒径的沉积物中，腐蚀速率也很低[9]。

由于海泥环境缺氧，有利于厌氧微生物硫酸盐还原菌（sulfate-reducing bacteria，SRB）的生存，而 SRB 对金属的腐蚀有促进作用，因此，缺氧及微生物是影响海泥腐蚀的主要原因。

此外，当碳钢贯穿海水、海泥区时，会形成明显的腐蚀宏电池。处于海水中的碳钢与处于海泥中的碳钢之间发生电偶腐蚀，海泥区域为电偶腐蚀的阳极区域，海水区域为电偶腐蚀的阴极区域，加速了碳钢的腐蚀[10]。

在实际的海洋环境中，金属和海水介质的接触情况不同，金属的腐蚀行为也有所差别。图 1-5 为钢桩在不同区域的腐蚀情况。

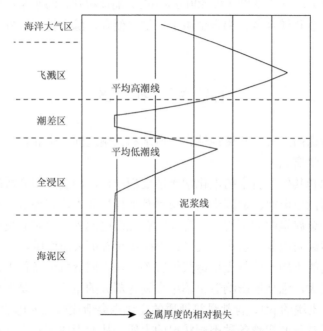

图 1-5　钢桩长试样在海水中的腐蚀情况

长试样处于水线以下的全浸部分和水线以上的潮差区构成了氧浓差电池，潮差区部分供氧较充分，为阴极区，因受到水线以下供氧不充分的阳极区保护作用而腐蚀率较低。全浸区的情况随水深而不同，在浅水地带的氧含量通常近于饱和，生物活性也很大，水温又较高，腐蚀一般较严重。海泥区的介质条件较复杂，还常有厌氧性微生物存在，但总的来说，钢在海泥区的腐蚀较全浸区略为缓慢。

表 1-2 是不同海洋环境区域的腐蚀特点比较。

表 1-2　不同海洋环境区域的腐蚀特点比较

海洋区域		环境条件	腐蚀特点
大气区		海盐粒子存在，影响因素：高度、风速、雨量、温度……	海盐粒子加速腐蚀，随离海岸距离而不同
飞溅区		潮湿，充分充气的表面，无海生物污损	海水飞溅，干湿交替，腐蚀激烈
潮差区		周期沉浸，供氧充分	氧浓差电池使本区受到保护
全浸区	浅水	海水饱和，影响因素：流速、水温、污染、海生物、细菌等	腐蚀随温度变化，浅水区腐蚀较重，阴极区形成石灰质水垢，生物因素影响大
	大陆架	生物污染减少，氧含量降低，温度降低	深度增加，腐蚀减轻，但不易生成水垢保护层
	深海	含氧量比表层高，温度接近 0℃，水流速低，pH 低	钢的腐蚀通常较轻
海泥区		常有细菌（如硫酸盐还原菌）	泥浆有腐蚀性，形成泥浆与海水间的腐蚀电池，有微生物腐蚀产物

思　考　题

1. 分析不同环境的腐蚀性并给出原因，如青岛海洋大气与三亚海洋大气。
2. 分析氧浓差电池产生的原因及防护措施。

参 考 文 献

[1] 李晓刚. 我国典型自然环境中腐蚀数据积累及规律性研究进展[C]. 北京：腐蚀与防护青年学者走入宝钢学术交流论文集，2004：25-35.

[2] Wang J, Hou B R. Characteristics of the oxygen reduction in atmospheric corrosion[J]. Chinese Journal of Oceanology and Limnology，1997，15（1）：36-41.

[3] Tomashov N D. Theory of Corrosion and Protection of Metals[M]. London：MacMillan，1966.

[4] Cheng Y L，Zhang Z，Cao F H，et al. A study of the corrosion of aluminum alloy 2024-T3 under thin electrolyte layers[J]. Corrosion Science，2004，46：1649-1667.

[5] 黄涛. 耐候钢在南海海洋大气环境下的腐蚀行为研究[D]. 北京：钢铁研究总院，2018.

[6] 王绍尉，黄德军，李成涛，等. 温度对 904L 不锈钢耐点蚀性能的影响[J]. 腐蚀与防护，2017，38（9）：689-692.

[7] 刘智勇，董超芳，贾志军，等. X70 钢在模拟潮湿存储环境中的点蚀行为[J]. 金属学报，2011，47（8）：1009-1016.

[8] 胡杰珍. 海洋环境跃变区碳钢腐蚀行为与机理研究[D]. 北京：北京科技大学，2016.

[9] Refait P，Grolleau A M，Jeannin M，et al. Corrosion of mild steel at the seawater/sediments interface：mechanisms and kinetics[J]. Corrosion Science，2018，130：76-84.

[10] 胡杰珍，李晓刚，邓培昌，等. WBE 联合 LP 技术研究海水/海泥界面碳钢的腐蚀行为[J]. 腐蚀科学与防护技术，2015，27（6）：551-558.

第2章 腐蚀分类

从腐蚀的外观形态看，金属腐蚀可分为全面腐蚀和局部腐蚀。全面腐蚀也称均匀腐蚀，腐蚀分布在整个或大部分金属表面上，宏观上难以区分腐蚀电池的阴极和阳极，腐蚀产物膜均匀覆盖在材料表面，在一定程度上能使腐蚀减缓，如高温氧化形成的阳极氧化膜和易钝化金属（不锈钢、钛、铝等）在氧化环境中形成的钝化膜，都具有良好的保护性，甚至能使腐蚀过程几乎停止。由于全面腐蚀不会使腐蚀在特定部位集中发生，因此危害较小。局部腐蚀即非均匀腐蚀，腐蚀集中发生在金属材料的特定部位。局部腐蚀又可分为电偶腐蚀、小孔腐蚀、缝隙腐蚀、晶间腐蚀、选择性腐蚀、磨损腐蚀、应力腐蚀开裂、腐蚀疲劳和氢损伤等，近些年，交直流杂散电流的腐蚀也不容忽视。本章介绍局部腐蚀的分类。

2.1 电偶腐蚀

当一种不太活泼的金属（阴极）和一种比较活泼的金属（阳极）在电解质溶液中接触时，因构成腐蚀原电池而引发电流，从而造成阳极金属的电偶腐蚀。电偶腐蚀也称双金属腐蚀或金属接触腐蚀。

电偶腐蚀是否发生首先取决于异种金属之间的电极电位差。这一电位指的是两种金属分别在腐蚀介质中的实际电位。手册、资料中能找到各种金属、合金在特定的介质中按腐蚀电位高低排列的电位顺序表，称作电偶序。图 2-1 给出了金属在海水中的电偶序[1]。在其他条件不变的情况下，金属之间的电位差越大，腐蚀初始驱动力越大，电偶腐蚀发生的可能性越大。

影响电偶腐蚀的还有介质的导电性、金属极化性及阴阳极面积比等因素。图 2-1 给出的仅仅是不同金属在海水中的自腐蚀电位，而电偶腐蚀取决于异种金属的实际电位，实际电位受极化的影响。在不同介质中或不同温度下，电位值和电偶序都可能出现差异，从而发生因介质改变而电偶极性颠倒的现象。面积比是指阴、阳极面积比，当形成大阴极、小阳极的不利面积比时，会导致阳极电流密度增大，电偶腐蚀加剧。在腐蚀电偶的阳极区有涂层时也会出现大阴极、小阳极的情况，结果发生极严重的局部腐蚀而导致迅速穿孔。

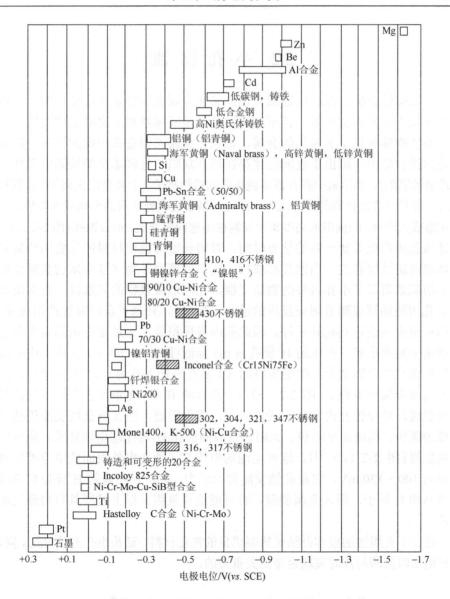

图 2-1 不同合金在流动海水中的电偶序

画影线的是合金发生缝隙腐蚀即合金活化时的电位

防止电偶腐蚀的方法有：①尽量避免使腐蚀电位相差悬殊的异种金属作导电接触。②避免形成大阴极、小阳极的不利面积比。对不同金属制造的设备使用涂料时，应该涂在电位较正的金属表面上，或两种金属都涂涂料，而绝不应只涂在电位较负的（阳极）金属表面上。③当腐蚀电位相差悬殊的不同金属必须组装在一起时，应使不同金属之间绝缘，如附加绝缘垫片。

2.2　小孔腐蚀

小孔腐蚀也称点蚀、坑蚀或孔蚀。它在金属表面特定区域集中发生，造成洞穴或坑点并向内部扩展，甚至造成穿孔，是破坏性和隐患最大的腐蚀形态之一。小孔腐蚀常见于易钝化的金属，易钝化金属表面覆盖的保护性钝化膜具备一定的抗蚀能力，但由于表面往往存在局部缺陷（材料本身的缺陷或者外界环境造成的缺陷），当溶液中存在破坏钝化膜的活性离子（主要是卤素离子）与配位体等时，容易造成钝化膜的局部破坏。此时，微小破口处暴露的金属成为阳极，周围钝化膜成为阴极；阳极电流高度集中使腐蚀迅速向内发展，形成蚀孔[图 2-2(a)][2]。上述蚀孔的形成需要一定的孕育时间，时间长短与钝化材料钝化膜的修复能力及环境的腐蚀性有关。当蚀孔形成后，孔口处腐蚀产物（以金属的氢氧化物为主）的积累阻碍了小孔内外的物质交换，孔内形成独特的闭塞区（也称闭塞阳极），孔内的溶解氧随着阴极反应的进行迅速耗尽，只剩下金属腐蚀的阳极反应，而阴极反应完全移到孔外进行。因此孔内很快积累了大量带正电的金属离子，金属离子发生水解，产生的 H^+ 使孔内 pH 降低[图 2-2（b）]。孔内正电荷离子的积累带来的电驱动力，使带负电的 Cl^- 从孔外迁入孔内，Cl^- 浓度增高，其配位作用使金属更不稳定[图 2-2（c）]。孔内的 H^+ 和 Cl^- 形成强腐蚀性的盐酸，这种强酸环境使蚀孔内壁处于活性状态，成为阳极，而孔外金属表面仍处于钝态成为阴极，构成由小阳极、大阴极组成的活化态-钝化态电池体系，致使蚀孔加速发展[图 2-2（d)][2]。这种电池的电位差（蚀孔内外表面的电位差）曾被测得为 100～120 mV，它是孔蚀发展的推动力，同时，孔内的 H^+ 还原后形成活性极高的 H 原子，深入金属裂缝，有可能造成氢脆。以上过程具有自催化加速效应。

防止小孔腐蚀的根本办法是研制优良的钝化材料，延长小孔的孕育期。同时，孔蚀的实时监测与及时发现也是至关重要的。

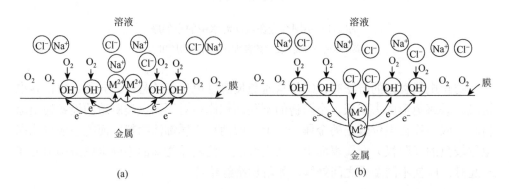

(a)　　　　　　　　　　(b)

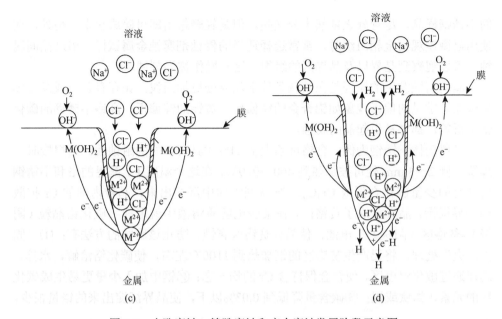

图 2-2 小孔腐蚀、缝隙腐蚀和应力腐蚀发展阶段示意图
(a) 钝化膜局部破裂; (b) 膜破口腐蚀闭塞区内金属离子增浓;
(c) 阴离子进入闭塞区, 金属离子水解, pH 下降;
(d) 裂缝内产生自催化加速腐蚀过程, H 在尖端析出, 渗入裂缝前缘, 使金属脆化

2.3 缝 隙 腐 蚀

当金属表面上存在异物或结构上存在缝隙时, 由缝内溶液中有关物质迁移困难所引起缝隙处金属的腐蚀, 称为缝隙腐蚀。缝隙如金属铆接板、螺栓连接的接合部、螺纹接合部等位置金属与金属间形成的缝隙, 金属同非金属（包括塑料、橡胶、玻璃等）接触所形成的缝隙, 以及砂粒、灰尘、污物及附着生物等沉积在金属表面上所形成的缝隙等[3]。在一般电解质溶液中, 以及几乎所有的腐蚀性介质中都可能引起金属缝隙腐蚀, 其中以含 Cl⁻ 的溶液最容易引起该类腐蚀。

缝隙内是缺氧区, 处于闭塞状态, 缝内 pH 下降, Cl⁻ 浓度增大。经过一段较长的孕育期, 当缝内 pH 下降到临界值后, 与小孔腐蚀相似, 也产生自催化性加速腐蚀。防止缝隙腐蚀的有效方法是消除缝隙。

2.4 晶 间 腐 蚀

晶间腐蚀是在晶粒或晶体本身未受到明显侵蚀的情况下, 发生在金属或合金晶界处的一种选择性腐蚀。晶间腐蚀使得晶粒间的结合力丧失, 导致强度和延展性的急剧下降, 从而造成金属结构的损坏, 甚至引发事故。例如, 发生晶间腐蚀的不锈钢样品，尽管外表依然十分光亮，但是轻轻敲击即可碎成粉末。另外，在使用显微镜观察金相组织时，常常选择适当的侵蚀剂腐蚀金属试样，借助晶间腐蚀，可以观察到晶界以及晶界区的组织，这一操作称为刻蚀。

晶间腐蚀发生的原因是在某些条件下晶界处更加活泼，如存有杂质或发生偏析现象。常见的偏析现象如铝合金的铁偏析、黄铜的锌偏析、高铬不锈钢的碳化铬偏析等，都容易引起晶间腐蚀。

以奥氏体不锈钢为例，含铬量须大于 11% 才具有良好的耐蚀性。当焊接时，焊缝两侧 2～3 mm 处可被加热到 400～910℃，在这个温度下，晶界的铬和不锈钢内含有的少量碳化合形成 Cr_3C_6，Cr 从固溶体中沉淀出来，晶粒内部的 Cr 扩散到晶界很慢，晶界就成了贫铬区，在某些电解质溶液中就形成"碳化铬晶粒（阴极）-贫铬区（阳极）"电池，使晶界贫铬区腐蚀。防止该腐蚀的方法有：①"固液淬火"处理，将已产生贫铬区的钢加热到 1100℃ 左右，使碳化铬溶解，水淬，迅速通过敏化温度区，使合金保持含 Cr 的均一态；②钢中加入少量更易生成碳化物的元素，如钛或铌；③碳含量降低到 0.03% 以下，使晶界沉淀出来的铬量很少。

2.5　选择性腐蚀

由于合金组分在电化学性质上的差异或合金组织的不均匀性，造成其中某组分或相优先溶蚀，称作选择性腐蚀。选择性腐蚀的结果，轻则使合金损失强度，重则造成穿孔、破损，酿成严重事故。例如，黄铜脱锌、铝铜脱铝等属于成分选择性腐蚀；灰口铸铁的"石墨化"属于组织选择性腐蚀。

成分选择性腐蚀指单相合金腐蚀时，固溶体中各成分不是按照合金成分的比例溶解，而是发生某种成分的优先溶解。常见的黄铜脱锌形式有三种，如图 2-3 所示：①层状脱锌，腐蚀沿表面发展，但较均匀；②带状脱锌，腐蚀沿表面发展，但不均匀，呈条带状；③栓状脱锌，腐蚀在局部发生，向深处发展。脱锌可以在各种 pH 的介质中发生，在海水中发生最多，特别是高温海水中。黄铜脱锌是以海水作为冷却水的黄铜冷凝管的重要腐蚀问题。

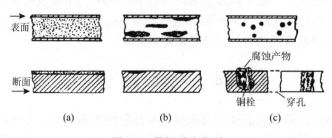

图 2-3　黄铜脱锌类型

(a) 层状脱锌；(b) 带状脱锌；(c) 栓状脱锌

组织选择性腐蚀指多相合金中某相优先溶蚀,如灰口铸铁的"石墨化"腐蚀。灰口铸铁在土壤中或水中腐蚀时,铸铁中的石墨为阴极,作为基体的铁素体组织为阳极,发生腐蚀。腐蚀结果只剩下网状石墨和铁锈。产生这种腐蚀后,金属外形虽未变,但强度锐减,极易破损。

2.6　磨 损 腐 蚀

磨损腐蚀是金属受到液体中气泡或固体悬浮物的磨耗与腐蚀共同作用而产生的破坏,是机械作用与电化学作用协同的结果,它比单一作用的破坏性大得多。

按照机械作用性质不同,又可分为:磨振腐蚀、冲击腐蚀和空泡腐蚀。

（1）磨振腐蚀:指加有负荷的两种材料之间相互接触的表面,因摩擦、滑动或振动而造成的腐蚀。主要发生在潮湿大气中,如铁轨铆钉下面、马达上松动的螺栓处等。防护方法是将接触部件紧固,并在接触表面涂润滑油脂,若将表面磷化则更为有效。

（2）冲击腐蚀:指在湍流情况下,金属结构突出部位的腐蚀过程被液体中夹带的固体物质的冲击作用加剧的现象。冲击腐蚀常见于泵等的出口处和管路弯头部位。防护方法有:选用耐磨损的材料,如在海水中 B0 铜镍合金优于 B30;改进设计,间歇冲击力;改变环境,减少溶液中固体物质;用耐磨或光滑涂层,或进行阴极保护等。

（3）空泡腐蚀:也称气蚀,指腐蚀性液体在高速流动时,造成气泡的产生和破灭对所接触的结构材料产生水锤作用,其瞬时压力可达数千大气压。这种作用能将材料表面上的腐蚀产物保护膜和衬里破除,使之不断暴露新鲜表面而造成腐蚀损坏。螺旋桨叶片、内燃机活塞套等易发生此类腐蚀。为防止气蚀可改进设计,以减小流路中流体动压差,也可精磨表面或选用耐空蚀的材料,这是因为光洁表面可减少形成空泡的机会,另外用弹性保护层（塑料或橡胶）、通气缓冲或阴极保护也有效果。

2.7　应力腐蚀开裂

应力腐蚀开裂[4]是金属结构在内部残存应力和外部拉伸应力的持续作用下产生的严重腐蚀现象。应力腐蚀开裂常常是没有形变先兆的突然断裂,容易造成严重事故。

裂缝形态有两种,沿晶界发展的晶间型（如黄铜的"季裂"）和缝穿晶粒的穿晶型（如不锈钢的碱脆）。应力腐蚀开裂的机理有阳极溶解型和氢致断裂型以及两者共存型。应力腐蚀开裂也具有自催化加速效应。

产生应力腐蚀开裂的条件是：敏感的金属材料、特定的介质环境、超过临界值的拉伸应力和一定作用时间。例如，海水中的奥氏体不锈钢、硫化氢污染海水中的低合金钢、氨污染海水中的铜合金等都常有应力腐蚀现象[5]。防止的途径有：①尽可能减小或消除一切应力；②改变介质的腐蚀性；③选用耐应力腐蚀开裂的金属材料；④采用阴极保护。

2.8　腐蚀疲劳

腐蚀疲劳指在介质的腐蚀作用和交变循环应力作用下金属材料疲劳强度降低而过早破损的现象。例如，海水中高铬钢的疲劳强度只有正常性能的30%～40%。其他振动部件如泵轴和杆、螺旋桨轴、油气井管、吊索等都容易发生腐蚀疲劳。

腐蚀疲劳最易发生在能产生孔蚀的环境中，因为蚀孔具有应力集中的作用。周期应力使保护膜反复局部破裂，裂口处裸露金属不断遭受腐蚀。与应力腐蚀开裂不同的是，腐蚀疲劳对环境没有选择性。氧含量、温度、pH和溶液成分都影响腐蚀疲劳，阴极极化可以减缓腐蚀疲劳，而阳极极化将促进腐蚀疲劳。

防止腐蚀疲劳的方法：改进设计或进行热处理以消除和减小内应力；表面喷丸处理产生压应力可抵消部分张力；使用镀层、缓蚀剂和阴极保护。

2.9　氢　损　伤

氢损伤指由于化学或电化学反应（包括腐蚀反应）所产生的原子态氢扩散到金属内部引起的各种破坏，包括氢鼓泡、氢脆和氢腐蚀三种形态。

（1）氢鼓泡是由于原子态氢扩散到金属内部，并在金属内部的微孔中形成分子氢，氢分子由于扩散困难，就会在微孔中累积而产生巨大的内压，使金属鼓泡，甚至破裂。

（2）氢脆是氢原子进入金属内部后，使金属晶格产生高度变形，因而降低了金属的韧性和延性，导致金属脆化。

（3）氢腐蚀则是由于氢原子进入金属内部后与金属中的组分或元素反应，如氢渗入碳钢并与钢中的碳反应生成甲烷，使钢的韧性下降。

防止氢损伤的方法：尽量避免氢的产生；研制耐氢损伤的材料；除氢。

2.10　杂散电流腐蚀

杂散电流也称迷走电流，是从电路上直接或间接漏散到土壤或其他导电介质中的电流。其主要来源是应用直流电的大功率电气装置，如电气化铁道、电解槽及电镀槽、电焊机或电化学维护装置等。图 2-4 为埋设在电气化铁道附近的金属管道受杂散电流影响所造成的腐蚀情况。

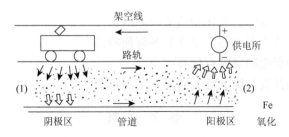

图 2-4　土壤中的杂散电流腐蚀

箭头方向为电流方向

在正常情况下，电流自电源的正极通过电力机车的架空线再沿路轨回到电源的负极。但是当路轨与土壤间的绝缘不良时，有一部分电流就会从铁轨漏失到土壤中。如果在这附近埋设有金属管道等构筑物，杂散电流便通过该良导体流入土壤及轨道再回到电源。这种情况，相当于造成以下两个串联电解池。

路轨（阳极）| 土壤 | 管线（阴极）

管线（阳极）| 土壤 | 路轨（阴极）

第一个电解池会引起路轨腐蚀，但发现此种腐蚀和更新路轨并不困难。第二个电解池会引起管线腐蚀，这就难以发现和修复了。显然，这里被腐蚀的都是电流从路轨或管线流出的阳极区域。这种因杂散电流所引起的腐蚀称为杂散电流腐蚀。

杂散电流腐蚀的破坏特征是集中在阳极区发生极端的局部腐蚀。在管线阳极区的绝缘涂层破损处，腐蚀破坏尤为集中。在使用铅皮电缆的情况下，杂散电流流入的阴极区也会发生腐蚀，这是由阴极区产生的铅酸所致。已发现交流电也能引起杂散电流腐蚀，但是它们的腐蚀机制尚无定论，破坏作用要小得多，频率为 60 Hz 的交流电源，其作用约为相同电流下直流电源的 1%。

可以通过测量土壤中金属体的电位来检测杂散电流的影响。如果金属体的电位高于它在这种环境下的自然电位，就可能有杂散电流通过。在路轨附近这种电位往往是波动的。直接或间接测定金属体两点的电位差和电阻，就能计算出杂散电流的量值[6]。

防止杂散电流腐蚀的主要措施如下：①排流法。例如，把原先相对路轨为阳极区的管线，用导线同路轨直接相联，也就是把上述第二个电解池短路，使整个管线为阴极。②绝缘法。即用绝缘性覆盖层或绝缘法兰来切断管线中的电流通道。③牺牲阳极法。在管线的阳极区埋入与其相连的长金属棒，这样，本应发生在管道上的腐蚀就转移到长金属棒上。

思 考 题

1. 试述小孔腐蚀的自催化加速效应。
2. 局部腐蚀的主要形态有哪些？各有何特点？
3. 小孔腐蚀和缝隙腐蚀有何异同点？
4. 应力腐蚀开裂与腐蚀疲劳的异同点有哪些？

参 考 文 献

[1] LaQue P L. Marine Corrosion，Causes and Prevention[M]. New York：John Wiley & Sons Inc.，1975：173.

[2] 朱相荣，王相润，等. 金属材料的海洋腐蚀与防护[M]. 北京：国防工业出版社，1996：86.

[3] 方坦纳，格林. 腐蚀工程[M]. 2 版. 左景伊译. 北京：化学工业出版社，1982.

[4] 李金桂，等. 腐蚀与腐蚀控制手册[M]. 北京：国防工业出版社，1988.

[5] 舒马赫. 海水腐蚀手册[M]. 李大超，杨荫，等译. 北京：国防工业出版社，1979.

[6] 化学工业部化工机械研究院. 腐蚀与防护手册——腐蚀理论、试验及监测[M]. 北京：化学工业出版社，1997：172.

第3章 电化学腐蚀热力学

3.1 腐蚀原电池

将 Zn 棒和 Cu 棒放入稀硫酸中并用导线相互连接，就构成 Zn-Cu 原电池（图 3-1）。Zn 棒上发生 Zn 的溶解，Cu 棒上析出氢气，两电极间有电流流动。

电池作用中发生氧化反应的电极（Zn-Cu 原电池的 Zn 电极）称为阳极，发生还原反应的电极（Zn-Cu 原电池的 Cu 电极）称为阴极。电极反应如下：

$$阳极： \quad Zn - 2e^- \longrightarrow Zn^{2+} \tag{3-1}$$

阳极发生氧化反应放出电子，电子从阳极流到阴极，被阴极反应所消耗。

$$阴极： \quad 2H^+ + 2e^- \longrightarrow H_2 \uparrow \tag{3-2}$$

海水中钢铁腐蚀的原电池如图 3-2 所示。活性态 Fe 发生溶解，称为阳极，非活性态 Fe 为阴极。该腐蚀原电池的电极反应为

$$阳极： \quad Fe - 2e^- \longrightarrow Fe^{2+} \tag{3-3}$$

$$阴极： \quad O_2 + 2H_2O + 4e^- \longrightarrow 4OH^- \tag{3-4}$$

$$2H^+ + 2e^- \longrightarrow H_2 \uparrow \tag{3-5}$$

$$后化学反应： \quad Fe^{2+} + 2OH^- \longrightarrow Fe(OH)_2 \tag{3-6}$$

$$2Fe(OH)_2 + \frac{1}{2}O_2 \longrightarrow 2FeOOH \downarrow + H_2O \tag{3-7}$$

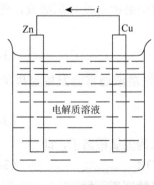

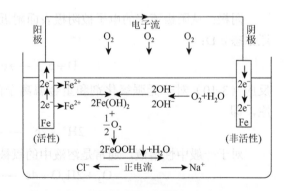

图 3-1 Zn-Cu 原电池示意图　　图 3-2 海水中铁的活性-非活性腐蚀原理示意图

图中箭头代表电流方向

　　产生这种电池反应的推动力是电极之间存在的电位差。电极电位较负的为阳极，发生氧化反应；电极电位较正的为阴极，在阴极上进行着溶液中某种物质（氧化态）的还原反应，如溶解氧的还原或（和）氢离子的还原反应，若存在某种高价金属阳离子则会发生还原反应而生成低价金属阳离子（如 Fe^{3+}）或单质金属（如电镀）。

　　因此，腐蚀原电池是由电极电位不同的两个或多个微观部分电连接，并同时处于电解质溶液中的体系（图 3-3），其腐蚀反应可以概括为

阳极：
$$M - ne^- \longrightarrow M^{n+} \tag{3-8}$$

电子流动：
$$e^-_{阳} \longrightarrow e^-_{阴} \tag{3-9}$$

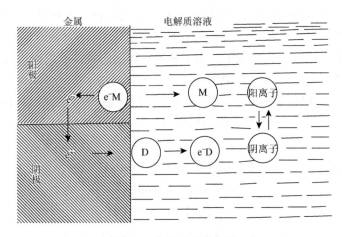

图 3-3　腐蚀过程示意图

　　阴极：从阳极流来的电子被阴极表面附近溶液中某种物质 D 所吸收，变成其还原态 e^-D：
$$D + e^- \longrightarrow e^-D \tag{3-10}$$

反应（3-10）对于无强氧化剂和重金属离子的酸性溶液通常会发生氢离子的还原，即
$$2H^+ + 2e^- \longrightarrow H_2 \tag{3-11}$$

　　对于一般中性溶液，通常是溶液中的氧被还原为氢氧根离子，即
$$O_2 + 2H_2O + 4e^- \longrightarrow 4OH^- \tag{3-12}$$

　　对于含有金属离子的溶液，则会发生金属离子的还原，如
$$Cu^{2+} + 2e^- \longrightarrow Cu \tag{3-13}$$

　　金属表面上显微尺寸的阳极和阴极区域的形成，是由金属表面微观的电化学

不均匀性造成的。产生微观电化学不均匀性的情况主要有以下几种。

（1）金属的化学成分不纯或合金的化学成分不均匀。

（2）合金组织不同或结构不均匀。前者如双相合金或固溶体中第二相的析出，后者如晶粒与晶界、亚结构的差异，以及位错线的存在等。

（3）应力状态不均匀。金属表面在压力加工或机械加工时常常造成显微变形程度或应力状态的不同，应力高的为阳极，应力低的为阴极。

（4）金属表面氧化膜不完整，造成膜孔处与膜完整处之间的电化学差异，膜孔处金属为阳极。

电化学腐蚀过程一般用不均匀态的电化学概率来说明。

当同一金属与不同电解质接触时，会产生不同的电极电位，从而构成被称为介质差异电池的腐蚀电池。另外，温差、湿差和浓差导致的电极电位的差异同样可以形成腐蚀电池。在海洋环境中常产生氧浓差电池，例如，钢铁结构中与含氧量低的溶液接触的部分电位较负，为阳极，更易发生腐蚀；再如，铆钉、焊接或螺栓连接处的各种缝隙内，由于缺氧而成为阳极并发生腐蚀，不缺氧的缝外表面为阴极，则往往腐蚀较轻或几乎不腐蚀。在海水中航行的船，气液界面处为富氧区，与水面以下部位形成氧浓差电池，水面以下的部位为阳极而更易腐蚀，这种腐蚀现象称为水线腐蚀。

腐蚀原电池既可以有明显区分的阴、阳极区，又可以无明显区分；既可以是宏观电池（如氧浓差电池），也可以是微观电池。

伊文斯盐水滴实验可以直观展现钢铁表面腐蚀的阴、阳极区分布[1]。将一滴加有酚酞和铁氰化钾（$K_3[Fe(CN)_6]$）指示剂的食盐水滴在干净的铁表面，静置一段时间从溶液颜色的变化可以观察到腐蚀的进行及阴、阳极区的分布。

在缺氧的中心区，发生如下阳极反应：

$$Fe - 2e^- \longrightarrow Fe^{2+} \qquad\qquad (3-14)$$

此过程产生的 Fe^{2+} 离子与 $Fe(CN)_6^{3-}$ 反应生成蓝色络合物，使盐水滴中心区域呈现蓝色。在盐水滴外缘，由于氧的浓度较大，发生如下阴极过程：

$$O_2 + 2H_2O + 4e^- \longrightarrow 4OH^- \qquad\qquad (3-15)$$

电子由阳极区提供，该反应使局部溶液 pH 升高，酚酞显示出粉红色。在浓差的推动下，Fe^{2+} 和 OH^- 相互扩散，在含氧的水滴处出现棕黄色的铁锈（图3-4）。

$$4Fe(OH)_2 + O_2 + 2H_2O \longrightarrow 4Fe(OH)_3 \downarrow \qquad\qquad (3-16)$$

这个实验一方面说明了阴阳极反应的相对部位；另一方面，指出由于氧浓差所引起的电化学不均匀性，导致了铁的局部腐蚀。

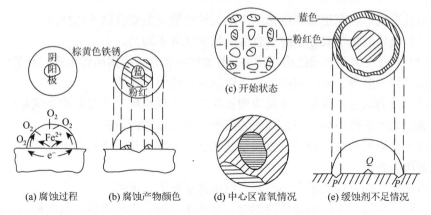

(a) 腐蚀过程　　　(b) 腐蚀产物颜色　　(d) 中心区富氧情况　　(e) 缓蚀剂不足情况

图 3-4　伊文斯盐水滴实验示意图

　　细致地进行这个实验，对金属腐蚀原理和局部腐蚀将会有较深入的了解。图 3-4（a）及图 3-4（b）只表示出稳定态的情况。最初，所谓的干净铁表面，在制备时总有划痕，因而表面存在不均匀性；同时盐水滴内的氧含量基本上是均匀的。因此，开始时蓝色所显示的阳极腐蚀区位于划痕线上，其周围出现粉红色所显现的阴极区，即图 3-4（c）所示情况。这种状态不会持续很久，因为盐水滴内的氧由于阴极过程［式（3-15）］而消耗，中心部位的水层最厚，氧从空气经扩散而来的补充又很慢，因而碱化过程逐渐停止，中心部位的粉红色小区逐渐消失。这时，阳极过程主要集中在滴内中心部位，为了保持电荷平衡，阴极反应的碱化过程便集中在富氧的盐水滴外缘，此时，外缘下铁表面腐蚀敏感点腐蚀形成的 Fe^{2+} 离子，在高碱性和富氧的情况下，将逐渐形成氢氧化物或氧化物的沉淀，这种沉淀物保护了敏感点，因此外缘的蓝色区域也会逐渐消失。通过这种过渡期的一系列变化，便出现图 3-4（a）所示的稳定状态。使用的指示剂的浓度应尽可能低，否则会干扰上述的电极过程［式（3-14）及式（3-15）］。例如，过多的 $K_3[Fe(CN)_6]$ 可能发生 $Fe(CN)_6^{3-}$ 的还原，消耗电子，促进阴极过程，而 $K_3[Fe(CN)_6]$ 沉淀在阳极区，也可能使氧更难于进入，加速阳极过程。因此 $K_3[Fe(CN)_6]$ 的浓度应尽可能低，最好只显示蓝色而无沉淀。通过实验，推荐如下浓度的试剂：在 100 mL 的 0.1 mol·L^{-1} NaCl 水溶液中，加入 0.5 mL 的 1%酚酞乙醇溶液及 3 mL 新配制的 1% $K_3[Fe(CN)_6]$水溶液。

　　改变如下实验条件可用来验证上述机理。

　　开始时盐水滴内不含氧：食盐水沸腾去氧，然后在氮气中冷却，然后加入指示剂。在这种情况下，一开始便出现如图 3-4（b）所示的稳定状态。

　　开始时盐水滴内饱和氧：食盐水溶液在 0℃时充氧饱和，然后回到室温，得到过饱和氧的食盐水溶液，加入指示剂进行实验。在这种情况下，则图 3-4（c）

所示的过渡状态可持续较长的时间。

液滴中心部位富氧：使盐水滴在氮气下进行实验，在液滴中心的上部吹氧。这时，中心部位富氧，而边缘部位缺氧，便出现了图 3-4（d）所示的情况，边缘受腐蚀，中心部位被保护，与图 3-4（b）所示的情况刚好相反。

阳极缓蚀剂不足量：例如，加入 $0.01 \sim 0.04 \ mol \cdot L^{-1} \ Na_2CO_3$ 水溶液后，受腐蚀的中心部位（Q）由于腐蚀产物的沉淀而受到保护，而边缘的敏感部位（P）由于缓蚀剂不足量，反而易于腐蚀，得到如图 3-4（e）所示的情况。

上述一系列实验还没有直接证明腐蚀电流的存在。如果将有盐水滴的铁板置于磁场中，确实发现了液滴的转动，如果改变磁场方向，则液滴反向转动，便可证明电流的存在。

3.2　腐蚀热力学判据

3.2.1　自由能

金属在自然和工业环境中发生腐蚀的原因可以由电化学热力学来解释，热力学只研究反应的可能性。热力学认为任何化学反应如果具有对环境做非体积功的能力，对外释放能量，即自由能降低，这种反应就可能自发进行。金属腐蚀就是一种自发进行的金属单质变成化合物的过程，如铁变为铁锈，同时释放能量。

金属（2 价）与大气中的氧和水发生如下典型反应：

$$M(金属) + H_2O + \frac{1}{2}O_2 \longrightarrow M(OH)_2 \tag{3-17}$$

$$M(金属) + \frac{1}{2}O_2 \longrightarrow MO \tag{3-18}$$

表 3-1 列出了部分金属在大气中腐蚀反应的自由能变化。可以看出，除金和铂以外，表中所列金属的腐蚀反应都伴随自由能降低，也就是说，大多数金属在大气中都会自发腐蚀。

表 3-1　金属在大气中腐蚀反应的自由能变化[2]

金属	腐蚀产物	自由能变化 $\Delta G^{\ominus}$ /(kJ·mol^{-1})	金属	腐蚀产物	自由能变化 $\Delta G^{\ominus}$ /(kJ·mol^{-1})
Mg	Mg(OH)$_2$	−560.2	Cu	Cu^{2+}	−165.4
Al	Al(OH)$_3$	−733.5	Ag	Ag$^+$	−38.5
Zn	Zn(OH)$_2$	−378.5	Pt	Pt^{2+}	22.6
Cr	Cr^{3+}	−510.0	Au	Au^{3+}	40.2
Fe	Fe^{2+}	−328.2			

自由能降低值越大，表明金属腐蚀的自发倾向越大，但热力学只是涉及反应的倾向，与反应速率无关。如表 3-1 所示，铝、镁、铬在大气中的腐蚀倾向比铁大，但实际上铁的腐蚀速率比铝、镁、铬快得多。这是因为腐蚀开始不久，在铝、镁、铬的表面上生成了一层致密的氧化物保护膜，能够阻碍腐蚀反应进一步发生，而铁的腐蚀产物——铁锈质地疏松、容易脱落，不能起到较好的防护作用，故腐蚀能以较快速度持续进行。

3.2.2 电极电位

大多数金属与水接触时具有离子化倾向。金属离子离开基体的同时，在金属表面留下相应数量的电子，离开基体的金属离子越多，留在表面的电子也越多，由于正负电荷之间吸引力的存在，金属离子化趋于困难，最终达成如下平衡：

$$M - ne^- \longrightarrow M^{n+} \tag{3-19}$$

不同的金属在不同溶液中的离子化倾向不同。当达到平衡时，金属在溶液中建立起平衡电极电位。若各相处于标准状态，即为标准电极电位。因为电极电位随溶液中金属离子活度和温度的变化而变化，所以采用 25℃下金属离子活度为 1 的溶液为标准溶液，此时的平衡电位为其标准电极电位。若以标准氢电极为阳极，并视其电位为零，则电极电位的大小和自由能一样，可以表示腐蚀的自发倾向，二者具有以下关系：

$$\Delta G^{\ominus} = -nE^{\ominus}F \tag{3-20}$$

式中，$\Delta G^{\ominus}$ 为电极反应的标准自由能变化；$E^{\ominus}$ 为原电池的电动势或金属的标准电极电位；n 为氧化还原反应的电子转移数；F 为法拉第常量（96500 $C \cdot mol^{-1}$）。

由此得出，原电池电动势越大，反应的自由能降低就越大，即反应的倾向性也越大。表 3-2 列出了一些重要金属的标准电极电位。

表 3-2　金属的标准电极电位[2]

电对	电极反应	标准电极电位/V
Li（Ⅰ）-Li	$Li^+ + e^- \rlap{=}= Li$	−3.045
K（Ⅰ）-K	$K^+ + e^- \rlap{=}= K$	−2.925
Ca（Ⅱ）-Ca	$Ca^{2+} + 2e^- \rlap{=}= Ca$	−2.87
Na（Ⅰ）-Na	$Na^+ + e^- \rlap{=}= Na$	−2.714
Mg（Ⅱ）-Mg	$Mg^{2+} + 2e^- \rlap{=}= Mg$	−2.37
Ti（Ⅱ）-Ti	$Ti^{2+} + 2e^- \rlap{=}= Ti$	−1.75
Al（Ⅲ）-Al	$Al^{3+} + 3e^- \rlap{=}= Al$	−1.662

电对	电极反应	标准电极电位/V
Mn（Ⅱ）-Mn	$Mn^{2+} + 2e^- =\!= Mn$	−1.10
Zn（Ⅱ）-Zn	$Zn^{2+} + 2e^- =\!= Zn$	−0.763
Cr（Ⅲ）-Cr	$Cr^{3+} + 3e^- =\!= Cr$	−0.744
Fe（Ⅱ）-Fe	$Fe^{2+} + 2e^- =\!= Fe$	−0.44
Cd（Ⅱ）-Cd	$Cd^{2+} + 2e^- =\!= Cd$	−0.403
Co（Ⅱ）-Co	$Co^{2+} + 2e^- =\!= Co$	−0.277
Ni（Ⅱ）-Ni	$Ni^{2+} + 2e^- =\!= Ni$	−0.250
Sn（Ⅱ）-Sn	$Sn^{2+} + 2e^- =\!= Sn$	−0.136
Pb（Ⅱ）-Pb	$Pb^{2+} + 2e^- =\!= Pb$	−0.126
Fe（Ⅲ）-Fe	$Fe^{3+} + 3e^- =\!= Fe$	−0.036
H（Ⅰ）-H	$2H^+ + 2e^- =\!= H_2$	0.000
Sn（Ⅳ）-Sn（Ⅱ）	$Sn^{4+} + 2e^- =\!= Sn^{2+}$	0.154
Cu（Ⅱ）-Cu	$Cu^{2+} + 2e^- =\!= Cu$	0.33
O（0）-O（−Ⅱ）	$O_2 + 2H_2O + 4e^- =\!= 4OH^-$	0.401
Cu（Ⅰ）-Cu	$Cu^+ + e^- =\!= Cu$	0.522
Fe（Ⅲ）-Fe（Ⅱ）	$Fe^{3+} + e^- =\!= Fe^{2+}$	0.771
Hg（Ⅰ）-Hg	$Hg^+ + e^- =\!= Hg$	0.788
Ag（Ⅰ）-Ag	$Ag^+ + e^- =\!= Ag$	0.799
Hg（Ⅱ）-Hg	$Hg^{2+} + 2e^- =\!= Hg$	0.854
Pd（Ⅱ）-Pd	$Pd^{2+} + 2e^- =\!= Pd$	0.987
Pt（Ⅱ）-Pt	$Pt^{2+} + 2e^- =\!= Pt$	1.2
O（0）-O（−Ⅱ）	$O_2 + 4H^+ + 4e^- =\!= 2H_2O$	1.229
Au（Ⅲ）-Au	$Au^{3+} + 3e^- =\!= Au$	1.498
Au（Ⅰ）-Au	$Au^+ + e^- =\!= Au$	1.68

　　对于实际腐蚀环境，表 3-2 中的数据不能直接引用。因为实际环境中不但浓度、温度与标准状态不同，而且金属材料也非纯金属单质，所以电极电位也常偏离标准值。另外金属表面通常附有氧化物，会使电位变正。有时在金属表面上存在局部电池，测得的电位将不仅仅是阳极电位，也有阴极电位，而非平衡电位，应是混合电位。金属材料在腐蚀溶液中的电位称为自然电位，也称腐蚀电位；当该电位变化程度很小时，称为稳定电位。

　　如上所述，腐蚀性介质中金属材料的整体电位称为腐蚀电位。均匀的全面腐蚀具有整体一致的自然电位或腐蚀电位；微观局部腐蚀中，表面平均电位基本一致；若阴、阳两极明显分开且介质的电阻较大时，不同部位的电位并不相同，采用微区测量可以得到材料表面的电位分布。因而腐蚀电位具有动力学上的表观平均性质，因此往往随时间而改变。

3.2.3　腐蚀原电池电动势

表 3-2 中的标准电极电位是纯金属在其离子活度为 1 的溶液中测得的电位值。平衡电位随离子浓度、温度和金属材料本身纯度的变化而变化，对于式（3-19）的电极反应，其关系可以用能斯特方程表示：

$$\phi_{M^{n+}/M} = \phi^{\ominus}_{M^{n+}/M} + \frac{RT}{nF}\ln \varPi\alpha_i^{\gamma_i} = \phi^{\ominus}_{M^{n+}/M} + \frac{RT}{nF}\ln\frac{\alpha_{M^{n+}}}{\alpha_M} \tag{3-21}$$

式中，$\phi_{M^{n+}/M}$ 为金属的平衡电位，V；$\phi^{\ominus}_{M^{n+}/M}$ 为金属的标准电极电位，V；R 为摩尔气体常量，$R = 8.314\ \text{J·K}^{-1}\text{·mol}^{-1}$；$T$ 为溶液的热力学温度，K；n 为金属离子的氧化数，即离子价数；F 为法拉第常量，$F = 96500\ \text{C·mol}^{-1}$；$\alpha_M$ 为金属活度；$\alpha_{M^{n+}}$ 为金属离子的活度。

由于固态纯金属的活度等于 1，因此式（3-21）简化为

$$\phi_{M^{n+}/M} = \phi^{\ominus}_{M^{n+}/M} + \frac{RT}{nF}\ln \alpha_{M^{n+}} \tag{3-22}$$

由式（3-22）可以看出，25℃时对于一价金属，活度每增加 10 倍，电位将增加 59.2 mV。若浓度降低，电位也随之降低。

若腐蚀反应中的阴极反应是氧去极化，即 O_2 还原为 OH^-［式（3-4）］，此时，OH^- 为还原态，O_2 为氧化态；用气体分压代替活度，代入式（3-21）中，得到：

$$\phi_{O_2/OH^-} = \phi^{\ominus}_{O_2/OH^-} + \frac{RT}{4F}\ln\frac{P_{O_2}}{\left[\alpha_{OH^-}\right]^4} \tag{3-23}$$

式中，$\phi^{\ominus}_{O_2/OH^-}$ 为氧的标准电极电位，+0.401 V；P_{O_2} 为氧气的分压，atm①。

若阴极反应为氢去极化反应，即 H^+ 得电子生成 H_2［式（3-2）］，此时，H_2 是还原态，H^+ 是氧化态。由于氢气在溶液体系中溶解度很小，活度视为 1，所以式（3-21）简化为

$$\phi_{H^+/H_2} = \frac{RT}{nF}\ln \alpha_{H^+} \tag{3-24}$$

腐蚀原电池电动势相当于腐蚀电池阴、阳极开路电位（OCP）之差。以海水环境为例，对于氧去极化腐蚀反应，设 $P_{O_2} = 0.2\ \text{atm}$，$pH = 8$，$\alpha_{M^{n+}} = 10^{-6}$，$T = 298\ \text{K}$。则阳极反应式（3-19）电位为

---

① 1 atm = 1.01325×10⁵ Pa。

$$\phi_{M^{n+}/M} = \phi_{M^{n+}/M}^{\ominus} + \frac{RT}{nF}\ln\alpha_{M^{n+}} = \phi_{M^{n+}/M}^{\ominus} + \frac{8.314\times298}{96500n}\ln10^{-6} = \phi_{M^{n+}/M}^{\ominus} - \frac{0.355}{n} \quad (3\text{-}25)$$

阴极氧去极化电位等于：

$$\phi_{O_2/OH^-} = \phi_{O_2/OH^-}^{\ominus} + \frac{RT}{nF}\ln\frac{P_{O_2}}{[\alpha_{OH^-}]^4} = 0.401 + \frac{8.314\times298}{96500\times4}\ln\frac{0.2}{[10^{-6}]^4} = 0.746(V) \quad (3\text{-}26)$$

则腐蚀电池电动势为

$$E^{\ominus} = \phi_{O_2/OH^-} - \phi_{M^{n+}/M} = 0.746 - \phi_{M^{n+}/M}^{\ominus} + \frac{0.355}{n} \quad (3\text{-}27)$$

当 $E^{\ominus}>0$，即 $\phi_{M^{n+}/M}^{\ominus} < 0.746 + \frac{0.355}{n}$ 时，反应自发进行。因为大多数金属的

标准电极电位 $\phi_{M^{n+}/M}^{\ominus}$ 均小于 $0.746 + \frac{0.355}{n}$，所以在海水中都易发生氧去极化腐蚀。

因此，人们应当重点考虑如何降低海水中金属的腐蚀速率，而不是从热力学上绝对停止腐蚀反应的发生。

对于氢去极化反应，设 $pH=8$，$\alpha_{M^{n+}}=10^{-6}$，$T=298K$。则阳极电位同上，而阴极电位为

$$\phi_{H^+/H_2} = \frac{RT}{nF}\ln\alpha_{H^+} = \frac{8.314\times298}{2\times96500}\ln10^{-8} = -0.474 \quad (3\text{-}28)$$

则腐蚀电池电动势为

$$E^{\ominus} = \phi_{H^+/H_2} - \phi_{M^{n+}/M} = -0.474 - \phi_{M^{n+}/M}^{\ominus} + \frac{0.355}{n} \quad (3\text{-}29)$$

当 $E^{\ominus}>0$，即 $\phi_{M^{n+}/M}^{\ominus} < -0.474 + \frac{0.355}{n}$ 时，反应自发进行，发生氢去极化腐蚀。

由表 3-2 可以看出，在该环境中，位于 Co 以上的金属都会发生氢去极化腐蚀。

腐蚀过程往往不是简单的一个阳极反应和一个阴极反应相耦合，有时会有多个反应相耦合，并常伴随一些后化学反应发生。金属的阳极反应平衡电位主要受溶液中该金属离子浓度和相关配位离子浓度的影响，阴极反应的平衡电位主要受溶液 pH 和气体分压的影响，因此，仅根据金属平衡电位和阴极反应平衡电位判断腐蚀过程能否发生是很粗略的，还要结合电势（位）-pH 图来判断。

3.3　电势（位）-pH 图

比利时化学家鲍尔拜（Pourbaix）用平衡体系中各物质的化学位，计算出了 M-H$_2$O 体系 25℃时各相之间的平衡数据，以平衡电位 ϕ（相对于标准氢电极）为纵坐标，pH 为横坐标，绘制出一系列电位-pH 图。

水溶液中的电化学腐蚀反应中会有不同价态的金属离子生成，常有腐蚀产物

参与进一步的化学反应（有时水也参与反应）。水溶液中总存在或多或少的 H^+ 或 OH^-，它们与腐蚀反应有着密切的关系。首先，一般腐蚀反应过程中的两个主要阴极反应都与 H^+ 或 OH^- 有关：

$$2H^+ + 2e^- \longrightarrow H_2 \uparrow \tag{3-30}$$

$$O_2 + 2H_2O + 4e^- \longrightarrow 4OH^- \tag{3-31}$$

其次，溶液的 pH 会影响阳极反应的类型和产物；溶入溶液中的金属离子通过水解作用也会改变溶液的 pH。

3.3.1　理论电势（位）-pH 图

完全由热力学数据绘制的 ϕ-pH 图称为理论电势（位）-pH 图，其绘制步骤如下。

（1）确定相关反应方程式和参与反应相关的物种：$O - ne^- \rightleftharpoons R$ 或 $A - mH^+ \rightleftharpoons B^{m+}$。

（2）根据相关物种搜集热力学和电化学数据，包括各化学形态的标准电极电位 $\phi^{\ominus}$ 和标准生成自由能 $\Delta G_f^{\ominus}$。

（3）计算有关反应的标准自由能 $\Delta G^{\ominus}$。

$$\Delta G^{\ominus} = \left(\sum \Delta G_f^{\ominus}\right)_{生成} - \left(\sum \Delta G_f^{\ominus}\right)_{反应} \tag{3-32}$$

（4）由 $\Delta G^{\ominus}$ 进一步计算：

平衡常数 $$K = \exp\left(-\frac{\Delta G^{\ominus}}{RT}\right) \tag{3-33}$$

标准电极电位 $$\phi^{\ominus} = -\frac{\Delta G^{\ominus}}{nF} \quad （相对标准氢电极） \tag{3-34}$$

再求得平衡电位 $$\phi = \phi^{\ominus} + \frac{RT}{nF}\ln\frac{\alpha_O}{\alpha_R} \tag{3-35}$$

整理得到 ϕ-pH-lgα 关系式。

（5）根据 ϕ-pH-lgα 关系，绘制各平衡关系线，最终得到 ϕ-pH 图。

下面以铁-水体系为例，绘制 ϕ-pH 图。

设离子活度为 10^{-6}，金属活度为 1，气体分压为 1 atm，$T = 298\ \text{K}$，由有关化学手册可以查得以下热力学和电化学数据：

$(\Delta G_f^{\ominus})_{H_2O} = -237.4\ \text{kJ}\cdot\text{mol}^{-1}$；

$(\Delta G_f^{\ominus})_{Fe^{2+}} = -85.0\ \text{kJ}\cdot\text{mol}^{-1}$；

$(\Delta G_f^{\ominus})_{Fe^{3+}} = -10.6\ \text{kJ}\cdot\text{mol}^{-1}$；

$(\Delta G_f^{\ominus})_{Fe_2O_3} = -741.5\ \text{kJ}\cdot\text{mol}^{-1}$；

$(\Delta G_f^{\ominus})_{Fe_3O_4} = -1014.9\ \text{kJ}\cdot\text{mol}^{-1}$；

$(\Delta G_f^{\ominus})_{Fe(OH)_2} = -483.9 \ kJ \cdot mol^{-1};$

$(\Delta G_f^{\ominus})_{Fe(OH)_3} = -695.0 \ kJ \cdot mol^{-1};$

$\phi_{Fe^{2+}/Fe}^{\ominus} = 0.440 \ V;$

$\phi_{Fe^{3+}/Fe^{2+}}^{\ominus} = +0.771 \ V;$

$\phi_{Fe_2O_3/Fe^{2+}}^{\ominus} = +0.728 \ V;$

$\phi_{O_2/H_2O}^{\ominus} = 1.229 \ V_\circ$

对于水溶液中的氢去极化（即析氢）反应[式（3-36）]和氧去极化（即吸氧）反应[式（3-37）]：

$$2H^+ + 2e^- \longrightarrow H_2 \uparrow \qquad\qquad (3\text{-}36)$$

$$\phi_{H^+/H_2} = \frac{RT}{nF} \ln \alpha_{H^+} = -0.0591pH$$

$$O_2 + 2H_2O + 4e^- \longrightarrow 4OH^- \qquad\qquad (3\text{-}37)$$

$$\phi_{O_2/H_2O} = \phi_{O_2/H_2O}^{\ominus} + \frac{RT}{nF} \ln\left(P_{O_2} / [\alpha_{H^+}]^4\right) = 1.229 - 0.0591pH$$

在 ϕ-pH 图上，与反应（3-36）和（3-37）相对应，均有两条互相平行的直线（a）和（b），并用虚线标出。

（1）　　　　　　　　$Fe^{2+} + 2e^- \Longrightarrow Fe_{(s)}$ 　　　　　　　　　（3-38）

$$\phi_{Fe^{2+}/Fe} = \phi_{Fe^{2+}/Fe}^{\ominus} + \frac{RT}{2F} \ln \alpha_{Fe^{2+}} = 0.440 + \frac{8.314 \times 298}{2 \times 96500} \ln 10^{-6} = -0.618 \ V$$

（2）　　　　　　　　$Fe^{3+} + e^- \Longrightarrow Fe^{2+}$ 　　　　　　　　　（3-39）

$$\phi_{Fe^{3+}/Fe^{2+}} = \phi_{Fe^{3+}/Fe^{2+}}^{\ominus} + \frac{RT}{F} \ln \frac{\alpha_{Fe^{3+}}}{\alpha_{Fe^{2+}}} = +0.771 \ V$$

以上两个反应无 H^+ 参加，即 ϕ 与 pH 无关，在图中为水平线段。

（3）　　　　　　$Fe_2O_{3(s)} + 6H^+ \Longrightarrow 2Fe^{3+} + 3H_2O_{(l)}$

该反应非氧化还原反应，需要求该反应平衡时的 pH。

平衡常数 $K = \dfrac{[\alpha_{Fe^{3+}}]^2}{[\alpha_{H^+}]^6}$ ，则

$$\lg K = 2\lg \alpha_{Fe^{3+}} - 6\lg \alpha_{H^+} = -12 + 6pH \qquad\qquad (3\text{-}40)$$

$$\Delta G^{\ominus} = 2(\Delta G_f^{\ominus})_{Fe^{3+}} + 3(\Delta G_f^{\ominus})_{H_2O} - (\Delta G_f^{\ominus})_{Fe_2O_3}$$

$$= 2 \times (-10.6) + 3 \times (-237.4) - (-741.5) = 8.1 \ kJ \cdot mol^{-1}$$

$$K = \exp\left(\frac{-\Delta G^{\ominus}}{RT}\right) = \exp\left(-\frac{8.1}{8.314 \times 298}\right) = 0.038$$

所以 $\qquad$ lg0.038 = −12 + 6pH

计算得出 pH = 1.76。

此反应有 H^+ 参加，但非氧化还原反应，在图上为垂直线段。

（4） $\qquad$ $Fe_2O_3(s) + 6H^+ + 2e^- \rightleftharpoons 2Fe^{2+} + 3H_2O(l)$

$$\phi_{Fe_2O_3/Fe^{2+}} = \phi^{\ominus}_{Fe_2O_3/Fe^{2+}} + \frac{RT}{nF}\ln\frac{[\alpha_{H^+}]^6}{[\alpha_{Fe^{2+}}]^2} = 0.728 + \frac{3RT}{F}\ln\alpha_{H^+} - \frac{RT}{F}\ln\alpha_{Fe^{2+}}$$

$$= 1.083 - 0.178pH \qquad (3\text{-}41)$$

（5） $\qquad$ $Fe_3O_4(s) + 8H^+ + 2e^- \rightleftharpoons 3Fe^{2+} + 4H_2O(l)$

因手册中无 $\phi^{\ominus}_{Fe_3O_4/Fe^{2+}}$ 数据，须先求之。

将上述反应与 $H_2 \rightleftharpoons 2H^+ + 2e^-$ 加和，得电池反应：

$$Fe_3O_{4(s)} + 6H^+ + H_2 \rightleftharpoons 3Fe^{2+} + 4H_2O_{(l)}$$

求该反应的标准生成焓： $\Delta G^{\ominus} = 3(\Delta G_f^{\ominus})_{Fe^{2+}} + 4(\Delta G_f^{\ominus})_{H_2O} - (\Delta G_f^{\ominus})_{Fe_3O_4}$

$$= -189.7 \text{ kJ·mol}^{-1}$$

因 $\qquad$ $\Delta G^{\ominus} = -nF\phi^{\ominus} = -nF\phi^{\ominus}_{Fe_3O_4/Fe^{2+}}$

则标准电极电位为 $\phi^{\ominus}_{Fe_3O_4/Fe^{2+}} = -\frac{\Delta G^{\ominus}}{nF} = \frac{189700}{2 \times 96500} = 0.983 \text{ V}$

所以

$$\phi_{Fe_3O_4/Fe^{2+}} = \phi^{\ominus}_{Fe_3O_4/Fe^{2+}} + \frac{RT}{2F}\ln\frac{[\alpha_{H^+}]^8}{[\alpha_{Fe^{2+}}]^3} = 1.516 - 0.236pH \qquad (3\text{-}42)$$

（6） $\qquad$ $Fe_3O_{4(s)} + 8H^+ + 8e^- \rightleftharpoons 3Fe_{(s)} + 4H_2O_{(l)}$

同上，先设计一个电池反应，求该电池反应的标准生成焓，然后求电极反应（6）的标准电极电位：

$$\phi^{\ominus}_{Fe_3O_4/Fe} = -\frac{\Delta G^{\ominus}}{nF} = \frac{[-1014.9 - 4 \times (-237.4)] \times 1000}{8 \times 96500} = -0.085 \text{ V}$$

然后根据能斯特方程求该电极反应的电极电位：

$$\phi_{Fe_3O_4/Fe} = \phi^{\ominus}_{Fe_3O_4/Fe} + \frac{RT}{8F}\ln[\alpha_{H^+}]^8 = -0.085 - 0.059pH \qquad (3\text{-}43)$$

（7） $\qquad$ $3Fe_2O_{3(s)} + 2H^+ + 2e^- \rightleftharpoons 2Fe_3O_{4(s)} + H_2O_{(l)}$

同上，

$$\phi^{\ominus}_{Fe_3O_4/Fe_2O_3} = -\frac{\Delta G^{\ominus}}{nF} = \frac{[3 \times (-741.5) - 2 \times (-1014.9) - (-237.4)] \times 1000}{2 \times 96500} = 0.221 \text{ V}$$

所以 $\qquad$ $\phi_{Fe_3O_4/Fe_2O_3} = \phi^{\ominus}_{Fe_3O_4/Fe_2O_3} + \frac{RT}{2F}\ln[\alpha_{H^+}]^2 = 0.221 - 0.059pH \qquad (3\text{-}44)$

（4）～（7）各反应中有 H^+ 和电子参加，在图中为斜线段。

根据以上平衡条件，以平衡电极电位 ϕ 为纵坐标，以 pH 为横坐标作图，得到如图 3-5 所示的 Fe-H_2O 体系的 ϕ-pH 图。图中线条上带括号的标号对应着上述反应及平衡条件方程的序号，此图是以 Fe、Fe_2O_3 和 Fe_3O_4 为平衡固相的，其中 Fe^{3+} 和 Fe^{2+} 活度均为 10^{-6}。在不同的 Fe^{3+} 和 Fe^{2+} 活度下得到的 ϕ-pH 图如图 3-6 所示。如果以 Fe、$Fe(OH)_2$ 和 $Fe(OH)_3$ 为平衡固相，利用相关反应（与上述反应有别）的平衡方程式可以作得图 3-7[3]。

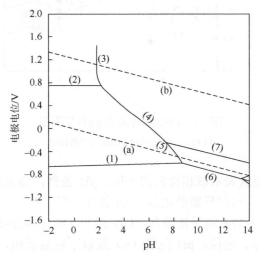

图 3-5　Fe-H_2O 体系的 ϕ-pH 图[3]

图中平衡固相分别是 Fe、Fe_3O_4、Fe_2O_3

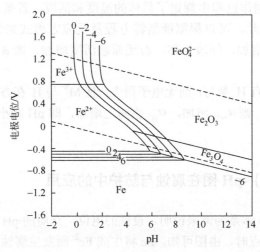

图 3-6　不同 Fe^{3+} 和 Fe^{2+} 活度下得到的 Fe-H_2O 体系的 ϕ-pH 图

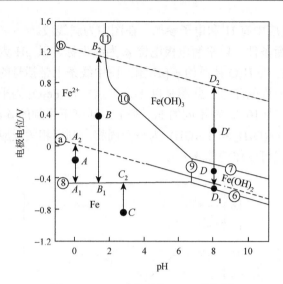

图 3-7　Fe-H$_2$O 体系的 ϕ-pH 平衡图

以 Fe、Fe(OH)$_2$ 和 Fe(OH)$_3$ 为平衡固相

ϕ-pH 图中各相区表示该相稳定的电位、pH 条件，相邻相区间的交界线则表示一定离子活度下两相平衡的电位、pH 条件。图 3-5 中（a）、（b）线分别表示式（3-36）、式（3-37）的平衡条件。（a）线与（b）线之间的区域是水稳定存在的电位、pH 条件。电位、pH 位于（a）线以下有氢析出，位于（b）线以上有氧生成。图的上部即高电位区为强氧化条件，图的下部即低电位区为强还原条件。

以上 ϕ-pH 图制作过程中规定了具体的温度和活度，若条件改变，则曲线将发生相应变化。对此，可以根据能斯特方程及反应方程式来分析，即当氧化态浓度增加时，ϕ 也增加，线段上移；若还原态活度增加，则 ϕ 减小，线段下移，如图 3-6 所示。

如果反应中只有 H$^+$ 参与，而无电子得失，且 M^{n+} 与 H$^+$ 在方程式的两侧，如反应式（3-40）所示，则 $\alpha_{M^{n+}}$ 增加，α_{H^+} 也随之增加，即 pH 减小，因此垂线左移；反之亦然。

3.3.2　电势（位）-pH 图在腐蚀与防护中的应用

现仍以 Fe-H$_2$O 体系为例来说明。设铁的电位、介质的 pH 对应于图 3-7 中ⓐ线与⑧线之间的 A 点时，由图可知，Fe 将生成 Fe^{2+} 而发生腐蚀，同时阴极反应生成氢气，即发生析氢腐蚀。如果铁的电位、介质的 pH 处于图 3-7 中ⓐ-⑨-⑩-ⓑ线

所包围区域的 B 点时，铁将伴随氧被阴极还原为 OH^- 的过程产生吸氧腐蚀。当铁的电位处于图 3-7 中⑧-⑥线以下时，如 C 点，在任何 pH 条件下都不会产生生腐蚀。如果 Fe-H$_2$O 系 ϕ-pH 条件处于图 3-7 中⑥-⑦线之间的 D 点时，首先铁将溶解，然后经由 Fe(OH)$_2$、Fe(OH)$_3$ 生成 Fe$_3$O$_4$；如果体系条件处于⑦-⑩-ⓑ线之间的 D' 点时，铁将先溶解，而后形成 Fe(OH)$_3$ 并最终生成 Fe$_2$O$_3$，成为致密的氧化膜，同铁表面牢固地结合在一起，会阻滞以后的腐蚀过程（该阻滞过程无法通过 ϕ-pH 平衡图直接得出）。

上述 ϕ-pH 平衡图中，从金属腐蚀的角度看大体分为三类相区。①金属的热力学稳定状态区，如图 3-7 中⑧-⑥线以下区域，在此相区内金属不可能发生腐蚀，故也称为"不腐蚀区"或"免蚀区"。②腐蚀区，⑧-⑨-⑩-⑪线与纵坐标轴所围区域。在该区域内 Fe^{2+} 为主要稳定存在形态，铁将自发转化为 Fe^{2+}，也有 Fe^{3+} 存在，因此称作"腐蚀区"。③钝化区，图 3-7 中⑨-⑩-⑪线以右区域，表示与固相金属平衡的金属离子活度小于 10^{-6}，此时腐蚀速率很小，可以忽略不计而认为"无腐蚀"，另外在 Fe-H$_2$O 体系图中这个相区内生成 Fe$_2$O$_3$ 致密氧化膜，它与铁表面牢固地结合在一起，将抑制以后的腐蚀过程，因此称"钝化区"。按照这种方法将图 3-7 划分为三个区域，变成了表明腐蚀状态的 ϕ-pH 图，如图 3-8 所示，称为 ϕ-pH 腐蚀状态图。

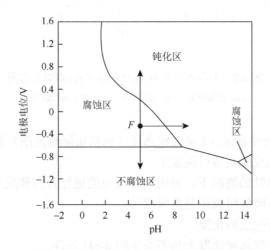

图 3-8　Fe-H$_2$O 体系 ϕ-pH 腐蚀状态图

ϕ-pH 腐蚀状态图对于腐蚀研究和防腐蚀工作非常有用。首先可以根据 ϕ-pH 条件预测该金属是否可能发生腐蚀或因钝化而抑制腐蚀发展。其次也可由它指示防腐蚀途径。如图 3-8 中 F 点处于腐蚀区，若将电位降低至不腐蚀区，即可以从根本上防止腐蚀，此即阴极保护法；若将电位升高至钝化区，则可能实现腐蚀的抑制，为此可以采用阳极极化（保护）或添加阳极缓蚀剂（钝化剂）来实现；也可以使溶液的 pH 升高，从而使之进入钝化区，如向工业用水中加入碱，使 pH 达到 $10\sim13$ 以减轻钢铁的腐蚀。

以上讨论是由热力学计算得出的 ϕ-pH 图和由此导出的腐蚀状态图。实验证明，这些计算得出的腐蚀状态图往往与实测结果有一定差异，如图 3-9（a）～（c）所示[3]。实际应用时最好利用实测的腐蚀状态图。

ϕ-pH 的应用已发展到根据实测腐蚀状态图来说明局部腐蚀（主要是孔蚀和应力腐蚀开裂）。图 3-9（c）例示了含 Cl^- 溶液中产生孔蚀的 ϕ-pH 条件。

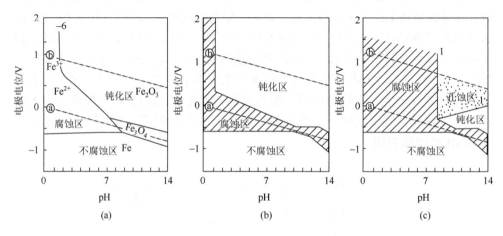

图 3-9　不同条件下 Fe-H_2O 体系 ϕ-pH 腐蚀状态图

（a）计算结果；（b）实测结果；（c）含 $1mol \cdot dm^{-3}$ Cl^-

ϕ-pH 图及其衍生的 ϕ-pH 腐蚀状态图（包括实际测定图）有下列用途。

（1）说明腐蚀反应是否可能发生。

（2）在发生腐蚀的情况下，说明腐蚀反应的进行方向和反应产物，并可据此判断腐蚀的类型是吸氧腐蚀还是析氢腐蚀。

（3）说明能否生成钝化膜。

（4）查明某些局部腐蚀发生与不发生的 ϕ-pH 条件。

（5）说明防止腐蚀或改变腐蚀形态的途径。

由于这类图基于热力学数据，因此其不能说明腐蚀过程的机理及腐蚀速率；由于它未考虑固/液界面性质，故无法说明界面反应与其产物的性质，以及对腐蚀过程的影响；实际情况下，金属材料和环境介质的复杂性在这类 ϕ-pH 图中反映不出来，故只能近似参考。

思　考　题

1. 举例说明腐蚀电池的阴阳极反应和电子的传递，并求腐蚀原电池电动势。

2. 试述伊文斯盐水滴实验的方法、步骤、现象以及说明的问题。

3. 绘制 ϕ-pH 图的基本步骤是什么？以下式为例计算 ϕ-pH 关系式。

$$Cu_2O + 2H^+ + 2e^- \rightleftharpoons 2Cu + H_2O$$

已知：
$$(\Delta G_f^\ominus)_{H_2O} = -237.2kJ \cdot mol^{-1}$$
$$(\Delta G_f^\ominus)_{Cu_2O} = -146.4kJ \cdot mol^{-1}$$

4. 根据 Fe-H$_2$O 体系的 ϕ-pH 图说明 Fe 的腐蚀性及防护措施。

参 考 文 献

[1]　肖纪美. 腐蚀总论——材料的腐蚀及其控制方法[M]. 北京：化学工业出版社，1994：14.

[2]　左景伊，左禹. 腐蚀数据与选材手册[M]. 北京：化学工业出版社，1995：5.

[3]　化学工业部化工机械研究院. 腐蚀与防护手册——腐蚀理论、试验及监测[M]. 北京：化学工业出版社，1997：12，16.

第 4 章 电化学腐蚀动力学——电极过程动力学基础

4.1 电极过程的基本特征

电化学腐蚀过程就是腐蚀原电池过程，原电池是化学能转化为电能的装置，因此可逆电池的能量来源于化学反应。在恒温恒压下，一个自发的化学反应在原电池中可逆地进行，电池放电时做最大非体积功，即电功。热力学基本原理表明：封闭系统在恒温恒压下，可逆过程中所做的最大非体积功 $W_{f,max}$ 等于系统摩尔吉布斯自由能的变化，即 $\Delta_r G_m = W_{f,max} = -nFE$ ，所以，电池电动势为 $E = \dfrac{-\Delta_r G_m}{nF}$ 。由上式可以看出，在宏观上原电池电动势的大小取决于电池反应摩尔吉布斯自由能的变化。

同时，已知：$\Delta_r G_m = -RT \ln K$ ，即 $\ln K = \dfrac{nEF}{RT}$ ；当 298K 时，$\lg K = \dfrac{nE}{0.059}$ 。也就是说电化学腐蚀反应产生的电动势 E 与反应平衡常数 K 呈对数关系。

电化学腐蚀本质上是一种电极过程。

电化学反应是在两类导体界面上发生的有电子参加的氧化反应或还原反应。电极本身既是传递电子的介质，又是电化学反应发生的位置。为了使这个反应在一定电位下得以在电子导体与离子导体（电解质）界面间顺利进行，不可避免地会涉及某些与之有联系的物理和化学变化。通常将电流通过电子导体与溶液界面时所发生的一连串变化的总和称为电极过程[1]。

在两类导体界面上发生的电极过程是一种有电子参加的异相氧化还原反应。电极电位相当于异相反应的催化剂。因此，电极过程应当服从异相催化反应的一般规律。首先，反应是在两相界面上发生的，反应速率与界面面积的大小和界面的特性有关。其次，反应速率在很大程度上受电极表面附近很薄的液层中反应物和产物的传质过程的影响。如果没有传质过程，则反应物来源断绝或产物疏散不出去，反应自然不能持续地进行。此外，这类反应还与新相（气体、晶体等）生成过程密切相关。但是，电极过程除了具有一般异相催化反应的共性外，还有它自己的特殊性。界面电场对电极反应速率具有重大作用。界面间电位差只要改变 0.1 V 左右，就足以使反应速率成十倍地增加。

根据对电极反应历程的分析研究得知，它是由一系列性质不同的单元步骤组成的。除了接续进行的步骤之外，还可能有平行的步骤存在。至少包括以下三个必不可少的接续进行的单元步骤。

（1）反应物粒子自溶液内部或自液态电极内部向电极表面附近输送的单元步骤，称为液相传质步骤。

（2）反应物粒子在电极与溶液界面间得电子或失电子的单元步骤，称为电子转移步骤。

（3）产物粒子自电极表面向溶液内部或向液态电极内部疏散的单元步骤，这也是个液相传质步骤；若电极反应生成气态或晶态（如形成金属晶体）的产物，这个步骤称为新相生成步骤。

在步骤（1）与步骤（2）之间，还可能存在着反应物粒子得失电子之前在界面附近液层中或电极上进行的某些变化，称为前置的表面转化步骤。在某些电极过程中，步骤（2）与步骤（3）之间也可能存在着电子转移步骤，产物进一步转化为其他物质，称为后续的表面转化步骤。

电极过程中各个单元步骤进行的速度并不一样。在一定大小推动力作用下，某个单元步骤的阻力越大，它进行起来越困难，其速度也就越慢。这里所说的快慢，是指其他单元步骤不存在的条件下，该步骤单独进行时的速度。如果是几个步骤接续进行的话，在稳态下各个单元步骤的速度都应当相同。每个单元步骤单独进行时速度有大有小，说明它们所蕴藏的反应能力大小不同；几个单元步骤在稳态下接续进行时，它们的速度又都一样，这就意味着在这种情况下，某些单元步骤的反应能力得不到充分发挥。

几个接续进行的单元步骤中，如果有一个步骤的速度比其他的步骤小得多，则电极过程中每个步骤的速度在稳态下都应当与这个最慢步骤的速度相等，即由它来控制整个电极过程的速度。这个控制着整个电极过程速度的单元步骤，称为电极过程的速度控制步骤。只有采取措施提高了速度控制步骤的速度，才能提高整个电极过程的速度。

电极过程是包括多个步骤的复杂过程。一般情况下包括下列基本过程[2]。

（1）电化学反应过程——在导体/溶液界面上得到或失去电子生成反应产物的过程，即电子传递过程。表达共轭反应电子传递能力的物理化学参数是交换电流密度。

（2）反应物和反应产物的传质过程——反应物向电极表面传递或反应产物自电极表面向溶液中或向导体内部的传递过程，用扩散速率或者扩散流量来表达，扩散的极限值用极限扩散电流密度来表达。

（3）溶液中离子的电迁移或电子导体中电子的导电过程，分别用电导率和电导（或者电阻）来表示。

（4）电极界面双电层的充放电过程，可以用双电层电容来表达双电层可以容纳的电荷。

　　此外，还可能有吸（脱）附过程、新相生长过程，以及伴随电化学反应而发生的一般（后续）化学反应等。这些基本过程各有各的特点及影响因素；既可以接续进行，又有可能同时发生。例如，电化学反应过程与反应物或者反应产物的传质过程往往是接续进行的；电化学反应过程与双电层充放电过程同时发生，随着条件（电极电位等）变化，两者所占比例发生变化。

　　在研究电极过程时首先应分析总的电极过程可能包括哪些基本过程，了解各基本过程的特点及相互关系，尤其要抓其中的主要矛盾。

　　电化学反应过程的主要矛盾是反应粒子的能量和活化能峰之间的矛盾，主要影响因素是电极电位、反应物的活度及电极的实际表面积等。

　　反应物和反应产物传质过程的主要矛盾是浓差和扩散阻力，主要影响因素为电流密度及其持续时间、反应物或产物的浓度和搅拌速度等。

　　双电层充放电过程的主要矛盾是电流和双电层电容，主要影响因素为电流密度及其持续时间、表面活性物质的吸附等。

　　离子导电过程的主要矛盾是溶液中的电场和电迁移阻力，主要影响因素为溶液中的电位差、电迁移距离和离子浓度等。

　　电极总过程中上述各种基本过程的地位随具体条件而变化，总过程的主要矛盾也随之转化。为了有成效地研究某个基本过程，就必须创造条件使该过程在电极总过程中占主导地位，这时该过程的主要矛盾便成为电极总过程的主要矛盾，影响着总过程的特征和发展规律。

　　现代的各种电化学研究方法便是基于这种原则。例如，为了测定溶液的电阻或电导，必须创造条件使溶液的导电过程占主导地位。采用的办法是把电导池的铂电极镀上铂黑，增大电极表面积，加速电极反应速率。同时提高交流电频率，使电极反应、反应物或反应产物的传质过程以及双电层的充放电过程都几乎不发生或者快速达到平衡，退居次要地位，不影响溶液导电过程。

　　如果要测定电化学反应速率，则必须创造条件使电化学反应以外的其他过程退居次要地位。如果电极反应速率足够快，以至于传质过程成为控制步骤，则传质过程就会影响电化学反应过程的研究。在这种情况下，要研究电化学反应则必须设法缩短单向电流持续时间，不产生明显的浓差极化，或者使传质过程的速度加快，使电化学反应成为速度控制步骤，常用的手段是暂态法、加强搅拌、使用旋转电极等。

　　为了使电极过程得以在所要求的速度下进行，必须增加对电极过程的推动力，即需要一定的过电位。电极过程的过电位可以是由各种不同原因引起的。根据电极过程中速度控制步骤的不同，可将过电位分为四类：①由于电子传递过程控制整个电极过程速度而引起的过电位，称为电子传递过电位；②由于液相传质步骤控制整个电极过程速度而引起的过电位，称为浓差过电位；③由于表面转化步骤控制整个电极过程速度而引起的过电位，称为反应过电位；④由于原子进入电极的晶格存在困难而引起的过电位，称为结晶过电位。

当前对过电位的分类并非完全一致。例如，也有研究主张把导体与溶液界面间出现的各种膜电阻（如氧化膜）所引起的电位变化（欧姆电位降）称为欧姆过电位，将它作为过电位的另一种类型。还有研究把电子传递过电位与反应过电位合在一起，称为活化过电位，这是因为它们均与反应的活化自由焓有关。

应当注意，电极过程受到几个基本过程共同控制时的过电位，并不等于这几个基本过程独自作为控制步骤时得出的各个过电位的总和，而仍然与其中"最慢"过程的过电位一致。

改变速度控制步骤的速度就可以改变整个电极过程的速度，所以在电极过程中找出它的速度控制步骤显然是一个很重要的任务。掌握各基本过程的动力学特征后，可以把由实验得到的电极过程动力学特征加以分析。如果它与某个基本过程动力学特征相同，即某个基本过程的动力学公式可以代表整个电极过程的动力学公式，则这个基本过程就是电极过程的速度控制步骤。影响这个基本过程速度的因素，也就是影响整个电极过程速度的因素。为此，首先要通过实验对每个单元过程的动力学特征分别进行研究，采取措施使电极过程中其他过程都远比需要研究的过程容易进行，或者是使其他基本过程的影响变成已知的，从而可以定量地修正它。这样就可以研究出某一基本过程的特征和影响这个过程速度的各个因素。

当电化学反应为速度控制步骤时，则测得的整个电极过程的动力学参数就是该电化学过程的动力学参数。反之，当扩散为速度控制步骤时，则整个电极过程的速度服从扩散动力学的基本规律。当控制步骤发生转化时，往往同时存在着两个控制步骤，这时电极反应处于混合控制区，简称混合区。

电极反应在导体与溶液界面间进行，可以用一般的表示异相反应速率的方法来描述电极反应的速度 v_r，即以单位表面上所消耗的反应物摩尔数表示，其单位为 $mol \cdot s^{-1} \cdot m^{-2}$。例如，反应物 O 与电子结合形成产物 R 的总反应可表示为 $O + ne^- \Longrightarrow R$，其中 n 为一个反应物粒子 O 在反应中所需要的电子数。在电极反应的前后还有液相传质过程等步骤存在。因为在稳态下进行的各步骤速度应当相等，所以可根据单位时间内这个电极反应式所需要的电量来表示这个电极过程的反应速率。

由法拉第定律可知，电极反应所消耗的反应物（或者生成的产物）的物质的量与电极上通过的电量成正比，可用下列公式表示为

$$Q = nFm$$

即

$$m = \frac{Q}{nF} \tag{4-1a}$$

式中，m 为物质的量，mol；Q 为电极上通过的电量，C；n 为得失电子数；F 为法拉第常量（96500 C·mol^{-1}）。

因此，可将物质的量表示的反应速率 v_r（mol·s^{-1}·m^{-2}）转换成以电流密度表示的反应速率 i（A·m^{-2}），在上述反应中，两者的关系为

$$i = \frac{I}{t} = \frac{Q}{St} = \frac{nFm}{St} = nF\frac{m}{St} = nFv_r \qquad (4\text{-}1b)$$

式中，i 为以 A·m^{-2} 表示的电流密度。因为 nF 为常数，所以 i 与 v_r 成正比。在电化学中总是习惯于用电流密度来表示反应速率。

4.2 　电化学极化过程

电子传递过程是电化学中的核心问题，下面讨论电子传递过程为控制步骤时的动力学公式[3]。

在进行电子传递过程时，意味着电极上发生了两件事：一个是有化学反应发生，另一个是有电流通过。电子传递过程将化学反应与电流紧密地联系在一起。

有些电子传递不是发生在两类导体的界面上，而是在溶液的体相内部发生。这种情况下的电子传递是杂乱无章的，方向是任意的，所以不能形成电流。例如，对于溶液中存在 $Fe^{2+} - e^- \rightleftharpoons Fe^{3+}$ 平衡来说，只要溶液中存在着可以接受 Fe^{2+} 给出的电子的粒子，如 $Cr_2O_7^{2-}$ 可以按照下列反应式接受电子：$Cr_2O_7^{2-} + 14H^+ + 6e^- \rightleftharpoons 2Cr^{3+} + 7H_2O$，电子传递反应就可以发生。这种反应显然不是这里讨论的对象。

在电极上发生的电子传递是具有方向性的，或者是反应物将电子传给电极界面发生氧化反应，或者反应物从电极界面得到电子发生还原反应，二者总是同时存在的。如果在同一电极上的两个方向的反应速率相等，则从宏观上看无电流表现；但当二者反应速率不同时，就会在电极上产生静电流（表观电流）。当还原反应速率大于氧化反应速率时，电极上产生阴极电流；反之，则产生阳极电流。

设电极反应为 $R \longrightarrow O + ne^-$，其中 O 为氧化产物，R 为还原物。在推导电子传递过程中反应速率与电极电位的关系时，假定液相传质步骤速度很快，紧靠电极表面的液层中反应物与产物的浓度与溶液内部的总体浓度相同，并且认为正在参加电极反应的反应物位于外紧密层。为了使问题简化，还规定物质 O 与物质 R 以及溶液中的局外电解质均不能吸附于电极上。此外，还假定电极本身与物质 O 和物质 R 之间不存在任何化学的相互作用。

根据过渡状态理论，反应物 O 转变为产物 R 时需要越过一定的势垒，即需越过图 4-1 中的过渡态，根据质量作用定律 $v = kC$ 和阿伦尼乌斯关系式

$k = A_a \exp\left(-\dfrac{E_a}{RT}\right)$（$E_a$ 为反应活化能），此时单位面积上的阳极反应和阴极反应速率分别表示为[4]

氧化反应（阳极）：　　$v_a^0 = A_a C_R \exp\left(-\dfrac{W_1}{RT}\right) = k_a^0 C_R$　　　　　　　(4-2)

还原反应（阴极）：　　$v_c^0 = A_c C_O \exp\left(-\dfrac{W_2}{RT}\right) = k_c^0 C_O$　　　　　　　(4-3)

若用电流密度表示反应速率，则

$$i_a^0 = nF v_a^0 = nF k_a^0 C_R \tag{4-4}$$

$$i_c^0 = nF v_c^0 = nF k_c^0 C_O \tag{4-5}$$

式中，W_1 为反应过渡态与反应始态之间标准自由焓之差，即氧化反应的标准活化自由焓（活化能）；W_2 为反应过渡态与反应终态之间标准自由焓之差，即还原反应的标准活化自由焓（活化能）；A_a、A_c 为指前因子；k_a^0、k_c^0 为 $\Delta\phi = 0$，即电极电位为平衡电位时的反应速率常数；C_O 与 C_R 分别为物质 O 与物质 R 在总体溶液中的活度。

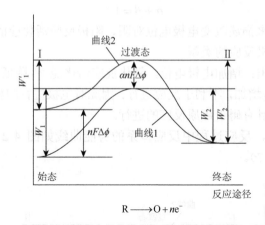

图 4-1　电极电位与电极反应活化能的关系
阳极极化反应过程中反应体系的势能曲线

在平衡电位下，电极反应处于一种动态平衡，即 $v_a^0 = v_c^0$，净反应速率为零，宏观上无反应物的消耗和生成物的产生，因此 $i_a^0 = i_c^0 = i^0$，其中 i^0 称为交换电流密度，是平衡电位下单向氧化或单向还原的电流密度，它与反应体系中各组分的活度有关，是衡量电化学极化难易的主要标志，也称为极化容量。i^0 值越大，越难极化；$i^0 \to \infty$ 时，则无论通过多大的净电流也不会引起电化学极化，具有这样性能的电极称为"理想可逆电极"或"理想不极化电极"。例如，作为参比电极的饱和甘汞电极，其 i^0 在 0.1A·cm^{-2} 数量级。i^0 值越小，则越容易极化，当 $i^0 \to 0$ 时，则只要有微小净电流就会引起显著的电化学极化，具有这样性能的电极称为"理想不可逆电极"或"理想极化电极"。例如，极谱分析中的滴汞电极，已知氢在汞上反应的 i^0 在 10^{-12} A·cm^{-2} 数量级。i^0 是电化学极化中很重要的动力学参数。

电极电位对电化学反应速率的影响主要是通过影响反应活化能来实现的。当氧化反应按照 R ⟶ O + ne^- 进行时，伴随着每一摩尔物质的变化，总有数值为 nF 的电荷转移，若电极电位增加 $\Delta\phi$（即对电极进行阳极极化），则反应物的总势能必然也增大 $nF\Delta\phi$，因此，反应过程中反应体系的势能曲线由图 4-1 中的曲线 1 上升为曲线 2，则阳极反应和阴极反应的活化能分别减小和增大了 $nF\Delta\phi$ 的某一分数，即改变电极电位后：

阴极还原反应活化能：

$$W_2' = W_2 + \alpha nF\Delta\phi \tag{4-6}$$

阳极氧化反应活化能：

$$W_1' = W_1 + \alpha nF\Delta\phi - nF\Delta\phi = W_1 - nF\Delta\phi(1-\alpha) = W_1 - \beta nF\Delta\phi \tag{4-7}$$

式中，α 和 β 为阴极反应和阳极反应的"传递系数"。

$$\alpha + \beta = 1 \tag{4-8}$$

传递系数是用来描述改变电极电位对阴、阳极反应活化能的影响程度，二者的大小主要决定电极反应的类型。

由上述可以看出：增加电极电位，氧化反应活化能 W_1 降低，利于反应进行；还原反应活化能 W_2 增加，不利于反应进行；因此对电极进行阳极极化时，有利于氧化反应的进行，且有碍于还原反应的进行。

对于阴极极化，反应过程中反应体系的势能曲线如图 4-2 所示，同理可得式（4-6）和式（4-7）。

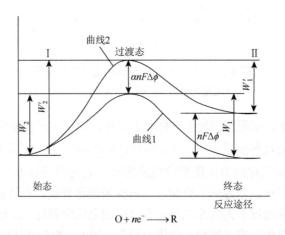

图 4-2　电极电位与电极反应活化能的关系

阴极极化反应过程中反应体系的势能曲线

当电极电位改变 $\Delta\phi$，则有

$$i_a = nFv_a = nFA_aC_R \exp\left(-\frac{W_1 - \beta nF\Delta\phi}{RT}\right) = nFK_a^0 C_R \exp\left(\frac{\beta nF\Delta\phi}{RT}\right) = i^0 \exp\left(\frac{\beta nF}{RT}\Delta\phi\right)$$

(4-9)

$$i_c = nFv_c = nFA_cC_O \exp\left(-\frac{W_2 + \alpha nF\Delta\phi}{RT}\right) = nFK_c^0 C_O \exp\left(-\frac{\alpha nF\Delta\phi}{RT}\right)$$

$$= i^0 \exp\left(-\frac{\alpha nF}{RT}\Delta\phi\right)$$

(4-10)

若取氧化还原体系的平衡电位（ϕ^0）作为电位标零点，则 $\Delta\phi$ 就表示实际电极的极化电位与其平衡电位之差，即过电位 η。一般情况下，过电位用 η 表示，且取正值，则有

阳极过电位：$\qquad\qquad \eta_a = \phi - \phi^0 = \Delta\phi$

阴极过电位：$\qquad\qquad \eta_c = \phi^0 - \phi = -\Delta\phi$

由此可将式（4-9）、式（4-10）改写为

$$i_a = i^0 \exp\left(\frac{\beta nF}{RT}\eta_a\right), \quad \eta_a = -\frac{2.303RT}{\beta nF}\lg i^0 + \frac{2.303RT}{\beta nF}\lg i_a \qquad (4\text{-}11)$$

$$i_c = i^0 \exp\left(\frac{\alpha nF}{RT}\eta_c\right), \quad \eta_c = -\frac{2.303RT}{\alpha nF}\lg i^0 + \frac{2.303RT}{\alpha nF}\lg i_c \qquad (4\text{-}12)$$

即 η 与 $\lg i_c$ 或 $\lg i_a$ 之间存在线性关系，这是电化学过程最基本的动力学特征。

需要指出的是，上面提到的 i_a、i_c 是与单向氧化反应和单向还原反应相对应的电流密度，而不能将此电流值与外电路中可以用测量仪表测量出的电流 I 混为一谈，更不能错误地认为 i_a、i_c 是电解池中"阳极上"或"阴极上"的电流。i_a 和相应的 i_c 总是在同一电极上出现的，不论在电化学装置中的阳极还是阴极上，都同时存在 i_a 和 i_c。

实际测得的电流密度称为"表观电流密度" I，是 i_a 和 i_c 的代数和。

阳极极化的电流密度为

$$I_a = i_a - i_c = i^0 \left[\exp\left(\frac{\beta nF}{RT}\eta_a\right) - \exp\left(-\frac{\alpha nF}{RT}\eta_c\right)\right] \qquad (4\text{-}13a)$$

阴极极化的电流密度为

$$I_c = i_c - i_a = i^0 \left[\exp\left(\frac{\alpha nF}{RT}\eta_c\right) - \exp\left(-\frac{\beta nF}{RT}\eta_a\right)\right] \qquad (4\text{-}13b)$$

当对电极进行强极化时，即 $\eta \geqslant \dfrac{RT}{\beta nF}$ 或者 $\eta \geqslant \dfrac{RT}{\alpha nF}$，当 $T = 298\text{K}$，$\alpha = \beta = \dfrac{1}{2}$ 时（α 与 β 不一定相等），该值为 0.059/n（V）。通常 $\eta > 70\text{ mV}$ 时认为是强极化，

则式（4-13）中第二项可以忽略不计：

$$I_a = i^0 \exp\left(\frac{\beta nF}{RT}\eta_a\right) \quad 和 \quad I_c = i^0 \exp\left(\frac{\alpha nF}{RT}\eta_c\right) \tag{4-14a}$$

整理得到：

$$\eta_a = -\frac{2.303RT}{\beta nF}\lg i^0 + \frac{2.303RT}{\beta nF}\lg i_a$$

和

$$\eta_c = -\frac{2.303RT}{\alpha nF}\lg i^0 + \frac{2.303RT}{\alpha nF}\lg i_c \tag{4-14b}$$

或写成

$$\eta = a + b\lg i \tag{4-14c}$$

该强极化方程称为塔费尔（Tafel）公式。式中，$a = -\frac{2.303RT}{\beta nF}\lg i^0$（对应阳极极化）或者 $a = -\frac{2.303RT}{\alpha nF}\lg i^0$（对应阴极极化）；$b_a = \frac{2.303RT}{\beta nF}$（对应阳极极化）或者 $b_c = \frac{2.303RT}{\alpha nF}$（对应阴极极化）。$a$ 与材料本质有关，b 与反应有关。

当对电极进行微极化时，即 $\eta \leqslant \frac{RT}{\beta nF}$ 或者 $\eta \leqslant \frac{RT}{\alpha nF}$（通常 $\eta < 10$ mV）。

由于 $e^x = 1 + \frac{x}{1!} + \frac{x^2}{2!} + \cdots$，$e^{-y} = 1 - \frac{y}{1!} + \frac{y^2}{2!} - \cdots$

当 x，y 很小时，$e^x - e^{-y} = 1 + x - (1-y) = x + y$，所以，当 η 很小时，式（4-13）简化为

$$i \approx i^0\left(1 + \frac{\beta nF}{RT}\eta - 1 + \frac{\alpha nF}{RT}\eta\right) = i^0\frac{nF}{RT}\eta \tag{4-15a}$$

或写成

$$\eta = R_p i \tag{4-15b}$$

η 与 i 呈线性关系，所以这一区域又称为线性极化区；式中，$R_p = \frac{RT}{nF} \cdot \frac{1}{i^0}$，称为极化电阻，单位 $\Omega \cdot cm^2$。

当 η 在 $10 \sim 70$ mV 时为弱极化区，极化方程中包括三个参数 α、β、i^0，可采用迭代法求解。

图4-3（a）图指出了极化的三个区：（Ⅰ）线性极化区、（Ⅱ）弱极化区和（Ⅲ）强极化区，对应的方程分别为式（4-15）、式（4-13）和式（4-14）。图4-3（b）中实线是 η-$\lg i_a$、η-$\lg i_c$ 关系线，虚线是 η-$\lg I_a$、η-$\lg I_c$ 关系线，对应的方程分别为式（4-11）、式（4-12）和式（4-13）；由图中可以看出，当 η 值较大时，$\lg i_a$（或者 $\lg i_c$）= $\lg i$。两条实线的交点对应于 ϕ^0 和 $\lg i^0$ 值，实验中只能得到虚线。

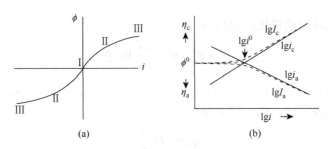

图 4-3 极化曲线图解

对单一电对 $O+ne^-$ ⟶ R 来说，$\alpha+\beta=1$，但对于由两个以上电对构成的氧化还原体系（共轭体系），则 $\alpha+\beta\neq1$。例如，腐蚀原电池中：

阳极反应：$\qquad\qquad$ $Fe-2e^-$ ⟶ Fe^{2+} $\qquad\qquad\qquad$ （Ⅰ）

阴极反应：$\qquad\qquad$ $2H^++2e^-$ ⟶ H_2 $\qquad\qquad\qquad$ （Ⅱ）

总反应：$\qquad\qquad$ $Fe+2H^+$ ⟶ $Fe^{2+}+H_2$ $\qquad\qquad$ （Ⅲ）

对于反应（Ⅰ）和（Ⅱ）分别有 $\alpha_1+\beta_1=1$，$\alpha_2+\beta_2=1$，而对于反应（Ⅲ）来讲 $\alpha_3+\beta_3\neq1$。这是由于 α_3 是反应（Ⅱ）中的 α_2，β_3 是反应（Ⅰ）中的 β_1，即 $\alpha_3+\beta_3=\alpha_2+\beta_1\neq1$。

4.3 浓差极化过程

浓差极化是由电极通电过程中界面附近电活性物质浓度变化造成的平衡电位偏移，此时电极反应仍是可逆的，可以用能斯特公式描述。

图 4-4 是浓差极化时的浓度分布示意图。C_o 是溶液本体浓度，C_s 是极化后反应粒子的表面浓度，δ 是扩散层厚度。

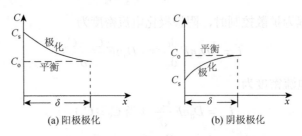

图 4-4 浓差极化时浓度分布示意图

阳极极化时浓差极化过电位为

$$\eta_a'=\phi'-\phi^0=\frac{RT}{nF}\ln C_s-\frac{RT}{nF}\ln C_o=\frac{RT}{nF}\ln\frac{C_s}{C_o} \qquad (4\text{-}16)$$

阴极极化时浓差极化过电位为

$$\eta_c' = \phi^0 - \phi' = \frac{RT}{nF}\ln\frac{C_o}{C_s} \tag{4-17}$$

假设扩散为稳态扩散，采用菲克（Fick）第一扩散定律——稳态下的扩散流量与浓度梯度成正比，则扩散流量为

$$q_d = -D\frac{dC}{dx}$$

式中，q_d 为粒子在单位时间内扩散通过单位面积液面的物质的量，称为扩散流量。如果 q_d 的单位为 $mol\cdot m^{-2}\cdot s^{-1}$，$C$ 的单位为 $mol\cdot m^{-3}$，x 以 m 表示，则 D 的单位为 $m^2\cdot s^{-1}$，在一般情况下其数量级为 10^{-8}。

当电极过程为扩散控制时，扩散流量等于反应速率，根据法拉第定律，阳极极化反应速率为

$$i_a = -D_0 nF\frac{dc}{dx} \approx -D_0 nF\frac{C_s - C_o}{\delta} \tag{4-18a}$$

极限扩散电流密度为

$$i_{a,d} = -D_0 nF\frac{C_s}{\delta} \quad (当\ C_s \geqslant C_o) \tag{4-19a}$$

两式相除得到

$$\frac{i_a}{i_{a,d}} = \frac{C_s - C_o}{C_s} = 1 - \frac{C_o}{C_s}$$

改写为

$$\frac{C_s}{C_o} = \frac{i_{a,d}}{i_{a,d} - i_a} \tag{4-20a}$$

代入式（4-16）得

$$\eta_a' = \frac{RT}{nF}\ln\frac{i_{a,d}}{i_{a,d} - i_a} \tag{4-21a}$$

当电极过程为扩散控制时，阴极极化电流密度为

$$i_c = -D_0 nF\frac{dc}{dx} \approx -D_0 nF\frac{C_s - C_o}{\delta} \tag{4-18b}$$

极限扩散电流密度为

$$i_{c,d} = D_0 nF\frac{C_o}{\delta} \quad (当\ C_o \geqslant C_s) \tag{4-19b}$$

$$\frac{i_c}{i_{c,d}} = -\frac{C_s - C_o}{C_o} = 1 - \frac{C_s}{C_o}$$

改写为

$$\frac{C_o}{C_s} = \frac{i_{c,d}}{i_{c,d} - i_c} \tag{4-20b}$$

同理可得
$$\eta_c' = \frac{RT}{nF} \ln \frac{i_{c,d}}{i_{c,d} - i_c} \qquad (4\text{-}21b)$$

则浓差极化的一般公式为
$$\eta' = \frac{RT}{nF} \ln \frac{i_d}{i_d - i} \qquad (4\text{-}22)$$

图 4-5 是浓差极化曲线。当极化电流密度 i 较小时，η'很小；当 $i \to i_d$ 时，η' 迅速增大。

当同时存在电化学极化与浓差极化时，式（4-4）中应该采用相关反应物的表面浓度 C_s 而不是本体浓度 C_o。若进行强极化时，$i \geqslant i^0$，则极化公式（4-14）应改写为

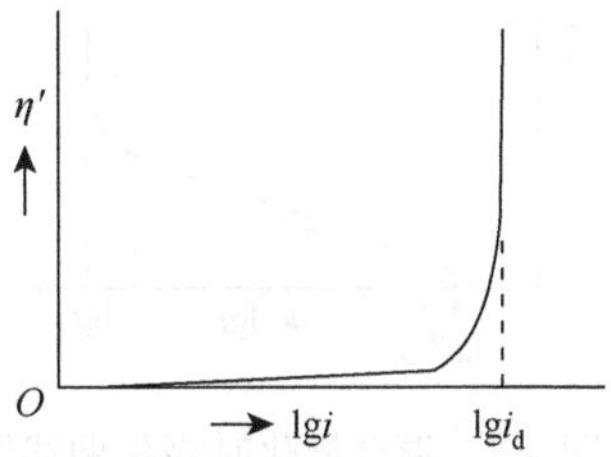

阴极极化电流密度：$i_c = \dfrac{C_s}{C_o} i^0 \exp\left(\dfrac{\alpha nF}{RT} \eta \right)$

或者

阳极极化电流密度：$i_a = \dfrac{C_s}{C_o} i^0 \exp\left(\dfrac{\beta nF}{RT} \eta \right)$ (4-23)

图 4-5　浓差极化曲线图

4.4　混合极化过程

电极过程中的极化包括电化学极化、浓差极化、成相极化和电阻极化等。在金属腐蚀中成相极化可以忽略，电阻极化可以用欧姆定律来描述，即 $\eta_R = I(R_{液} + R_{电极})$。因此，极化过电位主要包含电化学极化和浓差极化两部分。

将式（4-20）代入式（4-23），并写成对数形式后得到总过电位 η_T 的表达式，由电化学极化过电位 η 和浓差极化过电位 η'两部分组成，以阴极强极化为例，即

$$\eta = -\frac{RT}{\alpha nF} \ln i^0 + \frac{RT}{\alpha nF} \ln i = \frac{RT}{\alpha nF} \ln \frac{i}{i^0}$$

$$\eta' = \frac{RT}{nF} \ln \frac{i_d}{i_d - i}$$

$$\eta_T = \eta + \eta' = \frac{RT}{\alpha nF} \ln \frac{i}{i^0} + \frac{RT}{nF} \ln \left(\frac{i_d}{i_d - i} \right) \qquad (4\text{-}24)$$

因此，当同时存在电化学极化与浓差极化时，极化曲线如图 4-6 所示。

根据极限扩散电流密度、极化电流密度和交换电流密度 i_d、i、i^0 三个数值的相对大小，分为以下四种情况来分析导致出现过电位的主要原因。

（1）当 $i_d \geqslant i, i \geqslant i^0$ 时，则式（4-24）右方第二项可以忽略不计，此时式（4-24）

与式（4-14）完全一致，即 $\eta_T \approx \dfrac{RT}{\alpha nF}\ln\dfrac{i}{i^0} = \eta$；表示过电位完全由电化学极化引起。

（2）当 $i_d \approx i, i \leqslant i^0$ 时，过电位主要由浓差极化引起，由于此时 $i \leqslant i^0$，不能满足推导式（4-14）的条件，此时式（4-24）中的 η 应当用式（4-15）表示，即 η 很小可以忽略，因此：$\eta_T \approx \dfrac{RT}{nF}\ln\dfrac{i_d}{i_d - i} = \eta'$。

（3）当 $i_d \approx i, i \geqslant i^0$ 时，式（4-24）中的两项均不能忽略，属于混合极化，$\eta_T = \eta + \eta'$；但是往往其中一项起主要作用。例如，在 i 较小时，电化学极化的影响较大；当 $i \to i_d$ 时，浓差极化变为决定过电位的主要因素。

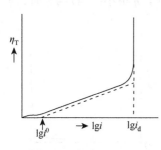

图 4-6　混合极化时极化曲线图

（4）当 $i \leqslant i^0, i_d$ 时，任何极化现象都微乎其微，这时电极几乎处于不通过电流时的平衡状态。

4.5　金属电化学腐蚀速率基本方程

前面讨论的电化学反应是指电极上只有一个电对反应（$O + ne^- \longrightarrow R$）的情况，即在电极上同时存在着氧化反应 $R \longrightarrow O + ne^-$ 和还原反应 $O + ne^- \longrightarrow R$。在平衡电位 E_0 下，二者的反应速率相等，此时的电流密度称为交换电流 i^0。而金属在电解液中腐蚀时，存在两对或更多电对反应。例如，锌在酸性溶液中腐蚀时，就有两对电化学反应：

$$Zn \Longrightarrow Zn^{2+} + 2e^- \quad (2)$$
$$2H^+ + 2e^- \Longrightarrow H_2 \quad (1)$$

只不过金属锌的氧化速率 $i_{a,2}$ 大于锌离子的还原速率 $i_{c,2}$，有锌的净氧化溶解，通常称为腐蚀的阳极过程；同时氢离子的还原速率 $i_{c,1}$ 大于氢气的氧化速率 $i_{a,1}$，有氢的净还原反应，称为腐蚀的阴极过程或氢的阴极去极化过程。在腐蚀电位 ϕ_{corr} 下，锌的净氧化速率等于氢的净还原速率。结果锌发生净溶解而腐蚀，其腐蚀速率为

$$i_{corr} = i_{a,2} - i_{c,2} = i_{c,1} - i_{a,1} \tag{4-25}$$

腐蚀极化图如图 4-7 所示，当自腐蚀电位 ϕ_{corr} 与两个电化学反应的平衡电位相距较远（$> 2.303RT/F$）时，在自腐蚀电位附近，电极上的四项反应速率可以略去两项 $i_{c,2}$ 和 $i_{a,1}$，于是

$$i_{corr} = i_{a,2} = i_{c,1}$$

因此在金属和溶液的电阻小到可忽略不计的情况下，从图 4-7 中极化曲线 $i_{a,2}$ 和 $i_{c,1}$ 的交点可得腐蚀电流 i_{corr} 和自腐蚀电位 ϕ_{corr}。

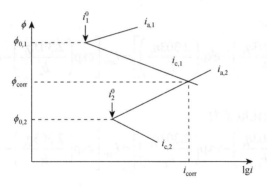

图 4-7　极化曲线示意图

假设此时只有电子得失过程，传质过程很快，浓差极化可以忽略，则上述阴极极化速度和阳极极化速度均可以采用强极化动力学方程表示，即式（4-14）改写成式（4-26）和式（4-27）。

$$i_{a,2} = i_2^0 \exp\left[\frac{2.303(\phi - \phi_{0,2})}{b_a}\right] \tag{4-26}$$

$$i_{c,1} = i_1^0 \exp\left[\frac{2.303(\phi_{0,1} - \phi)}{b_c}\right] \tag{4-27}$$

因此，对腐蚀体系进行阳极极化，外测电流，即表观电流密度就是上述两项的代数和：

$$i_a = i_{a,2} - i_{c,1} = i_2^0 \exp\left[\frac{2.303(\phi - \phi_{0,2})}{b_a}\right] - i_1^0 \exp\left[\frac{2.303(\phi_{0,1} - \phi)}{b_c}\right] \tag{4-28}$$

在外测电流为零时，金属电极的电极电位就是自腐蚀电位 ϕ_{corr}，此时，金属电极上阳极反应的电流密度等于阴极反应的电流密度，并等于金属的自腐蚀速率 i_{corr}，即

$$i_2^0 \exp\left[\frac{2.303(\phi_{corr} - \phi_{0,2})}{b_a}\right] = i_1^0 \exp\left[\frac{2.303(\phi_{0,1} - \phi_{corr})}{b_c}\right] = i_{corr}$$

将上式代入式（4-28），就得到：

$$i_a = i_{corr}\left\{\exp\left[\frac{2.303(\phi - \phi_{corr})}{b_a}\right] - \exp\left[\frac{2.303(\phi_{corr} - \phi)}{b_c}\right]\right\} \tag{4-29}$$

不难看出，ϕ_{corr} 下的腐蚀速率 i_{corr} 与 ϕ_0 下的交换电流 i^0 非常相似。此时，

$$b_c = \frac{2.303RT}{\alpha nF}, \quad b_a = \frac{2.303RT}{\beta nF}$$

定义 η 为相对于自腐蚀电位 ϕ_{corr} 的过电位，通常取正值，即 $\eta_c = \phi_{corr} - \phi$，

$\eta_a = \phi - \phi_{corr}$，因此

$$i_a = i_{corr}\left[\exp\left(\frac{2.303\eta_a}{b_a}\right) - \exp\left(\frac{2.303\eta_c}{b_c}\right)\right] = i_{corr}\left[\exp\left(\frac{2.303\eta_a}{b_a}\right) - \exp\left(-\frac{2.303\eta_a}{b_c}\right)\right]$$

(4-30)

同样，阴极极化电流为

$$i_c = i_{corr}\left[\exp\left(\frac{2.303\eta_c}{b_c}\right) - \exp\left(\frac{2.303\eta_a}{b_a}\right)\right] = i_{corr}\left[\exp\left(\frac{2.303\eta_c}{b_c}\right) - \exp\left(-\frac{2.303\eta_c}{b_a}\right)\right]$$

(4-31)

这就是电化学极化下金属腐蚀速率的基本方程式。

如果同时存在浓差极化过程，动力学方程还会更复杂一些。如式（4-17）中的反应物浓度应该用 C_s/C_o 代替，再代入式（4-20b），则

$$i_c = \left(1 - \frac{i^0}{i_{c,d}}\right)i_1^0 \cdot \exp\left[\frac{2.303(\phi_{0,1} - \phi)}{b_c}\right]$$

(4-32)

整理得到：

$$i_c = \frac{i_{corr}\exp\left(\dfrac{2.303\eta_c}{b_c}\right)}{1 - \dfrac{i_{corr}}{i_{c,d}}\exp\left(\dfrac{2.303\eta_c}{b_c}\right)}$$

(4-33)

此时，腐蚀金属电极的速率为

$$i = i_{corr}\left[\exp\left(\frac{2.303}{b_a}\eta_a\right) - \frac{\exp\left(-\dfrac{2.303}{b_c}\eta_a\right)}{1 - \dfrac{i_{corr}}{i_{c,d}}\exp\left(-\dfrac{2.303}{b_c}\eta_a\right)}\right]$$

(4-34)

当自腐蚀电流密度远远小于极限扩散电流密度时，式（4-34）就简化成式（4-30），即只有电化学极化过程。当 $i_{corr} \approx i_{c,d}$ 时，就是腐蚀速率受阴极反应的扩散控制，腐蚀电流密度等于极限扩散电流密度，则式（4-34）变为

$$i = i_{corr}\left[\exp\left(\frac{2.303\eta_a}{b_a}\right) - 1\right]$$

(4-35)

此时，$\alpha \to 0$，b_c 为无穷大。

同样，当金属钝化后，腐蚀过程受阳极反应控制，这时阳极氧化反应速率等于钝化膜的溶解速率，与电位无关。这意味着 $\beta \to 0$，b_a 为无穷大。因此代入式（4-30）可得

$$i = i_{\text{corr}}\left[1 - \exp\left(-\frac{2.303\eta_c}{b_c}\right)\right] \qquad (4\text{-}36)$$

式（4-33）～式（4-36）是金属腐蚀动力学方程式，是电化学测定金属腐蚀速率的理论基础。

可见，测定金属电化学腐蚀速率 i_{corr} 需要对金属腐蚀电极加以极化，使它偏离自腐蚀状态，测定该电极对外加极化的响应，就可以求出电化学腐蚀动力学参数 i_{corr}、b_a、b_c 等。

4.5.1　Tafel 直线外推法

根据 Tafel 极化曲线方程可以测定金属腐蚀速率 i_{corr}，当用直流电对金属腐蚀电极进行大幅度（一般过电位＞70 mV）极化时，腐蚀动力学方程式可简化为

$$i_c = i_{\text{corr}}\exp\left(\frac{2.303\eta_c}{b_c}\right) \quad \text{或} \quad \eta_c = -b_c \lg i_{\text{corr}} + b_c \lg i_c \qquad (4\text{-}37)$$

$$i_a = i_{\text{corr}}\exp\left(\frac{2.303\eta_a}{b_a}\right) \quad \text{或} \quad \eta_a = -b_a \lg i_{\text{corr}} + b_a \lg i_a \qquad (4\text{-}38)$$

若将 η 对 $\lg i$ 作图可得直线（图 4-8），根据这一原理可测得金属的 ϕ - $\lg i$ 极化曲线，由其直线段的斜率求得 b_c 和 b_a。将极化曲线的直线段外推与 $\eta = 0$ 水平线相交，交点所对应的电流密度为腐蚀速率 i_{corr}。此方法简单、明确，可以同时获得三个物理化学参数：i_{corr}、b_c 和 b_a。但是强极化使自然腐蚀过程受到严重干扰，电极表面容易发生变性，同时造成压降和较大的浓差极化。

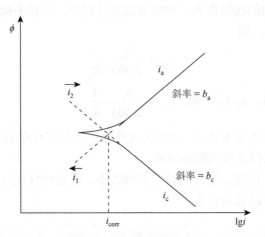

图 4-8　Tafel 直线外推法

此法常用于测定酸性溶液中金属腐蚀速率及缓蚀剂的影响。

4.5.2　线性极化法

线性极化技术是采用微极化测量，快速测定瞬时腐蚀速率的电化学方法，目前已有商品专用仪器。此法基于微极化区（一般过电位<10 mV）过电位与极化电流密度呈线性关系这一事实。当进行微阴极极化时，由电化学动力学方程 $i_c = i_{corr}\left[\exp\left(\dfrac{2.303\eta_c}{b_c}\right) - \exp\left(-\dfrac{2.303\eta_c}{b_a}\right)\right]$ 可知，若将指数项以级数展开，即

$e^x = 1 + x + \dfrac{x^2}{2!} + \cdots$，由于过电位 η 很小，可以略去高次项，从而得到：

$$i_c = i_{corr}\left(\frac{2.303\eta_c}{b_c} + \frac{2.303\eta_c}{b_a}\right) = \left(\frac{2.303}{b_c} + \frac{2.303}{b_a}\right)i_{corr}\eta_c \quad 或 \quad i_{corr} = \frac{b_c b_a}{2.303(b_c + b_a)} \cdot \frac{i_c}{\eta_c}$$

$$（4-39）$$

由此可见，i_c 与 η_c 成正比，即在 $\eta < 10$ mV 时，极化曲线为直线，直线的斜率称为极化电阻，即 $R_p = \left(\dfrac{\mathrm{d}\eta_c}{\mathrm{d}i_c}\right)_{\eta \to 0}$，则 $i_{corr} = \dfrac{b_c b_a}{2.303(b_c + b_a)} \cdot \dfrac{1}{R_p}$ 　　（4-40）

同理对腐蚀金属进行微阳极极化，可得到

$$i_{corr} = \frac{b_c b_a}{2.303(b_c + b_a)} \cdot \frac{i_a}{\eta_a} = \frac{b_c b_a}{2.303(b_c + b_a)} \cdot \frac{1}{R_p} = \frac{B}{R_p} \qquad （4-41）$$

其中，$B = \dfrac{b_c b_a}{2.303(b_c + b_a)}$。 　　　　　　　　　　　　　　（4-42）

对于扩散控制的腐蚀体系，如吸氧腐蚀过程中，阴极去极化反应受氧的扩散控制，此时 $b_c \to \infty$，则

$$i_{corr} = \frac{b_a}{2.303} \cdot \frac{1}{R_p} \qquad （4-43a）$$

对于钝化体系，$b_a \to \infty$，则 $i_{corr} = \dfrac{b_c}{2.303} \cdot \dfrac{1}{R_p}$ 　　（4-43b）

这是线性极化的基本公式。由此可见腐蚀速率与极化电阻成反比。当测得 b_a、b_c、R_p 后，就可求得金属的腐蚀速率。

该方法简便、快速，对被测体系影响较小，故重现性很好，可以用于现场的腐蚀监测。但此方法误差较大。

4.5.3　弱极化法

利用线性极化区和强极化区之间的极化数据来测定金属腐蚀速率，其过电位

范围一般选择在 10~70 mV，属于弱极化区，故称弱极化法。它可同时测定 b_c、b_a 和 i_{corr}。利用弱极化区的数据可由曲线拟合法或迭代法求得 b_c、b_a 和 i_{corr}，也可用三点法求得。

如图 4-9 所示，在阳极极化时，$i_a = i_{corr}\left[\exp\left(\dfrac{2.303\eta}{b_a}\right) - \exp\left(-\dfrac{2.303\eta}{b_c}\right)\right]$。当设定一个 η 值后，即有：$(i_a)_\eta = i_{corr}(10^{\frac{\eta}{b_a}} - 10^{-\frac{\eta}{b_c}})$。

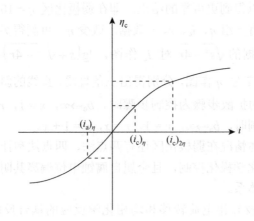

图 4-9 弱极化区三点法示意图

在阴极极化时，设定同一个 η 值后，则得到：

$$(i_c)_\eta = i_{corr}(10^{\frac{\eta}{b_c}} - 10^{-\frac{\eta}{b_a}})$$

同理，若再设定一个 2η 值，则有

$$(i_c)_{2\eta} = i_{corr}(10^{\frac{2\eta}{b_c}} - 10^{-\frac{2\eta}{b_a}})$$

令

$$x = 10^{\frac{\eta}{b_c}}, \quad y = 10^{-\frac{\eta}{b_a}}, \quad r = \frac{(i_c)_\eta}{(i_a)_\eta}, \quad s = \frac{(i_c)_{2\eta}}{(i_c)_\eta}$$

则

$$r = \frac{(i_c)_\eta}{(i_a)_\eta} = \frac{i_{corr}(x-y)}{i_{corr}\left(\dfrac{1}{y} - \dfrac{1}{x}\right)} = xy, \quad s = \frac{i_{corr}(x^2 - y^2)}{i_{corr}(x-y)} = x + y$$

因

$$x - y = \sqrt{(x+y)^2 - 4xy} = \sqrt{s^2 - 4r}$$

则得

$$x = \frac{1}{2}[(x+y) + (x-y)] = \frac{1}{2}\left(s + \sqrt{s^2 - 4r}\right)$$

$$y = \frac{1}{2}[(x+y) - (x-y)] = \frac{1}{2}\left(s - \sqrt{s^2 - 4r}\right)$$

因此，可由实验数据 η、i_c、r、s 算出 b_a、b_c 及 i_{corr}。

$$i_{corr} = \frac{i_c}{x-y} = \frac{i_c}{\sqrt{s^2-4r}} \tag{4-44}$$

$$b_c = \frac{\eta}{\lg x} = \frac{\eta}{\lg\left(s+\sqrt{s^2-4r}\right)-\lg 2} \tag{4-45}$$

$$b_a = \frac{-\eta}{\lg y} = \frac{-\eta}{\lg\left(s-\sqrt{s^2-4r}\right)-\lg 2} \tag{4-46}$$

若用作图法可以得到更可靠的结果，即在弱极化区 $\eta = 10\sim70$ mV 时，每指定一个 η 值，就可有一组 η、i_c、r、s 数据。改变 η，可测得另一组数据，如此等等。将这一系列数据的 $\sqrt{s^2-4r}$ 对 i_c 作图，$\lg\left(s+\sqrt{s^2-4r}\right)-\lg 2$ 对 η 作图，$\lg\left(s-\sqrt{s^2-4r}\right)-\lg 2$ 对 $-\eta$ 作图，分别得出三条直线，直线的斜率分别为 i_{corr} 及 b_c、b_a。当阴极过程中的扩散步骤为控制步骤时，$b_c\rightarrow\infty$，$x=1$，$r=y$，$s=1+y$。当阳极过程受钝化控制时，$b_a\rightarrow\infty$，$y=1$，$r=x$，$s=1+x$。

另外，根据具体情况在弱极化区还有两点法、四点法和计算机解析法等。

此法适用于电化学极化控制，且金属自腐蚀电位偏离其阴、阳极反应平衡电位较远的均匀腐蚀体系。

腐蚀反应是涉及异相电荷转移和均相化学反应的耦合反应，且异相电化学反应包含阳极溶解反应和阴极还原反应，其动力学的研究需要从电化学-化学反应本身出发。推导过程已经表明自腐蚀电流密度 i_{corr} 与各自阴阳极反应的交换电流密度、反应物种的浓度梯度、传递系数、各自的平衡电位以及自腐蚀电位等有关。腐蚀电化学基本方程是多步假设后的简洁表达式，对于实际体系需要辩证对待。

4.6　钝　化　作　用

4.6.1　钝化现象与钝化理论

部分金属如铝、钛等，它们的平衡电位很低（标准电极电位分别为−1.66 V 和−1.63V），从热力学方面看，是很不稳定（化学性很活泼）的，应具有较强的腐蚀倾向。然而，铝在大气和中性水溶液中，以及钛在许多介质（包括海水、氯化物溶液和许多酸）中都非常耐蚀。经研究证明，这是由于其阳极（溶解）反应受到阻滞，其电位升高，达到或接近贵金属电位水平。

热力学不稳定的金属或合金，由于阳极反应受到阻滞而达到高耐蚀状态，此现象称为"钝化"，这种高耐蚀状态就称作"钝态"。

　　钝化现象在生活中的应用很多，如化学工业应用最多的各种不锈钢的强耐蚀性主要是来自不锈钢中铬元素易钝化（氧化生成致密氧化层并附着于基体金属表面）性能。

　　关于钝化的原因或机理，主要有两种理论，即薄膜理论和吸附理论。

　　薄膜理论认为，金属或合金腐蚀时在其表面生成了一层非常薄的保护膜（厚度为几十埃），这层保护膜阻滞了阳极反应的进一步进行，使电位升高，这层薄膜被称为钝化膜。实验证明钝化膜是确实存在的。但是，钝化膜的结构还不是十分清楚，一般认为钝化膜的基本组成是非晶态的、含结晶水的氧化物。例如，不锈钢的钝化膜组成，有人认为是 MOOH 型非晶态物质，其中 M 代表金属元素，以 Cr 为主体。

　　吸附理论认为，金属或合金表面吸附了氧，该吸附氧部分地被金属中的电子所偶极化，成为电偶极子，其带正电性的一端在金属表面上。氧优先吸附于金属表面上的活性最大的一些点上，从而降低阳极活性，阻滞阳极反应的进行。吸附理论也是有实验根据的。根据实验结果，当氧吸附于表面的总面积只占总表面积的 6%时就足以阻滞阳极反应进行，使金属钝化。但是，吸附氧量如果换算为氧化物，即使按单分子层计算，也远不足以包覆整个金属表面，这是薄膜理论所不能解释的。

　　关于钝化机理的这两种理论不一定是不相容的，可以结合起来考虑。例如，生成的钝化膜未必是完整无孔的，不完整处若有氧的吸附层存在，就可以造成更好的钝化效果。

4.6.2　钝化曲线

　　可钝化金属的恒电位阳极极化曲线如图 4-10 所示。A 点为自腐蚀电位 ϕ_{corr}，以此作为起始电位开始外加电流阳极极化。电位升高时电流也增加，金属处于活化溶解状态。当电位升到 ϕ_{cp} 时，电流达到 i_{cp}，曲线到达 B 点。再升高电位时电流不再继续增加反而开始减小，金属开始钝化，但在 BC 线段间，电流不稳定，时而锐减，时而恢复 i_{cp} 值。当电位升高超过 C 点时，进入稳定钝化状态，电流稳定在很小的 i_p 水平上。B 点对应的电位 ϕ_{cp} 称为钝化临界电位，简称致钝电位；B 点电流密度 i_{cp} 称为钝化临界电流密度，简称致钝电流密度。B 点与 C 点之间的电位区称为不稳定钝化电位区或活化-钝化过渡电位区。i_p 为钝态维持电流密度，简称维钝电流密度，它代表金属在钝化状态下的腐蚀速率。这说明，钝态并不是不腐蚀，而是腐蚀电流密度 i_p 值很小（一般为 $10\ \mu A \cdot cm^{-2}$ 以下），可以认为不腐蚀而已。在钝态范围内，电位变化时 i_p 值几乎不变。当极化到 D 点时，到达了氧电极的平衡电位（约 1.7V，*vs.* SHE），此时开始析出氧，电流随电位升高而增加（曲

线沿 *DE* 线发展），但此时金属依然处于钝态，电流的增加并不说明腐蚀增加，只是阳极析出氧气的反应电流增加。

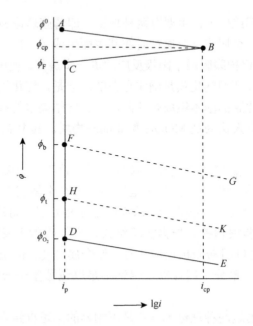

图 4-10　可钝化金属的阳极极化曲线（恒电位法）示意图

如果在钝化状态切断外加的极化电流，电位将负移，电位降到 *C* 点所示电位 ϕ_F 以下时，金属重新活化。习惯上把 ϕ_F 称为活化电位，或者弗拉德（Flade）电位。Flade 电位仅仅与 pH 有关，它是缝隙腐蚀的重要特性电位。

对于不锈钢来说，由于钢中的铬在高电位下（强氧化性介质中）容易生成高价离子 Cr^{6+}（$Cr_2O_7^{2-}$），使钝化膜溶解，因此当不锈钢电位达到 *H* 点（约 1.2 V，*vs.* SHE）以后钝态就开始破坏，曲线沿 *HK* 变化，这种现象称作过钝化。开始过钝化的电位 ϕ_t 称为过钝化电位。过钝化状态下，金属以较高的腐蚀速率发生全面腐蚀。

不锈钢在含有 Cl⁻ 的溶液中，由于 Cl⁻ 对钝化膜的破坏作用，可能在电位远未达到 ϕ_t 时，钝化膜就开始局部破坏，产生孔蚀。极化曲线沿 *FG* 线发展。开始出现孔蚀的最低电位 ϕ_b（*F* 点的电位）称作孔蚀临界电位（简称孔蚀电位），或者称为（钝化膜）击穿电位、破裂电位。E_b 值的高低是材料发生孔蚀难易程度的一种量度。

恒电位阳极极化曲线对于说明金属的腐蚀与钝化行为是非常有用的工具。*A* 点的位置表示腐蚀电位的高低。*B* 点电位 ϕ_{cp} 越负、电流密度 i_{cp} 越小，说明金属越容易钝化。*CH* 或 *CF* 称为钝态区间，线段越长，钝态区间越大，说明钝态稳定性越高，即钝态不容易受破坏。ϕ_t 越正，说明金属不易过钝化。ϕ_b 越正，说明耐孔蚀性能越好。最佳的钝态稳定性是：直到析氧以前一直不出现孔蚀（F 点）或过钝化（H 点）。而 C 点电位 ϕ_F 越负，说明金属耐还原性缝隙腐蚀性能越好。i_p 值越小，说明金属在钝态下的腐蚀速率越小。

溶液中含有的活性离子，如 Cl^-、Br^-、I^- 等，有破坏钝化膜的作用，在一定浓度下会造成孔蚀，甚至全面腐蚀。因此在海洋环境中，铝合金与不锈钢等材料容易发生孔蚀损害。介质温度越低，有钝性的金属越容易钝化；温度越高，钝化越困难。

4.6.3　钝化作用的应用——阳极保护

阳极保护是对腐蚀介质中的金属结构物进行阳极极化，使其表面形成钝化膜，并通电维持其钝化状态，从而显著降低腐蚀速率的一种保护措施。主要用于有氧化性且无 Cl^- 的酸、碱、盐溶液中，要求材料必须具有钝化性。由于海水中含有大量 Cl^-，因此在海洋环境中忌用阳极保护[5]。

1. 阳极保护原理

由 ϕ-pH 图（图 3-8）可见，当电极发生阳极极化而电位正移时，金属由活化腐蚀区过渡到钝化稳定区，使腐蚀过程的阴极控制变为阳极控制。只有能够发生阳极钝化的情况才适用该方法，极化状态必须保持在钝化区。

2. 阳极保护参数

由钝化曲线可以看出，阳极保护的主要参数如下。

（1）致钝电流密度（i_{cp}），或称临界电流密度，是产生钝化所需最小阳极极化电流密度（$A \cdot m^{-2}$），它相当于金属阳极溶解的最大值，只有超过此值的电流部分才能形成钝化膜。极化电流密度（i）越大，转化为钝化状态所需时间（t）越短，其间大体有如下关系：

$$(i - i_{cp}) \times t = 常数$$

实际应用中要求 i_{cp} 越小越好，若太大则极化初期消耗功率大，使设备庞大而造价较高。

（2）维钝电流密度（i_p），或称稳定钝化电流密度，是钝化状态下维持电位稳定所需电流密度（$A \cdot m^{-2}$），它主要用于补充钝化膜的溶解。因此，i_p 越小越好，且消耗电能越少。根据电解定律可以求出钝化膜的溶解速度 K_m（$g \cdot m^{-2} \cdot h^{-1}$）与 i_p 的关系为

$$K_m = \frac{N \cdot i_p}{26.8} \tag{4-47}$$

式中，N 为钝化膜的化学当量，g；i_p 为钝化膜的维钝电流密度，$A \cdot m^{-2}$；26.8 为电化学当量，$A \cdot h$，$26.8\,A \cdot h = 96500\,C$。

（3）钝化（区）电位（E_p），是使金属维持钝化状态的电位，其范围越宽越好。

3. 阳极保护系统结构

阳极保护系统结构包括恒电位仪、辅助阴极、参比电极和被保护结构物，以及附设电路和仪表等。

（1）阴极材料：要求耐蚀，机械强度好，不发生氢脆。浓硫酸中可使用铂、金、铸铁等；稀硫酸中可使用银、铝青铜、石墨；盐水中可使用高镍或高铬合金、碳钢；碱液中可使用碳钢。阴极设置力求最佳电流分布，使被保护的结构物整体均处于钝化稳定区。阴极安装应当绝缘、牢固、方便维修。阴极引出线与被保护体之间绝缘良好，并进行绝缘密封。

（2）参比电极：有甘汞电极、银-氯化银电极、硫酸亚汞电极或氧化亚汞电极，根据介质性质和使用要求选定。铂在硫酸中，银在盐酸中或食盐水中，锌在碱性溶液中具有稳定电位，也可作参比电极使用。参比电极应分别设置在距离阴极近、中、远三处，平时以中间为监控标准，近、远处的参比电极可用来观察电位分布或临时使用。

（3）电器设备：恒电位仪，工业用一般要求为 6～24 V，50～500 A，根据阳极保护三参数和被保护体面积估算。配电与走线要求安全合理，注意接地，防止杂散电流腐蚀。

4. 阳极保护方式

单纯阳极保护：连续通电式和间歇通电式。

用同一套电器设备同时满足 i_p 和 i_{cp} 的要求，往往遇到实际困难。因为二者数值往往相差几个数量级，如在 100℃ H_2SO_4 中，对于碳钢 $i_p = 100$ A·m^{-2}，$i_{cp} = 0.5$ A·m^{-2}；在 30% HNO_3 中，对于碳钢 $i_{cp} = 10000$ A·m^{-2}，$i_p = 0.2$ A·m^{-2}。

为了解决这一矛盾，可以采取逐渐加液连续通电式或连续钝化式。

（1）逐渐加液连续通电式是采取逐步加液，逐步钝化，直至容器中盛满液体和完全钝化，在此过程中，所需电流一直维持较小数量级。

（2）连续钝化式是预先涂覆临时性涂层，由于涂层有针孔，露出的面积很小，钝化电流也较小，实际使用过程中涂层逐渐破损，破损处很快钝化，直至涂层完全剥落，容器完全钝化，但其致钝电流却始终较小。

（3）联合保护：阳极钝化法与其他防腐方法相结合的联合保护技术往往具有更好的防腐效果，经常与阳极钝化法采用的联合保护方法主要有三种方式，即与涂层结合、与缓蚀剂结合或与电偶结合。例如，由于硫酸中的钛与碳或铂（电偶）相连接、热硫酸中的铬钢与 $Fe_3O_4 + MnO_2$ 相连接时可处于钝化稳定区，当初期使设备强制钝化后，就可以用电偶方式保持其钝化状态。

5. 阳极保护应用举例

常见的阳极保护见表 4-1。

表 4-1　阳极保护应用举例

设备名称	设备材料	介质	保护措施	保护效果
有机磺酸中和罐	不锈钢	20% NaOH 中加 RSO_3H 中和	铂阴极, 钝化区电位范围 250 mV	孔蚀明显减少, 产品含铁量由 $250\sim300$ μg·g^{-1} 减少到 $6\sim20$ μg·g^{-1}
纸浆蒸煮锅	碳钢 $\varnothing2.5$ m, H12 m	NaOH 100g·L^{-1}, Na_2S 35g·L^{-1}, 180℃	致钝电流 4000 A, 维钝电流 600 A	腐蚀速率由 1.9 mm·a^{-1} 降至 0.26 mm·a^{-1}
硫酸储槽	碳钢	H_2SO_4<85%, 含有机物, $27\sim65$℃; H_2SO_4 89%		防蚀率约 84% 铁离子从 40 μg·g^{-1} 降至 12 μg·g^{-1}
硫酸槽加热盘管	不锈钢, 面积 0.36 m^2	H_2SO_4 70%~90%, $100\sim120$℃	钼阴极	经过 140 h 保护后, 表面和焊缝保护良好
铁路槽车	碳钢	NH_4OH、NH_4NO_3 与尿素混合液	阴极: 哈氏合金, 参比: 不锈钢	效果显著
碳化塔冷却水管	碳钢	NH_4OH、NH_4HCO_3, 40℃	阴极: 碳钢, 参比: 铸铁	保护1~3年, 效果显著(化肥厂较好)
碳化塔冷却水管	碳钢	NH_4OH、NH_4HCO_3, 40℃	表面涂环氧; 阴极: 碳钢, 参比: 不锈钢喷铝, 涂环氧	使用一年多, 效果显著

思 考 题

1. 总结电极电位、电流密度及其持续时间、电极表面状态等是如何影响电极过程的四个基本过程的。

2. i^0、α、β 的物理意义分别是什么?

3. 电化学极化方程在强极化、弱极化、微极化时分别为何种形式?

4. 浓差极化的动力学方程如何表达?

5. 单电对与双电对极化方程之间有何异同点?

6. 阳极保护的参数和适用的范围是什么?

参 考 文 献

[1]　郭鹤桐, 刘淑兰. 理论电化学[M]. 北京: 宇航出版社, 1984.

[2]　查全性. 电极过程动力学导论[M]. 3 版, 北京: 科学出版社, 2004.

[3]　曹楚南. 腐蚀电化学原理[M]. 3 版, 北京: 化学工业出版社, 2008.

[4]　胡士信. 阴极保护工程手册[M]. 北京: 化学工业出版社, 1999.

[5]　化学工业部化工机械研究院. 腐蚀与防护手册 腐蚀理论、试验及监测[M]. 北京: 化学工业出版社, 1997: 26.

第5章 电化学测量技术

腐蚀测量技术涉及范围较广，如电化学测量、失重腐蚀实验、腐蚀产物成分分析、腐蚀形貌观察、材料力学实验，以及生物鉴定与丰富培养实验等。

绝大多数腐蚀过程的本质是电化学过程，在腐蚀机理研究、腐蚀实验及其工业腐蚀监控中，广泛地利用金属/电解质界面（双电层）的电化学性质，所以电化学测量技术已成为重要的腐蚀研究方法。由于实际腐蚀体系是千变万化和十分复杂的，当把实验室的电化学测试结果推广到实际应用时，必须十分谨慎，往往还需要借助于其他定性或定量的实验研究方法综合分析评定。总之，在考虑电化学研究方法优点的同时，应注意它的局限性[1, 2]。

以下介绍部分电化学测量的实验装置、理论依据和操作方法。

5.1 电化学测量技术的实验装置

5.1.1 电极

电化学测量中，基本的三电极体系包括：研究电极（也称工作电极）、参比电极和辅助电极（也称对电极）。

（1）研究电极（试样），要求表面干净光亮，有准确的暴露面积，便于连续操作，电场电力线分布均匀。

（2）参比电极，必须是可逆电极，它在规定条件下具有稳定且可重现的可逆电极电位。对参比电极的要求是：①可逆性好，不易极化；②电极电位稳定；③电位重现性好；④温度系数小；⑤制备、使用和维护方便。

常用参比电极及其基本性能见表 5-1。

表 5-1 常用参比电极基本性能（25℃）

参比电极名称	电极结构	电极电位/V	温度系数/(mV·℃$^{-1}$)	一般用途
标准氢电极	Pt，H$_2$（1 atm）|H$^+$（$a=1$）	0.000	0	酸性介质
饱和甘汞电极	Hg，Hg$_2$Cl$_2$|饱和 KCl	0.244	−0.65	中性介质
海水甘汞电极	Hg，Hg$_2$Cl$_2$|海水	0.296	−0.28	海水

续表

参比电极名称	电极结构	电极电位/V	温度系数 /(mV·℃$^{-1}$)	一般用途
饱和氯化银电极	Ag，AgCl|饱和 KCl	0.196	−1.10	中性介质
海水氯化银电极	Ag，AgCl|海水	0.25	−0.62	海水
当量氧化汞电极	Hg，HgO|NaOH ($c = 1$ mol·L^{-1})	0.114	—	碱性介质
当量硫酸亚汞电极	Hg，Hg$_2$SO$_4$|H$_2$SO$_4$ ($c = 1$ mol·L^{-1})	0.676	—	酸性介质
饱和硫酸铜电极	Cu，CuSO$_4$|饱和 CuSO$_4$	0.316	+0.02	土壤，中性
海水锌电极	Zn，Zn(OH)$_2$|海水	−0.82	—	海水

（3）辅助电极，一般使用稳定性好的铂和碳；也可以使用在研究介质中保持惰性的金属材料，如 Ag、Ni、W、Pb 等；在特定情况下有时使用指定材料。

5.1.2　电解池

电解池的结构和电极的安装对电化学测量有很大影响，因此正确设计和安装电解池体系，是电化学测试中非常重要的环节。设计和安装电解池时应当考虑下列因素。

便于精确测定电极电位。为此，所有实验应采用三电极电解池。为了减小溶液的欧姆电压降对电位测量和控制的影响，应将参比电极通过鲁金毛细管靠近研究电极，且毛细管位置要选择适当，其一般与研究电极表面的距离为毛细管直径的 2 倍。

应使研究电极表面上的电流分布均匀，从而使电位分布均匀，为此要根据电极的形状和安装方式正确地选择辅助电极的位置。①研究电极为平面电极时，辅助电极也应为平面电极，且两个电极的工作平面要相互平行，电极背面要绝缘；如果研究电极的两面都工作，则应当在其两侧各放一个辅助电极。②研究电极为丝状或滴状电极时，辅助电极应为长圆筒形，辅助电极直径要远远大于研究电极的直径，参比电极要放在研究电极的中心位置。

电解池的体积要适当，要考虑到电极面积的大小以及电极面积与溶液体积之比。电解池体积太大，消耗溶液太多，造成浪费；体积太小，在长时间的测量中，会引起溶液成分的变化，影响测定结果。电极面积的大小主要根据研究目的、设备条件（如恒电位仪的输出功率）等因素综合考虑。为了使辅助电极不发生明显极化，通常采用大面积辅助电极。电极面积与溶液体积的比，对不同实验要求也不同。在金属腐蚀研究中，为了避免过快地消耗溶液而使得溶液成分发生变化，溶液体积与电极面积之比不宜太大，一般要求 50 mL(溶液)·cm^{-2}（电极面积）。

　　电化学测量中应尽量减少外界物质对电解液的影响。用装有研究溶液的盐桥可以减少参比电极内充溶液对研究体系的干扰。为防止辅助电极上氧化还原反应产物对研究电极的影响，通常在研究电极室与辅助电极室之间用烧结微孔玻璃隔开。

　　如果测量需要在一定气氛下进行，电解池必须有通气装置和水封、搅拌和恒温装置。

　　推荐使用全玻璃磨口的 1 L 或者 500 mL 七口圆底电解池用于腐蚀研究。电解池为圆瓶状，中间为研究电极，有两个对称的辅助电极，参比电极经盐桥上的鲁金毛细管与研究电极毗连，另外两个孔用于通气或者测定温度。

5.1.3　电位、电流的测量

　　浸在某一电解质溶液中并在其界面发生电化学反应的体系称为电极。当金属与电解质溶液接触时，在金属与溶液的界面处将产生双电层，此双电层两侧的金属相和溶液相之间的电位差称为电极电位。至今无论是用理论计算还是实验测定，都无法得到单个电极上双电层电位差的绝对值，即不能直接测定单个金属电极的绝对电极电位。

　　但是，电池电动势是可以精确测量的，只要将研究电极与另外一个选定的参比电极构成原电池，测量其电动势，也就是两个电极的电位差，通过比较的方法就可以确定所研究电极的相对电极电位。

　　只要参比电极的电极电位是稳定不变的，就可以测定所研究电极的电极电位随时间的变化规律，也可以相对比较不同金属在同一电解质溶液中或同一金属在不同电解质溶液中的电极电位。

　　如果参比电极的电极电位值是已知的，那么一系列金属的电极电位也就可以定量计算了。为此国际上统一规定，氢离子活度为 1 的氢电极在 298 K 和氢气分压为 1 atm 时的电极电位为零，此电极是标准氢电极。此外参比电极种类很多，在记录或报告实验结果时必须同时注明参比电极的种类。

　　电化学测量中直接测定的参数有电极电位和电流。

　　电极电位测量方式一般有两类：一类是测量腐蚀体系无外加电流作用时的自然腐蚀电位及其随时间的变化；另一类是测量电极在外加电流作用下的极化电位及其随电流或时间的变化。

　　电极电位测量比较简单，但技巧性很强。除了研究电极外，还需要一个参比电极和一个电位测量仪器，以及一个装有实验电解质溶液的电解池。测量电位时必须保证由研究电极和参比电极组成的测量回路中无电流通过，或电流小到可以忽略不计，否则将由于电极本身的极化和溶液内阻上产生欧姆电压降而引起测量误差，影响测量精度。为了避免上述现象产生，一般选用高输入阻抗的电位测量仪器。电位测量仪器一般使用高阻数字电压表、pH 计、离子计、直流电位差计、直流数字电压表以及用运算放大器和各种晶体管组成的高阻电压表等。

选定一个稳定可靠的参比电极是保证正确测量电位的另一个重要条件。与高输入阻抗仪表连接的高电阻电极应当使用屏蔽线。参比电极与研究电极之间溶液内阻上产生的欧姆电压降会给电位测量带来误差，实验过程中应予以消除。

电流测量可以直接使用数字式或指针式电流表串联在辅助电极线路中测量。也可以串联一标准电阻（如电阻箱）后用数字电压表测量电阻的端电压，再换算成电流。这样用一个数字电压表通过双刀双掷开关，既可测电位，又可测电流。但是，采用该方法无法直接测定电偶电流，因为电压表的内阻往往比较大，会影响测定的准确性。这种情况下，需要使用零欧姆计。

5.2　稳态极化曲线的测量[3]

5.2.1　稳态与暂态

稳态法就是测定电极过程达到稳态时电流密度与过电位之间的关系。电极过程达到稳态后，整个电极过程的速率——稳态电流密度的大小就等于该电极过程中控制步骤的速率。因而，可用稳态极化曲线测定电极过程控制步骤的动力学参数，研究电极过程动力学规律及其影响因素。要测定稳态极化曲线，就必须在电极过程达到稳态时进行测定。

电极过程达到稳态，就是组成电极过程的各个基本过程，如双电层充放电、电化学反应、扩散传质等过程都达到稳态。双电层充（放）电达到稳态后，充（放）电电流为零，电极电位达到稳定值；电化学反应达到稳态，即电极表面附近反应物的浓度不变，则电极反应速率（电流密度）也要达到稳定值；对于扩散过程，当达到稳态后，电极表面附近反应物或反应产物的浓度梯度 $\dfrac{dC}{dx}$ 为常数，或者说电极表面附近液层中的浓度分布不再随时间变化，即 $\dfrac{dC}{dt}=0$。可见，当整个电极过程达到稳态时，电极电位、电流密度、电极表面状态及电极表面液层中的浓度分布均达到稳态，不随时间变化。这时稳态电流全部是由电极反应产生的。如果电极上只有一对电极反应，则稳态电流就表示这一对电极反应的净速率。如果电极上有多对电极反应，则稳态电流就是多对电极反应的总结果。

从极化开始到电极过程达到稳态需要一定的时间。双电层充（放）电过程达到稳态所需要的时间一般很短。扩散过程达到稳态往往需要较长的时间，这是因为在实际情况下，只有扩散层厚度延伸到对流区，才能使扩散过程达到稳态。也就是说，在实际情况下，只有对流作用（自然对流和人工搅拌）存在下才能达到稳态扩散。当溶液中只有自然对流时，稳态扩散层的有效厚度约为 0.01 cm。从极化开始到非稳态扩散延伸到这种厚度一般需几秒，也就是说，在自然对流下，电极通电后一般几秒内也就达到稳态扩散了；采用搅拌措施后，达到稳态扩散的时间会更短。如果极化电流密度很小，且不生成气相产物，即没有气泡升起引起的搅拌作用，那么在小心地避免震动和保持温度恒定的条件下，达到稳态扩散的时间可能达十几分钟。在胶凝电解液中，非稳态扩散持续的时间会更长。

　　测定稳态极化曲线的最简单的方法是在自然对流情况下进行，但这种简单的方法的效果往往不好。因为：①自然对流很不稳定，易受温度、密度、震动等因素的影响，实验结果重现性差；②利用自然对流测得的稳态极化曲线测定电化学动力学参数时，只能测定交换电流密度较小的体系。因为用稳态极化曲线法测定 i^0 时，必须在不发生浓差极化或者浓差极化的影响很容易加以校正的条件下才行。例如，当反应粒子的浓度为 1 mol·L^{-1} 时，在一般电解池中由自然对流所引起的搅拌作用可允许通过 10^{-2}A·cm^{-2} 左右的电流而不发生严重的浓差极化。

　　若此时 $\eta \geqslant 100$ mV，设 $\alpha = 0.5$，$n = 1$，则由式（4-14）

$$i = i^0 \exp\left(\frac{\alpha nF}{RT}\eta\right)$$

可得 $i^0 \approx 10^{-3}$A·cm^{-2}。这就是自然对流下，用稳态极化曲线法测得的电极反应速率的上限。

　　为了提高 i^0 的测量上限，就要加强溶液搅拌，提高扩散速率。搅拌溶液或者使用旋转电极都可产生强制对流。在稳定的强制对流下，不但可以提高 i^0 的测量上限，实验结果的重现性也比自然对流下更好。

　　旋转电极有旋转圆盘电极、圆环电极、圆柱电极。旋转电极的转速越高，反应粒子的扩散电流越大。目前，旋转电极的最高转速可达 10^4r·h^{-1}，用这种电极可将稳态传质速率提高到 10 A·cm^{-2} 而不引起严重的浓差极化。因此，根据旋转电极测得的稳态极化曲线得到的交换电流密度 $i^0 \leqslant 1$A·cm^{-2}，比不加搅拌提高了大约三个数量级。

　　此外，要使电极过程达到稳态还必须使电极真实表面积、电极组成及表面状态、溶液浓度及温度等条件在测量过程中保持不变。

　　显然，对于某些体系，特别是金属腐蚀（表面腐蚀和腐蚀产物的形成等）和金属电沉积等固体电极过程，要在整个所研究的电流密度范围内保持电极表面积和表面状态不变是非常困难的。在这种情况下，达到稳态往往需要很长时间，甚至根本达不到稳态。所以，稳态是相对的，绝对的稳态是没有的。只要根据实验条件，在一定时间内电化学参数（如电位、电流、浓度分布等）基本不变，或变化不超过某一数值，就认为达到了稳态。因此，在实际测量中，除了合理地选择测量电极体系和实验条件外，还需合理地确定达到"稳态"的时间或扫描速率。

从电极开始极化到电极过程达到稳态这一阶段称为暂态。此时，电极电位、电极界面的吸附覆盖状态或者扩散层中浓度的分布都可能处在变化之中。

暂态过程比稳态过程多考虑了时间因素，可以利用各基本过程对时间响应的不同，使所研究的问题得以简化，从而达到研究各基本过程的目的。

在扩散控制或混合控制的情况下，达到稳态之前，电极表面附近反应粒子的浓度同时是空间和时间的函数，反应物的扩散流量与极化时间有关。或者说，决定浓差极化特征的物理量除了浓度 C、扩散系数 D 之外，还有极化时间 t。因此在 C、D 不变的情况下，可以通过改变极化时间 t 来控制浓差极化。扩散控制的暂态过程中，有效扩散层厚度可以用 $(\pi D t)^{1/2}$ 来衡量。若 $t < 0.2\,\text{s}$，而扩散系数 $D = 10^{-5}\,\text{cm}^2 \cdot \text{s}^{-1}$ 数量级，则有效扩散层厚度 $(\pi D t)^{1/2} < 0.002\,\text{cm}$。在这样靠近电极的液层里，对流的影响可以忽略不计。暂态法是研究浓差极化的一种好方法。

暂态法对于测定快速电化学反应动力学非常有利。由于浓差极化的影响，很难用稳态法测量快速反应动力学参数。若用旋转电极来缩小扩散层有效厚度，则要制造、使用每分钟几万转的机械装置，相当不容易。若用暂态法缩短极化时间，使扩散层有效厚度变薄，可大大减小浓差极化的影响。譬如，若能将测量时间缩短到 $10^{-5}\,\text{s}$ 以下，则瞬间扩散电流密度可达 $10\,\text{A} \cdot \text{cm}^{-2}$，这样就可使本来为扩散控制的电极过程变为电化学控制。

但是，极化时间不能无限制地缩短。因为极化时间缩短到一定程度后，双电层充（放）电对动力学参数的影响就显著增大了。即使在纯电化学控制下，在电极通电后也不能立即达到稳定电位，也要经过一定时间的暂态过程。暂态法的特点如下。

（1）暂态阶段流过电极界面的总电流包括各基本过程的暂态电流，如双电层充电电流和反应电流等。而稳态极化电流只表示反应电流。

（2）由于暂态系统的复杂性，常把电极体系用等效电路来表示，以便于分析和计算。稳态系统虽也可用等效电路表示，但要简单得多，因为它只由电阻元件组成。稳态系统的分析中常用极化曲线，很少用等效电路。

（3）暂态过程比稳态过程多考虑了时间因素，可以利用各基本过程对时间响应速度的不同，使复杂的等效电路得以简化或进行解析，以测得等效电路中各部分的值，达到研究各基本过程和控制电极总过程的目的。

（4）由于暂态法极化时间短，即单向电流持续时间短，可大大减小或消除浓差极化的影响，有利于快速电极过程的研究。由于测量时间短，液相中的粒子或杂质往往来不及扩散到电极表面，有利于研究界面结构和吸附现象，如电沉积和腐蚀过程。

5.2.2 控制电位法和控制电流法

按照控制方式不同，极化曲线测量可以分为控制电位法和控制电流法。

控制电流法是以电流为自变量，遵循规定的电流变化程序，测定相应的电极电位随电流变化的函数关系。在恒电流实验时，应当记录电位-时间的变化关系，即充电曲线。此外，还包括断电流法，即在断电流的瞬间，测量电极电位及其变化。控制电流法是在每一个测量点及每一瞬间，电极上流过的电流都被控制在一个规定的数值。当电流保持恒定不变时称为恒电流法，测得的相应的极化曲线称为恒电流充电曲线。

控制电位法是以电位为自变量，遵循规定的电位变化程序，测定相应的极化电流随电位变化的函数关系。在恒电位实验时，记录相应电流-时间的变化曲线。控制电位法的实质是在每一个测量点及每一瞬间，电极电位都被控制在一个规定的数值。当电位保持恒定不变时称为恒电位法，测得的相应的极化曲线称为恒电位充电曲线。

控制电流法和控制电位法按照自变量变化程序可以分为稳态法、准稳态法和连续扫描法三种。

恒电位稳态法是指恒电位测量时与每一个给定电位对应的响应信号（电流）完全达到稳定不变的状态。恒电流稳态法同样如此。在测量技术上要求某参数完全不变是不可能的，考虑到仪器精度及其实验要求，如可以规定所测量的电位在 5 min 内变化不超过 1 mV 就可以认为达到稳态。稳态极化曲线都是用逐点测量技术获得的，此即经典的步阶法。现代电化学仪器将这一过程程序化，用户选择扫描速率来控制步阶幅值和频次。

准稳态法是指在给定自变量（恒电位时为电位，恒电流时为电流）的作用下，相应的响应信号（恒电位时为电流，恒电流时为电位）并未达到完全稳态。因为稳态法时间太长，且因体系而异，实验测量很不方便，测量结果的重现性和可比性较差，为此，可以在每一个给定自变量水平上停留规定的同样时间，在保持时间终了前，读出或记录相应的响应信号，接着调节到程序规定的下一个给定自变量继续实验。例如，可以统一规定在每一个给定自变量的水平上保持 5 min。再如，采取逐点测量的步阶法或自动给定的阶梯波阶跃法。

连续扫描法是指利用线性扫描信号电压控制恒电位仪或恒电流仪的给定自变量（电位或电流），使其按预定的程序以规定的速率连续线性变化，用 X-Y 记录仪同步记录相应的响应信号（电流或电位）与给定自变量的变化关系，自动绘出极化曲线。由此得到的是非稳态极化曲线。控制电位连续扫描所测得的曲线称为动电位极化曲线，控制电流连续扫描所测得的曲线称为动电流极化曲线。控制电位的慢速连续扫描具有恒电位的性质，故又称为恒电位扫描法。

为测定极化曲线，需要同时测定研究电极上流过的电流和电极电位，因此常采用三电极体系：参比电极、工作电极和辅助电极（也称对电极）。图 5-1 是稳态和准稳态测量极化曲线的基本系统，由极化电源（一般常用恒电位仪）、电流与电位检测仪表、电解池与电极系统组成。该三电极系统构成两个回路，即电流回路和电压回路。

测量动电位极化曲线的电位扫描系统的特征是加到恒电位仪上的基准电压随时间呈线性变化，使得研究电极的电位也随时间呈线性变化。测量完整的极化曲线时，因其极化电流的变化范围很大，有时可达 4～5 个数量级，此时可以使用对数转换器，直接记录 E-$\lg i$ 的曲线。动电位扫描测量极化曲线测试系统如图 5-2 所示。

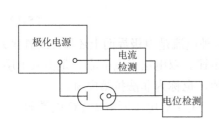

图 5-1 电化学测定的基本系统　　图 5-2 动电位扫描测量极化曲线测试系统

现代电化学仪器将模/数和数/模转换器应用其中，采用软件控制给出的参数变化，简化了信号发生器；记录部分利用数字信号也得以简化和精确化。

采用上述方法得到稳态极化曲线，根据第 4 章的金属电化学腐蚀速率计算方法，采用如 Tafel 直线外推法、弱极化区三点法、线性极化法等就可以获得腐蚀速率、Tafel 斜率 b_a、b_c 和极化电阻。

按极化方式不同，极化曲线还可以分为：阶跃法、方波法、线性扫描法、三角波法、交流阻抗法等。

线性极化法可以测定稳态极化曲线，如上所述，扫描速率大时也可以测定暂态极化曲线。

5.3 暂态法测定金属腐蚀速率

暂态法也可以分为控制电流暂态法和控制电位暂态法，分别包括阶跃法（充电和断电法）、方波法和线性扫描法。本节重点讲述恒流充电法和小幅三角波法。

5.3.1　恒流充电法

对于易钝化的金属，如不锈钢，由于腐蚀速率极低，极化电阻 R_p 很大，电极时间常数（RC）很大，因而达到稳态所需时间很长，长时间内很难保证腐蚀体系的自腐蚀电位不发生变化，因此用稳态法测定极低的腐蚀速率往往带来很大误差，为此提出了恒流暂态法，也称恒流充电法。这种方法不要求测定稳态数据，而是用暂态过程中的数据推算稳态下的腐蚀速率。

当对电极充电时，暂态过程中输送到电极上的电量一部分用于双电层充电，改变电极电位；一部分消耗于电化学反应。也就是说，在暂态过程中通过金属/溶液界面的总电流由两部分组成：一部分为双电层充电电流 i_c；一部分为电极反应电流 i_r。

$$i = i_c + i_r \tag{5-1}$$

电极反应电流 i_r 也称法拉第电流，因为这种电流是电极界面上还原（或氧化）反应受（或授）电子所产生的，符合法拉第定律。双电层充电电流 i_c 是由双电层电荷的改变引起的，其电量不符合法拉第定律，也称为非法拉第电流。

根据物理学中电容的定义，在双电层中，产生 1 V 电压所需要 1 C 电量即 1 F 电容。

$$C(\mathrm{F}) = \frac{Q(\mathrm{C})}{U(\mathrm{V})}$$

双电层充电电流 i_c 为

$$i_c = \frac{\mathrm{d}q}{\mathrm{d}t} = \frac{\mathrm{d}(C_d \cdot \phi)}{\mathrm{d}t} = C_d \frac{\mathrm{d}\phi}{\mathrm{d}t} + \phi \frac{\mathrm{d}C_d}{\mathrm{d}t} \tag{5-2}$$

式中，q 为电极表面的电荷密度，$\mathrm{C \cdot cm^{-2}}$；C_d 为电极双电层电容，$\mathrm{F \cdot cm^2}$；ϕ 为电极电位，V；$q = C_d \cdot \phi$。

式（5-2）中右边第一项为电极电位改变引起的双电层充电电流，第二项为双电层电容改变引起的双电层充电电流。当表面活性物质在电极界面吸（脱）附时，双电层结构发生剧烈改变，因而 C_d 有很大变化。这时第二项有很大的数值，表现为吸（脱）附电容峰。但在一般情况下，C_d 随时间变化不大，第二项可以忽略不计。

又因 $\dfrac{\mathrm{d}\phi}{\mathrm{d}t} = \dfrac{\mathrm{d}\eta}{\mathrm{d}t}$，所以

$$i_c = C_d \frac{\mathrm{d}\phi}{\mathrm{d}t} = C_d \frac{\mathrm{d}\eta}{\mathrm{d}t} \tag{5-3}$$

随着双电层充电，过电位增加，电极反应随过电位增加而加速。

由第 4 章式（4-13）可知，法拉第电流密度为

$$i_r = i^0 \left[\exp\left(\frac{\alpha nF}{RT} \eta \right) - \exp\left(-\frac{\beta nF}{RT} \eta \right) \right]$$

将式（5-3）、式（4-13）代入式（5-1），得

$$i = i_c + i_r = C_d \left(\frac{\mathrm{d}\eta}{\mathrm{d}t} \right) + i^0 \left[\exp\left(\frac{\alpha nF}{RT} \eta \right) - \exp\left(-\frac{\beta nF}{RT} \eta \right) \right] \tag{5-4}$$

可见，在电流阶跃暂态期间，虽然极化电流不随时间发生变化，但充电电流 i_c 和反应电流 i_r 都随时间发生变化，如图 5-3 所示。

在暂态过程的初期，过电位 η 很小，式（5-4）右边第二项要比第一项小得多，电极极化电流主要用于双电层充电，即 $t \approx 0, \eta \approx 0, i_r \approx 0, i \approx i_c$。

随着双电层充电过程的进行，过电位逐渐增大，式（5-4）右边第二项逐渐增大，第一项则相应减小。当逐渐接近稳态时，过电位随着时间不再发生变化，即 $\frac{\mathrm{d}\eta}{\mathrm{d}t} = 0$，式（5-4）右边第一项接近于零，双电层停止充电，双电层电量和结构不再改变，流过电极的电流全部用于电化学反应。

根据以上分析，暂态过程中通过电极的电流一部分用于双电层充电，另一部分用于电化学反应。因此，电极/溶液界面相当于一个漏电的电容器，或者说相当于一个电容和一个电阻的并联电路，如图 5-4 所示。C_d 表示双电层电容，$F \cdot cm^{-2}$；R_p 表示极化电阻，$\Omega \cdot cm^2$。此电路称为电极/溶液界面等效电路。

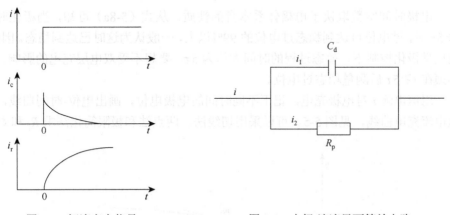

图 5-3　恒流充电信号　　　　　图 5-4　电极/溶液界面等效电路

从等效电路可知，当进行微极化时

$$\eta = R_p i_r \tag{5-5}$$

达到稳态时，$i_r = i$，所以稳态过电位 $\eta_\infty = R_p i$，即

$$R_{\mathrm{p}} = \frac{\eta_{\infty}}{i} \qquad (5\text{-}6)$$

在电化学极化控制下,暂态过程所经历的时间就是双电层充电所需的时间,主要取决于电极的性质和充电电流的大小。

对于图 5-4 所示的等效电路,由式(5-1)、式(5-3)和式(5-5)可得恒流充电微分方程式:

$$\frac{\mathrm{d}\eta}{\mathrm{d}t} + \frac{\eta}{R_{\mathrm{p}}C_{\mathrm{d}}} - \frac{i}{C_{\mathrm{d}}} = 0 \qquad (5\text{-}7)$$

解此方程可得

$$\eta = iR_{\mathrm{p}}\left(1 - \mathrm{e}^{-\frac{t}{R_{\mathrm{p}}C_{\mathrm{d}}}}\right) \qquad (5\text{-}8)$$

这就是恒电流充电曲线方程式。当达到稳态时,$t \to \infty, i_{\mathrm{r}} = i$,可得 $\eta_{\infty} = iR_{\mathrm{p}}$,代入上式可得恒电流充电曲线方程的另一种形式:

$$\eta = \eta_{\infty}\left(1 - \mathrm{e}^{-\frac{t}{R_{\mathrm{p}}C_{\mathrm{d}}}}\right) \qquad (5\text{-}8a)$$

式中,$R_{\mathrm{p}}C_{\mathrm{d}}$ 为时间常数,通常用 τ 表示,即

$$\tau = R_{\mathrm{p}}C_{\mathrm{d}} \qquad (5\text{-}9)$$

电极时间常数取决于电极体系本身的性质。从式(5-8a)可知,当极化时间 $t \geqslant 5\tau$ 时,过电位可达到稳态过电位的 99%以上,一般认为这时已达到稳态。因此,电化学极化控制下,暂态过程的时间大约为 5τ。要想不受双电层充电的影响,就必须在 $t \geqslant 5\tau$ 后测量稳态过电位。

用恒电流 i 对电极充电,记下不同时间的电极电位,画出电位-时间曲线,即恒电流充电曲线,见图 5-5。可以采用切线法、两点法和极限简化法求 R_{p} 和 C_{d}。

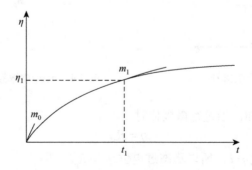

图 5-5　恒电流充电曲线及切线法求 R_{p} 示意图

1. 切线法

由式（5-8）对 t 微分得

$$\frac{\mathrm{d}\eta}{\mathrm{d}t} = \frac{i}{C_\mathrm{d}} \mathrm{e}^{-\frac{t}{R_\mathrm{p}C_\mathrm{d}}}$$

当 $t \to 0$ 时，

$$\frac{\mathrm{d}\eta}{\mathrm{d}t} = \frac{i}{C_\mathrm{d}}$$

这是充电曲线 $t = 0$ 处的斜率，以 m_0 表示，则 $m_0 = \left(\frac{\mathrm{d}\eta}{\mathrm{d}t}\right)_{t \to 0} = \frac{i}{C_\mathrm{d}}$，可以求得 C_d。

令同一充电曲线的 $t = t_1$ 处的斜率为 m_1，如图 5-5 所示。则

$$m_1 = \left(\frac{\mathrm{d}\eta}{\mathrm{d}t}\right)_{t=t_1} = \frac{i}{C_\mathrm{d}} \mathrm{e}^{-\frac{t_1}{R_\mathrm{p}C_\mathrm{d}}}$$

由此得出

$$\frac{m_1}{m_0} = \mathrm{e}^{-\frac{t_1}{R_\mathrm{p}C_\mathrm{d}}}$$

当 $t = t_1$ 时，$\eta = \eta_1$，则 $\eta_1 = iR_\mathrm{p}\left(1 - \mathrm{e}^{-\frac{t_1}{R_\mathrm{p}C_\mathrm{d}}}\right)$，将 $\frac{m_1}{m_0}$ 代入上式，则

$$\eta_1 = iR_\mathrm{p}\left(1 - \frac{m_1}{m_0}\right) = \frac{m_0 - m_1}{m_0} iR_\mathrm{p}$$

所以，

$$R_\mathrm{p} = \frac{m_0}{m_0 - m_1} \cdot \frac{\eta_1}{i} \tag{5-10}$$

根据上述原理，该方法图解如图 5-5 所示，实验具体做法如下。

（1）用小幅度恒电流对腐蚀电极充电，得一充电曲线，其稳态时的过电位不应超过 10 mV。

（2）在充电曲线的原点作切线，得斜率 m_0。

（3）在充电曲线上任选一点 t_1，得相应的极化过电位 η_1，在对应曲线点处作切线，得斜率 m_1。

（4）将 m_0、m_1、η_1 和 i 代入上式，求得 R_p。

2. 两点法

在充电曲线上选两点 $t = t_1$ 和 $t = 2t_1$，与之相应的 η_1 和 η_2 分别为

$$\eta_1 = iR_p\left(1 - e^{-\frac{t_1}{R_p C_d}}\right), \quad \eta_2 = iR_p\left(1 - e^{-\frac{2t_1}{R_p C_d}}\right)$$

两式相除得 $\dfrac{\eta_2}{\eta_1} = 1 + e^{-\frac{t_1}{R_p C_d}}$，即 $e^{-\frac{t_1}{R_p C_d}} = \dfrac{\eta_2 - \eta_1}{\eta_1}$，代入 η_1，所以：

$$\eta_1 = iR_p\left(1 - \frac{\eta_2 - \eta_1}{\eta_1}\right) = \frac{2\eta_1 - \eta_2}{\eta_1}iR_p$$

因此
$$R_p = \frac{\eta_1^2}{(2\eta_1 - \eta_2)i} \tag{5-11}$$

　　实际测量中，极化电流通过电极/溶液界面后还流过电解液，在溶液电阻未补偿的情况下，研究电极与参比电极间的等效电路应为 R_p、C_d 并联后再与溶液电阻 R_1 串联，如图 5-6 所示。

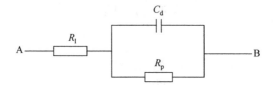

图 5-6　研究电极与参比电极间的等效电路

3. 极限简化法

由上述分析可知，当 $t \approx 0, \eta \approx 0, i_r \approx 0, i \approx i_c$，$C_d = \dfrac{i}{\left(\dfrac{\mathrm{d}\eta}{\mathrm{d}t}\right)_{t=0}}$。

当 $t = \infty$ 时，即充电过程结束，达到稳态时，$i_r = i$，稳态过电位 $\eta_\infty = (R_1 + R_p)i$，即

$$R_p = \frac{\eta_\infty}{i} - R_1$$

5.3.2　小幅三角波法

　　线性扫描法就是控制电极电位以恒定的速率变化，同时测定通过电极的电流随时间的变化或者测定电流与电极电位的关系。这种方法又分为单程电位扫描法和三角波电位扫描法。

　　对于电化学步骤控制的电极过程，线性电位扫描法得到的电流是双电层充电电流与法拉第电流之和，即

$$i = i_c + i_r = C_d\frac{\mathrm{d}\phi}{\mathrm{d}t} + \phi\frac{\mathrm{d}C_d}{\mathrm{d}t} + i_r \tag{5-12}$$

　　利用小幅三角波法可以测定双电层电容 C_d 和极化电阻 R_p。因为扫描电位限制在 10 mV 以内，可以近似地认为 C_d 和 R_p 都是常数。在扫描电位范围有电化学反应，但是溶液电阻及浓差极化可以忽略时，电极等效电路为 C_d 和 R_p 的并联。因为电位线性变化时，流经 R_p 的电流即反应电流也按线性变化，但是双电层充电电流为常数，所以由式（5-12）可知电流 i 是线性变化的，如图 5-7（b）所示。

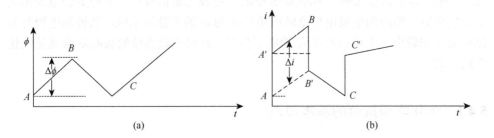

(a)　　　　　　　　　　　　　　　　　(b)

图 5-7　小幅三角波法电位和电流波形图

　　扫描换向的瞬间，电位未变，则反应电流不变，显然电流的突变是双电层电容先放电接着又充电，即双电层改变极性引起的。因此，

$$\Delta i = i_{A'} - i_A = i_{B'} - i_B = C_d\left[\left(\frac{\mathrm{d}\phi}{\mathrm{d}t}\right)_{A\to B} - \left(\frac{\mathrm{d}\phi}{\mathrm{d}t}\right)_{B\to C}\right] = C_d\left[\frac{\phi_B - \phi_A}{\frac{T}{2}} - \frac{\phi_C - \phi_B}{\frac{T}{2}}\right] = \frac{4C_d\Delta\phi}{T}$$

所以，
$$C_d = \frac{T\Delta i}{4\Delta\phi}$$

式中，T 为三角波电位扫描周期。因为扫描速率：

$$\frac{\mathrm{d}\phi}{\mathrm{d}t} = \frac{\Delta\phi}{\frac{T}{2}} = \frac{2\Delta\phi}{T}$$

所以，
$$C_d = \frac{\Delta i}{2\left(\dfrac{\mathrm{d}\phi}{\mathrm{d}t}\right)} \tag{5-13}$$

　　由于电位从 A 到 B' 扫描，电流从 A' 线性变化到 B，显然，电流的增量是由于电位改变引起的反应电流的增加。所以，在此线性极化区内，反应电阻为

$$R_p = \frac{\Delta\phi}{i_B - i_{A'}} \tag{5-14}$$

5.4　交流阻抗谱法[4]

电化学阻抗谱（electrochemical impedance spectroscopy，EIS）是一种以小振幅的正弦波电位（或电流）为扰动信号的电化学测量方法。当用一个角频率为 ω（$\omega = 2\pi f$，f 为正弦波频率），振幅足够小的正弦波电流信号对一个稳定的电极系统进行扰动时，相应的电极电位就做出角频率为 ω 的正弦波响应，从被测电极与参比电极之间输出一个角频率是 ω 的电压信号，此时电极系统的频响函数就是电化学阻抗谱。

5.4.1　电化学阻抗谱的基本知识

交流阻抗法是研究快速电极过程、双电层结构和吸附情况的常用方法，在腐蚀及电化学研究中占重要位置。

若能用"电学元件"以及"电化学元件"来构成一个电路，使得这个电路的阻纳频谱与测得的电极系统的电化学阻抗谱相同，就称这一电路为该电极系统或电极过程的等效电路，用来构成等效电路的"元件"称为等效元件。

1. 电学元件的阻抗谱特征

1）电阻 R

通常用 R 代表电阻元件，同时用 R 代表电阻值，其单位是 Ω，其阻抗与导纳分别为

$$Z_R = R = Z_R', \quad Z'' = 0$$

$$Y_R = \frac{1}{R} = Y_R', \quad Y_R'' = 0$$

故电阻的阻纳只有实部没有虚部，其阻纳的数值总为正值且与频率无关。在阻抗或导纳平面图上，它只能用实轴上的一个点来表示，如图 5-8 所示。

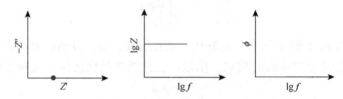

图 5-8　电阻 R 的电化学阻抗谱示意图

2）电容 C

通常用 C 作为电容元件的标志，同时用 C 表示电容值，单位为 F。电容的阻抗与导纳分别为

$$Z_C = -j\frac{1}{\omega C}, \quad Z_C' = 0, \quad Z_C'' = -\frac{1}{\omega C}$$

$$Y_C = j\omega C, \quad Y_C' = 0, \quad Y_C'' = \omega C$$

它们只有虚部而没有实部，C 值总为正值。在阻抗复平面图上或导纳复平面图上，它们表示为与第一象限的纵轴重合的一条直线。它们的阻抗和导纳的模值分别为

$$|Z_C| = \frac{1}{\omega C}, \quad |Y_C| = \omega C$$

故在模值图中，以 $\lg|Z_C|$ 对 $\lg f$ 作图，其图像为一条斜率为–1 的直线。由于阻纳的实部为零，因此 $\tan\phi = \infty$，相位角 $\phi = \frac{\pi}{2}$，与频率无关（图 5-9）。

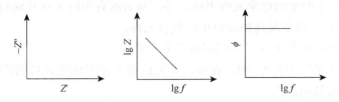

图 5-9　电容 C 的电化学阻抗谱示意图

3）电感 L

用 L 作为电感元件的标志，且用 L 代表电感值，其单位为 H。它的阻抗和导纳分别为

$$Z_L = j\omega L, \quad Z_L' = 0, \quad Z_L'' = \omega L$$

$$Y_L = -j\frac{1}{\omega L}, \quad Y_L' = 0, \quad Y_L'' = -\frac{1}{\omega L}$$

它们也只有虚部没有实部，L 总为正值。在阻抗复平面图或导纳复平面图上，它们表示为与第四象限的纵轴重合的一条直线。电感的阻抗和导纳的模值分别为

$$|Z_L| = \omega L, \quad |Y_L| = \frac{1}{\omega L}$$

故在模值图中，以 $\lg|Z_L|$ 对 $\lg f$ 作图，是一条斜率为+1 的直线；其相位角 $\phi = -\frac{\pi}{2}$（图 5-10）。

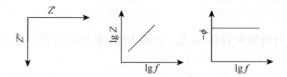

图 5-10　电感 L 的电化学阻抗谱示意图

4）常相位角原件 Q

电极与溶液之间界面的双电层，一般等效于一个电容器，称为双电层电容。但是实验中发现，固体电极的双电层电容的频响特性与"纯电动"并不一致，有或大或小的偏离，这种现象一般称为"弥散效应"。这时在等效电路中用 C 很难给出满意的拟合结果，于是，就提出了常相位角元件 Q，其阻抗为

$$Z_Q = \frac{1}{Y_0} \cdot (j\omega)^{-n}, \quad Z_Q' = \frac{\omega^{-n}}{Y_0}\cos\left(\frac{n\pi}{2}\right), \quad Z_Q'' = \frac{\omega^{-n}}{Y_0}\sin\left(\frac{n\pi}{2}\right), \quad 0 < n < 1$$

因此等效元件 Q 有两个参数：一个参数是 Y_0，其量纲是 $\Omega^{-1} \cdot cm^{-2} \cdot s^{-n}$ 或 $S \cdot cm^{-2} \cdot s^{-n}$。

由上述几个简单的电学元件串联、并联或者既有串联又有并联的连接可以组成"复合元件"。以下是几种最简单的复合元件。

（1）由电阻 R 和电容 C 串联组成的复合元件。

这一复合元件用符号 RC 表示，其阻抗由互相串联的元件的阻抗相加而得（图 5-11），故其阻抗为

$$Z = R + \frac{1}{j\omega C} = R - j\frac{1}{\omega C}$$

其模值为

$$|Z| = \sqrt{R^2 + \frac{1}{(\omega C)^2}} = \frac{\sqrt{1 + (\omega RC)^2}}{\omega C}$$

$$\lg|Z| = \frac{1}{2}\lg\left[1 + (\omega RC)^2\right] - \lg\omega - \lg C$$

其相位角正切为

$$\tan\phi = \frac{1}{\omega RC}$$

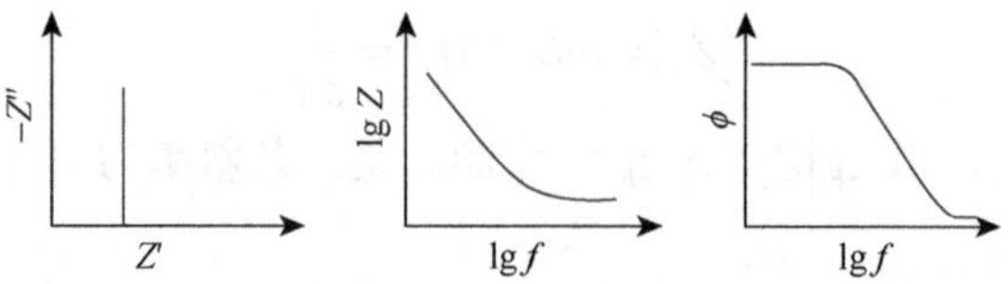

图 5-11　串联复合元件 RC 的电化学阻抗谱示意图

（2）由电阻 R 与电容 C 并联组成的复合元件。

这一复合元件用符号 RC 表示，其总的导纳是互相并联的各元件的导纳之和。故复合元件 RC 的导纳为

$$Y = \frac{1}{R} + j\omega C$$

其阻抗为

$$Z = \frac{1}{Y} = \frac{R}{1+j\omega RC} = \frac{R}{1+(\omega RC)^2} - j\frac{\omega R^2 C}{1+(\omega RC)^2}$$

$$Z' = \frac{R}{1+(\omega RC)^2}, \quad Z'' = -\frac{\omega R^2 C}{1+(\omega RC)^2}$$

$$\tan\phi = -\frac{Z''}{Z'} = \omega RC$$

整理以后可以得到：

$$\left(Z' - \frac{R}{2}\right)^2 + Z''^2 = \left(\frac{R}{2}\right)^2$$

这是圆心为（R/2，0），半径为 R/2 的圆的方程，由于 $Z'>0$，$Z''<0$，故在阻抗复平面图上的轨迹是第一象限中的半圆（图 5-12）。

复合元件 RC 的阻抗的模值为

$$|Z| = \frac{R}{\sqrt{1+(\omega RC)^2}}$$

$$\lg|Z| = \lg R - \frac{1}{2}\lg\left[1+(\omega RC)^2\right]$$

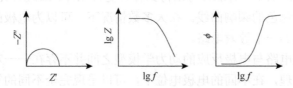

图 5-12　并联复合元件 RC 的电化学阻抗谱示意图

2. 电解池的等效电路

在交流电通过电解池的情况下，可以把双电层等效地看作电容器，把电极本身、溶液及电极反应所引起的阻力看成电阻，因此可把电解池分解为如图 5-13 所示的交流阻抗电路。

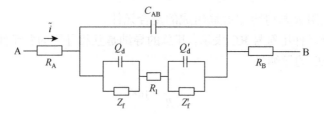

图 5-13　　电解池的交流阻抗等效电路图

图 5-13 中，A、B 表示电解池的研究电极和辅助电极两端；R_A、R_B 表示研究电极和辅助电极本身的电阻；C_{AB} 表示研究电极和辅助电极之间的电容；R_l 表示溶液电阻；Q_d、Q'_d 表示研究电极和辅助电极的双电层电容；Z_f、Z'_f 表示研究电极和辅助电极的交流阻抗（电解阻抗或法拉第阻抗）；Q_d 与 Z_f、Q'_d 与 Z'_f 的并联均称为界面阻抗。

一般电解池体系中，R_A、R_B 很小，可以忽略；又因两电极之间的距离比双电层厚度大得多，则 C_{AB} 也很小，可忽略，因而可以认为 R_A、C_{AB} 和 R_B 组成的回路不存在。

当辅助电极使用大面积惰性电极时，Q'_d 很大，回路的容抗很小，Z'_f 较大，故其界面电容可以忽略。如果回路只有电化学反应，则 $R_p = Z_f$，因此等效电路简化为如图 5-6 所示情况。

由等效电路来联系电化学阻抗谱与电极过程动力学模型的方法比较具体直观，用一个电阻参数 R_s 表示从参比电极的鲁金毛细管口到被研究电极之间的溶液电阻，用一个电容参数 C_{dl} 代表电极与电解质两相之间的双电层电容，用一个电阻参数 R_{ct} 代表电极过程中电荷转移所遇到的阻力。这些等效元件的物理意义很明确。

通过元件之间的串、并联，可以得到各种复合元件。通过各元件的取值不同，也可以得到形形色色的频响曲线。在大多数情况下，可以为电极的电化学过程的电化学阻抗谱找到一个等效电路。

但是，等效电路与电极反应的动力学模型之间并不存在一一对应的关系。对于同一个反应机理，在不同的电极电位下，可以呈现完全不同的等效电路的阻抗谱图。此外，由等效元件组成的等效电路与阻抗谱图类型之间也不存在一一对应的关系。另外，有些等效元件的物理意义不明确，而有些复杂电极过程的电化学阻抗谱又无法只用上面提到的 4 个等效元件来描述。对于等效电感元件的物理意义，一直存在着争论。

要克服传统的等效电路方法的缺陷，必须根据电极系统与电极过程的特点，依据阻纳的基本条件及动力学规律，来建立电化学元件及其具有明确物理意义的数学模型。

5.4.2　电化学过程控制引起的阻抗

对于简单的电化学极化体系，$Z_f \approx R_p$。对于简化后的实际等效电路，可以有两种模拟电路形式。当溶液电阻很小或进行补偿后，可用并联模拟电路形式（图 5-4），否则可用串联模拟电路形式（图 5-14）。

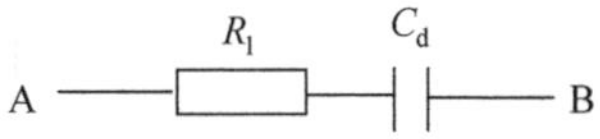

图 5-14　串联模拟电路

若无浓差极化，对实际等效电路来说，图 5-5 对应的等效电路回路的总阻抗为

$$Z = R_1 + \frac{1}{\dfrac{1}{R_p} + j\omega C_d} = R_1 + \frac{R_p}{1 + j\omega C_d R_p} = R_1 + \frac{R_p(1 - j\omega C_d R_p)}{1 + \omega^2 C_d^2 R_p^2}$$

$$= R_1 + \frac{R_p}{1 + \omega^2 C_d^2 R_p^2} - \frac{j\omega C_d R_p^2}{1 + \omega^2 C_d^2 R_p^2} \tag{5-15}$$

即：$Z = Z_{Re}$（实部）$+ jZ_{Im}$（虚部），

$$X = Zl + \frac{R_p}{1 + \omega^2 C_d^2 R_p^2}, \quad Y = -\frac{j\omega C_d R_p^2}{1 + \omega^2 C_d^2 R_p^2}$$

实验上可测得不同频率下的 Z_{Re} 和 Z_{Im}，然后由不同的数据处理方法，如频谱法、极限简化法、图解法、李沙育图解法、复数平面法求得电极参数 R_1、R_p 和 C_d。复数平面法可同时得到电极参数 R_1、R_p 和 C_d，并得到广泛使用。

实数部分：

$$X = R_1 + \frac{R_p}{1 + \omega^2 C_d^2 R_p^2}$$

即：

$$X - R_1 = \frac{R_p}{1 + \omega^2 C_d^2 R_p^2}$$

虚数部分：

$$Y = -\frac{j\omega C_d R_p^2}{1 + \omega^2 C_d^2 R_p^2}$$

测得不同 ω 时的 Z_{Re} 和 Z_{Im} 值。在虚数平面坐标图上绘出所得半圆形关系曲线（图 5-15）。

该曲线方程为

$$(Z_{Re} - R_1)^2 + (Z_{Re} - R_1)R_p + Z_{Im}^2 = 0$$

$$\left(Z_{Re} - R_1 - \frac{1}{2}R_p\right)^2 + Z_{Im}^2 = \left(\frac{1}{2}R_p\right)^2$$

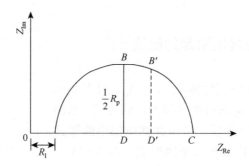

图 5-15　电化学过程的复数平面图

即半径为 $1/2\ R_p$、圆心在（$Z_{Re} = R_1 + 1/2\ R_p$，$Z_{Im} = 0$）的半圆。因此从图中得到 $CD = 1/2\ R_p$，$OA = R_1$，B 点处的 $Z_{Im}^B = Z_{Re}^B - R_1$，则 $\omega_B C_d R_p = \dfrac{Z_{Re}^B}{Z_{Im}^B - R_1} = 1$，即

$$C_d = \frac{1}{\omega_B R_p}。$$

另外，由 X 的表达式得知 $C_d = \dfrac{1}{\omega_B R_p}\sqrt{\dfrac{R_1 + R_p - Z_{Re}}{Z_{Re} - R_1}} = \dfrac{1}{\omega_B' \cdot R_p}\sqrt{\dfrac{\overline{D'C}}{\overline{AD'}}}$，通过图中线段距离便可求得 C_d 值。

为了比较准确地画出复数平面上的半圆，实验采用的交流电频率范围不应太小，要求频率高端 $\omega_{高} > 5\omega_B$，频率低端 $\omega_{低} < \omega_B/5$。

5.4.3　含有浓差极化引起的交流阻抗

在电极过程为纯扩散控制时，法拉第阻抗 Z_f 就等于浓差极化阻抗 Z_w，Z_w 也称为 Warburg 阻抗，因为正弦交流极化阻抗是 Warburg 于 1899 年首先提出的。在扩散控制下，浓差电阻 R_w 与浓差电容 C_w 的容抗相等，而且正比于 $\omega_B^{-1/2}$。扩散控制下的等效电路如图 5-16 所示。

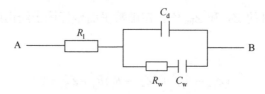

图 5-16　扩散控制下的等效电路图

R_w 是浓差电阻；C_w 是浓差电容

图 5-17 是电化学极化和浓差极化混合控制下的等效电路。对应的复数平面图如图 5-18 所示，该图由高频区的一个半圆和低频区的一条 45°的直线构成。

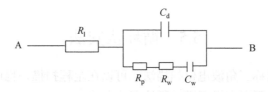

图 5-17　电化学极化和浓差极化混合控制下的等效电路

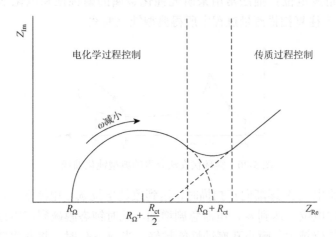

图 5-18　有浓差极化的电极阻抗复数平面图

5.4.4　其他电化学阻抗谱解

电极体系还可能存在如图 5-19 所示等效电路，分别对应的电极过程要与其他测试手段共同分析，才可以给出可靠的解析。

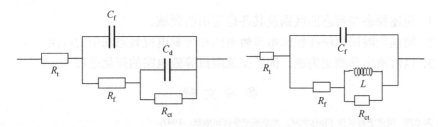

图 5-19　电化学体系的其他等效电路

　　曹楚南先生等对于涂层浸泡过程的交流阻抗等效电路及其对应的电极过程有详细的论述，也有很多文献采用交流阻抗技术研究缓蚀剂吸附/脱附过程、钝化膜以及电极过程等。

5.5　循环伏安法

　　循环伏安法也称三角波电位扫描法，可以在全程扫描，也可只在阳极或者阴极区扫描，是用于研究电极可逆过程的有效方法。

　　大幅三角波电位扫描法常用来研究钝化金属的耐蚀性和电化学反应的可逆性。图 5-20 为往复扫描测量过程中所得典型钝化曲线。

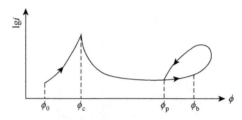

图 5-20　循环伏安法获得的典型钝化曲线

　　当从开路电位 ϕ_0 逐渐向正扫描时，达到致钝电位 ϕ_c，电流下降，金属进入钝态；继续增加电位，达到 ϕ_b，电流急剧增加，此时钝态膜破裂产生蚀孔，ϕ_b 称为击破电位，其值越大，耐小孔腐蚀性能越好。当 $\phi>\phi_b$ 时，将发生严重孔蚀；电位正扫达到一定电流后就换向进行回扫，回扫曲线并不与正扫曲线重合，回扫到电流接近零（或与正扫曲线相交）得电位 ϕ_p，称为保护电位，是金属裸面自行钝化修补的最高电位。在 ϕ_b 与 ϕ_p 之间，原来无孔蚀时不会产生新的孔蚀，原来有孔蚀时则不会自行愈合。当 $\phi_c<\phi<\phi_p$ 时，钝态稳定，即使有孔蚀也会自行愈合。

思　考　题

　　1. 简述稳态与暂态的区别及其各自适用的领域。
　　2. 简述极限简化法在控制电流暂态法和控制电位暂态法中的应用。
　　3. 以溶液电导测定为例，简述交流阻抗等效电路的简化过程。

参 考 文 献

[1]　刘永辉. 电化学测试技术[M].北京：北京航空学院出版社，1987.

[2]　曹楚南. 腐蚀电化学[M]. 北京：化学工业出版社，1994.

[3]　宋诗哲. 腐蚀电化学研究方法[M]. 北京：化学工业出版社，1988.

[4]　曹楚南，张鉴清. 电化学阻抗谱导论[M]. 北京：科学出版社，2002.

第6章　常用耐蚀材料及其在海洋环境中的耐蚀性

如绪论中所述，防护技术应从三个方面入手：①材料本身，即合理选材，提高金属纯度，添加合金元素或进行热处理；②界面方面，包括表面处理及涂、镀层技术；③环境方面，添加缓蚀剂及消除、减轻机械作用和生物作用等。另外，电化学保护技术和防腐蚀设计将单列介绍。本章从第一方面入手介绍常用耐蚀材料及其在海洋环境中的耐蚀性[1, 2]。

6.1　常用耐蚀材料分类

通常可以将耐蚀材料按照图 6-1 进行分类。

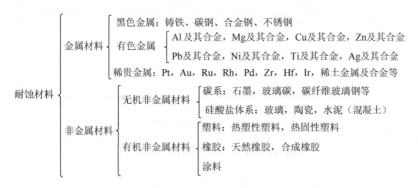

图 6-1　常用耐蚀材料的分类

6.1.1　钢铁材料

图 6-2 是 Fe-C 二元系相图，其中：Fe 的熔点为 1539℃，L 为 Fe 的熔体；δ 相为体心立方晶格，可以与 C 形成固溶体，最高溶碳量为 0.08%；γ 相为面心立方晶格，可以与 C 形成固溶体，最高溶碳量为 2%；α 相为体心立方晶格，也可以与 C 形成固溶体，最高溶碳量为 0.02%；在 768℃以下，α 相具有铁磁性，加热到 768℃以上则磁性消失；铁素体 α 相是 C 在 α-Fe 中的固溶体；渗碳体是 Fe-C 化合物 Fe_3C，晶胞中含 12 个 Fe 原子和 4 个 C 原子，210℃以下呈铁磁性，其 Fe/C 质量比为 93.3∶6.7；奥氏体 γ 相是 C 在 γ-Fe 中的固溶体（也可溶入其他元素），C 位于体心，Fe 位于

8 个角和 6 个面心，呈顺磁性，高温时稳定；珠光体是铁素体 α 和渗碳体 Fe_3C 的混合低共熔物，平均含碳量 0.83%；莱氏体（$\gamma + Fe_3C$）是奥氏体和渗碳体的共晶混合物，也为低共熔物。

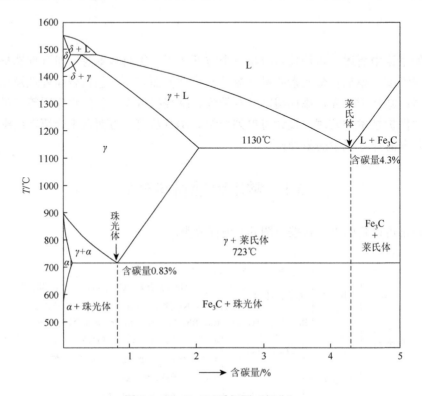

图 6-2　Fe-C 二元系相图（部分）

由 Fe-C 二元系相图可知，室温下 Fe-C 合金有三种相：铁素体、渗碳体和石墨。在腐蚀介质中它们的电极电位不同，铁素体电位较负，石墨的电位较正，渗碳体居中。因此，钢铁在电解液中，渗碳体和石墨相对于铁素体是微阴极，在非氧化性酸中导致钢铁的腐蚀加速，但在中性介质中，这种影响不大。钢铁材料一般包括以下 4 类。

1. 铸铁

铸铁一般分为普通铸铁和合金铸铁两大类。普通铸铁是指含碳 1.7%~4%、含硅 1%~3%的碳铁合金。铸铁除了含有碳和硅外，还含有锰、磷和硫。普通铸铁又可分为以下 4 种。

（1）灰口铸铁：断口呈灰色，含碳 2.7%~4%，含硅 1%~3%，锰、磷和硫总含量低于 2%，其显微组织为钢基体加片状石墨。

（2）白口铸铁：断口呈亮白色，含硅较少，在铸铁金属液凝固时，碳以莱氏体或莱氏体加渗碳体的形式存在。

（3）可锻铸铁：由一定化学组成的白口铸铁经高温热处理制得，其显微组织结构为钢基体加团球状、团絮状、菜花状、聚虫状或枝晶状石墨；强度、塑性和韧性都好于灰口铸铁。

（4）球墨铸铁：由一定化学组成的铸铁金属液，在浇注之前以硅铁稀土镁合金或金属镁合金为球化剂进行球化处理而获得，其显微组织为钢基体加球形石墨，具有良好的机械加工性能。

合金铸铁是改变普通铸铁碳、硅的平衡含量，改变熔炼浇注和热处理方法使其性能产生显著变化，或通过单独或联合加入相当量 Mo、Cr、Ni、Cu、Al、Sn、Sb 等，或者加入 3%以上的硅等合金元素而获得的不同成分合金铸铁，其耐腐蚀性和耐热性大大提高，如高硅铸铁、高镍铸铁、高硅钼耐蚀铸铁和高铬铸铁等。

2. 碳钢

碳钢指含碳量低于 1.7%的铁-碳合金，可分为工业纯铁，含碳量小于 0.04%；低碳钢，含碳量 0.04%～0.25%；中碳钢，含碳量 0.25%～0.6%；高碳钢，含碳量大于 0.6%。

3. 合金钢

碳钢中加入一定量的一种或几种其他金属元素如 Cr、Ni、Cu、Mo、V、Mn、Ti、W、Nb、B、P 及稀土等成为合金钢，但其机械强度、加工性能和耐蚀性能却有明显提高。合金元素的总量小于 3.5%的为低合金钢，在 3.5%～10%的为中合金钢，高于 10%的为高合金钢。

4. 不锈钢

含有 Cr、Ni、Mo 等易钝化金属的耐蚀合金钢，其中一般含 Cr 12%～30%，含镍 5%～12%，其他还有 Mo、Ti、Mn、Nb 等。按其金相组织分为马氏体不锈钢、奥氏体不锈钢、铁素体不锈钢和奥氏体-铁素体双相不锈钢四大类。其中马氏体类可以进行热处理；奥氏体类具有非磁性，耐蚀性好；铁素体类耐蚀性（特别是耐应力腐蚀性）最好，但机械性能较差；混合类的性能同奥氏体，但强度更高。

6.1.2　铜与铜合金

铜是人类应用最早的金属，具有高的导热、导电性（仅次于银），有良好的耐蚀性。一般分为以下 4 类。

（1）紫铜即纯铜，其牌号有 1～4 号铜，即 T_1、T_2、T_3、T_4；1～2 号无氧铜即 TU_1、TU_2；磷脱氧铜即 TUP；锰脱氧铜即 TUMn。

（2）黄铜即铜-锌合金，强度较差；为改善和提高其性能可以加入 Sn、Al、Mn 等元素以防止黄铜脱锌。其中锡黄铜耐海水腐蚀，称为海军黄铜。

（3）青铜，按铜中第一添加元素的种类（Sn、Al、Be）分别命名为锡青铜、铝青铜和铍青铜。锡青铜只有添加 P、Zn、Al、Ni 和其他元素才有实际意义，这种青铜具有良好的机械加工性能和耐磨性能，铸造特性和耐腐蚀性能也较好。铝青铜中含铝量为 5%～10%，具有比锡青铜高的强度和塑性以及较高的冲击韧性和耐疲劳强度，耐蚀性能也优于纯铜和锡青铜，耐磨，耐热，且可以用热处理的方法提高其机械性能。铝青铜在大气、海水、碳酸溶液以及大多数有机酸，如柠檬酸、乙酸、乳酸等的溶液中都比较稳定。铍青铜含铍量通常低于 2.6%，具有较高的硬度、强度极限、弹性极限、疲劳极限和屈服点，以及较好的导电性、导热性、耐磨性、抗蠕变性、耐蚀性和耐腐蚀疲劳性，被广泛地应用于制造特殊性能的弹簧和弹簧零件。

（4）白铜即铜-镍合金，其耐蚀性接近或优于纯铜。B10（含 Ni 10%）和 B30（含 Ni 30%）是制作海水冷却管的主要材料。白铜及其他铜合金都有不同程度的防污效果。

6.1.3　铝与铝合金

铝密度小，导热和导电性能好，容易自钝化，也可经氧化或电化成膜。常用的铝合金主要有 Al-Si 合金，其耐蚀性、铸造和机械性能都较好；Al-Mg 合金，其强度高、性能稳定；Al-Mg-Mn 合金，其强度、塑性和抛光性较好，有防锈铝之称；Al-Cu 合金，其强度高，但耐蚀性差，易发生应力腐蚀。

6.1.4　钛与钛合金

这种材料质量轻、强度高、耐蚀性好，在强腐蚀性环境中具有优异的化学稳定性，在电解质中具有较强的自钝化能力，适用于海水、硝酸和湿氯介质，但耐高温腐蚀性较差。耐蚀钛合金中主要有 Ti-Pd、Ti-Mo 和 Ti-Mo-Ni 合金。新型的 Ti 合金材料有 Ti-Ni 形状记忆合金、Fe-Ti-H$_2$ 固态氢化物能源储存材料和 Ti-Nb 超导材料等。

6.1.5　镍与镍合金

镍的标准电极电位为−0.25V，比铁正，比铜负，且具有自钝化能力，其耐蚀性能显著提高，特别是在中性和碱性溶液中，镍特别耐碱性腐蚀。高质量耐蚀性合金材料都是镍合金，如蒙乃尔合金（Ni-Cu 合金）、因科耐尔合金（Ni-Cr-Fe 合金）和哈氏合金（Ni-Cr-Mo-Fe 合金），此外还有 Ni-Cr-Mo、Ni-Mo、Ni-Cr-Mo-Cu 等。

6.1.6　铅与铅合金

常用的有 Pb 和 Pb-Sb 合金，化工生产中，特别是在硫酸、铬酸、磷酸和氢氟酸的生产设备中应用较多。其因耐硫化氢性能较好，被作为电缆包覆材料用于地下。

6.1.7　其他有色金属

Zn 及其合金、Mg 及其合金，以及 Zn、Sn、Mg 基常用涂、镀层材料，用以保护铁制件。其中，Zn、Mg 基涂层是阳极涂层，目前使用较多的 Zn 基涂层主要是达克罗，Sn 涂层是阴极涂层。

6.1.8　碳系列材料

碳质材料具有良好的导热性、导电性、耐高温和耐热冲击性。其中不透性石墨在化工生产中应用较多，它具有良好的导电、导热和机械加工性能，较高的化学稳定性，被广泛应用于传热设备、传质设备、反应设备和流体传送设备的制作。不透性石墨的主要品种为浸渍石墨，由人造石墨经树脂或其他材料的浸渍制得；此外还有压制石墨、浇注石墨等品种。它们均耐酸、耐碱和耐溶剂腐蚀。

石墨制品及其部件主要用胶接法连接，胶黏剂由合成树脂、填料（石墨粉）、增塑剂和固化剂组成。胶黏剂一般根据不透性石墨的种类加以选择，要求有较高的黏结强度和较好的耐腐蚀性能；种类有酚醛石墨胶黏剂、改性酚醛石墨胶黏剂、呋喃石墨胶黏剂、有机硅环氧酚醛石墨胶黏剂和水玻璃石墨胶黏剂等。

6.1.9　硅酸盐系材料

（1）化工陶瓷。一般化工陶瓷的化学成分为 SiO_2 60%～70%（质量比，下同）、Al_2O_3 20%～30%、Fe_2O_3 0.5%～3.0%、CaO 0.3%～1.0%、MgO 0.1%～0.8%、Na_2O 0.5%～3.0%、K_2O 1.5%～2.0%。其具有良好的耐热、耐蚀和耐磨性能，除氢氟酸、氟硅酸和浓碱外，可耐几乎所有浓度的无机酸、盐及有机介质的腐蚀。但化工陶瓷质脆、抗拉强度低、易受热变性破损。

（2）特种陶瓷。特种陶瓷有锆质陶瓷，其化学成分为 SiO_2 33%～34%、ZrO_2 65%～66%、Al_2O_3 0.5%～1.0%、Fe_2O_3 0.25%、其他 0.25%，其具有良好的耐蚀性；还有高熔点氧化物陶瓷，如氧化铝陶瓷、氧化锆陶瓷、锆石（$SiO_2·ZrO_2$）陶瓷、氧化镁陶瓷、尖晶石（$MgO·Al_2O_3$）陶瓷、氧化铍（BeO）陶瓷、氧化铈（CeO_2）陶瓷、氧化钍（ThO_2）陶瓷和氧化钙陶瓷，可用于特殊高温环境。目前，可以将陶瓷和金属混合烧制成金属陶瓷，使其具有一定的金属性质而被推广应用。

（3）搪玻璃。搪玻璃是搪瓷材料，主要用于化工设备的防腐。它是运用搪瓷的技术，将具有玻璃性质的耐酸玻璃物质复合到金属基体上，获得玻璃/金属的复合物。它具有优良的耐腐蚀性能，除氢氟酸、含氟离子介质和温度高于 180℃的浓磷酸及浓碱外，能耐各种浓度的无机酸、有机酸、强碱和强有机溶剂的腐蚀；另外，这种物质具有一定的传热能力，能耐一定的压力和较高的温度，具有良好的耐磨性和电绝缘性，表面光滑，不易黏附其他物料，抗污染性较好。搪玻璃特别适用于要求耐蚀、防污、防粘、耐温、耐压、耐磨、导热的场合，综合性能优于其他的非金属材料。

6.1.10　有机玻璃

有机玻璃即聚甲基丙烯酸甲酯，透明、易加工、易粘接、含金属杂质极少，可以来制作电化学实验槽和分析器皿，但机械性能和耐热性较差。

6.1.11　塑料

塑料的品种很多，根据塑料在加热和冷却反复作用下的表现，可以将其分为热固性和热塑性两大类。热塑性塑料是在特定的温度范围内能反复加热软化和冷却硬化的塑料。塑料按照应用情况的分类列于图 6-3。

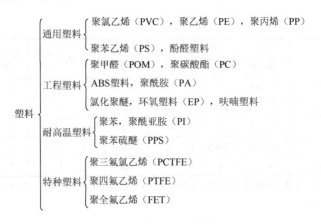

图 6-3　常用塑料的分类

近几年来，一些国家热塑性共混塑料发展很快，它是由两种以上的热塑性材料用机械方法混合而成，又称为"塑料合金"，如尼龙/聚酯、PC/ABS、ABS/PSF（聚砜）、PVC/PE 等。

增强塑料是以合成树脂（热固性或热塑性树脂）为基体，以纤维质（玻璃纤维、石棉纤维、碳素纤维、晶须和芳香族聚酰胺纤维等）作为骨架材料的一种复合材料。增强塑料不仅在国防军工上有重要的用途，而且在宇航等尖端技术、民用以及化工防腐蚀领域中也得到了广泛应用。目前主要耐腐蚀塑料的品种是双酚 A 型不饱和聚酯增强塑料、氢化双酚型不饱和聚酯增强塑料、乙烯型不饱和聚酯增强塑料、环氧增强塑料、二甲苯改性不饱和聚酯增强塑料、酚醛增强塑料和呋喃增强塑料。

各种塑料的耐蚀性质汇于表 6-1。

表 6-1　各种塑料的耐蚀性质

塑料种类		酸		碱		有机溶剂	吸水率(24h)/%	O_2 和 O_3	高真空	电离辐射	耐温性/°F	
		弱	强	弱	强						高	低
热塑性塑料	氟碳塑料	无反应		无反应		无反应	0.0	无反应	—	P	550	G-275
	甲醛丙烯酸甲酯	R	A-O	R	A	A	0.2	R	分解	P	180	—
	尼龙	G	A	R	R	R	1.5	SA	—	F	300	G-70
	氯化聚醚	R	A-O	R	R	G	0.01	R	—	F	280	G
	低亚聚乙烯	R	A-O	R	R	G	0.15	A	F	F	140	G-80
	高亚聚乙烯	R	A-O	R	R	G	0.1	A	F	G	160	G-180
	聚丙烯	R	A-O	R	R	R	<0.01	A	F	G	300	P
	聚苯乙烯	R	A-O	R	R	A	0.04	SA	P	G	160	P
	聚氯乙烯	R	R	R	R	A	0.10	R	—	P	150	P
	乙烯基塑料	R	R	R	R	A	0.45	P	P	P	160	—

续表

塑料种类		酸		碱		有机溶剂	吸水率(24h)/%	O₂和O₃	高真空	电离辐射	耐温性/°F	
		弱	强	弱	强						高	低
热固性塑料	环氧树脂	R	SA	R	R	G	0.1	SA	—	G	400	L
	酚醛树脂	SA	A	SA	A	SA	0.6	—	—	G	400	L
	聚酯	SA	A	A	A	SA	0.2	A	—	G	350	L
	有机硅	SA	SA	SA	SA	A	0.15	R	—	F	550	L
	尿素塑料	A	A	A	A	R	0.6	A	—	P	170	L

注：R 表示耐蚀；A 表示不耐蚀；SA 表示轻微腐蚀；A-O 表示被氧化性酸腐蚀；G 表示好；F 表示中等；P 表示劣；L 表示无变化。

6.1.12　橡胶

橡胶在防腐蚀技术中主要用作衬里、防护层、垫片、密封材料和涂料等。

6.2　海洋环境中材料的耐蚀性

6.2.1　钢铁材料

常用钢铁材料根据组成可以分为三种：铸铁、碳钢、不锈钢[2]。

1. 铸铁

普通铸铁在碱性环境中具有相当好的耐腐蚀性能，在大气、土壤、海水、淡水中发生不同程度的腐蚀，但它由于价格低廉、具有优良的加工性能、能铸造出形状复杂的零部件、缺口敏感性低、耐磨、减震性能好，因此，在工程上得到广泛的应用，尤其是各类海水泵、阀门等部件。铸铁本身耐海水腐蚀能力相对较差，为提高其耐蚀性能，通常在铸铁中加入不同的合金元素，生产出各类耐蚀合金铸铁，其中主要有低合金铸铁、高镍铸铁、高铬铸铁、高硅铸铁等。

1）低合金铸铁

在低合金铸铁中常加入的合金元素有 Cu、Sb、Sn、Cr、Ni 等。例如，铸铁中加入 1.5%的 Cu，可以显著提高它在大气和海水中的耐蚀性；含铜铸铁中加入 Sn 或 Sb，则能够提高合金铸铁的析氢过电位，增强它对污染介质的耐蚀性；加入 0.1%～1.0%的 Cu 及≤0.3%的 Sn，可以提高铸铁耐大气腐蚀的性能；加入 0.4%～0.8%的 Cu 及 0.1%～0.4%的 Sb，在含有 0.04 g·L^{-1} H₂S 的海水中所做的室内实验结果表明，其腐蚀速率仅为 0.009 mm·a^{-1}，可适用于近海的污染海水中；铸铁中加入 0.5%～2.3% Cr，可减弱铸铁在流动海水中的腐蚀。

2）高镍铸铁

高镍铸铁通常是指含 14%～30%镍，并加入低于 10%的 Cr、Cu 或 Mo 的铸铁合金，组织结构以奥氏体为主。镍比铁的活性低、热力学稳定性更高，可提高铸铁的腐蚀电位且易于钝化，可减缓腐蚀。与普通铸铁相比，高镍铸铁的耐酸碱腐蚀性大大提高，尤其是随着镍含量的提高，耐碱性腐蚀能力不断增强。这种材料对海洋大气、海水和中性盐水溶液有非常好的耐蚀性，特别是其在流动海水中的最大腐蚀速率仅为 $0.1\ mm\cdot a^{-1}$，完全适于用作海水泵、阀、管道的材料，主要在海水制盐工业中用于输送海水、盐浆。它在流动海水中的缝隙腐蚀倾向也远远小于不锈钢。

3）高铬铸铁

高铬铸铁通常含 15%～30%铬，铬易于钝化，在氧化性环境中形成化学性质稳定的氧化物膜，减缓介质的腐蚀；另外由于组织中含有大量铬的碳化物，铸铁成为白口铁，不仅具有极其优越的耐磨性和抗氧化性，而且在中性或弱酸性水中也颇耐蚀，当 pH≥5 时腐蚀速率小于 $0.1\ mm\cdot a^{-1}$。因此高铬铸铁宜用于磨蚀环境中的材料，如泥浆泵、搅拌浆、管道等。另外高铬铸铁在氧化性酸，如热浓硝酸中耐蚀性较好，可用作耐酸泵等。

4）高硅铸铁

高硅铸铁通常是指含 14%～18%硅的 Fe-Si-C，再加入少量 Cr、Mn 合金元素的铸铁材料，高硅铸铁根据其组成可以分为稀土高硅球墨铸铁、稀土高硅铸铁、高硅铜铸铁、高硅钼铸铁、高硅钼铜铸铁等，这些材质在各种化学介质中具有良好的耐蚀性能。由于硅的加入，铸铁表面形成一层较为致密的、具有较高电阻率、化学性质比较稳定的 SiO_2 保护膜，使其在海水介质中具有优良的耐局部腐蚀能力。通常硅含量控制在 14.5%以下，硅含量过高可导致材质的力学性能和耐腐蚀能力的下降。如果再加入 3.0%～3.5%的 Mo 可进一步提高抗氯离子腐蚀能力，强化高硅铸铁的 SiO_2 保护膜。这种材质在海水中的消耗率仅为普通铸铁的 1/5，是海洋工程中外加电流阴极保护技术使用的最为合适的可溶性辅助阳极材料。

2. 碳钢、低合金钢

海洋工程用金属材料中 80%以上是碳钢和普通的低合金钢，因为这些材料价格低廉、使用方便、加工性能好、使用经验丰富、可靠性高，对此类材料的海水腐蚀性能研究最多。钢铁在海水或实际工作环境中的腐蚀行为受到很多因素的影响，同一种钢在不同环境下的腐蚀速率可以差别很大。同一地区的海水对插入的钢桩不同部位的腐蚀也不同，由第 1 章所示钢桩各部位的腐蚀情况可见，飞溅区腐蚀最严重，因为这一区域供氧充分、干湿交替频率高、水膜保留时间长、氧去极化作用强烈、浪花又易冲击破坏保护膜；同时具有还原作用的锈层在飞溅区起到了阴极去极化作用,进一步加剧了钢铁在飞溅区的腐蚀。在潮差区,供氧较为充分但是与在低潮线以下 0.3～1.0 m、氧浓度较低的狭窄区带构成氧浓差电池,此时潮差区属于阴极受到保护而腐蚀减缓,低潮线处属于阳极,腐蚀加剧。在深水区直到泥浆区以下(全浸带、海泥带),由于氧浓度低而腐蚀速率也降低。

完全浸没于海水的碳钢和许多低合金钢的平均腐蚀速率在最初 5～10 年之内大约为 0.13 mm·a^{-1},且不随浸泡时间的延长而变化,在更长时间的暴露之后,腐蚀速率才有所下降。在世界各大洋海水中全浸条件下,钢的腐蚀速率差别不大,所以有人建议将世界各海区全浸条件下的平均腐蚀速率定为 0.127 mm·a^{-1}。

碳钢和低合金钢在全浸条件下的腐蚀形式主要表现为均匀腐蚀,但随着实验和应用时间的延长,钢铁表面会产生腐蚀麻点、蚀坑,甚至单个较深、较大的腐蚀溃疡坑,按失重计算出的平均腐蚀速率差别不大,但是孔蚀速率有时比全面腐蚀速率高达 5～10 倍,甚至更高。

3. 不锈钢

海洋中常用的不锈钢如表 6-2 所示。

表 6-2　几种常用不锈钢的化学成分

牌号	化学成分								
	C	Mn	Si	P	S	Ni	Cr	Mo	其他
2Cr13	0.16～0.25	≤1.00	≤1.00	≤0.035	≤0.030		12～24		
F179*	0.009	0.53	0.21	0.036	0.016		16.37		Ti: 0.24 Al: 0.037
1Cr18Ni9Ti	≤0.12	≤2.00	≤1.00	≤0.035	≤0.030	8.00～11.00	17.00～19.00		Ti: 5×(C%～0.02)～0.80
00Cr19Ni10	≤0.08	≤2.00	≤1.00	≤0.035	≤0.030	9.00～13.00	18.00～20.00		
0000Cr18Mo2*	0.003	0.1	0.11	0.01	0.015		18.92	1.92	
0Cr18Ni12MoTi	≤0.08	≤2.00	≤1.00	≤0.035	≤0.030	11.00～14.00	16.00～19.00	1.80～2.50	Ti: 5×C%～0.70
00Cr18Ni5Mo3 Si2	≤0.03	1.00～2.00	1.30～2.00					2.50～3.00	

注: *为实验分析成分。

一般情况下,由于存在钝化现象,不锈钢的耐蚀性在海洋大气区、飞溅区、潮差区较好,不锈钢在海水全浸区的主要腐蚀特征是局部腐蚀。目前不锈钢主要应用在海水淡化工程中的容器、管道、海水泵;海水养殖工业中的网箱、海水潜水泵等，不锈钢配件如阀门、螺栓、网等在海洋工程中也广泛使用。

在飞溅区因为试样常被充气海水、海雾所湿润，并且干湿交替频率高，有利于不锈钢保持钝态而腐蚀比较轻微；在潮差区由于在试样表面不断地干湿交替，且大部分时间是充分溶氧的，也有利于不锈钢保持钝态，其腐蚀速率相对全浸区较小。不锈钢在海水全浸区整体腐蚀速率较低，却常因海水中大量氯离子的存在而形成孔蚀（包括斑蚀、溃疡腐蚀、沟蚀和隧道腐蚀等）和微生物附着形成缝隙腐蚀而遭到破坏。其腐蚀原理基本是大面积的处于钝化状态的表面与小面积的钝化状态被破坏的表面形成大阴极小阳极的闭塞电池体系。附着的海生物引起的不锈钢局部腐蚀往往发生在死亡的牡蛎、藤壶底下，或者发生在与试样有缝隙的牡蛎、藤壶下面。

6.2.2　铜与铜合金

铜与铜合金具有良好的机械性能、可成型性、导热性，同时在海洋环境中具有优良的耐腐蚀性，因此在海洋环境中得到非常广泛的应用。

铜是电位较高的金属元素，在海水中不发生析氢腐蚀，它的腐蚀主要是氧去极化的阴极过程，因此铜与铜合金的腐蚀速率主要由氧的供给速度决定，另外温度、海水流速对腐蚀速率也有不同程度的影响。铜与铜合金表面在海洋环境中能生成一层腐蚀产物膜，这层薄膜阻碍了氧向金属表面的扩散，铜与铜合金的耐海水腐蚀性正是取决于这层有保护作用的腐蚀产物膜。这层附着在铜表面的薄膜内层是氧化亚铜，外层是碱式氯化铜、氢氧化铜及碱式碳酸铜的混合物。附着在铜合金表面的腐蚀产物膜中还含有合金元素的氧化物及其盐等。

在海洋环境中，铜与铜合金常见的腐蚀类型有均匀腐蚀、点蚀、缝隙腐蚀和成分选择性腐蚀（如黄铜脱锌、白铜脱镍）等，此外还有应力腐蚀和腐蚀疲劳发生。

铜与铜合金在海洋大气带呈均匀腐蚀，其腐蚀速率很低，在海洋大气中暴露 1 年的平均腐蚀速率仅为 $0.3\sim4~\mu m\cdot a^{-1}$，长期暴露的腐蚀速率更低。在海洋大气中，含锌 15% 以上的黄铜有脱锌腐蚀敏感性，在海水飞溅区的腐蚀行为接近于海洋大气区的情况，但比大气区严重一点。在飞溅区暴露 1 年的平均腐蚀速率为 $1\sim12~\mu m\cdot a^{-1}$，暴露 8 年为 $0.4\sim5~\mu m\cdot a^{-1}$，铜合金在飞溅区一般发生均匀腐蚀，对点蚀、缝隙腐蚀不敏感，只有长期暴露才会发生轻微的点蚀和缝隙腐蚀。高锌黄铜同样有脱锌腐蚀敏感性，在潮差区的腐蚀行为与全浸区相似，只是腐蚀速率相对较小；在全浸区，铜与铜合金在海水中暴露 $1\sim2$ 年的腐蚀失重较大，2 年以后腐蚀失重与暴露时间呈线性关系。铜合金在海水中暴露 1 年的腐蚀速率为 $5\sim40~\mu m\cdot a^{-1}$，除 HMn58-2 外，腐蚀速率随暴露时间的延长而下降。

在海水中，铜和铜合金有较好的耐点蚀和耐缝隙腐蚀的性能，其点蚀通常呈斑状火坑状。其中白铜是耐海水腐蚀性能最好的一类铜合金，被广泛应用于海水冷凝管、换热器和仪器仪表部件。其次是铝青铜和锰青铜，适宜作螺旋桨；锡青铜适用于制作泵体、阀门、叶轮等。铜合金应用领域主要集中在舰船工业、滨海电厂，在海洋工程中也有少量部件使用铜合金。

铜和铜合金由于能在海水/合金界面生成具有生物毒性的 Cu^{2+} 离子、氧化亚铜等物种，在海水中具有抗生物污损的能力。

6.2.3　铝与铝合金

铝合金有较高的强度/质量比，良好的塑性和海洋大气腐蚀性能。许多铝合金在海水中也有较好的耐蚀性，近年来它们在海洋环境中的应用不断增加。

铝是活泼金属，它的标准电极电位很负（–1.66V），但由于它在海洋环境中能生成一层致密的氧化膜（在 90℃以下主要生成的是 $\beta\text{-}Al_2O_3\cdot3H_2O$），这层氧化膜使铝钝化。铝及铝合金在海水中的稳定腐蚀电位为 –0.65～–0.95V（$vs.$ SCE），它在海水中有析氢反应发生，但主要阴极过程还是氧的去极化反应。铝及铝合金在海洋环境中，常常因点蚀、缝隙腐蚀、表面剥落、晶间腐蚀或应力腐蚀开裂等局部腐蚀而受到破坏。

在海洋大气中，暴露的铝及铝合金显示出良好的耐蚀性，纯铝、防锈铝及锻铝在海洋大气中暴露 1 年的平均腐蚀速率仅为 $0.2\sim1\ \mu m\cdot a^{-1}$，随暴露时间的延长，腐蚀速率逐渐下降。硬铝和超硬铝的腐蚀速率较大，在实际应用中通常加覆铝包层。铝及铝合金在海洋大气中有点蚀倾向，防锈铝和锻铝在海洋大气的耐点蚀能力远远好于纯铝。

铝合金在海水飞溅区的腐蚀比大气区的情况严重一些。在飞溅区暴露 1 年的平均腐蚀速率为 $1\sim10\ \mu m\cdot a^{-1}$，这个数值不包括无包铝层的硬铝或超硬铝的腐蚀速率。由于硬铝和超硬铝的包铝层起到牺牲阳极的作用，这两种材质的点蚀和缝隙腐蚀深度与暴露时间关系不大。通常铝合金在飞溅区的腐蚀速率随暴露时间的延长而降低，在飞溅区，铝合金易发生缝隙腐蚀，比点蚀严重。

铝合金在潮差区的整体腐蚀比全浸区轻，但是点蚀要比全浸区严重。多数铝合金在全浸区有极好的耐蚀性，在海水中浸泡 1 年的平均腐蚀速率只有 $0.005\sim0.039\ mm\cdot a^{-1}$，浸泡 8 年的平均腐蚀速率降低到 $0.0019\sim0.011\ mm\cdot a^{-1}$。但是由于铝合金在海水中经常由于局部腐蚀而受到破坏，这个平均腐蚀速率的数据不能确切地反映铝合金在海水中的腐蚀情况。一般要结合点蚀深度和缝隙腐蚀的状况综合评价铝合金的耐腐蚀性能。

铝合金在深海的平均腐蚀速率和最大点蚀深度大于表层海水中相应的数值，这是由于氧含量随深度下降而降低，造成氧化物膜钝态的破坏。高强度铝合金对剥落腐蚀非常敏感，有应力腐蚀开裂的危险，使用时应注意避免与其他合金发生接触电偶腐蚀，也不能涂装防污漆。

铝合金经改性后，目前多在海水淡化冷凝管、海洋化工和船舶中用作海水换热器材料，在我国河南南阳建成了年产 9000 t 耐海水腐蚀特种铝合金列管示范工程，为耐海水铝合金的进一步应用奠定了基础。另外某些活性铝合金（如 Al-Zn-Sn、Al-Zn-In、Al-Zn-In-Cd 和 Al-Zn-Si 等）由于具有较低的腐蚀电位、较高的电容量、良好的均匀腐蚀特性，经常用作海洋构筑物阴极保护的牺牲阳极材料，这种牺牲阳极根据形状可以分为丝状阳极、带状阳极、板状阳极、块状阳极、支架阳极、手镯式阳极等，根据需要保护的构筑物的特点分别选择使用，如海水管道的外部保护一般选用手镯式或支架阳极，海洋采油平台一般选用支架阳极，管道内保护一般选用带状阳极，换热器表面保护通常选择板状阳极，对于某些结构复杂需特殊保护的关键位置通常根据情况选择丝状阳极或者其他活性阳极。

6.2.4　钛与钛合金

钛在热力学上是不稳定金属，它的标准电极电位为 -1.63V。在大气或海水中，钛表面会立即生成一种保护性氧化膜，使钛处于钝化状态，表现出优异的耐海水腐蚀性能。钛与钛合金是目前所知材料中抗常温海水腐蚀性能最好的，即使在污染海水、热海水（<120℃）、海泥、流动海水中均具有良好的耐腐蚀性。其优异的耐蚀性是由于它具有很好的自钝化性，当受到某种程度的破坏时，表面氧化膜或钝化膜可以很快地自行修复。

钛与钛合金在常温海洋环境中不发生点蚀和缝隙腐蚀，腐蚀速率极低。只有在某些特殊条件（如高温、高盐度、严重的阴阳极面积比失调等）下，才会出现缝隙腐蚀、点蚀、应力腐蚀开裂等局部腐蚀。例如，工业纯钛在常温海水流速小于 1 m·s^{-1} 条件下，浸泡 4 年仍然测不到腐蚀失重；在流速高达 36 m·s^{-1} 的海水中，测定得到的腐蚀速率也仅为 0.007 mm·a^{-1}。工业纯钛只有在温度达到 121℃ 的海水中才会发生轻微的缝隙腐蚀，而发生点蚀的温度高达 130℃；钛合金的缝隙腐蚀和点蚀发生的温度会更高。因此，钛及钛合金被认为是目前在海水环境中不腐蚀的金属。

钛和钛合金由于其优异的耐海水腐蚀性能，在海洋工程中得到广泛应用，其主要应用在海水淡化用的冷凝器、输运管道、海水换热器、海水蒸发器、海水恒温器、海水泵、耐海水船舶用管件工具（扳手、螺丝刀等）。钛的价格相对较高，上述应用领域也随着科技的发展逐渐出现了新的替代产品，其逐渐被铜合金、不锈钢、双向不锈钢、镍合金、改性铝合金等价格相对较低的材质所取代，但在很多关键部位和使用环境比较苛刻的部位，钛和钛合金仍然被广泛使用。

6.2.5　锌与锌合金

纯锌熔点为419℃，密度 7.15 g·cm^{-3}，标准电极电位−760 mV，在人工海水中的电位−1050 mV（$vs.$ SCE），表现出明显的阳极特性，在海洋环境应用时多数情况下当作牺牲阳极或者表面喷涂作防腐涂料使用。在当作牺牲阳极使用时，主要是和 Al 形成合金发挥作用。

表面喷涂锌涂层经钝化、封闭后具有较好的防腐性能，即使在很薄的情况下仍能保证防护的可靠性。喷锌涂层的腐蚀过程是：锌涂层与腐蚀介质（如海水、NaCl 溶液）接触后形成局部电位，发生腐蚀反应 $Zn \longrightarrow Zn^{2+} + 2e^-$（阳极反应）和 $O_2 + 2H_2O + 4e^- \longrightarrow 4OH^-$（氧去极化阴极反应），生成的腐蚀产物主要为 $Zn(OH)_2$，另外还发现有 $ZnCO_3$ 和 $Zn_5(CO_3)_2(OH)_6$，在工业大气和海洋大气中还存在 $Zn_3Cl_2(OH)_8$、$4ZnO·ZnCl_2·H_2O$、$2ZnSO_3·5H_2O$ 等。这些腐蚀产物结构疏松，附着力差，在水中都有较高的溶解度，易被腐蚀介质或雨水等溶解冲刷掉，不能形成有效的保护层。暴露初期先在涂层表面发生腐蚀，随着腐蚀产物的脱落，加上喷涂层的多孔性，腐蚀介质逐渐渗入涂层的空隙，直至基体在涂层内部各粒子之间形成无数微电池，加速了涂层的腐蚀。喷锌涂层的组织结构是层状的，孔隙率一般为 5%。涂层的低孔隙率是由于锌的低固化温度（419℃）允许熔融的锌粒子在冷固前有更长的时间在基体表面扩展分散。但是喷锌涂层经铬酸盐溶液处理后能显著钝化，生成铬酸锌保护膜。腐蚀产物中发现有较多的锌和硫，证明腐蚀产物已产生了封孔作用，此与其低的腐蚀率相一致。锌的耐蚀性与它的纯度有关，随纯度的升高，锌的耐蚀性增加，铜、铁和锑等杂质加速锌的腐蚀最明显。

目前锌基表面防腐涂层研究广泛，其中最成功的要数达克罗。

6.2.6　镁与镁合金

镁是地壳中含量高、分布广的元素之一。海水含有大量的镁元素，成为镁资源主要产地。镁呈银白色，熔点 649℃，密度为 1.74 g·cm^{-3}，标准电极电位−2.34V，化学活性极强，与氧的亲和力大，常用作还原剂来置换钛、锆、铀、铍等金属。镁与氟化物、氢氟酸和铬酸不发生作用，也不受苛性碱侵蚀，但极易溶解于有机和无机酸中，以析氢反应为主。

纯镁密度小、强度小，耐蚀性能很差，不能作为结构材料使用；但通过添加锰、铈、镐等合金元素并通过制造工艺控制获得的镁合金秉承了镁的低密度，强度和耐蚀性能却大大提高，成为良好的轻型结构材料，广泛用于空间技术、航空、导弹、卫星、军工、汽车和仪表等工业部门。例如，一架超音速飞机约有 5%的镁合金构件，一枚导弹一般消耗 100~200 kg 镁合金，现代汽车行业中镁合金部件的用量也在逐年增加。

镁合金比强度（强度与质量之比）高、比刚度（刚度与质量之比）大（接近铝合金和钢，远高于工程塑料）、熔点低、压铸成型性能好，具有较好的加工性能，较强的机械性能，良好的抗震减噪性能、耐腐蚀性能、电磁屏蔽性能、防辐射性能，特别是具有极强的回收性能，因此其越来越受到人们的青睐。镁合金主要分为铸造镁合金（ZM）和变形镁合金（BM）两大类，其中 BM 根据成分不同表现出不同的应力开裂倾向，如 Mg-Mn、Mg-Mn-Ce、Mg-Mn-Zr 无应力腐蚀开裂，而 Mg-Al-Zn 却具有较高的应力腐蚀开裂倾向。

镁与镁合金表面都可以形成一层 $Mg(OH)_2$ 膜，虽具有一定的防腐蚀能力，但这层薄膜疏松、多孔，只有经过适当的封闭处理才表现出较好的耐蚀性能。例如，经封闭处理后的镁合金，在大气中暴露 3 年的平均腐蚀速率仅为 13~27 $\mu m\cdot a^{-1}$，其中在工业大气中腐蚀速率最高接近 28 $\mu m\cdot a^{-1}$，在海洋大气中腐蚀速率 18 $\mu m\cdot a^{-1}$，略逊于铝合金，远远好于低碳钢。近几年镁合金在海洋大气环境中的使用有所增加。

镁和镁合金具有较高的化学活性，可以制造出适用于不同环境条件下的高活性阳极。由于在水环境中镁和镁合金具有较强的析氢腐蚀，因此高活性镁阳极很少使用在海水或者其他水环境中，而是主要使用在导电性能较差、水含量较小的土壤环境中，对埋地管线进行牺牲阳极保护。

6.2.7　镍与镍合金

镍是一种银白色的铁磁性金属，密度 8.9 $g\cdot cm^{-3}$、熔点 1455℃，其标准电极电位为–0.25 V，比铁正，比铜负。镍具有良好的抗氧化性，在空气中，镍表面形成 NiO 薄膜，可阻止进一步氧化。实验证明：纯度为 99%的镍，20 年内不会发生锈痕。镍在中性、碱性环境中具有良好的钝化能力，抗腐蚀能力很强，尤其是对苛性碱的抗腐蚀能力强，在 50%的沸腾苛性钠溶液中镍每年的腐蚀速率不超过 25 μm。

镍合金有很多种类，如 Ni-Cu、Ni-Cr、Ni-Si、Ni-Al、Ni-Co、Ni-Fe、Ni-Cd、Ni-Ti、Ni-Cu-Mn 等，分别具有优良的耐热、耐蚀、磁性等性能；可分别应用于电熨斗、电炉、热电偶（Ni-Cr、Ni-Si）、涡轮发动机涡轮盘、燃烧室和涡轮叶片、牙齿矫形器（Ni-Ti）等。其中蒙乃尔合金、哈氏合金和因科耐尔合金是耐海洋腐蚀最好的结构材料。

1. 蒙乃尔合金

蒙乃尔合金是一种以金属镍为基体添加铜、铁、锰等其他元素而成的合金（Ni-Cu-Fe-Mn 合金），呈银白色、强度高、塑性好、耐腐蚀性好，尤其是耐海洋环境腐蚀，在缺氧时有点蚀和缝隙腐蚀发生，是电器、海轮和医疗器械制造业的重要材料，主要有 M400 和 K500 两种。

蒙乃尔 400（M400）合金的组织为高强度的单相固溶体，它是一种用量最大、用途最广、综合性能极佳的耐蚀合金。此合金在氢氟酸和氟气介质中具有优异的耐蚀性，对热浓碱液也有优良的耐蚀性。同时还耐中性溶液、水、海水、大气、有机化合物等的腐蚀。该合金的一个重要特征是一般不产生应力腐蚀裂纹，切削性能良好。该合金在氟气、盐酸、硫酸、氢氟酸以及它们的派生物中有极优秀的耐蚀性。酸介质：M400 在浓度小于 85%的硫酸中都是耐蚀的，是为数极少的可耐氢氟酸重要材料之一。在多数水腐蚀情况下，不仅耐蚀性极佳，而且孔蚀、应力腐蚀等也很少发现，腐蚀速率小于 0.025 mm·a^{-1}，在空气中连续工作的最高温度一般在 600℃左右，在高温蒸汽中，腐蚀速率小于 0.026 mm·a^{-1}。由于 M400 合金镍含量高，因此可耐 585℃以下无水氨和氨化条件下的腐蚀。其主要应用在核工业中进行铀提炼和同位素分离的设备，动力工厂中的无缝输水管、蒸汽管，海水交换器和蒸发器，硫酸和盐酸环境，原油蒸馏，在海水中使用的泵轴和螺旋桨，生产盐酸设备使用的泵和阀。

蒙乃尔 K500（K500、NCu30-2-1、UNS N05500）合金除具有高强度、无磁性等优异的机械性能外，还具有与 M400 同样的耐蚀性，能作为泵轴材料，适用于较恶劣的高硫、高蜡油层的地质开采条件。因为该合金没有塑-脆转变温度，所以非常适用于各种低温设备。K500 与 M400 在化学成分上最大的差别是 K500 含有 2.3%~3.15%的 Al 和 0.35%~0.86%的 Ti，此合金的特点是有弥散的 Ni$_3$（Al，Ti）沉淀相析出。一般固溶态的 K500 耐蚀性与 M400 合金基本相同，因此，M400 的耐蚀性数据完全适用于 K500 合金。由于在流动海水中的低腐蚀速率和高强度，该合金特别适用于制造耐海水腐蚀的离心泵轴、阀杆、叶轮、输送器刮刀、油井钻环、弹性部件、阀垫等。焊接可提高合金的强度，但会降低合金的塑性，因此，为了保持高塑性，蒙乃尔 K500 合金焊后需进行热处理。

2. 哈氏合金

哈氏合金的力学性能非常突出，它具有高强度、高韧性的特点，所以在机械加工方面有一定的难度，而且其应变硬化倾向极强，当变形率达到 15%时，约为 18-8 不锈钢的两倍。哈氏合金还存在中温敏化区，其敏化倾向随变形率的增加而增大。当温度较高时，哈氏合金易吸收有害元素使它的力学性能和耐腐蚀性能下降。哈氏合金主要分为 B、C、G 三个系列，它主要用于铁基 Cr-Ni 或 Cr-Ni-Mo 不锈钢、非金属材料等无法使用的强腐蚀性介质场合。目前使用最广泛的是第二代材料 N10665（B-2）、N10276（C-276）、N06022（C-22）、N06455（C-4）和 N06985（G-3）。

1）哈氏 B-2 合金

哈氏 B-2 合金是一种有极低含碳量和含硅量的 Ni-Mo 合金，其密度 9.2 $g \cdot cm^{-3}$，熔点 1330～1380℃，磁导率≤1.001。它减少了在焊缝及热影响区碳化物和其他相的析出，从而确保即使在焊接状态下也有良好的耐蚀性能。

众所周知，哈氏 B-2 合金在各种还原性介质中具有优良的耐腐蚀性能，能耐常压下任何温度、任何浓度盐酸的腐蚀。在不充气的中等浓度的非氧化性硫酸、各种浓度磷酸、高温乙酸、甲酸等有机酸、溴酸以及氯化氢气体中均有优良的耐蚀性能，同时，它也耐卤族催化剂的腐蚀。因此，哈氏 B-2 合金通常应用于多种环境条件苛刻的石油、化工过程，如盐酸的蒸馏、浓缩；乙苯的烷基化和低压羰基合成乙酸等生产工艺过程中。

但在哈氏 B-2 合金多年的工业应用中发现：①哈氏 B-2 合金存在对抗晶间腐蚀性能有相当大影响的两个敏化区：1200～1300℃的高温区和 550～900℃的中温区；②哈氏 B-2 合金的焊缝金属及热影响区由于枝晶偏析，金属间相碳化物沿晶界析出，使其对晶间腐蚀敏感性较大；③哈氏 B-2 合金的中温热稳定性较差。当哈氏 B-2 合金中的铁元素含量降至 2%以下时，该合金对 β 相（即 Ni4Mo 相，一种有序的金属间化合物）的转变敏感。当合金在 650～750℃温度范围内停留时间稍长，β 相瞬间生成。β 相的存在降低了哈氏 B-2 合金的韧性，使其对应力腐蚀变得敏感，甚至会造成哈氏 B-2 合金在原材料生产（如热轧过程中）、设备制造过程中（如哈氏 B-2 合金设备焊后整体热处理）及哈氏 B-2 合金设备在服役环境中开裂。现今，我国和世界各国指定的有关哈氏 B-2 合金抗晶间腐蚀性能的标准实验方法均为常压沸腾盐酸法，评定方法为失重法。由于哈氏 B-2 合金是抗盐酸腐蚀的合金，因此，常压沸腾盐酸法检验哈氏 B-2 合金的晶间腐蚀倾向相当不敏感。国内科研机构用高温盐酸法对哈氏 B-2 合金进行研究发现：哈氏 B-2 合金的耐蚀性能不仅取决于其化学成分，还取决于其热加工的控制过程。当热加工工艺控制不当时，哈氏 B-2 合金不仅晶粒长大，而且晶间会析出含高 Mo 的 σ 相，此时，哈氏 B-2 合金的抗晶间腐蚀的性能明显下降，在高温盐酸实验中，粗晶粒板与正常板的晶界浸蚀深度相差约 1 倍左右。

2）哈氏 C-276 合金

哈氏 C-276 合金属于镍-钼-铬-铁-钨系镍基合金，密度：8.90 $g \cdot cm^{-3}$，比热容为 425 $J \cdot kg^{-1} \cdot K^{-1}$，弹性模量为 205GPa（21℃），是现代金属材料中最耐蚀的一种，主要耐湿氯、各种氧化物、氯化物、氯化盐溶液、硫酸与氧化性盐，在低温与中温盐酸中均有很好的耐蚀性能。因此,近三十年以来,在苛刻的腐蚀环境中,如化工、石油化工、烟气脱硫、纸浆和造纸、环保等工业领域有着相当广泛的应用。

哈氏 C-276 合金的各种腐蚀数据是有其典型性的,但是不能用作规范,尤其是在不明环境中,必须要经过实验才可以选材。哈氏 C-276 合金中没有足够的 Cr 来耐强氧化性环境的腐蚀,如热的浓硝酸。这种合金的产生主要是针对化工过程环境需要,尤其是存在混酸的情况下,如烟气脱硫系统的出料管等。哈氏 C-276 合金中 Cr、Mo、W 的加入将 C-276 合金的耐点蚀和缝隙腐蚀的能力大大提高。C-276 合金在海水环境中被认为是惰性的,所以 C-276 被广泛地应用在海洋、盐水和高氯环境中,甚至在强酸低 pH 情况下。另外,C-276 合金中高含量的 Ni 和 Mo 使其对氯离子应力腐蚀开裂也有很强的抵抗能力。

3. 因科耐尔合金

因科耐尔合金兼有耐蚀、耐热、强韧、抗氧化且易加工、易焊接等性能特点,广泛用于化学等工业中,如用于制造加热器、换热器、蒸发器、蒸馏釜、蒸馏塔、脂肪酸处理用冷凝器、处理松香亭酸用设备等。由于该合金在高温下具有高强度和良好的抗氧化性,因而还可用于热处理工业,制造各种结构件。在核动力工业中,该合金具有良好的耐高温高压水的腐蚀性能,因此其也是用于轻水堆核电厂的重要结构材料,产品有板、棒、丝、带、管材。

其中,UNS N06600 合金在大气、水和蒸气介质中耐蚀性极佳,在一些弱酸、稀的氧化和还原性酸中耐蚀性也很好。在各种弱有机酸中,腐蚀率也很低。例如,在室温乙酸中,腐蚀率为 $0.0025 \sim 0.1 \ \mathrm{mm \cdot a^{-1}}$,此合金特别耐碱的腐蚀,例如,在 NaOH 中,NaOH 浓度可达 80%,当 NaOH 中有硫化物时,其耐蚀性优于纯镍;在 150℃硫化钠试验中,年腐蚀率为 0.1 mm。它还耐各种中性、苛性盐的腐蚀,在一些强酸中,UNS N06600 合金的耐蚀性不良,如在 H_3PO_4、H_2SO_4 中,仅能用于室温条件下;在盐酸、氢氟酸中仅能用于浓度非常稀的条件下;室温下的干氯气和干氯化氢气并不腐蚀 UNS N06600,但在高温下仅能用于≤550℃氟化氢气中。

6.2.8　其他有色金属及其合金

除铜、铝、钛、镍、锌、镁及其合金以外的有色金属及其合金,由于价格昂贵,机械性能不佳,来源稀缺,在某些情况下的抗腐蚀能力差等原因,不能作为结构材料,但其中的许多金属及合金却经常被成功地应用于专门和独特的场合。Zn、Mg、Sn、Pb、Ag、Au、Pt、Nb 等有色金属及其合金在海洋环境中的腐蚀和主要用途如表 6-3 所示[3]。金属材料在海洋中的腐蚀速率见表 6-4[4]。

表 6-3　某些有色金属及合金在海洋环境中的腐蚀及主要用途

金属或合金	海洋大气腐蚀		海水腐蚀		主要用途
	典型速率/(mm·a^{-1})	类型	典型速率/(mm·a^{-1})	类型	
锌	0.0006~0.0016	J	0.02~0.05	D	钢铁镀层，牺牲阳极
高纯镁	0.025	D	0.25	D	牺牲阳极
工业镁	0.025	D	严重		
锡	0.0025	J	0.013~0.08	D、F	
铅	0.0004~0.0025	J	0.008~0.015	J	海底通信电缆保护套
金	不腐蚀		不腐蚀		保护电接点，保护磁膜片
银			0.15	J	用于电子、电气设备
铂	不腐蚀		不腐蚀		外加电流阳极及其镀层
铌	不腐蚀		不腐蚀		外加电流阳极
钽	不腐蚀		不腐蚀		外加电流阳极

注：J 为均匀腐蚀；D 为点蚀；F 为缝隙腐蚀。

表 6-4　金属材料在海洋环境中的腐蚀速率（单位：mm·a^{-1}）

环境材料	海洋大气区	飞溅区	潮差区	浅海区	深海区	海泥区
碳钢	0.03~0.08	0.8~1.5	0.02~1.0	0.1~0.2（点蚀 0.2~0.5）	0.08~0.15	0.07~0.15（局部腐蚀）
低合金钢	0.005~0.02（点蚀 0.1~0.2）	0.3~0.6	0.02~0.2	0.1~0.2（点蚀 0.4~0.6）	0.02~0.05（点蚀严重）	0.03~0.15（点蚀严重）
不锈钢	<0.002（点蚀达 0.02）	<0.01	0.003~0.015（点蚀 0.2~0.4）	0.003~0.1（点蚀 0.7~1.5）	局部腐蚀严重	局部腐蚀严重
镍合金（除哈氏合金外）	<0.0001	0.003~0.01（点蚀 0.25）	0.003~0.01（点蚀达 0.5）	0.01~0.05（点蚀 0.4~1.0）	<0.003（缝隙腐蚀 0.3）	<0.003（缝隙腐蚀 0.03）
铜合金	0.001~0.003	0.01	0.01~0.03	0.02~0.07	0.02~0.05	—
钛	0	0	0	0	0	0
铝合金	0.0002~0.02（点蚀 0.02）	—	0.001~0.005（点蚀 0.02~0.3）	0.02~0.04（点蚀 0.02~0.2）	0.01~0.12（点蚀 0.5）	0.01~0.08（点蚀 0.4）
铅	0.0005~0.003	—	—	0.01~0.03	0.01~0.03	—
锌	0.0006~0.002		0.02	0.02~0.1	0.05~0.15	—

思 考 题

了解常用金属材料与非金属材料的耐蚀性能。

参 考 文 献

[1]　化学工业部化工机械研究院. 腐蚀与防护手册 耐腐蚀金属材料[M].北京：化学工业出版社，1997.

[2]　朱相荣，王相润，等. 金属材料的海洋腐蚀与防护[M]. 北京：国防工业出版社，1999：109.

[3]　舒马赫 M. 海水腐蚀手册[M]. 李大超，杨萌，等译. 北京：国防工业出版社，1985.

[4]　黄建中，左禹. 材料的耐蚀性和腐蚀数据[M]. 北京：化学工业出版社，2003.

第 7 章　表面处理与涂层技术

表面处理与涂层技术是从金属材料与腐蚀介质的界面处着手，从而达到防腐蚀的目的，主要包括金属表面处理、金属镀层、非金属涂层以及无机、有机涂层技术。

7.1　金属表面处理

金属表面处理主要包括铝及铝合金的阳极氧化、钢铁的氧化和磷化、镁合金及其表面处理、钛合金及其表面处理等四部分[1, 2]。

7.1.1　铝及铝合金的阳极氧化

铝是非常活泼的金属，在空气中自然生成一层 $Al_2O_3 \cdot H_2O$ 或 Al_2O_3 氧化膜，其厚度为 $0.01 \sim 0.015\ \mu m$，在中性和弱酸性环境中可以对铝基体起到一定的防护作用。但在稍微苛刻的服役环境下，这种在空气中自然形成的薄膜无法对铝基体形成有效的保护。基于铝及铝合金材料的使用环境和安全防护需求，对其进行表面处理是工业生产中常用的工艺手段，铝及铝合金进行表面处理后将很大程度提高其使用性能，尤其是抗腐蚀性能。

铝合金的氧化分为化学氧化法和阳极氧化法。化学氧化法是指通过化学反应在表面生成一层薄的氧化膜的过程。该方法得到的氧化膜厚度在 $0.3 \sim 4\ \mu m$，质地柔软，耐磨和抗蚀性能均低于阳极氧化膜。所以，除有特殊用途外，这种膜很少单独使用。但化学氧化膜具有多孔特性，因此其具有良好的吸附性，一般可作为有机涂层的底层，可以有效地提高铝及铝合金制品的耐蚀性和装饰性。铝合金阳极氧化处理是指在电解质溶液中，将铝合金作为阳极，在外电流的作用下，在其表面形成氧化膜的过程[3]。铝及铝合金材料的阳极氧化膜不仅具有良好的力学性能、很高的耐蚀性，同时还具有较强的吸附性，采用各种着色方法处理后，能获得诱人的装饰外观[4]。

1. 铝及铝合金的阳极氧化膜特性

经阳极氧化处理获得的氧化膜厚度一般在 $5 \sim 20\ \mu m$，硬质阳极氧化膜厚度可高达 $60 \sim 250\ \mu m$，膜层具有以下特性。

（1）电绝缘性。铝是良导体，铝阳极氧化膜是高电阻的绝缘膜，绝缘击穿电压大于 30 V/μm。

（2）多孔性。氧化膜在形成过程中产生大量的孔洞，使得其具有蜂窝状孔洞结构，蜂窝状孔洞结构可提高涂镀层的吸附能力。

（3）硬度和耐磨性。铝阳极氧化膜的硬度比铝基体高得多，阳极氧化膜及涂层的耐磨性能与膜的质量及使用情况密切相关，可以反映膜的耐摩擦、耐磨损的潜在能力，是氧化膜的一项重要的性能指标。铝氧化膜具有较高的硬度，普通阳极氧化膜的硬度约为 300 HV，而硬质氧化膜可达 500 HV 以上。氧化膜的耐磨性能主要取决于铝合金成分、膜的厚度、阳极氧化条件和封孔条件等。

（4）耐蚀性。铝阳极氧化膜由于表面形成阻挡层，在使用过程中性能稳定，对于大气等普通环境具有较好的耐蚀性能，其耐蚀能力的强弱取决于氧化膜的厚度、生产的预处理工序、阳极氧化膜的封孔质量、组成结构、母材成分等因素。与纯铝的阳极氧化膜相比，由于铝合金成分夹杂或形成的金属化合物不能被氧化或被溶解，合金的阳极氧化膜不连续或产生空隙，导致耐蚀性降低，所以一般经阳极氧化后所得膜必须进行封闭处理，才能弥补阳极氧化膜的缺陷，进一步提高其耐蚀性。

（5）绝热性。铝阳极氧化膜在极高温度下仍能保持稳定的化学性质，这对于高温工作状态的金属元件具有重要作用。氧化膜的存在可起到隔温的作用，防止母材熔化。因为阳极氧化膜的导热系数大大低于纯铝，因此阳极氧化膜可耐 1773 K 高温，而纯铝只能耐 933 K。

（6）透明性。铝阳极氧化膜本身透明度很高，铝的纯度越高，则透明度越高。铝合金材料的纯度和合金成分都对透明性有影响。

综上所述，铝及铝合金经化学氧化处理，特别是阳极氧化处理后，其表面形成的氧化膜具有良好的防护装饰等特性，因此被广泛用于航空、电器、机械制造和轻工业等方面，汽车工业也趋于采用轻质的铝及铝合金。

2. 铝及铝合金的阳极氧化工艺及特点

铝及铝合金阳极氧化分类方法较多，其中按照电解液的主要成分通常将铝合金阳极氧化工艺分为硫酸阳极氧化、草酸阳极氧化、铬酸阳极氧化、磷酸阳极氧化、硼酸阳极氧化、混酸阳极氧化等；按照操作温度可分为常温阳极氧化和低温阳极氧化；按性能及用途可分为普通常用阳极氧化和特种阳极氧化，如硬质阳极氧化、瓷质阳极氧化等；按氧化膜的功能可分为耐磨膜层、耐腐蚀膜层、胶接膜层、绝缘膜层、瓷质膜层、装饰膜层等；按氧化膜的颜色可分为银白色氧化、有色膜氧化等；按氧化膜的成膜速度可分为普通阳极氧化和快速阳极氧化[5]。在这里介绍几种工业中常用的阳极氧化工艺及其特点。

1）硫酸阳极氧化

普通硫酸阳极氧化可获得厚度 0.5～20 μm、硬度较高、孔隙较多（一般孔隙率在 10%～15%）、吸附性较好的膜层。该氧化膜外观通常呈无色透明状，且铝越纯，膜透明度越好，合金元素 Si、Fe、Mn 会使透明度下降。由于该膜层具有多孔特征，适用于一般防护或作为油漆涂层的黏结底层（如飞机外蒙皮等）且有利于染色。经封闭处理后，具有较高的抗蚀能力，主要用于防护和装饰。

硫酸阳极氧化工艺简单，操作方便，电解液所用的硫酸价格低，电解耗电少，废液处理简单，与其他阳极氧化比较是一种最为廉价的工艺；此外，该工艺还具有氧化时间短、氧化效率高、适用范围广等特点，除不适合松孔度大的铸件、点焊件和铆接组合件外，对其他铝合金都适用。该工艺的缺点是氧化过程中产生大量的热，槽温升高太快，生产时需要降温装置。

2）草酸阳极氧化

铝合金草酸阳极氧化可获得 8～20 μm 的氧化膜。由于草酸对铝合金及其氧化膜的溶解能力较弱，因此氧化膜孔隙率低，膜层耐蚀性、耐磨性和电绝缘性比硫酸氧化膜好。常规草酸阳极氧化工艺极易电击穿而出现烧蚀现象，合格率低，而且溶液对氯离子敏感，所需外加电压较高、能耗较高，因此，生产成本比硫酸阳极氧化高 3～5 倍。此外，草酸电解液稳定性较差，氧化膜的色泽易随工艺条件变化而变化，使产品产生色差，因此该工艺在应用方面受到一定的限制，一般只在特殊要求的情况下使用，如用于铝锅、铝盆、铝壶、铝饭盒的日用品的表面装饰和电器绝缘的保护层，近年来在建材、电器工业、造船业、日用品和机械工业中也有较为广泛的应用。

3）铬酸阳极氧化

铬酸氧化膜厚度只有 2～5 μm，比硫酸氧化膜和草酸氧化膜薄得多。膜层质地较软，弹性高，在应用过程中不会出现较为明显的疲劳强度衰退问题，但是这种膜层的耐磨性没有硫酸阳极氧化产生的膜层好。膜层具有不透明的灰白色至深灰色外观，孔隙率较低，它的抗蚀能力比不经封闭处理的硫酸阳极氧化膜高，在不作封闭处理的情况下也可以使用。铬酸溶液对铝的溶解度小，使针孔和缝隙内残留的溶液对部件的腐蚀影响小，且形成氧化膜后，仍能保持原来零件的精度和表面粗糙度，因此适用于铸件、铆接件和机械加工件等的表面处理。因铬酸对铜的溶解能力较强，所以铜质量分数大于 4%的铝合金一般不适于铬酸阳极氧化。铬酸阳极氧化得到的膜不会明显降低基体的疲劳强度，其耐蚀性高，大量用于飞机制造业。此外，铬酸阳极氧化还可以用来检查铝及铝合金材料的晶粒度、纤维方向、表面裂纹等冶金缺陷。该膜层与有机涂料的结合力良好，是油漆等有机涂料的良好底层。由于不论是铬酸溶液成本还是电能消耗都比硫酸阳极氧化贵，而且氧化液中的铬粒子会污染环境，因此该方法使用受到一定的限制。

4）磷酸阳极氧化

磷酸阳极氧化最早用于铝合金电镀的一种预处理工艺，最先为美国波音公司研究并采用。磷酸阳极氧化膜孔隙率高，附着性能好，具有一定的导电能力，是电镀、涂层的良好底层。磷酸阳极氧化主要用于印刷金属板的表面处理和铝件交接的预处理。一般而言，高质量浓度型工艺获得的氧化膜孔隙比较大，用于电镀底层，中质量浓度型用于胶接底层，低质量浓度型用于喷涂底层。磷酸阳极氧化膜具有较强的防水性，适合保护在高湿度条件下工作的铝合金工件。与硫酸氧化膜和草酸氧化膜相比，磷酸氧化膜的厚度较小，一般只有几微米，在应用上受到了一定的限制。

5）硬质阳极氧化

硬质阳极氧化是一种厚层阳极氧化工艺，氧化膜最大厚度可达 $250\sim300\ \mu m$。铝合金硬质阳极氧化膜内阻挡层硬度大于外部多孔层，因氧化膜表面有松孔，可吸附各种润滑剂，增加了减磨抗磨能力。该氧化膜层导热性很差，其熔点高达 2323 K，耐高温性能较好，电阻系数较大，经封闭处理（浸绝缘涂料或石蜡）击穿电压可达 2000 V，在大气中有较强的抗蚀能力。因此，铝合金硬质阳极氧化工艺在汽车机械、电子工程、航空航天等领域获得广泛应用，其中主要用于要求耐磨、耐热、绝缘的铝合金零件上，如发动机活塞、轴承、齿轮零件。其缺点是当膜厚度大时，对铝合金的疲劳强度有影响。

可获得硬质阳极氧化膜的溶液很多，如硫酸、草酸、丙二酸、磺基水杨酸及其他无机酸和有机酸等。所用电源有直流、交流、交流直流叠加以及各种脉冲电流，其中以直流、低温硫酸硬质阳极氧化工艺应用最广，其次是混合酸硬质阳极氧化。

硫酸硬质阳极氧化工艺具有溶液成分简单、稳定、操作方便、成本低、能用于多种铝材等优点，与普通硫酸阳极氧化所不同的是，在氧化过程中需要采取人工强制冷却和用压缩空气强力搅拌等办法，使零件和镀液保持在 $-10\sim5\,℃$ 的低温，这样得到的氧化膜镀层厚、硬度高。

混合酸硬质阳极氧化是在硫酸或草酸溶液的基础上，加入一定量的有机酸或少量无机盐，如丙二酸、乳酸、苹果酸、甘油、酒石酸、硼酸、硫酸锰等，这样就可以在常温获得较厚的硬质阳极氧化膜，而且氧化膜质量有所提高。

6）瓷质阳极氧化

瓷质阳极氧化是一种特殊的阳极氧化方法，铝材通过瓷质阳极氧化处理可在其表面形成半透明或不透明的氧化膜，外观与搪瓷釉层相似，所以又称为仿釉阳极氧化。瓷质阳极氧化膜层致密，具有较高的硬度、耐磨性和良好的热电绝缘性，其抗蚀性比硫酸阳极氧化膜高，且膜层吸附能力强，易染成各种颜色，色泽美观，具有良好的装饰效果，可广泛应用于各种仪表及电子仪器零件表面的防护和日用品、食品用具的表面精饰。

7）微弧氧化

微弧氧化也被称为等离子体电解氧化，是从阳极氧化技术的基础上发展而来的。微弧氧化是利用阳极弧光放电产生瞬时高温，将表面金属融化，生成陶瓷质氧化膜，氧化膜的显微硬度在 1000～2000 HV，最高可达 3000 HV，可与硬质合金相媲美，大大超过热处理后的高碳钢、高合金钢和高速工具钢的硬度。由于微弧氧化具有工艺简单、所需设备少、膜层厚度均匀、硬度高等优点，其防腐及耐磨性能显著优于传统阳极氧化涂层，因此其在海洋舰船与航空构件上的应用受到广泛关注。

其他还有高效阳极氧化、宽温度范围阳极氧化、光亮阳极氧化和磷酸阳极氧化等。

3. 铝及铝合金的阳极氧化后处理工艺

1）染色或着色

铝及铝合金经氧化后，往往要经过染色或着色，以得到色彩鲜艳、耐光、耐候性好的精饰表面，在轻工业、建筑业得到广泛应用。根据着色物质和色素体在氧化膜中分布的不同，可以把铝阳极氧化膜着色方法分为三类，即吸附染色、整体发色和电解着色。

2）封闭处理

阳极氧化膜由于具备多孔结构和强吸附能力，表面易被污染，尤其处于腐蚀环境中，腐蚀介质进入孔内容易引起腐蚀。因此，经阳极氧化后的膜无论着色与否，均需进行封闭处理，以提高氧化膜的抗蚀、绝缘和耐磨性能，从而减弱对杂质或油污的吸附。

封闭氧化膜的方法很多，常用方法有热水封闭法、蒸汽封闭法和盐溶液封闭法，另外还有石蜡、油类和树脂封闭法等。

A. 热水封闭

热水封闭或蒸汽封闭的原理是氧化膜表面和孔壁的 Al_2O_3 在热水中发生水化反应，生成水合氧化铝，使得原来氧化膜的体积增加 33%～100%，氧化膜体积的膨胀使得膜孔显著缩小，从而达到封孔的目的。反应式为

$$Al_2O_3 \xrightarrow{H_2O, \ 加热} Al_2O_3 \cdot H_2O$$

热水封闭宜采用蒸馏水或去离子水，而不用自来水，主要是为了防止水垢吸附在氧化膜中，使膜透明度下降。实践证明，采用中性蒸馏水封闭，制品易产生雾状块的外观，影响表面光亮度；采用微酸性的蒸馏水封闭，可以得到良好的表面状态。

B. 蒸汽封闭

蒸汽封闭要比热水封闭效果好，但成本较高，一般适用于封闭要求高的装饰

性零件。蒸汽封闭还可以防止某些染料在水封闭中的流色现象，而且利用水蒸气压力对氧化膜的压缩作用，可提高膜层的致密程度。

C. 盐溶液封闭

a. 重铬酸盐封闭

重铬酸盐封闭法俗称填充法，是在重铬酸盐的水溶液中，氧化膜吸附重铬酸盐后发生化学反应，生成碱式铬酸铝和重铬酸铝。这些生成物将膜孔隙填满，起到封孔的作用。经重铬酸盐封闭后的制品表面为金黄色。

零件在封闭前需用冷水清洗干净，避免将硫酸带入封闭槽，破坏膜层的色泽。另外，要防止零件与槽体接触，破坏氧化膜。

当封闭液中硫酸根大于 $0.2\ \mathrm{g\cdot dm^{-3}}$ 时，封闭色泽变淡、发白，加入适量铬酸钙可将硫酸根除去。当硅酸根大于 $0.02\ \mathrm{g\cdot dm^{-3}}$ 时，制品色泽发白、颜色发花，抗蚀能力下降，此时可添加硫酸钾铝来解决。当氯离子大于 $1.5\ \mathrm{g\cdot dm^{-3}}$ 时，封闭溶液必须更换或稀释后再用，这是因为氯离子能腐蚀氧化膜。

b. 水解盐类封闭

在某些金属盐溶液中，利用金属盐被氧化膜吸附后发生水解反应生成的氢氧化物沉淀填充在孔隙内，达到封孔目的。常用的有 Co、Ni 盐类。具体反应式为

$$\mathrm{NiSO_4 + 2H_2O \xrightarrow{\text{加热，水解}} Ni(OH)_2 \downarrow + H_2SO_4}$$

由于此类氢氧化物几乎无色透明，且能与有机染料分子形成配合物，因此水解盐封闭法特别适用于防护装饰性氧化物的着色处理。

7.1.2　钢铁的氧化和磷化

1. 钢铁氧化处理

为了提高钢件的防锈能力，通常通过强氧化剂处理在其表面生成致密、光滑的保护性氧化膜，该膜的主要成分是磁性氧化铁（$\mathrm{Fe_3O_4}$），能有效地保护钢件内部不受氧化。钢铁的氧化处理所得的膜层基本不影响零件的装配尺寸，使表面光洁度高或抛光的精密零件发黑后既亮又黑，具有保护和装饰的效果。目前，钢铁材料常用的氧化处理方法有碱性化学氧化法，又称碱性发蓝（发黑）；酸性化学氧化法，又称常温发黑[6]。

1）碱性化学氧化

钢铁的碱性发蓝（又称碱性发黑）工艺是整个氧化体系中发展较成熟的一种工艺，起源于 20 世纪 30 年代，溶液配方与工艺规范较多。碱性发蓝处理采用碱性亚硝酸钠高温氧化体系，把钢铁零件放入浓碱（NaOH）和氧化剂（$\mathrm{NaNO_2}$、$\mathrm{NaNO_3}$）溶液中，在 140～150℃下进行处理，在钢铁表面生成一层

致密并牢固的与钢铁表面结合的 Fe_3O_4 薄膜。

氧化后的零件表面生成一层厚度为 $0.5 \sim 1.5 \, \mu m$ 的氧化膜,氧化处理时不析氢,因此不会产生氢脆,对零件尺寸和精度无显著影响。氧化膜的主要组成是 Fe_3O_4,膜层的色泽取决于零件的表面状态和材料的合金成分,以及氧化处理的工艺操作条件。钢铁零件经氧化处理虽然能够提高耐蚀性,但其防护能力仍然较差,需用肥皂液、浸油或重铬酸溶液处理后才能提高氧化膜的抗蚀性和润滑性。

2)酸性化学氧化

酸性化学氧化(又称钢铁常温发黑工艺)是在常温下将工件浸入酸性发黑液中一定时间,使工件表面获得兼有防蚀与装饰双重功能的转化膜的技术。与传统高温碱性发蓝技术相比,其具有独特的优点,突出的技术优势表现在以下几个方面:①节约能源:常温发黑工作温度 $10 \sim 40℃$,无电能、热能的消耗,具有明显的节能效果;②节约时间:常温发黑时间短,一般为几分钟到十几分钟,与碱性发黑技术比,发黑工作效率提高 10 倍以上;③操作方便:小件采用浸黑处理,大件可进行槽外刷黑处理;④成本较低:发黑液无须加热和保温,减少了投资,且不改变零件外形尺寸,无须后续加工;⑤环境污染小。

钢铁常温发黑工艺是 20 世纪 80 年代中期发展起来的,其主要宗旨是代替传统高温碱性发黑,是近年国内研究较多的发黑工艺之一。从发黑液的主盐成分来看,大致可以分为硒-铜系、硒-铜-磷系、铜系、铜-硫系、铝-铜-硫系、锰-铜-硫系等。在这些系统中大多数为含硒发黑剂,硒-铜系研究的最多。常温发黑工艺主要分为发黑前处理、发黑处理和发黑后处理三大工序。其中常温发黑前处理包含除油、除锈和活化三道工序;活化处理在于去除上道工序留存的腐蚀产物、夹杂物与残液,以及未能消除的锈和氧化皮,去除不必要的成分,使工件表面新鲜,活性强,这样有利于获得质量好的发黑膜层。发黑后工件的耐蚀性非常好,一般不需要钝化处理。但由于常温发黑膜呈多孔网状结构,易残留酸性发黑液和水分,因此,发黑件经水充分清洗后,必须立即作脱水封闭处理。封闭剂作为大气中湿气或水分的阻隔层,吸附或填充在发黑膜的微孔内,从而减少了由微电池反应引起的腐蚀,能显著提高膜层的防锈能力,并增加色泽和美观。一般脱水封闭处理,可将发黑水洗后的工件浸入沸水烫干,然后浸入机油中进行封闭处理。另外,现在市场上已有脱水封闭剂商品,将发黑水洗后的工件直接浸入脱水封闭剂中适当时间,取出即可。

钢铁件氧化处理以其成本低、操作简单、生产效率高、无磁性、无氢脆的特点,在机械、仪器、军工等领域获得广泛应用。此外,黑色的膜层具有消光作用,可减少工具和零件运动中的闪光,以改善视力疲劳,还可以作为某些油漆和电镀表面的代用品。钢铁的氧化处理广泛用于工具、量具、模具、紧固件、仪表及机械零部件等表面保护与精饰处理。

2. 钢铁的磷化处理

钢铁零件在含有锰、铁、锌的磷酸盐溶液中经过化学处理，其表面生成一层难溶于水的磷酸盐保护膜，这种化学处理过程称为磷化。磷化是钢铁表面处理的常用手段，磷化膜外观呈暗灰色或黑色，厚度一般为 $5\sim20\ \mu m$，具有微孔结构，与基体结合牢固，具有良好的吸附性、润滑性、耐蚀性、不黏附熔融金属（Sn、Al、Zn）性及较高的电绝缘性等，经填充、浸油或涂漆处理后，在大气条件下具有较好的抗蚀性[6-10]。

根据不同的基体材质、工件的表面状态、磷化液组成及磷化处理时采用的不同工艺条件，可以得到不同种类、厚度、表面密度和结构、颜色的磷化膜（表 7-1）。

表 7-1　磷化膜分类及性质

分类	磷化液组成	磷化膜主要成分	膜层外观	表面密度/(g·m^{-2})
锌系	$Zn(H_2PO_4)_2$	磷酸锌[$Zn_3(PO_4)_2\cdot4H_2O$]和磷酸锌铁[$Zn_2Fe(PO_4)_2\cdot4H_2O$]	浅灰至深灰结晶状	$1\sim60$
锌钙系	$Zn(H_2PO_4)_2$ 和 $Ca(H_2PO_4)_2$	磷酸锌钙[$Zn_2Ca(PO_4)_2\cdot4H_2O$]和磷酸锌铁[$Zn_2Fe(PO_4)_2\cdot4H_2O$]	浅灰至深灰细结晶状	$1\sim15$
锰系	$Mn(H_2PO_4)_2$ 和 $Fe(H_2PO_4)_2$	磷酸锌锰铁的混合物[$ZnFeMn(PO_4)_2\cdot4H_2O$]	灰至深灰结晶状	$1\sim60$
铁系	$Fe(H_2PO_4)_2$	磷酸铁[$Fe_3(PO_4)_2\cdot8H_2O$]	深灰结晶状	$5\sim10$

钢铁在磷化液中发生磷化反应时，会受到钢铁自身、磷化液的成分、磷化温度、磷化时间的影响。钢铁磷化温度一般分为：常温、低温、中温、高温，常温磷化指不需要外部加热的磷化，低温磷化指磷化温度控制在 $30\sim45℃$ 之间的磷化，中温磷化指磷化温度控制在 $45\sim80℃$ 之间的磷化，高温磷化指温度控制在大于 $80℃$ 的磷化。钢铁磷化按处理方式又可分为三种：化学磷化、电化学磷化、超声波磷化。

化学磷化是比较传统的钢铁磷化方法，把钢铁浸入磷化液中，利用磷化液的酸性环境对金属铁进行腐蚀，在钢铁表面生成不溶性磷酸盐。传统化学磷化工业化使用比较多，主要是因为它的操作简单、成本低、工艺较为成熟，但是也有缺陷，如对生产厂区周围环境的水源、土壤有一定的污染。电化学磷化是近年来新兴起的磷化技术。电化学磷化技术利用外加电源电解的方法，使磷化液中的阴阳离子发生交换反应，这种钢铁磷化操作工艺所需的磷化温度一般比较低，生成的磷化膜厚度也较薄，而且不易受外界环境的影响。其对钢铁表面不需要进行苛刻的前处理，但电解磷化对生产的设备要求比较苛刻，因为会受到电流、电压的影响。超声波磷化是在化学磷化的基础上，借用超声波对钢铁表面磷化的过程进行改善。当超声波在磷化液中传播时，在一定条件下钢铁和磷化液表面容易产生空化作用，这种空化作用能够促进钢铁表面的磷化反应，使钢铁表面的磷化膜能够覆盖得更加均匀；超声波还能使钢铁表面由磷化反应产生的氢气气泡极易脱离钢铁表面，从而促进钢铁在磷化液中的反应，并使钢铁表面极化现象得到减弱；此外，超声波还能使钢铁表面磷酸盐晶体细化，加速磷酸盐晶核的快速形成，并能抑制其晶体过度生长，还对大颗粒晶体有粉碎和分散作用；同时超声波也是一种能量的表现形式，能为磷化反应提供一部分能量，降低钢铁磷化的温度。

磷化膜主要用作涂料的底层、金属冷加工时的润滑剂、金属表面保护层，以及用于电机硅钢片的绝缘处理、压铸模具的防黏处理等。磷化处理所需设备简单，操作方便，成本低，生产效率高，被广泛应用于汽车、船舶、航空航天、机械制造及家电等工业生产中。金属的磷化处理是金属表面处理中采取的一种最广泛而有效的方法。磷化膜由一系列大小不同的晶体组成，在晶体的连接点处将会形成细小裂缝的多孔结构，这种多孔的晶体结构能使钢铁工件表面的耐蚀性、吸附性及减磨性得到改善。

7.1.3 镁合金及其表面处理

镁是金属结构材料中最轻的一种，纯镁的力学性能很差，但与铝、锌、锆和稀土等构成的合金及热处理后其强度大大提高。镁合金是最轻的金属结构材料之一，密度仅为 $1.3 \sim 1.9\ \mathrm{g \cdot cm^{-3}}$，约为 Al 的 2/3，Fe 的 1/4。镁合金具有比强度高，比刚度高，减震性、导电性、导热性好，电磁屏蔽性和尺寸稳定性好，易回收等优点。其因质轻和综合性能优良而被称为 21 世纪最有发展潜力的绿色材料，广泛应用于航空航天、汽车制造、电子通信等领域。但是镁合金的化学和电化学活性较高，严重制约了它的应用，采用适当的表面处理能够提高镁合金的耐蚀性。

镁合金的表面处理方法有多种，根据镁合金特点并按表面技术的分类方法可以简单分为表面改性和表面涂覆两大类。表面改性是一类通过改变镁合金表面化学成分以改善其表面结构和性能的表面处理技术，主要包括化学转化、阳极氧化、微弧氧化及离子注入等。镁合金表面涂覆处理是在镁合金表面形成一层结合强度高、化学成分和组织结构与镁合金基材不同的膜层，进而提升镁合金的表面性能，主要包括涂装、热喷涂、电镀、化学镀、物理和化学气相沉积等。此处重点介绍镁合金的化学转化和阳极氧化技术。

1. 镁合金化学转化

化学转化是合金在一定的化学处理液中经过化学或者电化学反应在其表面形成一层金属复合盐膜的方法。这层膜的主要成分为氧化物或金属化合物，能起到钝化作用，改善合金的耐腐蚀性能。但化学转化膜较薄，结合力较弱，只能减缓腐蚀速率，并不能有效地防止腐蚀，还需要进一步涂装。目前较为成熟的化学转化主要是铬酸盐转化和表面磷化，此外还有植酸转化、硅烷衍生物转化、羧酸盐转化、锡酸盐转化、钼酸盐转化、钨酸盐转化、氟锆酸盐（氟化物）转化、磷酸盐-高锰酸盐转化、稀土转化和磷酸-碳酸锰-硝酸锰转化以及用于 Mg-Li 合金的化学转化等低成本、无污染、专用型化学转化处理新工艺，这些都具有一定的应用前景。下面介绍较为成熟的铬酸盐转化和表面磷化。

1）铬酸盐转化

采用以铬酐或重铬酸盐为主要成分的溶液进行化学处理，即铬化处理。铬化反应机理是金属表面的原子溶于水溶液形成二价镁离子，引起金属表面与溶液界面的 pH 上升，然后镁离子与溶液中的铬酸根离子发生如下反应：

$$Mg^{2+} + 2CrO_2^- \longrightarrow Mg(CrO_2)_2$$

从而在金属表面沉积一薄层铬酸盐与基体金属的胶状混合物，包括六价与三价的铬酸盐和基体金属，其主要组成为 $Cr_2O_3 \cdot nCrO_3 \cdot mH_2O$、$Mg(CrO_2)_2$、$MgO$、$Al_2O_3$、$MnO$ 等，这层胶状物在基体与环境之间形成阻挡层，起到保护作用。并且铬酸盐转化膜有自修复功能，在未失去结晶水时具有吸湿性能，当其受到损坏时会吸水膨胀，达到保护基体的目的。铬酸盐处理得到膜层的防蚀能力优于自然氧化膜，但是膜层较薄（0.5～3.0 μm），并且存在大量的显微裂纹，一般只用于装饰、装运、储存时的临时保护及涂装底层。另外这层胶状物非常软，因此在操作中必须细心，膜干燥后变硬，经不高于 80℃ 的热处理可提高其硬度与耐磨性。干燥后膜具有显微状裂纹，有利于其与涂层结合。

2）表面磷化

镁合金的磷化处理形成的磷化膜为微孔结构，与基体结合牢固，具有良好的吸附性，可以作为镁合金涂装前的底层。镁合金的磷化液主要由 Na_2HPO_4、H_3PO_4、$Zn(NO_3)_2$ 等组成，形成的磷化膜主要由 $Zn_3(PO_4)_2 \cdot 4H_2O$ 组成。对磷化膜的形成机制和磷化液各成分的影响以及该磷化膜在硼酸缓冲溶液中的腐蚀行为进行探讨，研究表明，磷化后自腐蚀电位增加约 700 mV，耐腐蚀力达 15 h，其耐蚀性还望进一步提高。

利用在磷化液中添加钼酸钠和腐蚀抑制剂的方法可以在镁合金上制备均匀细致、结合牢固的锌系复合磷化膜，磷化膜主要由 $Zn(PO_4) \cdot 4H_2O$ 和单质 Zn 粒组成。研究表明，在磷化液中加入钼酸钠可使磷化膜组织更加细致，提高基体与有机涂层的结合力及其防腐蚀能力，自腐蚀电位增加约 500 mV。

其他的无铬转化处理也都提高了镁合金的耐蚀性。其中磷酸盐-高锰酸盐转化膜耐蚀性与铬酸盐转化膜相当，可以取代铬酸盐转化膜，磷酸-碳酸锰-硝酸锰转化得到的复合膜层结合力好，均匀连续，耐蚀性比铬酸盐转化膜好。

2. 镁合金阳极氧化

镁合金阳极氧化处理工艺是在适当的电解质溶液中，以待处理的镁合金为阳极，不锈钢、铁、铬、镍或导电性电解池本身为阴极，在一定电压和电流等条件下，利用电解作用使镁合金阳极表面发生氧化，从而在其表面获得阳极氧化膜层的过程。阳极氧化处理在镁合金表面形成的氧化膜厚度一般在 $10\sim40\ \mu m$，并具有双层结构，内层为较薄的致密层，外层为较厚的多孔层。阳极氧化膜的组成比较复杂，这种膜不仅包含了合金元素的氧化物，而且还包含了溶液中通过热分解并沉积到镁合金工件表面的其他氧化物。其主要组成是镁的氧化物，其原子组成和相组成受基体合金、阳极氧化电参数、电解质溶液组成及浓度、溶液温度等因素的控制和影响，随着电解液和电压、电流密度等参数的变化，氧化膜的组成、均匀性、粗糙度、耐蚀性、耐磨性、与基体的结合力等会发生不同程度的改变。阳极氧化膜的腐蚀防护性能与膜层厚度有关，一般膜层越厚，其防护性能越好，膜层的厚度、强度、抗蚀性、耐磨性都比化学处理的好，因此可作为中等腐蚀气氛中的防护层。但是由于膜层空隙大、分布不均匀，一般只作为涂装前处理，尚需要进行充填等后处理。

7.1.4 钛合金及其表面处理

钛是 20 世纪 50 年代发展起来的一种重要的结构金属，也是目前使用的材料中比强度最高的材料之一，具有抗腐蚀能力强、强度高、密度低、中温性能稳定等一系列优良特性，在宇航工业、船舶工业、生物医药、石油化工以及原子能等高技术领域都有着广泛的应用，先后被誉为"太空金属"、"海洋金属"和"全能金属"。然而，钛合金耐磨性能差、导热导电性低等缺点严重影响了钛合金的应用范围。钛合金表面处理可以提高其耐蚀性、耐磨性、抗微动磨损性、高温抗氧化等性能，是进一步扩大钛合金使用范围的有效途径。

1. 钛合金的分类

根据相结构的不同，钛合金主要分为 α 型、β 型和 α+β 型三种。其中 α 型钛合金的主要合金元素是 α 稳定元素铝，其次是锡和镝，铝元素起固溶强化作用。α 型钛合金不能热处理强化，通常在退火状态下使用，室温强度较低，而且塑性变形能力较差。β 型钛合金中的主要合金元素是 β 稳定元素，如铬、钼、钒等，此外还加入少量铝、锆、锡来抑制 ω 相的形成，使合金具有良好的塑性。β 型钛合金的特点是在淬火状态具有良好塑性，可以冷成型，淬火和时效后具有很高的强度，可焊性好，以及在高的屈服强度下具有高的断裂韧性，但稳定性差。α+β 型钛合金的强化主要是靠钒、锰、铬、铁、钼等 β 稳定元素溶于 β 相中起固溶强化作用和提高 β 稳定性；此外还加入 α 稳定元素铝和中性元素锡，强化 α 相；并通过淬火获得亚稳定的 β 相，使合金具有时效强化效果；α+β 型钛合金具有较高的机械性能和高温变形能力，能进行各种热加工，通过淬火和时效处理，可使合金的强度大幅度提高。

2. 钛合金的表面处理技术

钛合金表面处理技术的发展大致经历了三个阶段：一是以电镀、热扩散为代表的传统表面处理技术阶段；二是以等离子体、离子束、电子束的应用为标志的现代表面处理技术阶段；三是现代表面处理技术的综合应用和膜层结构设计阶段。

钛合金表面处理技术几乎是所有表面处理技术在钛合金应用领域的延伸，主要包括金属电镀、化学镀、热扩散、阳极氧化、热喷涂、低压离子工艺、电子和激光的表面合金化、非平衡磁控溅射、离子氮化、离子镀膜等。总体来看，在钛合金表面形成 TiO、TiN、TiC 渗镀层及 TiAlN 多层纳米膜仍然是钛合金表面技术的重点，下面分别加以介绍。

1）金属电镀、化学镀

在钛合金表面镀 Ni、Ni-Cr 合金、Ni-P 合金能提高其耐磨性。在钛合金上直接电镀的主要困难在于钛合金基体上有一层致密的氧化物薄膜，电镀不易进行，镀层和基体的结合力差。为了得到一种结合力良好的镀层，在电镀前必须对钛合金表面进行预处理。常用的电镀工艺流程为：除油 → 清洗 → 浸蚀 → 清洗 → 镀前处理 → 清洗 → 电镀 → 热处理等。

2）微弧氧化

对钛合金表面进行微弧氧化，获得的膜硬度高并与金属基体结合良好，改善了钛合金表面的抗磨损、抗腐蚀、耐热冲击及绝缘等性能，在许多领域具有应用前景。

3）表面氧化处理

一般钛和钛合金与常用的生物体用合金 CoCr 合金和 316L 不锈钢的耐磨性相比都较差，而且所产生的磨损粉在生物体内有可能产生不良影响。因此，新开发的一些生物体用钛合金在生物体内使用之前往往都要采取适当的表面处理，以提高其抗磨性。为此，日本丰桥技术科学大学和大同特殊钢株式会社研究了一种新开发的生物体用 β 型钛合金 $Ti_{29}Nb_{13}Ta_{46}Zr$（简称 TNTZ 合金），采取表面氧化处理以提高其表面耐磨性。

7.2　金属镀层技术

7.2.1　电镀

具有导电表面的制件与电解质溶液接触，并作为阴极，在外电流作用下，在其表面形成与基体结合牢固的镀覆层的过程称为电镀。底层可以是金属、合金、半导体以及含有各种固体微粒的复合镀层，如镀铜、镀 Ni-P 合金、Ni-Al$_2$O$_3$ 复合镀层等。

电镀前，金属表面要经过预处理，预处理包括研磨、抛光（机械抛光、化学抛光、电化学抛光）、除油、除锈等过程。

研磨和机械抛光是对金属制品表面进行整平处理的机械加工的过程。研磨在粘有磨料的磨轮上进行；机械抛光是在涂有抛光膏的抛光轮上进行；化学抛光是金属制品在特定条件下的化学浸蚀过程，由于金属表面的微观凸起处在特定溶液中的溶解速度比微观凹陷处的溶解速度大得多，基体被整平而获得平滑、光亮的表面；电化学抛光是金属表面的阳极电化学浸蚀过程，在特定条件下，金属表面的微观凸起处的阳极溶解速度显著地大于微观凹陷处，使得表面显微粗糙度逐渐减小，最后获得镜面般平滑、光亮的表面。

除油是为了保证金属表面精饰产品具有良好的质量和使镀层、涂覆层与基体的牢固结合，一般分为有机溶剂除油、化学除油和电化学除油等。在上述各方法中同时使用超声波时，可大大提高除油速度和效果。有机溶剂对油脂有物理溶解作用，特点是除油速度快，一般不腐蚀金属，但除油不彻底，需用化学法或电化学法补充除油。常用的有机溶剂有煤油、汽油、苯类、酮类、某些氯化烷烃或烯烃等。化学除油是利用碱溶液对皂化油脂的皂化作用和表面活性物质对非皂化油脂的乳化作用，来除去工件表面上的各种油脂。电化学除油是在碱性电解液中，金属工件在直流电的作用下产生极化作用，使金属-溶液间的表面张力降低，溶液易于润湿并渗入油膜下的工件表面，同时析出大量的氢或氧，这对油膜造成剧烈的冲击和破碎，对溶液产生强烈的搅拌，从而加强油膜表面溶液的更新，油膜被分散成为细小的油滴并脱离工件表面，进而在溶液中形成乳浊液，达到除油的目的。在碱性溶液中的化学除油和电化学除油过程中引入超声波，不仅可以强化除油过程、缩短除油时间、提高工艺质量，还可以使细孔、盲孔中的油污彻底清除，从而提高除油效果。

除锈方法也有机械法、化学法和电化学法三种。机械法除锈是对工件表面进行喷砂、研磨、滚光或擦光等机械处理，在制件表面得到整平的同时除去表面的锈层。化学除锈是用酸或碱溶液对金属制品进行强浸蚀处理，使得制品的表面锈层通过化学作用和浸蚀过程中产生的氢气泡的机械剥离作用而被除去。电化学除锈是在酸或碱溶液中对金属制品进行阴极或阳极处理而除去锈层。阳极除锈是化学溶解、电化学溶解和电极反应析出氧气气泡的机械剥离作用，阴极除锈是化学溶解和阴极电极反应析出氢气气泡的机械剥离作用。

对一般金属制品多用酸浸蚀法除锈，对两性金属可以用碱性溶液浸蚀除锈。为了减少强浸蚀过程中基体金属的溶解，确保金属制品的几何尺寸与形状，并减轻渗氢、防止氢脆，可以在浸蚀液中添加缓蚀剂。缓蚀剂能选择性地吸附在裸露的基体金属上而不被金属的氧化物吸附。因此，在不影响氧化物的正常溶解条件下，提高了金属表面的析氢超电压，从而减缓酸对金属的腐蚀和氢脆。

对于表面油污不严重的工件，其预处理过程的除油和除锈步骤可以合并进行联合处理，即将工件在含有乳化剂的浸蚀液中处理，以简化工艺，减少设备及化工原料。联合处理所采用的浸蚀剂：对黑色金属和重有色金属常用酸液，而对轻金属及其合金常用碱液。因乳化作用是唯一除油的途径，所以应选用乳化能力较强的乳化剂。

需要电镀的金属制品经除油和强浸蚀后，在进行电镀前还需进行弱浸蚀或活化处理。其目的是除去金属表面上的极薄的氧化膜，使得金属表面活化以保证镀层与基体金属的牢固结合。弱浸蚀可以用化学法、电化学法或阴极活化法。化学弱浸蚀是将金属制品浸入稀酸（3%～5%的盐酸或硫酸）或稀 NaCN 溶液中 0.5～1 min，从而使金属表面的极薄氧化膜溶解而除去。电化学法利用与化学浸蚀相同但浓度更低的溶液，在 $5\sim10\,A\cdot dm^{-2}$ 的电流密度下进行阳极处理，将氧化膜溶解除去。阴极活化是将工件在溶液中进行阴极处理，表面的氧化膜被还原成金属。例如，用焦磷酸盐镀液镀铜及铜合金时，即可在碱性磷酸盐镀液中进行阴极活化处理。钢铁制品电镀硬铬时常用阳极活化，直接在镀铬槽中先使工件做短时阳极浸蚀处理，再转换为阴极进行电镀。弱浸蚀总是在工件经过彻底除油和强浸蚀后才进行，如果弱浸蚀液就是电镀液成分之一或它的带入不污染镀液时，工件弱浸蚀后最好直接进入镀槽，以保证活化效果。

综上所述，电镀前的一般预处理过程如下：研磨或抛光 —— 水洗 —— 除油 —— 水洗 —— 除锈 —— 水洗 —— 活化 —— 水洗 —— 电镀。

7.2.2　常用电镀工艺简介

1. 镀铜

由于铜镀层的化学稳定性较差，除特殊的外观和热处理要求外，其一般不单独作为防护装饰镀层，而常作为其他镀层的中间镀层或底层，以提高表面镀层与基体金属的结合力。铜镀层的晶体粒度细小，现代工业中使用周期换向电流技术或通过添加剂，可以在廉价的镀铜液中镀出全光亮、整平性能好、韧性高的铜镀层，因而铜镀层至今仍被广泛地应用于防护装饰性镀层，并成为电镀工业中主要的镀种之一。

可以用来获得镀铜层的镀液很多，按其组成可以分为剧毒性的氰化物和非氰化物体系两大类。后者又分为酸性镀铜液、焦磷酸盐、柠檬酸盐、酒石酸盐、羟基乙叉二膦酸、氨三乙酸、乙二胺和氟硼酸镀铜液等。

1）酸性硫酸盐镀铜液

酸性硫酸盐镀铜液基本成分比较简单，主要由硫酸铜和硫酸组成。硫酸铜是供给铜离子的主盐，在镀铜液中电离产生二价铜离子和硫酸根，在外电流的作用下，铜离子在阴极放电还原为铜镀层。铜阳极溶解释放出离子，补充体系中铜离子的损耗。镀液中一定要含有游离硫酸，以改善镀液的电导和阴极极化，从而改善体系的均镀能力、提高电流效率。

酸性硫酸盐镀液中获得铜镀层质量的优劣与镀液中铜盐浓度、游离硫酸根含量、温度、阴阳极的电流密度，以及搅拌方式和搅拌程度密切相关。

在酸性硫酸盐镀液光亮镀铜工艺中，阳极采用含磷 0.04%～0.3%的铜板，这种阳极铜板溶解时，能够形成一层有韧性的棕黑色膜，对导电性能影响很小，不会影响铜的正常溶解，同时还可以避免一价铜离子的生成。为了防止铜阳极在通电溶解过程中不溶物进入镀液，可用涤纶布袋或阳极框包围，以减少镀层粗糙和毛刺的产生。阴阳极面积比为 1∶1 时，不会发生阳极钝化现象，同时镀液中的铜含量也能够保持稳定。

2）焦磷酸盐镀铜液

焦磷酸盐镀铜是国内应用比较广泛的工艺之一，它的主要特点是镀液比较稳定，容易控制，电流效率较高，均镀能力和深镀能力强，镀层结晶细密，并能够获得较厚的镀层，只是镀液的成本偏高。

镀液成分及其作用：焦磷酸铜是镀液的主盐，提供铜离子，焦磷酸钾是配合剂。镀液中必须有一定量的焦磷酸根存在，以稳定焦磷酸铜配合物，防止沉淀产生，改善镀层质量，提高镀液分散能力和改善阳极溶解状况。硝酸盐可以提高电流密度的上限，减少针孔，降低镀液的操作温度，提高分散能力等，但明显降低电流效率。柠檬酸盐、酒石酸盐、胺三乙酸和氨水与铜形成配合物，是辅助配体。它们可以改善镀液的分散能力，加强镀液的缓冲作用，促进阳极溶解，增大容许电流密度和提高镀层的光亮度。巯基化合物是光亮添加剂，二氧化硒是辅助光亮剂，能够提高镀层光亮度，同时降低镀层内应力。

2. 镀镍及镍合金

1）镀镍

镀镍的应用范围很广，大体可分为防护装饰性和功能性两方面。作为防护装饰性镀层，镍可以镀覆在低碳钢、锌铸件、某些铝合金及铜合金的表面，保护基体材料不受腐蚀，并通过抛光暗镍镀层或直接镀光亮镍的方法获得光亮的镍镀层，达到装饰的目的。镍在城市大气中容易变暗，所以光亮镍镀层上往往再镀一薄层铬，使其抗蚀性更好，更加美观。另外，也有在光亮镍镀层上镀金或仿金镀层，并覆盖透明的有机膜层，从而获得金色装饰层。塑料经过处理后也能镀镍，使其金属化，既轻巧又美观。自行车、缝纫机、钟表、家用电器、日用五金产品、仪表、汽车、摩托车、照相机及仪器仪表的零部件均用镍镀层作为防护装饰性镀层。

在镍镀层的功能性应用方面，最令人瞩目的是修复电镀，在被磨损、腐蚀或加工过度的零件上，镀上比实际需要更厚一点的镍镀层，然后经过机械加工，使其达到规定的尺寸。尤其是近年来发展了刷镀技术，可以在需要修复的部位进行局部电镀，进一步降低了修复的成本。易磨损的轴类或轴承零件的修复常常采用这种方法。

厚的镍镀层具有很好的耐磨性，可以作为耐磨镀层，尤其是近年发展了复合电镀，以镍为主体金属，以金刚石、碳化硅、三氧化二铝等粒子作为分散颗粒，可以沉积出夹带耐磨微粒的复合镀层，硬度比一般镍镀层高，耐磨性更好。如果以石墨或氟化石墨进行复合镀，镀层具有优良的自润滑性能，可作为润滑镀层。

镀镍溶液的种类很多，大致可分为电镀暗镍、半光亮镀镍与光亮镀镍，以及特殊要求的镀镍三大类。电镀暗镍多用于要求厚度层的功能性镀镍，也常用作装饰性镀镍。半光亮镀镍与光亮镀镍主要用作防护装饰性镀镍，而且常组成双镍层或三镍层，以得到较高的抗蚀性。其镀液基本组成与瓦特浴镀镍成分相同，仅添加了不同的光亮剂。瓦特浴镀镍液基本组成如下：硫酸镍（$NiSO_4 \cdot 7H_2O$）240 $g \cdot dm^{-3}$、氯化镍（$NiCl_2 \cdot 6H_2O$）20 $g \cdot dm^{-3}$、硼酸（H_3BO_3）20 $g \cdot dm^{-3}$。现在使用的瓦特浴镀镍液组成多数是在此基础上做了微小变动。硫酸镍是镀镍溶液中镍离子的主要来源。氯化镍的作用有两个，一是帮助阳极溶解，二是提高溶液的电导率，以降低达到额定电流密度时的槽电压。硼酸起缓冲作用，用来稳定镀液pH。采用瓦特浴镀液时，镀液浓度、电流密度、温度、搅拌和 pH 等条件是相互影响的。

镀镍光亮剂分为两类。第一类光亮剂又称为初级光亮剂，包括芳香族磺酸、芳香族磺酰胺、芳香族磺酰亚胺、芳香族亚磺酸以及杂环磺酸等五类化合物。第二类光亮剂又称次级光亮剂，包括醛类、酮类、炔类、氰类和杂环类等五种类型的化合物。近年来又发展起来一种辅助光亮剂，它除了具有第一类光亮剂的某些作用外，还能防止或减少针孔，与第一、第二类光亮剂配合使用，可以加快出光和整平速度，对低电流密度区镀层的光亮具有良好的作用，并能够降低其他光亮剂的消耗。

特殊要求的镀镍有缎状镍、黑镍、滚镀镍等，针对不同要求而择定。

2）镀镍磷合金[11]

镍磷合金是一种单相均一的非晶态合金，它不存在晶界、位错等基体缺陷，因此不会产生晶间腐蚀现象，耐点蚀性能也好于晶态合金。此外，它对能导致应力腐蚀开裂的滑移平面的选择性腐蚀也不敏感，不会发生应力腐蚀开裂。

镍磷合金除具有优良的耐蚀性外，还具有硬度高（热处理前 600 HV，400℃处理 1 h，硬度为 1000 HV）、镀层致密、耐药性和耐磨性好、能屏蔽电磁波等特性。镍磷合金的耐蚀性比镍高，且随镀层磷含量的增加而提高，含磷量在 10%～11%的合金耐蚀性最好，含磷量大于 11%时耐蚀性有所下降。

镍磷合金受热会发生晶型转变，由均一单相的非晶态结构变为镍晶体与 Ni_3P 两相组织，结果使耐蚀性下降。当镀层含磷量大于 8%时，镀层变为非磁性。镍磷合金可以通过电镀和化学镀的方法获得，化学镀时是用次亚磷酸钠作还原剂。电镀镍磷合金是在镀镍溶液中加入亚磷酸或次亚磷酸钠而得到的。用亚磷酸时，镀液的稳定性高、成本低、镀层中含磷量容易控制。由于亚磷酸镍的溶解度低，电镀必须在较低 pH 下进行，因而电流效率较低。用次亚磷酸钠时，由于它本身是强还原剂，成本高，也给操作带来麻烦，因此实际应用很少。

3）电镀其他镍基合金

电镀其他镍基合金主要有 Ni-Zn、Ni-Al、Ni-Mo[12, 13]、Ni-W、Ni-Mo-Fe、Ni-S[14-17]、Ni-P-S 等。其中，Ni-Mo、Ni-Mo-Fe、Ni-S 可以作为析氢反应的电催化活性阴极材料，具有较好的开发前景。它既可以降低电解槽电压，又可以减少环境污染，推动清洁的二次能源——氢能的使用，也可以用在电解海水制氯防污系统，代替目前使用的 Ni 或 Ti 网。

3. 镀锌及锌合金

1）镀锌

镀锌层大多镀覆于钢铁制品的表面。经钝化后，在空气中几乎不发生变化，在汽油和含 CO_2 的潮湿水汽中也有很好的防锈性能，这是因为钝化膜致密和锌镀层表面生成的碱式碳酸锌薄膜保护了下面金属不再遭受腐蚀。另外锌有较铁（-0.44 V）负的电位（-0.76 V），因此形成 Fe-Zn 原电池时，锌为阳极，它本身会溶解而使钢铁基体得到保护。即使表面锌镀层不完整也能起到保护作用，所以锌镀层被称为"阳极性镀层"。锌镀层对钢铁基体既有机械保护作用，又有电化学保护作用，因此抗蚀性特别优良。

　　锌镀层钝化后,通常视所用钝化液不同而得到彩虹色钝化膜或白色钝化膜。彩虹色钝化膜的抗蚀性比白色钝化膜高 5 倍以上。一方面是因为彩虹色钝化膜比较厚,另一方面彩虹色钝化膜表面被划伤后,在潮湿空气中,划伤部位附近的钝化膜中的六价铬可以对划伤部位进行"再钝化",修复损伤后使得钝化膜保持完整,因此,镀锌膜一般采用彩虹色钝化膜。白色钝化膜外观洁白,多用于日用五金、建筑五金等要求有白色均匀表面的制品。此外还有黑色钝化、军绿色钝化等,在工业上也有应用。

　　获得锌镀层的方法很多,有电镀、热浸镀、化学镀、喷镀和热扩散等,其中以电镀应用最为普遍。镀锌溶液分为碱性、中性或弱酸性、酸性三大类。其中,碱性镀液有氰化物镀锌、锌酸盐镀锌、焦磷酸盐镀锌等;中性或弱酸性镀液有氯化物镀锌、硫酸盐光亮镀锌等;酸性镀液有硫酸盐镀锌、氯化铵镀锌等。其中,以氯化物镀锌、锌酸盐镀锌、硫酸盐镀锌最为常用。

　　2) 镀锌合金

　　锌基合金具有优良的耐蚀性能,通过电镀的方法可以得到锌和其他很多金属的二元合金或三元合金,如 Zn-Fe、Zn-Co、Zn-Ni、Zn-Cr、Zn-Ti、Zn-Mn、Zn-Al、Zn-Sn、Zn-Mo、Zn-Ni-V、Zn-Ni-Cd、Zn-Ni-Co、Zn-Ni-Ti、Zn-Co-Mo、Zn-Co-Cr 和 Zn-Ti-Fe 等。多数锌合金的防腐蚀性能比锌好,能够有效降低镀层的使用厚度。目前常用的锌合金有 Zn-Fe、Zn-Co、Zn-Ni、Zn-Ti、Zn-Mn、Zn-Al、Zn-Co-Cr 等,它们以优良的耐蚀性和低氢脆性而有可能取代锌和镉镀层。日本一公司开发的光亮 Zn-Ni 合金电镀工艺,据称 2~3 μm 的镀层可以耐盐雾 200 h。Zn-Co 合金外观酷似铬,可作装饰性镀层,Zn-Fe 合金可进行磷化处理而用于钢板和零件的电镀。

　　锌镍合金以含镍 8%~15%最佳,大于 15%时镀层难以钝化。锌镍合金的耐蚀性和耐磨性为纯锌的 3~5 倍,耐 200~250℃的温度,焊接性及延展性与纯锌相当,在碳素钢上的显微硬度为 550 HV,与油漆的结合力良好,氢脆性接近于零,镀层毒性小,但润滑性能稍低于纯锌。

　　由于锌镍合金具有以上优点,其成为近年来发展的优良耐蚀镀层,是理想的代镉镀层和食品包装盒用镀层,在钢板、车辆、日用电器等产品上已获得广泛使用。锌镍合金镀液的主要类型有氯化物型、硫酸盐型、焦磷酸盐型、氰化物型、氨基磺酸盐型、乙酸盐型、柠檬酸盐型、葡萄糖酸盐型等。其中应用最广的是氯化物型,其次是硫酸盐型。其他常规电镀还有镀锡、铅、铁、铜合金、锡合金及其他多元合金。此外,还有电镀稀贵金属及其合金,如镀银、金、钯、钯镍合金、铂、铟等;特种电镀技术与日俱增且应用广泛,如复合镀、非金属电镀、局部电镀、刷镀等。

7.2.3　化学镀镍

化学镀又称自催化镀（autocatalytic plating），是指不使用外加电源，而是依靠金属的催化作用，通过可控制的氧化还原反应，在还原剂的作用下使镀液中的金属离子还原为基态金属并沉积到镀件上去形成保护层的方法，反应中所需的电子由基体金属直接提供，因而化学镀也被称为自催化镀或无电镀。化学镀溶液的组成一般包括金属盐、还原剂、络合剂、缓冲剂、稳定剂、润湿剂和光亮剂等。当镀件进入化学镀溶液时，镀件表面被镀层金属覆盖以后，镀层本身对上述氧化和还原反应的催化作用保证了金属离子的还原沉积得以在镀件上继续进行下去。

1946 年两位美国科学家最早发明了可以工业应用化学镀镍的工艺。经过几十年的发展，化学镀金属的种类不断增加，目前已能用化学镀方法研究镍、铜、钴、钯、铂、金、银的表面性能，也可以用来获得非金属材料电镀前的导电层。化学镀在电子、石油化工、航空航天、汽车制造、机械等领域有着广泛的应用。目前工业上应用最多的是化学镀镍。

化学镀镍可分为 Ni-P、Ni-B、Ni-S 等体系，其中研究最为广泛的就是 Ni-P 体系。一般情况下所说的化学镀镍指的就是化学镀 Ni-P。

早在 1894 年，Wurtz 发现用次亚磷酸盐还原金属镍可以从其盐的水溶液中沉积出来，但当时形成的金属是粉末。1916 年 Roux 发现了镍通过化学反应而被沉积出光亮镀层来，当时虽未在商业上利用这一技术，他却把这一方法作为一种镀镍技术而取得了专利权。1946 年 Brenner 和 Riddel 两人重新发现化学镀镍，他们两人的工作推动了后来改良镀液的研制。美国通用汽车公司经过一个五年经济计划，解决了过程控制和自动化过程，于 1955 年建立了第一条试生产线，在市场上销售商标名为"卡尼根"的第一个化学镀镍液。国外自 20 世纪 50 年代后期化学镀镍真正广泛地应用在工业上，而在国内直到 70 年代后期才有较快的发展。1978～1982 年，成功开发了富磷化学镀镍层，标志着化学镀镍技术有了进一步的发展。化学镀镍在工业发达国家已被广泛应用于航空、石油、天然气、化工、电子、电子计算机和汽车等工业领域中，用于重要零件的防腐蚀和重要零件的修复，如用于汽车的汽缸、曲轴、轴类件、泵类、飞轮机叶片、火箭推进器管道、飞机压缩机叶片和滚筒等的修复，而且每年以 10%～15%的速度递增，已成为发达国家应用相当广泛的表面处理技术。我国在化学镀镍应用方面与发达国家相比还有很大差距。

1. 化学镀镍（Ni-P）的技术特点

化学镀镍从被发明到现在的一百多年来的时间内，经过一代代人的潜心研究，不论在工艺配方开发、镀液的维护和寿命研究，还是机理探讨、工业化生产方面都得到了迅速的发展。通过化学镀镍进行表面处理可在防护方面提高产品的抗蚀性、耐磨性而延长使用寿命；在功能性方面提高产品的导电性、反射性、耐热性、润滑性、焊接性等功能。与电镀相比，化学镀镍具有以下独特的优点。

（1）镀层厚度非常均匀，化学镀液的分散力接近 100%，无明显的边缘效应，几乎是基材（工件）形状的复制，因此特别适合形状复杂的工件、腔体件、深孔件、盲孔件、管件内壁等表面施镀，电镀法因受电力线分布不均匀的限制是很难做到这一点的。由于化学镀层厚度均匀、易于控制、表面光洁平整，一般不需要镀后加工，适宜做加工件的修复及选择性施镀。

（2）通过敏化、活化等前处理，化学镀可以在非金属（非导体）如塑料、玻璃、陶瓷及半导体材料表面上进行，而电镀法只能在导体表面上进行，所以化学镀工艺是非金属表面金属化的常用方法，也是非导体材料电镀前做导电底层的方法。

（3）钎焊性能好。

（4）工艺设备简单，不需要电源、输电系统及辅助电极，操作时只需把工件正确悬挂在镀液中即可。

（5）化学镀是靠基材的自催化活性才能起镀，其结合力一般优于电镀。镀层有光亮或半光亮的外观、晶较细、致密、孔隙率低，某些化学镀层还具有特殊的物理化学性能。

2. 化学镀镍（Ni-P）的类型及其应用性能

化学镀镍工艺，按所获得镀层的磷含量可分为高、中、低三类，按 pH 可分为碱性和酸性两类。镀层性能主要与磷含量相关，pH 与所选择体系的络合剂相关。

（1）高磷工艺：含磷 10%以上。磷含量在 10%以上时，镀层为非磁性，具有非晶态结构。随镀层的磷含量的增加，其抗腐蚀性能也增加。主要应用于计算机硬盘（hard disk）的表面处理以及抗腐蚀要求较高的镀层。

（2）中磷工艺：含磷 6%～9%。广泛用于汽车、电子、办公设备、精密机械工业等。化学镀镍层经 400℃热处理 1 h，镀层部分晶化，其硬度大大提高。因此，在很多国家将其用于代替镀硬铬（HCr），特别是形状复杂的零件，可减少六价铬对环境的污染。

（3）低磷工艺：含磷 2%～5%。美国 Enthone 公司 T.Bleeks 和 G.ShaWhan 发展了代替硬铬的新技术，这种新技术是采用低磷含量的化学镀镍，经热处理后，其硬度、耐磨性能都优于镀硬铬。

3. 化学镀镍（Ni-P）溶液组成及其作用

化学镀镍溶液主要成分可以分为主盐、还原剂、络合剂（可以是多种）、pH调节剂、稳定剂、加速剂（促进剂）等，另外根据需要可以添加光亮剂等其他组分。分别介绍如下。

1）主盐

化学镀镍溶液中的主盐就是镍盐，如硫酸镍、氯化镍、乙酸镍、氨基磺酸镍及次磷酸镍等，由它们提供化学镀反应中所需要的 Ni^{2+}。早期曾使用过氯化镍作主盐，由于 Cl^- 的存在不仅会降低镀层的耐蚀性，还产生拉应力，所以目前已不大使用。同 $NiSO_4$ 相比，乙酸镍作主盐对镀层性能的有益贡献因其价格昂贵而被抵消。最理想的 Ni^{2+} 来源是次磷酸镍，使用它不至于在镀浴中积存大量的 SO_4^{2-}，也不至于在补加时带入过多的 Na^+，但其价格贵、货源不足。目前使用的主盐主要是硫酸镍。

2）还原剂

化学镀镍所用的还原剂是次磷酸钠、硼氢化钠、烷基胺硼烷及肼几种，它们在结构上的特征是含有两个或多个活性氢。用次磷酸钠得到 Ni-P 合金镀层；硼化物得到 Ni-B 合金镀层；用肼则得到纯镍镀层。用得最多的还原剂是次磷酸钠，原因在于它的价格低，镀液容易控制，而且 Ni-P 合金镀层性能优良。

3）络合剂

化学镀镍溶液中除了主盐和还原剂外，最重要的组成部分就是络合剂。镀液性能的差异、寿命长短主要取决于络合剂的选用及其搭配关系。

络合剂的作用有以下几方面。

（1）增加镀液稳定性并延长使用寿命。络合剂能够提高亚磷酸镍的沉淀点，或者说增加了镀液对亚磷酸根的容忍量，使施镀操作能在高含量亚磷酸根条件下进行，也就是提高了镀液的使用寿命。镀液中加入稳定剂后不再析出沉淀，其实质就是增加了镀液稳定性，所以配位能力强的络合剂本身就是稳定剂。

（2）提高沉积速度。其原因是有机添加剂吸附在工件表面后，为次磷酸根释放活性原子氢提供更多的激活能，从而增加了反应速率。络合剂在此起了加速剂的作用。

（3）提高镀浴温度工作的 pH 范围。

（4）改善镀层质量。镀浴中加入络合剂后镀出的工件光洁致密。

化学镀镍中常用的络合剂主要是一些脂肪族羧酸及其取代衍生物，如丁二酸、柠檬酸、乳酸、苹果酸及甘氨酸等或用它们的盐类。

4）稳定剂

稳定剂的作用在于抑制镀液的自发分解，使施镀过程在控制下有序进行。化学镀溶液本身处于热力学不稳定状态,槽液中一旦有催化效应的金属微粒存在(特别是镍微粒)立刻发生分解反应,溶液寿命终止,为此必须加入稳定剂。其可分为以下四类。

(1)无机盐的重金属离子,如 Pb^{2+},Cd^{2+},Sn^{2+},Sb^{3+},Hg^+等。

(2)含氧化合物,如 AsO_2^{2-},MoO_4^{2-},IO^-等。

(3)第四族元素,如 S,Se,Te 等。

(4)某些有机化合物,如马来酸、亚甲基丁二酸、硫脲等。

5)pH 调节缓冲剂

随 pH 升高,沉积速度提高,磷含量下降,稳定性也下降。因此,稳定 pH 对磷含量和镀层性能有很重要的影响。一般采用乙酸或乙酸钠作缓冲剂,一些络合剂本身又是 pH 缓冲剂,如氨基乙酸、羟基乙酸等。调节剂一般使用稀氨水、氢氧化钠、稀硫酸,根据不同体系选择。

6)加速剂(促进剂)

为了既保持镀液的稳定性,又提高镀液的沉积速度,需要用到加速剂。特别是使用到最后几个循环时,镀液的沉积速度明显下降。国外商品化学镀溶液使用的加速剂有马来酸、苹果酸、羟基乙酸、氟化钠等。

4. 化学镀镍的原理

化学镀镍的机理可以分成 4 种:原子氢机理、氢化物传输理论、电化学理论以及羟基-镍离子配位理论。无论哪种理论,次磷酸盐还原镍离子的化学镀过程的总反应基本可以写成如下形式:

$$2NaH_2PO_2 + 2H_2O + NiSO_4 = 2NaH_2PO_3 + H_2SO_4 + Ni + H_2$$

上式也可以写成如下形式:

$$2H_2PO_2^- + 2H_2O + Ni^{2+} = 2H_2PO_3^- + 2H^+ + Ni + H_2$$

上述反应的分步反应如下:

还原剂氧化:

$$H_2PO_2^- + H_2O \longrightarrow HPO_3^{2-} + H^+ + 2H_{吸附}$$

$$H_2PO_2^- + H_{吸附} \longrightarrow H_2O + OH^- + P$$

$$H_2PO_2^- + 2H^+ + e^- \longrightarrow P + 2H_2O$$

$$2H_{吸附} \longrightarrow H_2$$

金属还原:

$$Ni^{2+} + 2H_{吸附} \longrightarrow Ni + 2H^+$$

只是不同理论的中间过程和中间产物有所不同。

由上述反应过程可以看出，化学镀镍过程中伴随着单质 P 的析出，但是上述反应中，P 的析出和析氢存在竞争，析出量的大小与施镀条件，如还原剂/氧化剂比例、络合剂的用量、沉积速度、pH 等有关。

在实际体系中，为了提高镀液的稳定性，在镀液中还要加入络合剂等，因此，化学镀反应能否自发进行，除与 pH 有关外，还与使用的络合剂及添加剂等有关。

7.2.4　热浸镀和热喷涂

1. 热浸镀

热浸镀是将金属制件浸入熔融金属中，使其表面形成与基体牢固结合的金属镀覆层的过程。要求镀层金属熔点远远低于基体材料，故常限于采用低熔点金属及其合金，一般采用锡、铅、锌、铝及其合金。钢是应用最广泛的基体材料，有时也用铸铁或铜作为基体。

目前常用的热浸镀层有热浸镀锌、铝、Galvalume 锌铝合金（55%Al、43.5%Zn、1.5%Si）及 Galfan 锌铝合金（5%Al、0.05%稀土、余量 Zn）镀层。1993 年全世界热浸镀 Galvalume 锌铝合金镀层的钢材产量达 280 万 t，1997 年 Galfan 锌铝合金镀层钢板也达 200 万 t。我国热浸镀锌、铝及其合金镀层的生产开发虽有较大发展，但与国际水平还有一定距离，产品的数量、质量都不能满足市场需求，有待进一步推广和提高。

以下以热浸镀锌为例介绍热浸镀的生产工艺及其防蚀机理。

锌和铁界面经扩散和反应形成合金层，这些合金由几种金属间化合物组成，它们是 Fe_5Zn_{21}、$FeZn_7$、$FeZn_{13}$ 等，越靠近钢铁基体，含铁量越多。

热浸镀锌时，一般认为过程是按以下步骤进行。

（1）钢铁基体进入锌液，由于其表面温度较低，在表面凝结一层锌壳。

（2）钢铁基体温度上升到锌的熔点，钢铁表面的锌壳完全熔化，锌液在钢铁表面浸润，并于基体表层进行扩散和界面反应，形成锌铁合金。

（3）在锌铁合金层表面形成纯锌层，最后经冷却，形成结晶纯锌层。

热浸镀层对钢铁制件的防腐蚀作用分为两种情况。在镀层没有破坏的情况下，它和其他隔离性防护层一样，可以起到隔离作用。当镀层发生损坏并露出铁基体时，镀层与铁形成原电池，锌作为阳极被溶解，使钢铁基体受到保护。在热浸镀层中，直接与基体接触的镀层部分不是纯锌、纯铝或锌铝合金，而是它们与铁形成的含铁合金，电位比纯铁低，仍然可以起到牺牲阳极的保护作用。

热浸镀层在海洋环境中,特别是在海洋大气环境中有比较优异的防腐蚀性能,因而热浸镀层在海洋环境中的应用非常广泛。例如,海岸的防护栅栏,海底通信电缆、输电电缆的铠装钢丝,用于海洋捕捞、海水养殖、海岸护堤用的网及钢丝绳,沿海高速公路、海上架桥、海上石油平台需要的板材、带材、舰船甲板、舷梯及缆绳、海水管道及冷凝器等,均大量采用热浸镀锌或铝的钢材。Galvalume镀层和Galfan镀层以其在海洋环境中优异的耐蚀性,在以上领域正逐步取代纯的锌镀层和铝镀层。

一般情况下,铝镀层的腐蚀速率最低,其次是Galvalume镀层,然后是Galfan镀层,锌镀层的腐蚀速率最高。但是铝镀层的电化学保护性能较差,可能发生缝隙腐蚀。而Galvalume镀层和Galfan镀层则既具有铝镀层良好的耐久性,又具有锌镀层良好的电化学保护性,其中Galvalume镀层的综合保护性最为突出。

2. 热喷涂

热喷涂技术是指利用某种热源将喷涂材料迅速加热到熔化或半熔化状态,再经过高速气流或焰流使其雾化加速喷射在经预处理的零件表面上,使材料表面得到强化和改性,从而获得具有某种功能(如耐磨、防腐、抗高温等)表面的一种应用性很强的材料表层复合技术。

热喷涂工艺方法随技术的进步在不断丰富和发展,目前热喷涂通常按所选用的热源和选用材料的形状分类,其分类见图7-1,各种喷涂方法的工艺特点见表7-2。

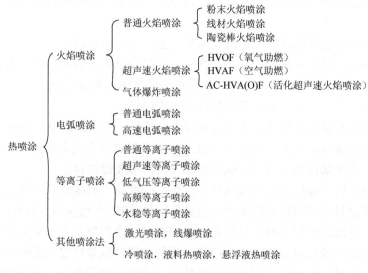

图 7-1　热喷涂的分类

表 7-2　各种喷涂方法的工艺特点

工艺方法	电弧喷涂	火焰喷涂	超声速火焰喷涂	等离子喷涂	超声速等离子喷涂	线爆喷涂
热源	电弧	燃烧火焰	燃烧火焰	等离子弧	等离子弧	爆炸燃烧火焰
热源温度/℃	4000～6000	2600～3100	<3300	>10000	>10000	3300
粒子飞行速度/（m·s^{-1}）	80～300	70～120	400～900	200～320	350～800	600～800
材料形状	线、带	粉、线、棒	粉	粉	粉	粉
喷涂速度/（kg·h^{-1}）	<300	<10	<10	<10	<10	<3
涂层厚度/mm	0.1～5	0.1～3	0.1～1	0.1～1.5	0.1～1	0.05～0.5
涂层孔隙率/%	3～10	5～15	1～5	3～10	1～5	1～3
涂层结合强度/MPa	10～50	10～50	40～80	30～60	40～80	>60
涂层氧化程度	中～高	中～高	较低	低	低	较低

　　喷涂材料在热源中被加热的过程和颗粒与基材表面结合的过程是热喷涂制备涂层的关键环节。尽管热喷涂的工艺方法很多，且各具特点，但无论哪种方法，其喷涂过程、涂层形成原理和涂层结构基本相同。

　　热喷涂涂层的形成过程是将被喷涂材料（粉末、线材或棒材）送入由喷枪口喷射出的高温、高速火焰或等离子体射流中，使其迅速受热，以熔融或半熔融形态高速喷射到经预处理的基体材料表面；熔融粒子撞击基体时发生能量转换、变形、铺展、流散和润湿，并以约 10^6 K·s^{-1} 的速度极快地冷却、凝固、堆垛形成涂层。涂层形成过程如图 7-2 所示。

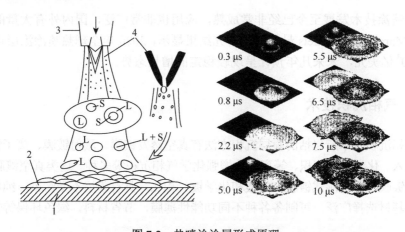

图 7-2　热喷涂涂层形成原理

1. 基底；2. 涂层；3. 喷枪；4. 射流；
S. 固态；L. 液态

　　由于热喷涂涂层与基体的结合以物理及机械镶嵌结合为主，涂层和基体的结合质量与基体表面的清洁程度和粗糙度直接相关，因此，热喷涂工件的表面预处理（或表面前处理）就成了整个热喷涂过程中非常重要的一个环节。基体表面预处理是利用机械、物理或化学的方法改善基体表面状态，为热喷涂提供良好的基础表面。基体表面预处理过程主要包括基体表面预加工、表面净化处理、表面粗化处理和非喷涂表面的保护。

　　严格遵守热喷涂技术的工艺规程，是确保热喷涂涂层获得成功应用的前提。在生产实际中，应根据实际零件的表面状态来选用合适的表面预处理工艺，在保证涂层质量的前提下，尽可能采用简化的表面预处理工艺，以降低喷涂成本。

　　一般采用喷砂工艺进行表面预处理，所用砂石应为干燥、无泥土的石英砂或铜矿砂，粒度一般为 6～12 目，这样的砂具有坚硬而有棱角的特点。喷砂时空气压力为 0.5～0.6 MPa，喷嘴到工件表面的距离为 15～20 cm，喷射角度一般为 70°左右。经喷砂处理的工件，要求达到均匀粗糙，呈金属光泽，无锈迹、污迹和水分。

　　经喷砂后的工件要尽快进行热喷涂，一般不超过 2 h，火焰热喷涂时利用氧-乙炔高温热源，将金属丝加热到熔化状态，利用压缩空气将熔化的金属滴雾化成细小的颗粒沉积在钢铁基体表面，形成喷涂层。电弧热喷涂是利用电弧热能（有效温度可达 5000℃以上）以及压缩空气，将熔化的金属滴雾化成细小的熔珠，以一定速度喷射到工件表面形成喷涂层。要求喷枪移动均匀，一次喷涂的涂层不能太厚。

　　喷涂层有一定孔隙，为提高防腐蚀效果，需进行封闭处理。第一层封闭涂料的黏度应稍低，尽可能渗透到喷涂层的孔隙中，与喷涂层牢固结合且不发生任何反应。

　　热喷涂技术发展至今已经非常成熟，应用也非常广泛，国内外有大量的应用实例。MarketsandMarkets 最新一项研究结果显示，2020 年全球热喷涂涂层市场规模约 10^4 亿美元，未来几年预计呈现较稳定的增长态势。

7.2.5　气相沉积技术

　　气相沉积技术所包括的膜层沉积方法有真空蒸发镀膜、溅射镀膜、离子镀膜、离子注入、化学气相沉积、等离子体增强化学气相沉积等多种。这类真空镀膜是一种干式镀膜，它与湿式镀膜（电镀和化学镀）相比，具有膜层不受污染，纯度高，膜材与基材选择广泛，可制备各种不同功能性薄膜，节省材料，绿色环保等特点。

1. 真空蒸发镀膜

　　真空蒸发镀膜与溅射镀膜和离子镀膜一起组成物理气相沉积（PVD）。真空蒸发镀膜是真空镀膜技术中发展最早、应用最广的一种。相对后来发展起来的溅射镀膜及离子镀膜，其设备简单，价格便宜，工艺容易掌握，可进行大规模生产。

真空蒸发镀膜是在真空环境中把镀膜材料加热熔化后蒸发（或升华），使其大量原子、分子离开熔体表面，凝结在被镀件基体（衬底、基片、基板）表面上形成镀膜。为了提高蒸发原子与基体的附着力，应对基体适当加热。为了使蒸发顺利进行，应具备要求的真空条件和膜材蒸发条件。

真空蒸发镀膜常用的真空度为 $1 \times 10^{-2} \sim 2 \times 10^{-4} \, \text{Pa}$。真空度如果不高，镀膜材料将受到残余气体的污染，影响膜的质量。真空室中的残余气体主要来源于真空室内各种表面的解吸放气、蒸发源释气、真空泵油的反扩散及系统的漏气。真空度低时，蒸发原子、分子在向基体沉积过程中，将与残余气体分子频繁碰撞冷却，在空间凝聚成小的团粒落到基体及真空室壁。尤其是动能小的粒子将使镀膜组织松散，表面粗糙。

2. 溅射镀膜

溅射镀膜指的是在真空室中，利用荷能粒子轰击靶材（膜材）表面，通过粒子动量传递打出靶材中的原子及其他粒子，并使其沉积在基体上形成薄膜的技术。

由于溅射镀膜具有可实现大面积快速沉积，几乎所有金属、化合物、介质均可做靶，镀膜密度高，附着性好等突出优点，因而近年来发展很快，应用很广。

用带有几十电子伏以上动能的粒子轰击材料表面，将材料激发为气态的这种溅射现象，广泛应用于表面的镀膜、刻蚀、清洗和表面分析等技术。由于离子易于在电磁场中加速或偏转，因此荷能粒子一般为离子。当离子轰击表面时会产生许多效应。除了靶材的原子和分子最终成膜之外，其他效应对膜的生长也会产生很大的影响。

溅射技术的成膜方法较多，具有代表性的有直流二级（三级或四级）溅射、磁控（高速低温）溅射、射频溅射、反应溅射、偏压溅射等。

3. 离子镀膜

离子镀膜是在真空条件下，利用气体放电使气体或被蒸发物质部分离化，在气体离子或被蒸发物质离子轰击作用的同时把蒸发物或其反应物沉积在基体上。离子镀膜把辉光放电、等离子体技术与真空蒸发镀膜技术结合在一起，它除了兼有真空蒸镀和真空溅射的优点外，还具有沉积速度快、膜层附着力强、绕射性好、可镀材料广泛等优点。它可以在金属和塑料、陶瓷等非金属上涂覆单金属、合金、化合物及各种复合材料，使其表面获得耐磨、抗蚀、耐热及所需特殊性能，因而应用十分广泛，发展非常迅速。

4. 离子注入

离子注入是把某种元素的原子电离成离子，并使其在几十至几百千伏的电压下进行加速，在获得较高速度后射入置于真空靶室中的工件表面的一种离子束技术。在离子轰击材料表面所引起的各种效应中，溅射镀膜和离子镀膜利用的是低能离子的溅射和清洗、混合、增强扩散等效应，而离子注入则利用的是高能离子的注入等效应。

20 世纪 60 年代以来，离子注入用于半导体器件的掺杂和大规模集成电路的生成，大大促进了微电子技术的发展。70 年代起，离子注入用于材料表面的改性，使材料的耐磨、抗蚀、耐高温及光、电、超导等性能得到了明显改善。

离子注入形成的表层合金不受相平衡、固溶度等传统合金化规则的限制，原则上任何元素都可以注入到任何基体金属之中；注入是在高真空（10^{-4} Pa 左右）和较低温度下进行的，基体不受污染，也不会引起热变形、退火和尺寸的变化；注入原子与基体金属间没有界面，注入层不存在剥落问题。

一定能量的离子射入固体后，与其中的原子核和电子发生碰撞，并与原子进行电荷交换，离子不断消耗能量，运动方向不断改变，当能量耗尽就在靶中停下。

离子注入的金属表面可以形成平衡合金、高度过饱和固溶体、亚稳态合金及化合物、非晶态，或难以用通常方法获得的新的相及化合物。离子注入通过碰撞级联、离位峰、热峰等机制使注入层晶格原子发生换位、混合，产生密集的位错网络，同时注入原子与位错的交互作用，使位错运动受阻，注入表层得到强化。尽管离子注入到金属表层的初始深度很浅，通常为 0.1 μm 左右，但离子注入常表现出一种奇特的性能，即它能使金属表层所产生的持续耐磨损能力比初始注入深度高 2~3 个数量级。

7.3　防腐涂料

涂料，是指以流动状态在物体表面形成薄层，待干燥固化后附着于固体表面，形成连续覆盖的膜层物质。

7.3.1　涂料的组成与分类

1. 涂料的构成

涂料的主要成分是黏结剂、颜料和填料，副成分为溶剂、稀释剂和添加助剂。

黏结剂即成膜物质，使涂料黏结在物体表面而成为膜层的基本材料，主要有油料和树脂两大类，涂料的主要性质由黏结剂决定。目前使用的涂料以合成树脂涂料居多。树脂种类主要有：油脂、天然树脂、酚醛树脂、环氧树脂、沥青、醇酸树脂、氨基树脂、硝基纤维、纤维脂及醚类、过氯乙烯树脂、乙烯树脂、丙烯树脂、丙烯酸树脂、聚酯树脂、聚氨基甲酸酯、有机聚合物、橡胶、其他辅助材料等。

颜料和填料是指在漆料中分散或悬浮的固体物质，以改善漆膜的机械强度、耐蚀性、耐磨性、耐热性，降低膨胀系数、收缩率以及使漆膜具有遮盖力和颜色，阻止紫外线、延缓老化、增加强度和降低成本等，有些颜料还具有防蚀、防锈功能（称防锈颜料），常用于防锈涂料。颜料主要有：红丹、锌铬黄、氧化铁红、铝粉、锌粉、云母和氧化铁红等；填料主要有：瓷粉、石英粉、石墨粉、辉绿岩粉、锌钡粉、铝粉、锌粉、钛白粉、云母粉和玻璃鳞片等。

各种添加剂能赋予涂料特殊的性质，有催干剂、乳化剂、增塑剂以及特殊功能添加剂，如防污涂料中的毒料等。

物体表面涂层具有保护作用、装饰作用和功能性作用。海洋环境中主要应用它的保护作用，防腐蚀涂料通常由底漆和面漆组成，保护作用主要依靠底漆（也称防锈底漆），而面漆的作用以功能性（防污、抗老化、防霉）和装饰性（美观、光洁）为主。有时还用中间漆，以补充底漆的防锈作用，并对底漆和面漆起"过渡连接"作用。

2. 涂料保护作用原理

1）物理屏蔽作用

涂料使环境中的水分、氧气、氯离子、二氧化硫等各种腐蚀剂与金属表面隔离，从而达到防腐蚀的目的。涂料的抗渗透性越好，防腐蚀性也越好，如氯化橡胶、乙烯型涂料等。涂层越厚，涂布道数越多，屏蔽作用越好。此外涂料的附着能力强，会使金属表面微电池的阳极区和阴极区的电阻增加而提高耐蚀性，如环氧涂料等。

2）阴极保护作用

即牺牲阳极作用，典型的例子是富锌涂料中加入大量锌粉，富铝涂料中加入大量铝粉。一旦有腐蚀介质侵入，锌粉或铝粉便成为牺牲阳极，用锌或铝的电化学作用保护了基体金属。这类涂料在海洋环境中已经广泛应用，且被认为是最佳的防锈底漆。

3）钝化、缓蚀作用

某些颜料如铬酸盐、磷酸盐、钼酸盐和红丹等，本身对金属有钝化、化学转化和缓蚀作用。

4）抗老化作用

在涂料中加入防老剂，可以防止紫外线对涂料的破坏作用，改善其抗老化性或耐候性。

3. 涂料的分类

涂料按照所起的作用可以分为底漆和面漆。按照使用目的可分为防锈漆、防污漆、绝缘漆、防火漆、磷化与化学转化漆、耐酸碱漆等。按照适用物体又可分为木器漆、锅炉漆、烟囱漆、地板漆、船舶漆等，其中船舶漆又可进一步分为船舱漆、船底漆、水线漆、船体漆、甲板漆等。从表观外形又可以分为罩光漆、锤纹漆、皱纹漆、裂纹漆、透明漆、磁漆等。除一般涂料外，现代防蚀工艺还可将塑料（聚乙烯、聚氯乙烯、氯化聚醚、聚苯硫醚和氟塑料等）、橡胶、搪瓷和金属等进行涂覆。涂料是防蚀工作中应用最多、最好、最普遍的化工产品，防蚀与装饰已融为一体。

7.3.2　防腐涂料发展及应用现状

目前，常用的防腐涂料有环氧防腐涂料、聚氨酯防腐涂料、富锌防腐涂料、丙烯酸防腐涂料、橡胶防腐涂料、氟树脂防腐涂料、有机硅树脂防腐涂料、聚脲防腐涂料、玻璃鳞片防腐涂料、石墨烯防腐涂料、纳米防腐涂料等，各种涂料均具有一定的优缺点，其适用范围也不相同。下面分别一一介绍。

1. 环氧防腐涂料

环氧防腐涂料是一类以环氧树脂为成膜物质，添加防腐填料、助剂和溶剂等制备而成的涂料。环氧树脂防腐涂料以其优异的耐腐蚀性、耐化学药品性、耐磨性、抗渗透性及附着力强、强度高、收缩率低等优点，成为海洋防腐涂料应用范围最广的重防腐涂料之一。目前，Hempel 公司等国际公司生产的长效防腐环氧涂料展现出优异的防腐性能。但由于环氧树脂中环氧基团增多，材料脆性大，目前国内外研究学者通过对其改性，扩大了其应用范围。Mistukazu 等通过添加甲基丙烯酸甲酯来增强改性环氧树脂与聚硅氧烷的相容性，其机械性能得到明显改善。Chonkaew 等通过添加有机黏土和丁腈橡胶改性环氧树脂，使其防腐效果得到改善，可用于浪花飞溅区结构钢的防护。Mukesh 等利用腰果酚改性环氧树脂，结果表明，改性后的环氧树脂性能提高了 3 倍。刘江涛等研究了水性改性环氧树脂固化剂，制备出力学性能和化学性能优异的环氧防腐涂层。Li 等制备了含玻璃鳞片的环氧鳞片涂料，可应用于特殊的海洋环境中，通过上述改性，有效提高了环氧树脂的防腐性能，拓宽了其在海洋环境中的应用。涂料性能的好坏，关键在于树脂的质量，因此，环氧改性剂的研究是提高环氧涂料的主要研究方向。

2. 聚氨酯防腐涂料

聚氨酯防腐涂料与环氧树脂涂料有着极为相似的性质，其由氨基甲酸酯键、羟基、异氰酸酯键等官能团组成，具有优异的耐酸碱盐性、耐蚀性、常规性能，以及附着力强等优点，多作为海上平台、船舶、桥梁的防护面漆使用。英国 Metrotect 公司制备的双组分聚氨酯防腐涂料，防腐性能优良，已应用于穿越尼日利亚河的油管线上。Jotun 公司生产的聚氨酯防腐涂料，有效防护周期可达 30 年。Pathak 等利用缩水甘油醚氧丙基三甲氧基硅烷和甲基三甲氧基硅烷改性聚氨酯涂料，其耐热性和机械性能得到了提高，降解温度提高了 206℃。中核深圳凯利集团公司制备出无溶剂的聚氨酯涂料，其防腐性能达到国内防腐涂料标准。聚氨酯防腐涂料是一类高固型、低 VOC 含量涂料，随着涂料环保绿色化，开发高性能水性和高固型、低 VOC 含量的聚氨酯防腐涂料是今后的发展方向。

3. 富锌防腐涂料

富锌防腐涂料是一类以锌粉为主要填料的涂料的统称。它具有优异的防锈能力，附着力强且其表面能低，广泛应用于桥梁、船舶及大型的钢结构等设备上，可分为有机富锌涂料和无机富锌涂料两大类。有机富锌涂料主要以环氧树脂和聚氨酯树脂为主成膜物，无机富锌涂料主要以硅酸乙酯为主成膜物。Kakaei 等研究了云母氧化铁改性富锌防腐涂层对碳钢阴极保护的影响，其阴极保护效果显著提升。Yang 等通过对分层涂层的防腐系统进行性能评价，结果表明，富锌涂料防腐效果显著。Wei 等通过添加缓释材料和有机成膜物改善水性无机富锌涂料，其耐候性、抗滑移性均有所提高，且致密度和附着力也得到了提升。Cavalcanti 等研究了不同成膜物对富锌涂料防腐性能的影响，研究发现不同的成膜物及涂层厚度对富锌涂料的防护效果有较大的影响。因此，在设计富锌防腐涂料时，合理选用树脂种类，可制备出防腐性能优异的富锌涂层。

4. 丙烯酸防腐涂料

丙烯酸防腐涂料是一类以丙烯酸树脂为主成膜物的涂料的统称，属于水性防腐涂料。它具有良好的耐水性和耐蚀性、绿色环保、固化快等性能优点。Rahman 等利用氧化铁、环氧树脂和硫酸铵改性丙烯酸制备防腐涂层，其抗渗透性和防腐效果均得到有效提高。王国建等利用有机硅改性丙烯酸酯单体，制备出耐水性、耐玷污性好的丙烯酸防腐涂层。费桂强等利用氧化石墨烯改性水性丙烯酸防腐涂料，其防腐效果提升显著。目前，丙烯酸涂料大多是通过丙烯酸改性制备而成，只能解决单一方面的问题。因此，应深入研究丙烯酸防腐涂料的防护机制，制备出功能多样、性能优异的丙烯酸防腐涂料。

5. 橡胶防腐涂料

橡胶防腐涂料是一类以合成橡胶或天然橡胶的衍生物为主成膜物的涂料的统称，其自身无毒、无味、无刺激性，且具有良好的耐蚀、耐磨、耐水、耐候性能，同时其干燥速度快。目前常用的是氯化橡胶涂料和氯磺化聚乙烯涂料。Bulgakov等制备氨基改性氯磺化聚乙烯橡胶涂料，其黏结强度最高可提升 5 倍。Hwang 等设计了石墨烯改性橡胶涂料，其韧性和耐冲击强度均大大提高。李石等利用环氧树脂、醇酸树脂改性氯化橡胶，其附着力和耐候性显著提高。橡胶涂料性能虽好，但目前大部分仍是以四氯化碳作溶剂，不环保。因此，研制新型的绿色环保溶剂是橡胶涂料的难点和热点。

6. 氟树脂防腐涂料

氟树脂防腐涂料是一类以氟树脂为成膜物质的涂料的统称。它具有良好的耐蚀性、耐候性、耐热性、抗玷污性等优点，主要应用于海洋环境下钢筋混凝土涂料的面漆。日本旭硝子公司研发的 Lumiflon 氟树脂，可达 30～40 年超长耐候性。Canak 等制备了氟化聚氨酯-丙烯酸酯涂层，其具有良好的柔韧性和防水性。LL'darkhanova 等利用碳纳米管改性氟树脂涂料，其表面能降低，疏水性得到了很大提高。Lu 等利用锐钛型 TiO_2 纳米粒子改性氟碳涂料，其呈现出较好的耐热、耐候和自清洁性能。目前，我国在借鉴国外氟树脂防腐涂料的基础上，已研发出耐候性强、耐久性好的氟烯烃-乙烯基醚共聚物（FEVE）、聚四氟乙烯（PTEE）、聚偏二氟乙烯（PVDF）三种类型的涂料，但影响其发展的主要因素还需继续研究。

7. 有机硅树脂防腐涂料

有机硅树脂防腐涂料是以有机硅树脂或改性后的有机硅树脂作为主成膜物的涂料的统称。它具有优异的耐候性、防霉性、耐蚀性、电绝缘性等性能，主要用作管道、集装箱等防护面漆。Balgude 等研究了不同改性硅烷含量对涂层性能的影响，研究发现，当改性硅烷含量为 20%时，其防腐性能较好，但其附着力欠佳。Kvmar 等研制出适用于海洋环境的有机硅改性环氧防腐涂料，其具有阻值高、电流低的特点，可有效提高其耐蚀性能。Lee 等研制出具有良好自修复能力和耐蚀性的改性二甲基硅氧烷涂层。上述研究结果表明，通过改性有机硅涂层，可有效改善其防腐性能，但是其与基体的附着力还有待提高。

8. 聚脲防腐涂料

聚脲防腐涂料是一类由异氰酸酯与含氨基化合物通过化学反应而生成的涂料的统称。它是一类具有无污染、无溶剂的新型涂料，具有良好的耐蚀、耐磨和耐候性等，同时其受环境影响小，可快速固化。Akzo Nobel 公司研制出可直接施工，具有良好防腐性能的新型聚天门冬氨酸酯重防腐涂料。Huang 等对 Qtech-412 纯聚脲重防腐涂料进行性能考核，其呈现出良好的耐候性和耐蚀性。王军委等利用有机改性剂改性聚脲防腐涂层，其耐蚀性显著提高。Feng 等制备出聚脲嵌段聚酰胺共聚物涂层，涂层表面能较低且具有良好的耐蚀性。目前，聚脲涂料的应用范围受限，主要是其固化速度过快，导致涂层表面缺陷，造成其耐蚀性不如其他涂料，因此，表面改性是发展综合性能优异的聚脲防腐涂料的关键。

9. 玻璃鳞片防腐涂料

玻璃鳞片防腐涂料是一类以玻璃鳞片为主要填料，以树脂为主要成膜物涂料的统称。它是近年来发展起来的具有耐蚀性强、耐候性优异、抗渗透性好等优点的一类防腐涂料。Sathiyanarayanan 等制备出聚苯胺改性环氧基玻璃鳞片涂料，其阻抗电阻大幅度提高，耐腐蚀性能显著提升。王兴镇等利用环氧树脂和氟碳树脂改性玻璃鳞片涂料，发现当环氧树脂和氟碳树脂质量比为 3∶7 时，制备出的涂层防腐性能最佳。目前对玻璃鳞片涂料的改性研究相关报道不多，且由于玻璃鳞片自身性能差异，制备出的涂层差异较大。因此，如何高质量改性环氧鳞片涂层是高性能玻璃鳞片防腐涂层制备的主要研究方向。

10. 石墨烯防腐涂料

石墨烯防腐涂料是一类以石墨烯、氧化石墨烯、改性石墨烯等为主要填料制备而成的涂料的统称。它具有优异的耐蚀性、耐候性、导热性、导电性、耐磨性等诸多性能优点，近年来在涂料领域掀起了研究热潮。Krishnamoorthy 制备出具有良好耐酸性、抗菌性、防污损性的改性氧化石墨烯醇酸树脂涂层。Mohammadi 等研究了不同石墨烯添加量对石墨烯环氧树脂涂层的耐蚀性能的影响，当石墨烯含量为 0.5%时，物理屏蔽性能最佳，防腐效果最好。王耀文等制备了改性氧化石墨烯环氧树脂涂层，当石墨烯含量为 1%时，其防腐效果最佳。Mo 等研究了氧化石墨烯和石墨烯对聚氨酯涂层防腐性能的影响，研究发现，石墨烯/聚氨酯涂层的防腐效果优于氧化石墨烯/聚氨酯涂层。Fang 等利用硅烷偶联剂改性石墨烯制备改性石墨烯/氟碳涂料，其防腐性能显著提升，当硅烷偶联剂含量仅为 0.4%时效果最佳。中国科学院宁波材料技术与工程研究所研发并制备出石墨烯重防腐涂料，其耐盐雾性能超过 6000 h。目前，关于石墨烯防腐涂料取得了一定的进展，但是，石墨烯在涂料中应用的基础性问题还未得到有效解决，如对石墨烯的高效制备问题、在涂料中的分散问题、与涂料中基料、填料的相容性问题、在长周期腐蚀环境下的失效演化机制等一系列基础性问题认知不足，同时对石墨烯在涂料中的防腐机理研究还不深入和透彻。因此，应从基础性问题着手，发挥石墨烯的最大效能，研究出高稳定性的石墨烯涂料。

除此之外,在防腐涂料领域还有其他类别的防腐涂料,如聚苯胺防腐涂料、聚苯硫醚防腐涂料、水性类涂料等一系列具有不同性能、应用于不同领域的涂料。通过上述对各类涂料现状的研究,可将其使用优缺点及应用范围列于表 7-3。

表 7-3　防腐涂料概况一览表

种类	优点	缺点	应用范围	寿命/年	市场份额/%
环氧类	良好的耐蚀和耐磨性、强度高、黏度大、收缩率低	耐冲击力、耐韧性、耐热性差	桥梁、船舶、海上平台等	10～15	33～39
聚氨酯类	良好的耐水性、附着力强、硬度高、附着力强	耐候性差、施工不便	海上平台、船舶、桥梁等	10～15	22～27
富锌类	优异的防锈性、附着力强、表面能低	耐热性差、导电性差、成膜性差、施工不便	桥梁、船舶等	15～25	11～17
丙烯酸类	良好的耐候性、耐磨性、绿色环保	易闪蚀、耐水性欠佳	桥梁、船舶、码头等	10～15	11～16
橡胶类	良好的阻燃性、耐热耐温性、硬度高、干燥快	环保性差、施工不便	桥梁、船底、船舶水线等	10～15	11～16
氟树脂类	优异的耐蚀性、耐酸碱性、憎水憎油、免维护	硬度低、成本高、施工不便	桥梁等	20～25	3.3～6.6
有机硅树脂类	良好的耐热耐寒性、防霉性、耐蚀性、电绝缘性	成膜性较差、附着力低、固化温度高	管道、集装箱等	10～20	1.1～2.2
聚脲类	良好的耐温性、耐候性、干燥快、无溶剂、绿色	成本高、发泡、力学性能一般	桥梁、船闸、船舶、码头等	15	—
玻璃鳞片类	优异的封闭性、抗渗透性、耐蚀性、耐候性	力学性能、抗变形性差	甲板、桥梁、海上平台等	20	1.1～2.2
石墨烯类	优异的耐蚀性、耐候性、导热性、导电性、耐磨性	成本高、附着力差	—	—	—

11. 纳米防腐涂料

纳米防腐涂料是一类通过添加纳米防腐填料制备出具有耐酸、碱、盐等腐蚀介质的纳米涂料。传统的纳米防腐涂料有环氧树脂类、聚氨酯类、乙烯树脂类等防腐涂料。近年来,在传统防腐涂料基础上发展了一些新型的纳米防腐涂料,如纳米粉末涂料、水性纳米涂料、无溶剂纳米涂料、长效重防腐纳米涂料等。日本工业技术院研发出防腐时间超过 8 年的耐海水腐蚀的纳米防腐涂料,其主要含有纳米铝和锌。美国一家公司制备出纳米全氟化防腐底漆,其防腐效果极佳,可有效抵抗酸、碱、盐等腐蚀介质。英国一家公司制备了新型热塑性纳米涂料,具有除锈、长效防腐的功效。Selvakumar 等制备出含有纳米载体的新型活性涂料,其释放的纳米颗粒和亚麻籽油可防止腐蚀介质的入侵。Elhalawany 等研究了不同的纳米导电颗粒对水性涂料防腐性能的影响,结果表明,含有导电聚苯胺的纳米颗粒可有效提高涂层的防腐性能。Christopher 等制备了改性 ZnO 水性聚氨酯纳米复合涂料，结果表明，纳米 ZnO 能均匀分散于涂料中，可防止腐蚀介质的进入，具有显著的防腐蚀作用。近年来，我国的纳米防腐涂料飞速发展。陕西源源化工有限责任公司研制出环氧煤沥青防腐纳米涂料，其防腐效果好，已投入生产。中原石油勘探局勘探设计研究院联合郑州轻工业学院制备了油田专用纳米防腐涂料，其具有良好的耐蚀性和耐低温潮湿固化能力。吕国斌等制备出具有良好综合性能的纳米 SiO_2 氯醚树脂复合防腐涂料。王兴智等向氯醚树脂添加纳米氧化铁颜料，制备出防腐性能优良的纳米防腐涂料。刘琼馨等研究了石墨烯添加量对富锌环氧防腐涂料防腐性能的影响，研究发现，当石墨烯添加量为 2%时，防腐效果较好。尽管目前国内的纳米防腐涂料的研究发展迅速，但是中高档次、防腐寿命长的涂料所占比例还不高，研究并开发质量佳、性能好、功能多元化的涂料新产品及先进的制备技术是今后主要发展方向。

　　近年来，钛以其质轻、密度小、比强度高、无毒以及优异的耐蚀性能吸引了航空航天、石油化工、冶金制造、海洋、制药、食品等领域的极大关注。钛电位低，化学性质活泼，表面极易生成致密二氧化钛薄膜，具有良好的耐蚀性能，由此吸引了涂料领域越来越多的关注。当其作为填料添加到涂料中时，可显著提高涂层的防腐性能，若将其纳米化添加到涂料中，可得到意想不到的防腐效果。目前，钛粉纳米化及钛纳米防腐涂料已成为研究的热点。除了上述几种纳米功能涂料外，纳米材料作为一种功能性填料添加到涂料中，还可制备成纳米稀土发光涂料、纳米耐热涂料、纳米防火涂料、纳米抗静电涂料、纳米磁性涂料、纳米导电涂料、纳米超亲水涂料等，在此就不一一赘述。

　　综上所述，21 世纪，我国的防腐蚀涂料的发展方向之一是高固体组分涂料、水性涂料和粉末涂料，它们的共性是节能、环保，防腐蚀性能好并能改善施工环境。

7.3.3　涂料的使用方法——涂装工艺

　　在实际应用中，除要求涂料自身优质外，还要正确使用涂料。涂料的选择、配套、表面预处理、涂覆施工以及后处理过程称为涂装工艺。

　　1. 涂料的选择和配套

　　涂料的选择和配套应根据以下几个方面进行。

　　（1）被涂物料的材质。例如，木材制品应当用自干型涂料；铝、镁等轻金属不能使用铁红或红丹防锈底漆，否则将发生电化学腐蚀。

　　（2）被涂物体所处的外界环境。主要考虑介质的化学性质，物体表面性质和状态、化学适应性、附着能力与物体的运动状态等因素。例如，室内用品可以选用酚醛树脂或醇酸树脂涂料，室外物品则需选用耐候性好的涂料，地下或水下用品一般选择沥青涂料。

（3）施工条件。主要考虑涂漆施工的设备条件以及后处理的设备要求。例如，如果没有喷涂设备，就不宜采用类似过氯乙烯漆这样的挥发性快干涂料；如果没有电泳设备，就不能采用水性电泳漆等。

（4）配套性。主要考虑涂料与基体材料的配套性以及涂层之间即底漆、面漆与中间漆涂料之间的配套。要求相互之间有良好的附着能力，涂层之间不存在化学不适应性，即无任何化学副反应发生等。

（5）经济效果。根据物体特点、使用寿命、表面预处理要求和涂料的供应、价格、质量等因素综合考虑。

2. 表面预处理

被涂饰物体的表面预处理对涂层质量及其保护性影响很大，必须加以重视。例如，对于相同涂饰后经过两年暴晒的实验结果表明：不经除锈就涂漆的涂饰表面有60%发生腐蚀；预先手工除锈后，只有20%发生腐蚀；预先酸洗除锈后降为15%；预先喷砂，并经过磷化处理后则只有个别锈斑，基本不腐蚀。

表面预处理主要包括除锈、脱漆、除油、磷化和氧化处理等。

（1）除锈：除去金属表面的锈层。有手工除锈、机械除锈、喷砂除锈、高压水除锈、热除锈、电火花除锈、化学除锈和电解除锈等方法。

（2）脱漆：脱除原来的旧漆层，常与除锈同时进行。化学脱漆法一般采用溶剂和脱漆剂，也可用碱液脱漆。

（3）除油：清除金属表面的油污。常采用碱液浸洗法、乳化剂浸洗法、有机溶剂浸洗法、气相除油法和电解除油法。

（4）磷化处理：针对钢铁等黑色金属，为提高其表面的耐蚀性和漆膜的附着性，用含有磷酸盐的溶液进行处理，使表面形成磷化膜的处理方法。有冷化学磷化、电化学磷化、喷射快速磷化和涂覆磷化底漆等方法。

（5）氧化（钝化）处理：对于不适于磷化处理的有色金属，如镁、铝、锌、锡等，常采用化学氧化或电化学氧化等方法，使金属表面形成钝化膜或保护性氧化层。

3. 涂覆施工

根据涂料和被涂饰物件的性质和要求，一般采用以下涂覆施工方法。

（1）涂刷法：常用油刷进行手工涂饰，一般需要涂刷几遍以满足厚度和均匀性的要求。该法灵活方便，适于民用和一般性要求。

（2）喷涂法：用压缩空气将挥发快的硝基漆喷涂在物件表面上形成漆膜。也可将漆料加压喷涂，称为无空气喷漆。利用高压静电场使漆雾带电后涂布在金属表面的方法称为静电喷涂。喷涂法的效率高、质量好、节省漆料，适于大规模生产和构型复杂的物件，并且容易实现自动化施工。

（3）浸涂法：将被涂饰物件浸在漆料中，取出后放在网状隔板上，将过多的涂料滴除，并使物件上的漆膜干硬。本法适用于小型、形状结构复杂的零部件，特点是效率较高，但均匀性差。

（4）电泳法：在电场作用下将电泳漆料迅速电沉积在作为阳极的金属表面上。电泳漆是一种亲水性涂料，有水溶性和乳胶性两种。其具有涂膜均匀、节省漆料、操作安全、避免污染和适于自动化施工等优点。但是只适于一次性薄膜涂饰，其耐蚀和耐磨性较差。

7.4　锌铬涂层

达克罗在 20 世纪 60 年代由美国 Dianond Shamrock 公司发明，达克罗系 Dacro 音译而来，其真正学术名称为片状锌基铬酸盐防护涂层（锌铬涂层），简称锌铝膜，膜层中 w（Zn，Al）为 80%，其余是铬酸盐，根据需要还可以添加能减小摩擦的聚四氟乙烯树脂（4.5%）。达克罗涂层又可称为达克曼、达克锈、迪克龙、锌铬膜，是由片状锌粉、片状铝粉、铬酐、润湿剂、分散剂、还原剂、去离子水及其他助剂组成的混合液[11]，搅拌均匀后涂覆于工件表面，在 300℃下烘烤，此时处理液中的六价铬被还原，生成不溶于水的、无定形的 $nCrO_3 \cdot mCr_2O_3$ 作为结合剂，与表面数十层锌片相互结合，形成厚 4～8 m 的膜层，同时涂料的铬酸使鳞片状锌和基体金属材料表面氧化，产生牢固的附着力。它还具有不污染环境、无氢脆、较高的耐蚀性、渗透性、结合强度高和适合于多种金属等优点，因此应用前景十分广阔。

7.4.1　锌铬涂层组成

一般锌铬涂层涂液由以下几种成分组成。

（1）金属粉：一般达克罗涂层使用的金属粉为锌粉或铝粉或二者的混合物。金属粉是达克罗涂液中的主要成分，是主要的成膜物质，对基体起到阴极保护的作用。而金属粉的粒径和形状对达克罗的耐蚀性有很大影响，一般粒径越小，效果越好，而鳞片状金属粉的耐蚀性要远远好于球形金属粉。

（2）润湿剂与分散剂：润湿剂的作用是降低金属粉表面张力，使其能与溶剂组分相溶，而分散剂的作用是使被润湿后的金属粉均匀分散，不再聚集。一般润湿剂可选用水溶性的醇类或聚醇类物质，分散剂一般为非离子表面活性剂。

（3）黏结剂：也即氧化剂、钝化剂，达克罗涂层中使用的黏结剂一般为铬酐或铬酸、铬酸盐、重铬酸盐。

（4）还原剂：还原剂的作用是在烧结过程中促使六价铬转化为无定形的Cr_2O_3，从而黏结金属粉形成致密的膜层。还原剂可以是无机的也可以是有机的，但都要求常温下不被铬酸氧化，在一定温度下固化时能全部与铬酸反应，促使六价铬转化。

（5）添加剂：包括 pH 调节剂、增稠剂、消泡剂、流变助剂等。

7.4.2　锌铬涂层性能特点

锌铬涂层具有以下性能特点。

（1）污染小：前处理不需酸洗，没有废酸液的排放，处理液中的 Zn、Al 和 Cr 几乎完全转移到零件上，固化时挥发物几乎全是水分，没有可挥发化学品排放。

（2）优异的耐蚀性：8 μm 厚的涂层经 1000 h 中性盐雾实验无红锈出现（基体为低碳钢），而电镀锌经铬酸钝化后出现红锈的时间不超过 300 h。

（3）高耐热腐蚀性：达克罗涂层固化温度为300℃左右，所以表面金属膜即使长时间置于高温条件下，其外观也不会变化，耐热腐蚀性极好，而电镀锌层在高于 70℃条件下使用时表面就出现微观裂纹，温度高于 200℃时表面变色，耐蚀性大大下降。

（4）无氢脆：达克罗处理过程中不进行任何酸处理，也没有电镀时的渗氢问题，因此，达克罗涂层没有氢脆的现象，特别适用于抗拉强度 $R_m > 1000\ N\cdot mm^{-2}$ 高强度零件的防腐蚀处理。

（5）表面高渗透性：经达克罗处理的金属件，在细微的空隙处也能形成膜，适合涂覆形状复杂的零件，不存在电镀锌过程中的均镀能力和深镀能力不好的问题。

（6）较好的附着力：它不但与金属基体有较强的附着力，同时与其他各种附加涂层也有较好的结合力，不只是具有美观的亚光银灰色，还可以附加涂层成各种颜色，同时弥补了自身硬度较低的不足。

（7）防止对铝电化学腐蚀：一般来说，电极电位不同的两种金属或合金相接触时，就会产生电化学腐蚀，镀锌的防腐蚀机理是金属锌的牺牲腐蚀促使了防蚀效果的提高。而达克罗的防腐蚀机理是建立在铬酸的钝化作用和锌的受控牺牲保护作用之上的，所以优化了机理，不仅抑制了锌的消耗，也抑制了铝的腐蚀。

（8）达克罗涂层还具有良好的点焊性能，富有装饰性外观等。

7.4.3　锌铬涂层研究现状

锌铬涂层在工业发达国家的汽车工业、土木建筑、电力、化工、海洋工程、家用电器、铁路、公路、桥梁、隧道、造船、军事工业等多个领域已经得到应用。我国是于 1993 年从日本 NDS 公司引进该技术的，由于其具有诸多传统电镀无法比拟的优点而迅速推广，十多年来我国许多高校、研究单位、企业等进行了大量的研究。2002 年 8 月 1 日，国家质量监督检验检疫总局将达克罗涂层正式命名为"锌铬涂层"，并颁布了达克罗国家标准——《锌铬涂层　技术条件》，标准号为 GB/T 18684—2002。

1999 年前后，以云南弗斯特金属工业有限公司为代表的少数几家公司在达克罗配方以及鳞片状锌粉国产化方面取得突破性进展，2001 年云南弗斯特金属工业有限公司在鳞片状锌粉研制方面申请了 2 项专利，其制作的锌粉达到了达克罗技术的要求。目前国内已有数家企业具备生产鳞片状锌粉的能力，这种适合于中国国情的锌铬涂层工艺技术及设备体系已在全国各行业得到广泛应用，并产生较好的经济和社会效益，锌铬涂层处理量以超过 15% 的速度迅猛增长。

7.4.4　存在的问题及研究方向

锌铬涂层存在铬污染、能耗较高、涂层硬度低等缺点。因此，达克罗技术主要有以下发展方向。

1. 降低固化温度，减少能耗

目前，锌铬涂层固化炉主要有三种：电阻炉、油炉和燃气炉。因为固化温度高达 300℃，固化时间也达到 30 min 左右，所以无论采用哪一种设备，都会造成巨大的能耗。为降低能耗，可以从降低固化温度和缩短固化时间方面探索新的方法。

2. 提高硬度，增强耐磨性

硬度低是锌铬涂层的不足之处，由于锌铬涂层硬度低，通常采用铅笔法测定其硬度值，其值一般为 3~4 H，有的可达 5 H。涂层硬度低导致耐磨性差，工件在运输、装配、使用过程中常常会被擦伤、划伤，影响产品的外观和耐蚀性。因此，提高锌铬涂层的硬度和耐磨性也是研究的重要任务。

3. 降低或消除六价铬含量，减少危害

锌铬涂层中，由于钝化、黏结的需要，一般都加有 5%~10% 的铬酐，而 Cr^{6+} 毒性强且具有致癌作用，因此对环境和人体存在一定的潜在危害。尽管达克罗涂料中绝大部分的 Cr^{6+} 在烘烤固化过程中参与反应转化为 Cr^{3+}，但仍有少量的铬以可溶性 Cr^{6+} 的形式保留在涂层中。在正常情况下，它的溶出量不大于 $3\ \mu g \cdot cm^{-3}$，

但是远远超过了 0.6 μg·cm^{-3} 这一规定限度。如何减少或者彻底消除 Cr^{6+}的成分，成为锌铬涂层技术发展中需解决的主要问题。为了解决 Cr^{6+}含量的问题，1996 年前后法国 DACRAL 公司率先推出名称为 Dacromet-Lc 的低铬达克罗产品，在不改变原有烘烤方式的情况下使 Cr^{6+}尽可能在反应中被还原，把达克罗涂液中 Cr^{6+}的含量降低到了 0.03 μg·cm^{-3}，向"健康、绿色"迈进了一大步。随着各国 VOC 法规和汽车行业标准的推出，含铬达克罗涂层必将向着低铬涂层和无铬涂层的方向发展。

思　考　题

1. 金属表面处理有哪些方式？各有什么用途？
2. 试述电镀的一般过程及工艺流程。
3. 涂料的基本组成包括哪几部分？
4. 什么是涂装工艺？具体包括哪些内容？
5. 海洋环境中常用涂料有哪几种？试举例说明。

参 考 文 献

[1] 曾华梁. 电镀工艺手册 [M]. 北京：机械工业出版社，1989.

[2] 沈宁一. 表面处理工艺手册 [M]. 上海：上海科学技术出版社，1991.

[3] 刘兵，彭超群，王日初. 大飞机用铝合金的研究现状及展望 [J]. 中国有色金属学报，2010，20（9）：1705.

[4] 郭鹤桐，王为. 铝阳极氧化的回顾与展望 [J]. 材料保护，2000，33（1）：43-45.

[5] 陈晶，成阳，陈东琛，等. 铝及铝合金阳极氧化的发展现状 [J]. 江西化工，2019，4：44-46.

[6] Feliu S，Barranco V. Study of degradation mechanisms of a protective lacquer film formulated with phosphating reagents applied on galvanised steel，galvanneal and galfan in exposure to UV/condensation test [J]. Surface and Coatings Technology，2004，182（2）：251-260.

[7] Deyá M C，Blustein G，Romagnoli R，et al. The influence of the anion type on the anticorrosive behaviour of inorganic phosphates [J]. Surface and Coatings Technology，2002，150（2）：133-142.

[8] Truc T A，Pébère N，Hang T T X，et al. Study of the synergistic effect observed for the corrosion protection of a carbon steel by an association of phosphates [J]. Corrosion Science，2002，44（9）：2055-2071.

[9] 张高会，张平则，崔彩娥，等. 钛合金及其表面处理的现状与展望 [J]. 世界科技研究与发展，2003，25（4）：62-67.

[10] 刘华. 钛合金表面技术展望 [J]. 科技资讯，2008，（6）：11，13.

[11] Shervedani R K，Lasia A. Studies of the hydrogen evolution reaction on Ni-P electrodes [J]. Journal of the Electrochemical Society，1997，144（2）：511-519.

[12] Castro E B，De Giz M J，Gonzalez E R，et al. An electrochemical impedance study on the kinetics and mechanism of the hydrogen evolution reaction on nickel molybdenite electrodes [J]. Electrochimica Acta，1997，42（6）：951-959.

[13] Hu W K，Shen P W，Zhang Y S. Nickel-molybdenum-iron coating as hydrogen cathode [J]. Chinese Chemical

Letters，1994，（3）：245-248.

[14] Gonzalez E R，Avaca L A，Tremiliosi-Filho G，et al. Hydrogen evolution reaction on NiS electrodes in alkaline solutions [J]. International Journal of Hydrogen Energy，1994，19（1）：17-21.

[15] 杜敏，魏绪钧. 电解水析氢的 Ni-S 非晶态合金电极的研究 [J]. 有色金属（冶炼部分），1997，（5）：39-41.

[16] Du M，Gao R J，Wei X J. Preparation of amorphous film on Ni-S alloy by electroplating method [J]. Chinese Chemical Letters，1998，9（11）：550.

[17] 杜敏，高荣杰，魏绪钧. 非晶态 Ni-S 合金的晶化行为 [J]. 青岛海洋大学学报（自然科学版），2000，（1）：132-135.

第8章 缓 蚀 剂

合理使用缓蚀剂是防止和减缓金属及其合金在特定腐蚀环境中发生腐蚀的有效手段。由于该方法不需要改变原有设备和工艺过程，只是向腐蚀环境添加某些无机、有机化学物质就可阻止或减缓金属材料的腐蚀，因此在国民经济的各个部门得到广泛的应用[1]。本章将介绍有关缓蚀剂的类型、作用原理、缓蚀剂测定方法及缓蚀剂技术的应用。

8.1 缓蚀剂的分类[2]

缓蚀剂，即可以延缓腐蚀的制剂，又称腐蚀抑制剂或腐蚀阻止剂，是指向腐蚀介质中加入少量或微量的化学物质，通过物理、化学或物化反应而减缓金属的腐蚀速率，同时还保持着金属材料原来的物理、化学及机械性能。

8.1.1 按照作用机理分类

根据缓蚀剂对电极过程的抑制作用，可将其分为阳极、阴极和混合型三类。

（1）阳极型缓蚀剂：具有氧化性，能使金属表面钝化而抑制金属溶蚀，如铬酸盐、亚硝酸盐、磷酸盐、钼酸盐及丙酮肟等，使用时要特别注意，浓度不足会加剧局部腐蚀。

（2）阴极型缓蚀剂：能消除或减少去极化剂或增加阴极过程的极化性（即能增加阴极反应过电位）。例如，肼、联胺、亚硫酸钠等能除去溶解氧；砷、锑、铋、汞盐能增加析氢超电势。

（3）混合型缓蚀剂：可以同时减缓阴、阳极腐蚀反应速率，多由在阴、阳极发生吸附所致，有时也称为掩蔽性缓蚀剂。这类缓蚀剂能直接吸附或附着在金属表面上，或者因次生反应形成不溶性保护膜而使金属与介质隔离。如亚硝酸二环己胺的水解产物能吸附在金属表面上；含氮、磷、硫和氧等具有孤电子对元素的有机物可直接在金属表面形成化学吸附层；硫酸锌和氯化铍在阴极区生成氢氧化物的沉积层；它们都属于掩蔽性缓蚀剂。

8.1.2　按照成分分类

按化学物质的成分属性分类，缓蚀剂可分为无机和有机缓蚀剂两类。

（1）无机类缓蚀剂。硝酸盐、亚硝酸盐、铬酸盐和重铬酸盐等，属于阳极型缓蚀剂；亚硫酸盐、三氧化二砷和三氯化锑等，属于阴极型缓蚀剂；多磷酸盐、硅酸盐、铝酸盐和碱性物质等，属于混合型或掩蔽型缓蚀剂。

（2）有机类缓蚀剂。包括带有氮、磷、硫和氧的杂环化合物，高分子醇、醛、胺和酰胺；磺酸、脂肪酸及其衍生物；硫脲及其衍生物；噻唑和硫脲唑类、季铵盐和双季铵盐类、磷化物、硫醇、烷基亚砜、噻嗪以及不饱和的链系、环系化合物等。

8.1.3　按照应用环境分类

按照应用环境可以将缓蚀剂分为以下四类。

（1）酸性溶液用缓蚀剂。适用于酸性介质，如乌洛托品、咪唑啉、苯胺、硫脲和三氯化锑。

（2）碱性溶液用缓蚀剂。适用于碱性介质，如硝酸钠、硫化钠、过磷酸钙。

（3）中性溶液用缓蚀剂。适用于天然水和盐水，如六偏磷酸钠、葡萄糖酸锌、硫酸锌。

（4）气相缓蚀剂。适用于仓库和包装袋内，如碳酸环己胺、苯甲酸戊胺。

8.1.4　按照缓蚀剂膜分类

按照缓蚀剂形成的膜可以将缓蚀剂分为以下四类。

（1）氧化膜型缓蚀剂。直接或间接氧化被保护金属，在其表面形成金属氧化物薄膜，阻止腐蚀反应的进行。氧化膜型缓蚀剂一般对可钝化金属有良好的保护作用，而对于不钝化金属如铜、锌等非过渡性金属效果不大。

（2）吸附膜型缓蚀剂。分子中存在极性基团和疏水基团。极性基团在金属表面吸附成膜，其分子中的疏水基团阻挡腐蚀环境中的水和去极化剂到达金属表面，保护金属。

（3）沉淀膜型缓蚀剂。通过本身与腐蚀环境中共存的其他离子作用，形成难溶于水或不溶于水的沉积物膜，对金属起保护作用。

（4）反应转化膜型缓蚀剂。由缓蚀剂、腐蚀介质和金属表面通过界面反应或转化作用而形成的，如丙炔醇及其衍生物、缩聚物或聚合物缓蚀剂。

8.2　缓　蚀　机　理[3]

由于缓蚀剂种类繁多，缓蚀机理错综复杂，主要有以下三种理论。

8.2.1　电化学理论

当向金属系统加入缓蚀剂后，提高了电极过程中的极化阻力，或使电极过程发生改变，可以用埃文斯图加以解释，如图 8-1 所示。图 8-1（a）是阴极缓蚀剂使得阴极极化曲线负移或增加曲线斜率，相应的腐蚀电流降低。图 8-1（b）是阳极缓蚀剂使得阳极极化曲线正向平移或增加曲线斜率，使在腐蚀电位下对应的腐蚀电流降低。图 8-1（c）是混合型缓蚀剂，它同时增加阴、阳极的极化阻力。

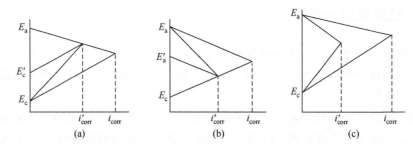

图 8-1　缓蚀机理埃文斯图

（a）阴极缓蚀剂；（b）阳极缓蚀剂；（c）混合型缓蚀剂

如果缓蚀剂造成阳极钝化，金属的腐蚀反应会受到强烈的抑制。磷酸盐、苯甲酸盐等阳极抑制型缓蚀剂的作用机理可用极化曲线来解释，如图 8-2 所示。

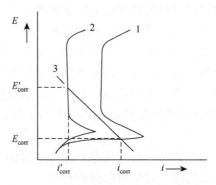

图 8-2　阳极抑制型缓蚀剂的作用机理

1，2 分别为添加缓蚀剂前、后的阳极极化曲线；3 为阴极极化曲线

有些缓蚀剂，如亚硝酸盐和酸性介质中的钼酸盐，它们的缓蚀作用在于促进阴极去极化，增加阴极反应速率，从而降低钝化金属的腐蚀速率，称为阴极去极化型缓蚀剂。其作用机理如图 8-3 所示。

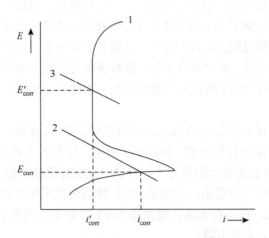

图 8-3　阴极去极化型缓蚀剂作用机理

1 为阳极极化曲线；2，3 分别为添加缓蚀剂前、后的阴极极化曲线

阴极去极化型缓蚀剂的浓度（用 C 表示）对腐蚀电位和腐蚀电流密度的影响如图 8-4 所示。

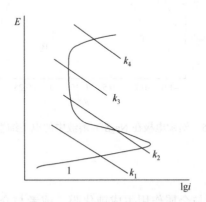

图 8-4　阴极去极化型缓蚀剂浓度对腐蚀的影响

1 为阳极极化曲线；$k_1 \sim k_4$ 为不同浓度（$C_1 \sim C_4$）钝化剂的阴极极化曲线；$C_4 > C_3 > C_2 > C_1$

8.2.2　吸附理论

吸附理论指缓蚀剂本身或次生产物吸附在金属表面上形成保护性的隔离层，或

消除活性区，或改变双电层结构等，从而达到缓蚀的目的。吸附可分为物理吸附和化学吸附两类。物理吸附是靠库仑引力或范德瓦耳斯力实现的，属于远程吸附，其速度快、过程可逆，常呈多分子层，多数表现为阴极型缓蚀剂，与金属表面电荷密切相关。化学吸附是靠化学键来实现的，属于近程吸附。例如，活性区的金属离子浓度高，有部分金属离子处于过渡状态而停留在金属表面，含 N、S、P 和 O 的缓蚀剂与活性区的金属过渡态形成配位键，吸附在金属表面，从而阻止金属溶蚀。化学吸附速度快、不可逆，常呈单分子层，多数表现为阳极型缓蚀剂，具有一定的化学选择性。物理吸附与化学吸附具有协同作用，因此很多缓蚀剂表现为混合吸附的性质。

所有的吸附作用都会影响电极过程的电化学参数 α、β 和 i^0。从电毛细管曲线可以看到吸附对表面电荷的影响，如图 8-5 所示，其中 A 为纯 Na_2SO_4 溶液，B 为 Na_2SO_4 溶液中加入表面活性阴离子 Γ，C 为 Na_2SO_4 溶液中加入表面活性阳离子 $[N(C_2H_5)_4]^+$。由图中可以看出，阴离子（Γ）吸附使得零电荷电位 E_0 负移，对应的表面张力 σ_0 降低，在正荷电区，表面张力 σ 下降更多；阳离子吸附使 E_0 正移，负荷电区表面张力 σ 明显下降。

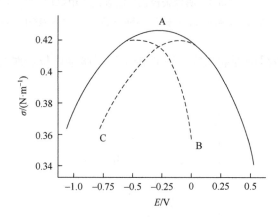

图 8-5　滴汞电极在 Na_2SO_4 溶液中的电毛细管曲线

8.2.3　成膜理论

成膜理论指缓蚀剂与金属作用生成钝化膜，或者与介质中的离子反应生成沉积层而使金属缓蚀，分为氧化膜、沉积膜和胶体膜三种。

（1）氧化膜。它的形成是由缓蚀剂本身的氧化作用或溶解氧的氧化作用所致。例如，

$$2Fe + 2Na_2CrO_4 + 2H_2O \longrightarrow Fe_2O_{3(\gamma)} + Cr_2O_{3(s)} + 4NaOH$$

　　　缓蚀剂　　　　　　　　　　氧化膜　　氧化膜

生成的氧化膜中常常含有缓蚀剂的成分。

（2）沉积膜。其是由缓蚀剂与阴极反应产物生成的难溶性氢氧化物，例如，

$$O_2 + 2H_2O + 4e^- \longrightarrow 4OH^-, \quad Zn^{2+} + 2OH^- \longrightarrow Zn(OH)_2 \downarrow$$

$$\text{缓蚀剂} \qquad\qquad\qquad \text{沉积膜}$$

或者与阳极反应产物生成不溶性膜，如

$$2NaOH + Fe^{2+} \longrightarrow Fe(OH)_2 \downarrow + 2Na^+$$

$$HPO_4^{2-} + Fe^{2+} \longrightarrow FeHPO_4 \downarrow$$

$$HORNH_3(\text{氨基酸}) + Fe^{3+} + 3Cl^- \longrightarrow [HORNH_3][FeCl_3] \downarrow$$

加入 HPO_4^{2-}、$HORNH_3$ 可以阻止无保护性的 $Fe(OH)_2$ 向具有保护性的 $Fe(OH)_3$ 转化。

（3）胶体膜。由缓蚀剂本身放电而生成难溶物覆盖层，如聚磷酸盐 $(Na_5CaP_6O_{18})_n^{n+}$ 和硅酸盐 (SiO_3^{2-}) 能与水中的钙生成大量的胶体阳离子，经阴极反应而形成难溶性的胶体保护膜。

8.3　缓蚀剂测定评定方法

缓蚀剂的使用条件具有高度的选择性。不同介质有不同的缓蚀剂，甚至同一种介质下在条件（如温度、浓度、流速等）改变时，所应用的缓蚀剂也发生相应改变。缓蚀剂的用量在保证对金属材料有足够缓蚀效果的前提下，应尽量减少。若用量过多，不仅可能改变介质的性质，而且还会相应提高经济投入，甚至有可能降低缓蚀剂的缓蚀效果；若用量太少，则不能达到预期的缓蚀目的。缓蚀剂的用量一般存在着某个"临界浓度"，此时缓蚀剂用量不大，但缓蚀效果最佳。为了正确选用适用于特定系统的缓蚀剂，应按实际使用条件进行必要的缓蚀剂评价实验。

缓蚀剂的测试评定主要是在各种条件下，比较金属在介质中有无缓蚀剂时的腐蚀速率，从而确定其缓蚀效率、最佳添加量和最佳使用条件。所以，缓蚀剂的测试研究方法就是金属腐蚀的测试研究方法。缓蚀剂的缓蚀效率（即缓蚀率）Z 定义为

$$Z = \frac{\upsilon_0 - \upsilon}{\upsilon_0} \times 100\% \qquad\qquad (8-1)$$

式中，υ、υ_0 分别为金属在有缓蚀剂和无缓蚀剂（空白）条件下的腐蚀速率（$kg \cdot m^{-2} \cdot h^{-1}$ 或 $mm \cdot a^{-1}$）。根据腐蚀的电化学原理，缓蚀效率 Z 还可以表示为

$$Z = \frac{i_{corr}^0 - i_{corr}}{i_{corr}^0} \times 100\% \qquad\qquad (8-2)$$

式中，i_{corr} 和 i_{corr}^0 分别为电化学方法测定的有、无缓蚀剂条件下相应的腐蚀电流密度值。有时也可采用缓蚀系数 γ 表示加入缓蚀剂后降低金属腐蚀速率的倍数：

$$\gamma = \frac{\upsilon_0}{\upsilon} \quad 或 \quad \gamma = \frac{i^0_{\text{corr}}}{i_{\text{corr}}} \tag{8-3}$$

应当指出，在许多情况下金属表面常产生孔蚀等局部腐蚀。此时评定缓蚀剂的有效性，除需了解其缓蚀效率外，还需测量金属表面的孔蚀密度和孔蚀深度等。

评定缓蚀剂的缓蚀效果时，还需检测其后效性能，即缓蚀剂浓度从正常使用浓度至显著降低时仍能保持其缓蚀作用的一种能力，它可表明缓蚀剂膜维持多久才被破坏。因此，对缓蚀剂的要求是，除了具有较高的缓蚀效率以减少缓蚀剂的用量外，还要求具有极好的后效性能，以延长缓蚀剂的保护周期，减少缓蚀剂的加入次数和总用量，可以评价缓蚀率随着时间的变化。

8.3.1　失重实验

缓蚀剂评定实验方法要求简单、迅速、重现性好。实验室实验条件应尽可能符合现场实际工况条件，实验室评定的缓蚀剂效果最终应由现场实际使用情况来决定。

失重法是最直接的金属腐蚀速率测定方法，它是通过精确测定金属试样在腐蚀暴露前后的材料质量损失（失重）来确定金属在指定环境条件下的腐蚀速率。把金属试样在添加缓蚀剂的环境介质中进行腐蚀暴露实验，按失重法计算腐蚀速率，与未添加缓蚀剂的腐蚀实验结果进行比较，按式（8-1）就可以测定该缓蚀剂在该环境条件下对指定金属的缓蚀效率。

失重法获得的结果是金属试样在腐蚀介质中于一定时间内、一定表面积上的平均失重，适用于全面腐蚀类型，并不能完全真实地反映严重局部腐蚀的情况。但作为一般的腐蚀考察和缓蚀剂效果的评定，仍然是一种重要的基础实验方法。如果试样上有孔蚀、坑蚀等现象，还应记录局部腐蚀状况，如蚀孔数量、大小和最大深度，以供进一步参考。

为选用高效、经济的缓蚀剂，迄今仍主要采用筛选实验的方法。筛选实验的目的，一是了解缓蚀效果，测定缓蚀率；二是了解缓蚀剂加入量对缓蚀率的影响。通常这样大量的筛选工作是在实验室完成的，所以要求实验方法简单、快速，尽可能根据实际环境进行模拟实验。筛选实验的条件应注重那些会影响缓蚀率的主要因素，如介质的浓度、温度、流速以及金属基材的材质等。通过初步筛选被列为优良的缓蚀剂，应进行中间模拟实验，实验合格者再投入工业实验系统做进一步评价，并进行配方和实用技术的完善，在取得成效后方可扩大应用。

8.3.2 电化学测定方法

1. 活化极化曲线测试与评定

电化学方法是测定金属腐蚀速率、极化行为和缓蚀效果及研究其作用机理的常用有效方法之一。对于电解质溶液中使用的缓蚀剂,都可以通过测定电化学极化曲线来测定金属腐蚀速率,从而确定缓蚀效率,或评定缓蚀剂性质,或研究其缓蚀机理。在评定缓蚀剂、测试其缓蚀放率时所用的极化曲线测量技术与腐蚀测量、电化学研究所用的测试技术相同,见 4.2 节。

2. 钝化极化曲线测试与评定

对于具有活化/钝化行为的腐蚀体系,通过钝化膜的形成而抑制腐蚀过程,但由于钝化膜破裂易引起孔蚀、缝隙腐蚀等局部腐蚀,为此可使用钝化型缓蚀剂。缓蚀剂的作用是通过竞争吸附产生沉淀相,自身参与共轭阴极过程,以修补或促进生成致密钝化膜,使金属的腐蚀电位正移进入钝化区,从而阻滞腐蚀过程。

为了测试和评定钝化型缓蚀剂,可采用恒电位扫描法或恒电位步阶法测量阳极钝化的极化曲线。对于具有促进钝化、扩大钝化区范围等作用的缓蚀剂,可在极化曲线上观察到自然腐蚀电位正移、致钝电位负移、致钝电流密度显著降低、钝化区范围增大以及钝化电流密度降低等重要特征,可评定缓蚀剂的有效作用和加入量的影响等。

图 8-6 示出了 $NaNO_2$ 和 Na_2SiO_3 及 Na_3PO_4 在不同条件下对钢铁钝化极化曲线行为的影响。这些缓蚀剂的应用以及随加入量增大情况清楚地体现了各种有效作用的特征。

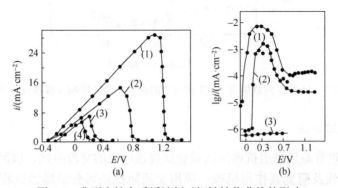

图 8-6 典型中性介质缓蚀剂对钢铁钝化曲线的影响

(a) 钢/0.014 mol·L^{-1} H$_3$BO$_3$ + 0.014 mol·L^{-1} H$_3$PO$_4$ + 0.04 mol·L^{-1} 乙酸 + NaOH, pH = 2 的混合液;扫描速度 40 mV·min^{-1};(1) 空白;(2)、(3)、(4) 分别加入 0.01 mol·L^{-1}、0.1 mol·L^{-1} 及 0.15 mol·L^{-1} NaNO$_2$。(b) 钢/硼酸缓冲液 + 0.025 mol·L^{-1} Na$_2$SO$_4$, pH = 7.1 的混合液;(1) 空白;(2) 加 0.03 mol·L^{-1} Na$_2$SiO$_3$;(3) 加 0.03 mol·L^{-1} Na$_3$PO$_4$

3. 线性极化法

前述测量极化曲线的塔费尔外延法，由于存在很大的极化而严重干扰了腐蚀体系，改变了金属/溶液的界面状态，并且这种外延方法的定量准确性也欠佳。线形极化法则是在自然腐蚀电位附近给予微小极化（一般小于 $\pm 10\,\text{mV}$），测量此时此刻的极化阻力 R_p，由线性极化方程式计算得到自然腐蚀电流；通过法拉第定律进一步计算金属的腐蚀速率。线性极化法测量技术对腐蚀过程干扰很小、操作方便、经济、省时，它能快速、连续地测定瞬时腐蚀速率，给出即时的缓蚀率，有利于对缓蚀剂的测量、筛选、现场监控和研究开发。

图 8-7 是用线性极化法研究 $NaNO_2$ 添加剂对软钢在 $1000\,\mu g \cdot g^{-1}$ NaCl 溶液中的腐蚀行为的影响。用极化导纳（极化阻力的倒数）等表示软钢的腐蚀速率。在充空气含氧溶液中，低含量的 $NaNO_2$ 不具有良好缓蚀能力；用线性极化法测量的结果证实，存在一个显示高缓蚀率的 $NaNO_2$ 有效浓度范围；$NaNO_2$ 浓度过高反而使其缓蚀率降低。而在充氮去氧的 NaCl 溶液中，低浓度的 $NaNO_2$ 即显示出良好的缓蚀效果。由此可见，线性极化法用于缓蚀剂的测试和评定是方便、快捷而有效的。

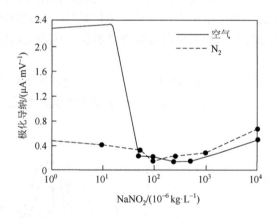

图 8-7　$NaNO_2$ 对软钢在 NaCl 溶液中的腐蚀行为的影响（线性极化法）

4. 交流阻抗法

近年来也普遍使用阻抗谱法测量金属腐蚀电极的交流阻抗，以测试和评定缓蚀剂的有效性及研究其作用机理。应用交流阻抗法可分辨腐蚀过程的各个分步骤，如吸附、成相膜的形成和生长，确定扩散、迁移过程的存在及相对速率，有利于探讨缓蚀剂的作用机理。

图 8-8 是用交流阻抗法测定缓蚀剂炔丙醇在 $0.2\,\text{mol} \cdot L^{-1}$ H_2SO_4 体系中的缓蚀

行为的结果，即炔丙醇加入量为 5 mmol·L^{-1}，在浸泡 0.5 h、15 h 和 18 h 时测定的阻抗谱图，计算得到的腐蚀速率表明，由于缓蚀剂的加入，体系的腐蚀速率逐渐随时间减慢，这与失重法测定的规律是一致的。

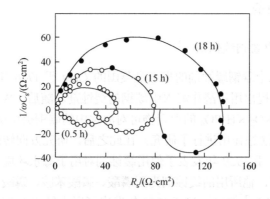

图 8-8　缓蚀剂炔丙醇在 H$_2$SO$_4$ 中的交流阻抗谱

8.3.3　物理分析技术

上述失重法和电化学方法可以有效地评价缓蚀剂的缓蚀率和性质。为了阐明缓蚀过程和机制，研究金属表面缓蚀被膜的状况和结构，往往还需使用光谱法和各种表面谱分析技术。

光谱法中常用可见光、紫外光和红外光波段的吸收光谱以及拉曼散射光谱等分析缓蚀剂成分，表面谱中主要包括扫描电子显微镜（SEM）、原子力显微镜（AFM）观察腐蚀形貌，X 射线衍射（XRD）、X 射线光电子能谱（XPS）和 X 射线能谱（EDS）等分析腐蚀产物成分。应用这些方法时有原位测试和非原位测试；对于后者应注意，改变环境实验条件可能使缓蚀剂的缓蚀机理及成膜情况发生变化。

8.3.4　量子化学计算

缓蚀机理的量子化学研究涉及缓蚀剂分子与金属表面之间、分子与分子之间以及各原子之间作用能量、电子层结构、化学键理论和几何结构变化，用量子化学方法能算出表征缓蚀剂分子内部结构特征的参数，如 HOMO（最高占据分子轨道）能量、LUMO（最低未占分子轨道）能量、电荷分布、偶极距、自由价和离域能等。由量化参数与缓蚀性能的关系可以分析缓蚀剂的结构与官能团对缓蚀作用的影响，进而探讨可能的作用机理。

8.4　海洋环境中缓蚀剂的应用

8.4.1　海水缓蚀剂

1. 海水介质中碳钢缓蚀剂

最早有关海水中碳钢缓蚀剂的报道是英国的 Clay 于 1946 年发表在 *Petroleum Eng.*杂志上的，他提出用甲醛作海水中碳钢的缓蚀剂。随后，Wyllie 和 Cheesman 发表文章认为 $NaNO_2$-KH_2PO_4 的混合物可对海水中的碳钢提供保护。Hoar 则对淡海水中 $NaNO_2$ 的缓蚀作用进行了研究。在此之后，研究方向转向了正磷酸及其有机物方面。Rogers 于 1959 年发表了他用缓蚀剂对用于海水环境中的船舱压载物进行保护的研究报告。他所用的缓蚀剂为正磷酸、磷酸苯胺、磷酸吡啶，浓度范围为 $(2\sim15)\times10^{-5}$ mol·L^{-1}。Dillon 则于 1965 年发表了用小量的正磷酸[浓度为 $(5\sim15)\times10^{-5}$ mol·L^{-1}]作海水中钢的缓蚀剂的报告。他们的研究结果表明，即使是在最好的条件下应用，正磷酸及有机磷酸盐对海水中碳钢的缓蚀率最高也不超过 85%。

1960 年，Fuji 和 Aramaki 发表了他们应用多种有机物作海水中钢的缓蚀剂的研究成果。他们的研究结果表明，含有长直链烷烃基（C_{16} 和 C_{18}）的胺类缓蚀效果最好，其投加量为 $(1\sim2)\times10^{-4}$ mol·L^{-1} 时，缓蚀率约为 80%，但这一配方的溶解性很差，影响了它的应用，在海水中它有从溶液中分离出来的倾向。

1968 年，Balezin 和 Kemkhadze 发表了他们的研究结果。他们研究了铬酸盐、亚硝酸盐和苯甲酸盐，单独投加或复配投加对海水中碳钢腐蚀的影响。其结果表明，只有复配投加铬酸盐-亚硝酸盐或亚硝酸盐-苯甲酸盐，且总投加量为 $(10\sim15)\times10^{-3}$ mol·L^{-1} 时，才能使静止或流动海水中的碳钢获得大于 90%的缓蚀率。单独投加 K_2CrO_4，其投加量为 1×10^{-2} mol·L^{-1} 时，缓蚀率可达 75%。而单独投加 17×10^{-4} mol·L^{-1} 的 $NaNO_2$ 可使缓蚀率达到 90%，但铜的表面出现了局部腐蚀。Karsulin 于 1976 年发表的研究结果表明，投加 1×10^{-2} mol·L^{-1} 的 K_2CrO_4，可使海水中低碳钢的缓蚀率达到 80%以上。其后，Khan 研究了 CrO_4^{2-} 对海水中低碳钢腐蚀的抑制作用，其研究结果表明，加入 5×10^{-5} mol·L^{-1} 铬酸钾就可降低腐蚀速率，随 CrO_4^{2-} 浓度增加，缓蚀率提高。CrO_4^{2-} 浓度达到 1×10^{-2} mol·L^{-1} 时，却造成了碳钢的点蚀。

Mor 和 Bonion 于 1970 年发表了应用某些有机酸的钙盐作为海水中碳钢缓蚀剂的研究成果。他们的研究结果表明葡萄糖酸钙的缓蚀效果最好。随后，Mor 和 Wrubl 又进行了用葡萄糖酸锌作为海水中碳钢缓蚀剂的研究。他们的实验结果表明，葡萄糖酸锌是一种阴极型缓蚀剂，其浓度为 1×10^{-3} mol·L^{-1} 时，即 Zn^{2+} 浓度

为 65×10^{-6} mol·L^{-1}，可对海水中的碳钢起到完全保护作用，缓蚀率接近 100%。其浓度为（5×10^{-4}）～（1×10^{-3}）mol·L^{-1} 时，也可起到很好的缓蚀效果，缓蚀率大于 80%。苏联的 Kuznetsov 探索了采用阴极极化和缓蚀剂对海水中的碳钢进行联合保护的方法。其研究结果表明，在无阴极极化存在时，加入少量缓蚀剂并不改变腐蚀过程的动力学，而大大改善海水中钢的电化学保护作用是有可能的。加入（$1 \sim 10$）$\times 10^{-6}$ mol·L^{-1} 的硫酸锌后，所需的阴极保护电流仅为 $50 \sim 80$ mA·m^{-2}。加入 5×10^{-5} 羟亚乙基磷酸钠后，所需阴极保护电流为 20 mA·m^{-2}，加入 1×10^{-5} NaH$_2$PO$_4$ 后，所需阴极保护电流为 50 mA·m^{-2}。日本科学家也进行了类似的实验，其研究结果表明，加入（$10 \sim 15$）$\times 10^{-5}$ mol·L^{-1} 的多磷酸钠缓蚀剂，所需的阴极保护电流仅为 $80 \sim 15$ mA·m^{-2}。加入 5×10^{-5} mol·L^{-1} 的羟亚乙基磷酸钠后，所需阴极保护电流为 10 mA·m^{-2}。1982 年 Kuznetsove 发表了钢在海水中用含铬酸盐的缓蚀剂和阴极极化进行综合保护的方法。其研究结果表明，用铬酸盐作海水缓蚀剂时，同时用外加电流法进行阴极极化可大大降低铬酸盐所需浓度。Khan 于 1987 年发表了葡萄糖酸盐与锌盐复配作为海水中碳钢的缓蚀剂的研究结果，结果表明 13×10^{-5} mol·L^{-1} 乙酸锌加上 286×10^{-6} mol·L^{-1} 葡萄糖酸钙，可使碳钢在 $30 \sim 45$℃ 的海水中的缓蚀率达到 90% 以上。Mehta 于 1992 年发表的研究结果表明，在不同盐度的海水中，投加 5×10^{-3} mol·L^{-1} 的铬酸钾均可使碳钢的缓蚀率达到 75% 以上，投加 25×10^{-4} mol·L^{-1} 的切削油作缓蚀剂也可达到同样的效果。Loto 则比较了三乙基胺、二乙胺、苯酸钠和氧化锌的缓蚀效果，其结果表明苯酸钠和二乙胺的缓蚀率为 60%。1993 年 Patnaik 等发表了聚乙烯醇和钼酸盐作为海水中碳钢缓蚀剂时的复配协同效应的研究结果，结果表明聚乙烯醇为阴极型缓蚀剂，而钼酸盐为阳极型缓蚀剂，在铝酸盐浓度低于 6×10^{-4} mol·L^{-1} 时，它们之间存在协同效应，且提高温度协同效应更为明显。而当钼酸盐浓度超过 6×10^{-4} mol·L^{-1} 时，则不存在协同效应。

后来针对海水中碳钢缓蚀剂，Sawant 等对一些有机物进行了研究。他们所用的有机缓蚀剂为 N-1-萘撑二盐酸化二胺（A）、N, N-二乙基-P-硫酸苯二胺（B）、乙二胺四乙酸（C）、乌洛托品（D）、对氨基苯磺酰胺（E）和萘胺（F）。其研究结果表明，这些缓蚀剂均为混合型缓蚀剂，在模拟海水中，其缓蚀效果为 A＞D＞C＞B＞F＞E，其中 A 的投加量为 $(1 \sim 5) \times 10^{-5}$ mol·L^{-1} 时，缓蚀率可达 85% 以上。而在天然海水中的缓蚀效果为 E＞C＞A＞F＞B＞D，E 在模拟海水中各浓度的缓蚀率均不超过 20%，而在天然海水中投加量低于 5×10^{-5} mol·L^{-1} 时，缓蚀率可达 50%～90%。1999 年，Shalaby 等选用了聚氧乙烯（80）单棕榈酸酯[Pa（Eo）80]、十六烷基三甲基溴化铵（HTABr）和十二烷基硫酸钠（SDS）三种有机表面活性剂并研究了不同亲水基团对海水中碳钢的缓蚀作用。这些化合物可以吸附在金属表面，缓蚀效率随浓度的增加而增加，在其临界胶束浓度时取得最大值。三种物质的缓蚀性能排序

为 SDS＜HTABr＜Pa（Eo）80，分别为 91.02%、92.25%和 92.75%。X 射线光电子
能谱结果表明，在含有这些缓蚀剂的海水中的试样表面覆盖了纤铁矿（FeOOH）微
晶，尺寸随缓蚀效果的增加而变小。Suresh 等发现使用微量浓度的肼、苯肼和 2,4-
二硝基苯肼即可有效抑制腐蚀。分子中含有的—NH—官能团中的氮原子可吸附在
金属表面从而达到保护的效果。由于无机盐及有机物作为缓蚀剂使用时添加量、药
剂毒性、后效环境危害较大，因此，植物提取物及天然产物用于海水缓蚀剂的研究
兴起。同年，Farooqi 等将阔叶碱、姜黄色素等天然产物的水溶萃取物作为缓蚀剂，
用在了对低碳钢腐蚀的控制上，将其与羟基亚乙基二膦酸（HEDP）混合，其缓蚀
效率有所提高。之后的几年则是有机缓蚀剂与植物提取物缓蚀剂的共同发展时期。

2001 年，Al-Baker 等研究了胺类抑制剂（CORTRONAR-505）在海水中对 1018
碳钢的缓蚀作用。该缓蚀剂的吸附类型符合 Shawabkeh-Tutunji 吸附模型，在表面
积为 3.53 cm^2 的试样表面形成单层吸附膜的最高吸附容量为 0.097 mg。缓蚀效率
随着缓蚀剂浓度和 pH 的升高而升高，碳钢的腐蚀速率从 7 $mm·a^{-1}$ 下降到
1 $mm·a^{-1}$。

2008 年，Samedov 等研究了天然环烷酸对海水中碳钢表面钝化过程的抑制作
用，发现 Ca^{2+}、Ni^{2+} 和 CO^{2+} 的环烷酸盐可以抑制阳极极化和阴极极化，而且天然
环烷酸有一定的杀菌作用，所以环烷酸可从抑制电化学反应和抑制生物腐蚀两个
方面对海水中的碳钢起到保护作用。Carlos 则发现咪唑啉在海水中对低碳钢的微
生物腐蚀具有良好的抑制作用。

2010 年，Poongothai 研究了五种精油对海水等介质中碳钢的缓蚀效果，它们
都表现为以抑制阴极反应为主的混合型缓蚀剂。然而在植物提取物方面，2004～
2010 年先后发现了瓜尔豆胶、皂荚树、酒椰树胶质提取物及羧甲基纤维素等海水
缓蚀剂。

2013 年，Shawabkeh 等从浓度、温度、搅拌速度和 pH 等方面评价了烷基胺
类缓蚀剂在模拟海水环境中对 1018 碳钢的缓蚀效果。缓蚀效率随着缓蚀剂浓度和
介质 pH 的增大而增加，同时随介质温度和搅拌速度的增加而降低。在最大添加
量为 1.08 $mg·L^{-1}$ 的条件下，该缓蚀剂的特殊官能团可吸附在碳钢表面，形成单层
膜，从而抑制腐蚀发生。几种缓蚀剂都表现为混合型缓蚀剂。Mamosemh 等关于
4,5-二氯-2-正辛基-4-异噻唑啉-3-酮的研究表明，在人工海水环境中，该缓蚀剂对
碳钢的腐蚀有抑制效果，同时可抑制海水中细菌的滋生。EIS 分析结果表明金属
表面有吸附层形成，浸泡 12 h 后观测到膜的增厚现象。Johnsirani 等发现 6 mL 旱
莲草提取液在海水中对碳钢有 60%的保护效果，而与 25 ppm Zn^{2+} 离子结合时，其
缓蚀效率为 92%。腐蚀介质的化学性质（硬度、溶解盐等）及实际植物成分的差
异决定提取物的缓蚀行为，他们指出了使用植物提取液作为金属缓蚀剂无法明确
地确定实际起缓蚀作用的组分及基团。

2016 年有关研究发现 Q235 钢[4]在含有烟草提取物的人工海水中具有良好的耐腐蚀和耐结垢性能。同时，Sani 等发现番石榴叶提取物作为双热时效 Al-Si-Mg（SSM-HPDC）合金在模拟海水中可作为缓蚀剂使用，微量条件下能够抑制 80%的基材劣化。不难发现，目前海水缓蚀剂在朝着无毒无害的方向发展，另外，绿色海水缓蚀剂必须要廉价才有广阔的发展空间。因此，在环保型缓蚀剂的研究中应深入探索从天然植物、海产动植物中提取、分离出缓蚀剂的有效成分，合成高效多功能环保的高分子型有机缓蚀剂将具有广阔的发展空间。

我国海水中所用缓蚀剂的研究开展较晚。李海明等在做铝酸盐系缓蚀剂协同效应的研究时，选用的几种腐蚀介质中有天然海水。其实验结果表明由葡萄糖酸盐、有机多酸盐、钼酸盐、磷酸盐和锌盐组成的复合缓蚀剂，浓度为 15×10^{-5} mol·L^{-1} 以上时，对海水中碳钢的缓蚀率达到 90%。1991 年白荣明等发表了他们在研究抑制海水中碳钢腐蚀的缓蚀剂方面的研究报告。其研究结果表明，先用 18×10^{-4} mol·L^{-1} 的预膜剂对碳钢进行预膜，然后投加 5×10^{-5} mol·L^{-1} 的缓蚀剂，经 168 h 的失重实验，其缓蚀率可达 90%以上。1993 年林玉珍在其铝系复合缓蚀剂的研究报告中指出，铝系复合缓蚀剂在碳钢上生成的铝缓蚀膜经封闭处理后，在 NaCl 含量很高的水溶液中也可达到 95%的缓蚀率，其有可能成为海水介质中碳钢的缓蚀剂。2001 年林玉珍等又创制了铝-硅联合缓蚀剂，适用于静、动态淡水及海水循环[5]体系中碳钢的防护，具有很好的缓蚀效果，并且整个生产过程符合严格的环保要求，无"三废"产生。1998 年杨朝晖等用正交实验法，对所选的磷酸盐、葡萄糖酸钙、硫酸锌、十二烷基硫酸钠、对氨基苯磺酰胺、丹宁酸、四硼酸钠及钼酸钠等 8 种成分对海水中碳钢的复配缓蚀效果进行了研究，筛选出由磷酸盐、葡萄糖酸钙、硫酸锌组成的复合配方。结果表明，由 100×10^{-6} mol·L^{-1} 葡萄糖酸钙、300×10^{-6} mol·L^{-1} 硫酸锌和 200×10^{-6} mol·L^{-1} 磷酸盐组成的复配缓蚀剂，对海水中碳钢的缓蚀率可达 89.09%。1998 年杨晓静等研究改性甲壳胺（羧甲基化改性）、HEDP、十二烷基苯磺酸钠各自在天然海水中对 A3 钢的缓蚀性能的同时，重点研究了上述三组分复合缓蚀剂在典型腐蚀体系天然海水中对 A3 钢[6]的缓蚀效应。实验发现，单一组分甲壳胺或 HEDP 天然海水中对 A3 钢的缓蚀率仅为 20%~40%，而将三组分复合，缓蚀率最高能达到 92%，缓蚀性能明显高于单一组分，且具有用量少、效率高、无污染的特点。公平等用分子设计和官能团剪裁方法，结合有机缓蚀剂分子在金属表面和氧化膜表面的配位理论，选择葡萄糖酸钙、葡萄糖酸锌、蒜素、丙烯酸聚合物、椰子油基烷醇酰胺、烷基糖苷（APG）、脂类食品添加剂（OCTA）、多聚磷酸钠等多种缓蚀剂成分，研究复配后对海水中 907 碳钢的缓蚀作用，并用正交实验筛选出葡萄糖酸钙、硫酸锌和 OCTA 的最佳复配比为 300 mg·L^{-1}：200 mg·L^{-1}：200 mg·L^{-1}。实验得出，在海水中添加了该配比的绿色混合型缓蚀剂后，907 碳钢在预膜完成后缓蚀率可达到 95%以上。杜敏等又进一步采用电化学方法研究了自制的高效、绿色复合缓蚀剂（葡萄糖酸钙、硫酸锌和 OCTA）在海水介质中对碳钢的缓蚀作用过程。结果表明，单一的硫酸锌是阴极型缓蚀剂，葡萄糖酸钙和 OCTA 是阳极型缓蚀剂，复配的缓蚀剂是混合型缓蚀剂。复合缓蚀剂在碳钢表面的成膜过程初步认为是 OCTA 与葡萄糖酸根离子协同与溶液中金属阳离子发生络合反应，生成三维吸附膜，锌离子在阴极形成氢氧化锌沉淀膜，使得两种缓蚀剂膜优势互补，提高了膜的保护性能。

钢铁研究总院青岛海洋腐蚀研究所曾对海水中碳钢缓蚀剂的配方进行了研究，采用正交实验对所选定的磷酸盐、葡萄糖酸钙、硫酸锌、十二烷基磺酸钠、对氨基苯磺酰胺、丹宁酸、四硼酸钠及钼酸钠等 8 种成分的复配缓蚀效果进行了研究，研究结果表明，由葡萄糖酸钙、硫酸锌及磷酸盐组成的复配缓蚀剂对抑制海水中碳钢的腐蚀具有很好的效果。其浓度为 5×10^{-4} mg·L^{-1} 时，缓蚀率＞97%，浓度为 125×10^{-6} mg·L^{-1} 时，缓蚀率为 80%。该复配缓蚀剂是一种混合型缓蚀剂，其缓蚀机理为，锌离子本身是一种阴极型缓蚀剂，它单独使用时，可以在腐蚀电池的阴极高 pH 区域快速形成 $Zn(OH)_2$ 覆盖膜，但其保护膜是不牢固的，尤其是在海水中，它很难形成完整的保护膜，从而产生局部腐蚀，加速了试样的腐蚀速率。单独投加锌离子的试样表面可看到局部腐蚀现象。葡萄糖酸盐是一种吸附膜型缓蚀剂，其可与铁离子形成螯合物，在碳钢表面成膜，但其成膜需一定时间，并且需要较高的浓度，因此其单独投加时效果并不理想。聚磷酸盐则是通过"电沉积机理"在阴极表面形成沉淀膜，从而抑制金属腐蚀，但它成膜速度慢，因此虽具有一定的缓蚀效果，但并不理想。而当这 3 种成分复配到一起时，则表现出极好的缓蚀效果。这是由于加入锌盐后其快速成膜性弥补了聚磷酸盐、葡萄糖酸盐成膜慢的缺点，同时向体系中提供了 Zn^{2+} 离子。而葡萄糖酸钙的加入，一方面通过吸附作用形成吸附膜，弥补了锌盐和聚磷酸盐所形成的沉淀膜的不足之处，另一方面向溶液中提供了 Ca^{2+} 离子。聚磷酸盐中含有的聚磷酸根是带负电荷的离子。当水中有二价金属离子时，直链的聚磷酸根离子通过与二价金属离子络合，变成一个带正电荷的络合离子，这种离子以胶溶状态存在于水溶液中。钢铁在水中腐蚀时，阳极反应产生的 Fe^{2+} 将向阴极方向扩散移动，产生一定的腐蚀电流。当胶溶状态的带正电荷的聚磷酸钙、聚磷酸锌等络合离子到达表面区域时，可再与 Fe^{2+} 相络合，生成以聚磷酸钙铁、聚磷酸锌铁为主要成分的络合离子，依靠腐蚀电流电沉积于阴极表面形成沉淀皮膜。加入葡萄糖酸钙和硫酸锌后，由于提供了 Ca^{2+} 和 Zn^{2+} 离子，因此有利于成膜，加速了这层沉淀膜的形成，并使膜更为完整致密。同时葡萄糖酸根在海水介质中与 Fe^{3+} 螯合形成的螯合物很好地吸附于碳钢表面，形成吸附膜，使沉淀膜不完整的地方得到保护，从而提高了缓蚀效果，因而其缓蚀效果优异。

2006 年，柳鑫华课题组研究了钨酸盐体系作为海水缓蚀剂的可行性。单一的钨酸盐对海水中碳钢的缓蚀率随其浓度的增加而增加,当浓度低于 40 mg·L^{-1} 会加速碳钢腐蚀。研究表明,钨酸盐对氧化膜起填充空隙和修补缺陷的作用。单一使用钨酸盐的成本较高,柳鑫华等于 2012 年将钨酸盐与柠檬酸、HEDP 和锌盐复配后对海水中碳钢施加保护,XPS 及 EDS 能谱分析说明其表面形成了 Fe$_3$O$_4$、Fe$_2$O$_3$ 以及三价铁与钨酸根、缓蚀剂中有机成分形成的有机铁络合物。缓蚀剂中的钨酸盐不但参与了表面膜的生成,而且促进了铁的氧化钝化,膜中极低的氯离子含量也说明了钨酸盐复合缓蚀剂对海水中碳钢腐蚀的有效抑制。钨酸钠与葡萄糖酸钠、硫酸锌、三乙醇胺的复配缓蚀剂对 Q235 钢的缓蚀率可达 90.2%。2007 年,柳鑫华等的研究表明钼酸盐复合缓蚀剂对天然海水中 A3 碳钢具有良好的阻垢性能和缓蚀效果。缓蚀剂中的有机膦酸盐和葡萄糖酸盐具有阻垢性能,对海水中的 Ca^{2+} 起络合分散作用,可阻止钙盐在金属表面的沉积,碳钢表面膜中钙元素含量低至 0.08%。芮玉兰等将钼酸盐与其他缓蚀剂进行复配,当钼酸盐、柠檬酸钠、有机膦酸盐和锌盐各组分浓度分别为 100 mg·L^{-1}、40 mg·L^{-1}、10 mg·L^{-1}、4 mg·L^{-1} 时,该复合缓蚀剂对海水中碳钢的缓蚀率超过 93%。XPS 实验结果表明添加了缓蚀剂的碳钢表面形成了以氧化铁和有机铁络合物为主要成分的不溶性沉淀膜,钼与磷也参与成膜。2017 年,郭强强等研究了钨酸钠三元复配缓蚀剂对模拟海水中碳钢的缓蚀作用。实验结果表明:单一的钨酸钠溶液对模拟海水中 A3 型碳钢的缓蚀率随其浓度的增加而增加,当钨酸钠浓度为 1000 mg·L^{-1} 时缓蚀率为 50%左右。十二烷基苯磺酸钠和三乙醇胺属于表面活性剂,可降低金属的腐蚀速率。通过正交实验进行复配,得到最佳三元复配缓蚀剂:钨酸钠的浓度为 200 mg·L^{-1},十二烷基苯磺酸钠的浓度为 100 mg·L^{-1},三乙醇胺的浓度为 200 mg·L^{-1},此时得到的复配溶液对碳钢的缓蚀率可达到 74.24%。所以,随着对海水缓蚀剂研究的不断深入,单一无机盐缓蚀剂已经不能满足当代的要求,而多种缓蚀剂复配使用,减少了投加量,减轻了环境污染,越来越引起人们的广泛关注。针对海水碳钢的腐蚀防护问题,有机缓蚀剂因效率高、稳定性强也得到了广泛的使用。1999 年,Lin 等提出将 75 mg·L^{-1} 的硫脲作为缓蚀剂用于海水中碳钢的缓蚀,缓蚀率可达到 50%,与 Al^{3+}复合使用后缓蚀效果得到更大程度的提高。2003 年,徐春梅等通过正交实验法筛选出由两种有机物质合成的 ZJ-1 型缓蚀剂,在海水介质中对金属具有很好的缓蚀作用。2008 年,在空白海水中加入硫代吗啉-4-甲基膦酸(TMPA)和吗啉-4-甲基膦酸(MPA)(浓度都为 1.0×10^{-4} mg·L^{-1})后腐蚀电流密度下降,从 421.0 A·cm^{-2} 分别下降到 11.4 A·cm^{-2} 和 19.0 A·cm^{-2}。在碳钢表面形成了一层保护膜,阻止了碳钢与腐蚀介质的接触,从而抑制了碳钢的腐蚀。聚(苯胺-co-邻甲苯胺)共聚物为混合型缓蚀剂,浓度为 100 mg·L^{-1} 时对碳钢的缓蚀效率达到 70%,在碳钢表面具有强烈的吸附作用,形成了吸附膜从而阻断了腐蚀介质与碳钢的接触。2009 年,有关文献报道了聚乙烯亚胺(PEI)抑制 AISI 430 不锈钢的腐蚀过程。不锈钢有良好的亲和性，缓蚀分子中的含氮基团与金属离子配位，在金属表面形成了一道屏障，阻止了腐蚀离子的通过，同时也抑制了氯离子的侵蚀，起到了缓蚀作用。12-N, N-二乙胺-9-十八烯酸钠（AR1S）和 12-N, N-二乙胺-9, 10-二羟基十八烯酸钠（AE2S）在 AISI1010 碳钢界面上有很好的吸附能力，可用作缓蚀剂来抑制金属表面的腐蚀，缓蚀率达到 95%以上。在微乳系统中，该缓蚀剂含有的双键和羟基与金属表面的作用更加明显，而螯合作用效果不大。2011 年，Liu 等的研究表明 2-[(脱氢枞胺)甲基]-6-甲氧基苯酚可自发吸附在碳钢表面形成一层均匀的化学吸附膜，同时抑制阴极区和阳极区的反应，表现为一种混合型缓蚀剂。当缓蚀剂浓度达到 1.8×10^{-5} mg·L^{-1} 时，缓蚀效率可达 93.3%。2012 年，王静等研究了聚环氧琥珀酸（PESA）和 Na_2MoO_4 在模拟 2 倍浓缩海水中对 304 不锈钢的缓蚀作用。PESA 在此条件下表现为阳极吸附型缓蚀剂，单独使用时缓蚀效果有限；复配后对抑制 304 不锈钢点蚀能够产生明显的协同增效作用。皇甫健等根据曼尼希反应的基本原理[7]，设计制备了一种水溶性的曼尼希碱缓蚀剂 MNX-B 并研究了其缓蚀性及与氯化铈复配后对海水中 20 号钢的缓蚀作用机理。MNX-B 吸附成膜，抑制 20 号钢在海水中的腐蚀，是抑制阳极反应为主的混合型缓蚀剂，但单组分效果不太理想，与阴极沉淀型缓蚀剂 $CeCl_4$ 复配可明显增强缓蚀效果。2013 年，王昕[8]研究了 PASP 与硫酸锌、葡萄糖酸钠和 2-羟基膦酰基乙酸（HPAA）的复配，此四元海水缓蚀剂在用量为 90 mg·L^{-1} 时，缓蚀率达到 97.26%，有效抑制了 A3 碳钢在海水中的腐蚀。其生物降解性能良好，28 天的生物降解率为 85.65%。其与苯并三唑等 5 种原料按一定的质量比复配后总用量为 150 mg·L^{-1} 时，对碳钢在海水中的缓蚀率达 95.17%。

随着人们环保意识的提高，环境友好型缓蚀剂成为研究的热点，天然产物壳聚糖就是其中的一种。2008~2009 年，李言涛和杨小刚开发了不同分子量梯度的壳聚糖并用于海水介质中的碳钢缓蚀剂。缓蚀剂分子通过静电作用平铺在碳钢表面发生多层吸附，从而抑制阴极区的腐蚀。当其浓度为 400 mg·L^{-1} 时缓蚀率最高，且分子量越小，缓蚀率越高。2009 年，张晓波以盐酸三甲胺、环氧氯丙烷和壳聚糖为原料制备的水溶性壳聚糖季铵盐[9]对碳钢/模拟海水体系具有良好的缓蚀效果，缓蚀效果随壳聚糖季铵盐浓度的增加先增加后略有下降，缓蚀剂表现为阳极抑制型。2009 年，蒋斌发现丙基壳聚糖[10]在碳钢表面上发生螯合吸附作用可形成保护膜，具有较好的缓蚀作用，在 50 mg·L^{-1} 时缓蚀率达到最高。之后对水溶性壳聚糖进行磷酸酯化改性，壳聚糖磷酸酯在 300 mg·L^{-1} 时对 Q235 钢的缓蚀效率达到 88.71%，在高温下仍能保持较高的缓蚀率，且持久保持高效。2016 年，蔡国伟等[11]采用电化学测试、SEM、XRD 和 FTIR 等技术研究了羧甲基壳聚糖及其复配缓蚀剂对海水中碳钢的缓蚀效果。结果表明：羧甲基壳聚糖的缓蚀率随着其质量浓度的升高而升高，当质量浓度为 5 g·L^{-1} 时缓蚀率达到 43.4%，质量浓度继续升高，缓蚀率增加不显著；添加钨酸钠后的复配缓蚀剂使腐蚀速率进一步降低，缓蚀率达 57.4%；FTIR、SEM 和 XRD 测试表明羧甲基壳聚糖可吸附在金属表面，形成致密的保护膜。2017 年，冯盼盼[12]研究了羧甲基壳聚糖衍生物在海水中的缓蚀效果，高聚物羧甲基壳聚糖是一种有效的缓蚀剂，它是一种以阳极型为主的混合型缓蚀剂，在金属表面的吸附符合朗缪尔吸附模型，属于化学吸附。金属由于缓蚀剂在其表面的吸附从而减弱金属表面的腐蚀和吸氧反应得到保护。

2. 海水介质中有色金属缓蚀剂

最早有关海水中有色金属缓蚀剂的报道是 1951 年发表在英国 *Oil&Gas* 杂志上的。其提出用磷酸葡萄糖作海水中铜、黄铜的缓蚀剂。1952 年，Kahlen 又发表了用磷酸盐和铬酸盐的混合物作海水中铜、黄铜的缓蚀剂的文章，Sato 于 1958 年发表了在40℃条件下人造海水环境中锌的缓蚀剂的研究结果，其结果显示缓蚀效果：甲基油酸八癸胺盐＞马来酸酯和八癸醇混合物＞油酸。Fuji 和 Aramaki 于 1958 年发表了用含硫有机络合物作海水中铜及铜基合金的缓蚀剂的报道。Trabanelli 等则于 20 世纪 70 年代初进行了海水中铜缓蚀剂方面的研究。他们先后采用重铬酸盐、苯甲酸盐、硼酸钠、铬酸钠、铬酸锌及苯并三氮唑作缓蚀剂。后来他们还做了用水杨酸作海水中铜的缓蚀剂的研究。

近年来 Mor 等在有关海水中有色金属缓蚀剂方面做了大量的工作。1973 年，他们发表了丙烯腈对海水中锌腐蚀的缓蚀作用的研究报道。其研究结果显示，丙烯腈对 pH 为 8.2 的海水中的锌的缓蚀率要高于 pH 为 8.2 的 NaCl 或 Na_2SO_4 溶液中的锌的缓蚀率，当丙烯腈浓度为 10 $mmol·L^{-1}$ 时，其对海水中锌的缓蚀率接近 70%，而对 NaCl 或 Na_2SO_4 溶液中锌的缓蚀率仅为 30%～40%。他们认为造成这种现象的原因是海水中的腐蚀产物分子比较小，使丙烯腈表面吸附的活性点数量增加，从而提高了缓蚀率。同时腐蚀产物中有镁存在，这也有利于提高不饱和有机络合物的表面吸附作用。他们对吸附在海水中的锌表面上的丙烯腈进行的红外光谱旋振分析显示，其表面吸附的化学作用要大于物理作用，并有聚合物在表面生成。

1977 年，他们又进行了溴和碘对海水中铜腐蚀的影响的研究工作。他们研究时所用的缓蚀剂为 KI、KBr 及烷基卤化物。KI 和 KBr 的添加浓度为 10^{-1}～10^{-5} $mol·L^{-1}$，烷基卤化物的添加浓度为 10^{-3} $mol·L^{-1}$ 到饱和浓度（接近 10^{-1} $mol·L^{-1}$）。其研究结果表明，KI 的缓蚀率在实验浓度变化范围内具有峰值，在 KI 浓度为 10^{-2} $mol·L^{-1}$ 时最高，为 75%。KBr 在浓度为 10^{-1} $mol·L^{-1}$ 时，缓蚀率为 50%～60%，但 KBr 浓度低于 10^{-3} $mol·L^{-1}$ 时，将会加速腐蚀。他们的研究表明，碘和溴对海水中铜的缓蚀作用机理不同。KI 的缓蚀机理是由于在金属表面形成 CuI 层而达到缓蚀目的。而 KI 的添加浓度必须控制，KI 浓度过高，会形成 I_2 而增大腐蚀速率。而 KBr 的缓蚀机理则不是形成 CuBr 层，而是通过降低海水中的 O_2 含量而缓蚀。他们认为很稀的 KBr 溶液中铜的腐蚀率增大是由于形成了铜的卤代络合物。他们的研究结果表明，烷基碘化物的缓蚀机理与 KI 相同但缓蚀率比同浓度 KI 的要低，他们解释为这是在金属表面形成了金属有机络合物的结果。而烷基溴化物则由于使溶液的酸性增加而增大腐蚀率。

　　Mor 和 Wru1b 后来又进行了用葡萄糖酸锌作海水中铜和锌的缓蚀剂的研究。他们采用失重法、恒电位极化法和 X 射线衍射法研究了其在海水中对铜和锌的缓蚀率。他们指出，在自然通气条件下，浓度为（$6\times10^{-4}\sim8\times10^{-3}$）$mol\cdot L^{-1}$ 的葡葡糖酸锌对铜的缓蚀率可达 68%，增加浸渍时间，缓蚀率可增到 70%。在充分通气条件下，浓度为 $4\times10^{-4}\sim10^{-2}$ $mol\cdot L^{-1}$ 的葡萄糖酸锌对铜的缓蚀率可达 95%。他们认为 $Zn^{2+}/CH_2OH(CHOH)_4COO^-$ 摩尔比为 3：2 时，铜的腐蚀可得到最大的抑制，葡葡糖酸锌对铜的缓蚀作用机理是单纯阴极作用。葡葡糖酸锌的浓度为 $1\times10^{-3}\sim4\times10^{-3}$ $mol\cdot L^{-1}$ 时，其对锌的最大缓蚀率可达 70%。但葡葡糖酸锌的浓度低于 8×10^{-4} $mol\cdot L^{-1}$ 时，将加速腐蚀，他们认为这是由于锌腐蚀产物上的葡萄糖酸阴离子的增溶作用。葡萄糖酸锌对锌的缓蚀作用机理也是阴极作用。

　　1990 年的日本专利介绍了在海水冷却系统中，向海水中加入含氧酸（如柠檬酸）的缓蚀溶液，同时向其中加入由电解槽中铁电极产生的 Fe^{2+} 使管内表面形成一层保护膜，达到对系统中铜合金管缓蚀的目的。1991 年的美国专利则介绍了用 $NiCl_2$、$NaHCO_3$ 和柠檬酸复配作海水中铝的缓蚀剂的方法。1992 年 Mehta 的研究结果则表明，5×10^{-3} $mol\cdot L^{-1}$ 铬酸钾对不同盐度海水介质中铝的缓蚀率可以达到 85%以上，而投加 25×10^{-4} $mol\cdot L^{-1}$ 的切削油，缓蚀率也可达到 80%以上。最新的有关海水介质中有色金属缓蚀剂的报道是 Reda、Mahmound 等的研究结果。他们比较了铬酸钾、钨酸钠、铝酸钠、四硼酸钠及六偏磷酸钠对海水中的铜镍合金的缓蚀效果。其结果表明只有铬酸钾和铝酸钠对被硫污染了的通气搅拌条件的海水中的铜镍合金具有有效的缓蚀作用，同时他们认为 5×10^{-6} $mol\cdot L^{-1}$ 的磺基水杨酸对被硫污染了的海水中的铜镍合金也有很好的保护效果。

　　海水冷却系统中铜管的腐蚀泄漏是危及生产运行的障碍，因此人们对海水中铜合金的腐蚀研究倍加关注。目前对海水冷凝管的防护主要是正确选材和酸洗预膜。一般铜管经酸洗后，在通海水初期采用添加硫酸亚铁预膜。苯并三唑（BTA）和 2-巯基苯并噻唑（MBT）是常用的铜缓蚀剂，它们可以在铜表面上生成防蚀性吸附膜，该吸附膜的特性直接影响着防蚀效果。由全部正交实验结果分析表明，用 BTA 预膜时，影响因素的极差大小顺序为温度＞时间＞pH＞浓度，而用 MBT 预膜时，其顺序为温度＞pH＞时间＞浓度。显然，其中温度影响最大，而且温度高有利于预膜，这与 BTA 和 MBT 在铜表面发生化学吸附的结论一致。BTA 对温度比较敏感。一般预膜时间越长越好，在淡水中预膜要比在 0.5 $mol\cdot L^{-1}$ NaCl 中预膜快一些，对此，

MBT 比 BTA 表现更为明显，而且 MBT 对 pH 也比较敏感。这是因为 MBT 在水中的溶解度受 pH 影响较大，而且很容易与溶液中的铜和镍生成络合物。

为了获得耐蚀性较好的预膜，推荐以下预膜条件：对于 Cu，45℃，pH = 8，淡水中 C_{BTA} = 2 mmol·L^{-1}，24 h；对于 90Cu-10Ni，45℃，pH = 8，0.5 mol·L^{-1} NaCl 溶液中 C_{MBT} = 1 mmol·L^{-1}，24 h；对于 70Cu-30Ni，35℃，pH = 9，淡水中 C_{MBT} = 2 mmol·L^{-1}，24 h。采用最佳预膜条件处理后的试样可在海水中浸泡 40 天不锈蚀，而不经预膜的试样表面不到一天就锈蚀变色。此外，对上述推荐预膜条件下所得试片在海水中进行的循环伏安测试结果表明，预膜使试片明显钝化，击破电位（E_b）正移 200 mV 以上，值得关注的是，在正向扫描过程中出现典型氧化峰，在负向回扫过程中出现相等面积的典型还原峰，且其半峰电位基本相等，具有可逆过程的特征。据此实验结果可以认为，预膜过程中形成的表面吸附层或保护膜呈牢固致密网状结构，对氧化产生的铜离子起束缚作用，使其局限在"网内"，故能在还原过程中全部回收。

进入 21 世纪，西班牙 Areas 等利用 CeCl$_3$ 对 3.5%的 NaCl 介质中铝合金和伽伐尼钢进行了缓蚀研究，发现 CeCl$_3$ 对铝合金[13]AA5038 的保护原理是 Al6-(Mn, Fe, Cr) 与 Ce 形成了永久性阴极保护膜，而对于伽伐尼钢则是形成 Ce(OH)$_4$ 保护膜。2001 年，马伟将"用天然高分子制备缓蚀剂的方法"申请了发明专利，主要是采用除味、软化、发酵、灭菌和聚合等工艺，用天然高分子海带提取液与有关物质聚合制备缓蚀剂，该种缓蚀剂加入量在 $200 \times 10^6 \sim 400 \times 10^6$ 时，对钢铁和铜的缓蚀率可达 99%以上。

海水中缓蚀剂的缓蚀机理，以及通过复配和"分子剪裁"方法开发高效、低毒、经济实用的海水用缓蚀剂则是今后的研究方向。

2001 年，国内的高立新和张大全等研究了含苯并三唑和噻二唑单元的铜缓蚀剂的制备和机理。通过改善噻二唑衍生物的结构，结合苯并三唑和噻二唑的结构优点，将二者通过硫烷基化反应连接起来，合成了含有两个苯并三唑单元和一个噻二唑单元的有机分子内聚集物（SBTA）。SBTA 对铜电极的阴、阳极电化学过程均有明显的抑制作用，是混合型缓蚀剂，能同时以其分子内的三唑环和噻二唑环与铜表面作用，发生多中心的吸附，从而具有较好的缓蚀效果。2-氨基-5-乙基-1, 3, 4-噻二唑和 2-氨基酸-5-(硫基)-1, 3, 4-噻二唑对铜而言是很好的混合型缓蚀剂。

2004 年，Otmai 等发现咪唑类分子在铜表面是物理吸附，含有苯环和不含有苯环的衍生物缓蚀机理不同。有苯环时抑制阳极电化学反应，无苯环时抑制阴极电化学反应。1-苯基-4-甲基咪唑在铜表面形成了保护性的厚层。在搅拌条件下随着浸泡时间的增加，薄膜的保护性得到加强，并用 AFM 测试了表面保护层的形成与时间的关系。SEM 和 EDX 分析表明，这层保护层含有缓蚀剂和腐蚀产物，结构复杂。

　　2007～2008 年，用于海水中有色金属铜缓蚀剂的研究较多。3-氨基-1, 2, 4-三唑（ATA）在合成海水中对铜的缓蚀行为显示：ATA 显著降低了阴极和阳极的腐蚀电流，极化阻抗随着 ATA 浓度的增加而增加；ATA 抑制了铜的溶解，随着 ATA浓度的增加，pH 显著下降。在铜表面 ATA 与 Cu^+ 形成了化合物，阻止了 Cu^{2+} 与氯形成 $CuCl_2$，表明 ATA 对海水中的铜有很好的缓蚀效果。3-甲基-1, 2, 4-三唑-5-硫酮（MTS）对铜的缓蚀行为显示：添加 MTS 后阳极和阴极电流开始下降，添加浓度越大，效果越明显；MTS 和腐蚀产物形成了一个配位层，阻止了 Cu^+ 与 S形成 Cu_2S，进而抑制了铜的腐蚀。而 5-苯基-4H-1, 2, 4-三唑-3-硫醇（BTAT）对铜的缓蚀作用表明：BTAT 使腐蚀电位正移，腐蚀电流明显降低，BTAT 抑制了铜的腐蚀。苯并三氮唑（BTA）是一种重要的铜及其合金的缓蚀剂，其使用介质的温度和 pH 范围较宽，但有一定的毒性。

　　2010 年，孙丽红研究了模拟海水介质中黄铜复合缓蚀剂[14]，单组分缓蚀剂葡萄糖酸钠、乙酸钠、十二烷基苯磺酸钠和硫酸锌对 H62 黄铜具有一定的缓蚀效果；它们的缓蚀率随缓蚀剂浓度增大而增大，单组分缓蚀剂的最佳浓度分别为100 $mg·L^{-1}$、70 $mg·L^{-1}$、70 $mg·L^{-1}$ 和 130 $mg·L^{-1}$。葡萄糖酸钠与乙酸钠、十二烷基苯磺酸钠之间具有协同作用，其中葡萄糖酸钠与乙酸钠的最佳复配比为 60∶10。复配组分之间存在较好的协同效应，葡萄糖酸钠、乙酸钠与十二烷基苯磺酸钠最佳复配比为 60∶10∶30，缓蚀效率可达到 84.61%。四元复合缓蚀剂最佳配方：葡萄糖酸钠 60 $mg·L^{-1}$、乙酸钠 10 $mg·L^{-1}$、十二烷基苯磺酸钠 30 $mg·L^{-1}$ 和硫酸锌30 $mg·L^{-1}$。四元复合缓蚀剂能作为络合剂同金属离子反应，缓蚀剂中的乙酸钠和葡萄糖酸根与阳极溶解产物（Cu^{2+}）经过反应形成氧化物以及难溶盐[Cu_2O、CuO、$Cu(OH)_2$ 和 $Cu(CH_3COO)_2·CuO·xH_2O$] 及螯合物的沉积膜，阻止腐蚀离子与电极接触；缓蚀剂中的 Zn^{2+} 离子与阴极反应的产物（OH^-）作用生成难溶的氢氧化锌沉淀。另外，四元复合缓蚀剂含有非极性基团和极性基团，非极性基团的成分是苯烷基，加入到腐蚀介质中以后，一方面通过吸附改变金属表面的电荷状态和界面性质，使金属表面的能量状态趋于稳定，增加腐蚀反应的活化能，减缓腐蚀速率；另一方面被吸附的缓蚀剂分子上的非极性基团能在金属表面形成一层疏水性保护膜，阻碍与金属反应有关的电荷或物质的转移，减缓金属的腐蚀速率。由于铜原子具有未占据的空 d 轨道，易于接受电子，四元复合缓蚀剂组分中含有能提供孤对电子的成分，两者可以形成配位而发生化学吸附，化学吸附是通过共用电子对实现的。

　　2012 年，曹琨研究了含氮杂环类化合物及自组装膜对铜在海水中的缓蚀机理[15]。在海水溶液中加入六种缓蚀剂（噻二唑衍生物：MPT、EMPT、MPTH；三氮唑衍生物：MBT、EMBT、MBTH）能够有效抑制铜的腐蚀，且随着加入缓蚀剂浓度的增加，缓蚀率逐渐升高，噻二唑类缓蚀剂的缓蚀率最高值达到 93.9%，三氮唑类缓蚀剂最大值为 93.7%。在不同实验温度范围内，其缓蚀率随着温度的升高逐渐降低。含氮杂环缓蚀剂使溶解氧的还原过程受到抑制。其缓蚀作用机理是化合物同时阻碍了腐蚀电化学反应的阴极和阳极过程，降低了腐蚀电流密度，属于以阴极抑制为主的混合型缓蚀剂。随着温度升高，对阴极反应溶解氧的控制过程减弱，但缓蚀剂仍能很好地吸附在铜表面，阻碍铜的阳极溶解，此时缓蚀剂作用转变为以阳极抑制为主。化合物分子在铜表面形成一层致密的保护膜，阻隔腐蚀介质渗透到铜表面，起到了良好的缓蚀作用。六种缓蚀剂分子能够通过苯环、氮杂环及双键等提供电子与 Cu 原子形成共价键，从而使缓蚀剂更加有效地吸附在铜表面。其中，MBT 和 MPT 两种化合物分子通过苯环及杂原子在铜的表面形成针状及颗粒状吸附膜，能够有效改善铜表面的疏水性。随着自组装时间的延长，自组装体系中成膜分子浓度的提高，膜的致密性提升。当组装时间超过 2 h 时或浓度超过 3×10^{-3} mol·L^{-1} 时，自组装膜能有效抑制粒子在膜间的迁移，膜的缓蚀效率稳定在 97% 以上。洪松等研究了唑类化合物[4-氨基-安替比林（AAP）、三聚硫氰酸（TTCA）和 4,6-二甲基-2-巯基嘧啶（DPDT）]在模拟海水中对纯铜的缓蚀性能。结果表明，三种唑类化合物的缓蚀效率都能达 90% 以上，均为混合型缓蚀剂。AAP 以 N、O 原子为吸附中心，DPDT 以几何覆盖效应为主。

　　2013 年，王俊伟课题组将五种三氮唑类[16]缓蚀剂 A～E 用于海水中铜类设备的腐蚀防护。五种缓蚀剂的加入均对铜的腐蚀起到较好的抑制作用，其缓蚀效率随着缓蚀剂浓度的增加而增加，使得溶解氧在电极表面的还原过程受到抑制，阳极铜的溶解速度降低，阴极反应中氢还原过程消失，对铜起到有效的缓蚀防护的作用，且效果良好。在 pH 变化的环境中，模拟海水中该五种缓蚀剂于铜表面发生吸附形成保护膜，使得膜电阻和电荷转移电阻增加，而双电层电容和膜电容降低，从而阻碍了铜与模拟海水中腐蚀介质的直接接触，发挥缓蚀效果。在 pH = 5.5～9.5 时，五种缓蚀剂的加入均使得腐蚀电流密度降低，对铜具有较高的缓蚀效果。其中化合物 A、B 和 C 的缓蚀效果受 pH 影响不是很大，呈现较平均的趋势，作为缓蚀剂的适用范围较广。E 化合物在偏向于强酸性条件下缓蚀效果受到较大影响，化合物 D 和 E 均显示出缓蚀效果受 pH 影响变化较大的趋势，且在偏酸与偏碱的体系下缓蚀效果均大大降低，只适用于中性体系以及碱性体系中。量子化学方法结果显示：五种缓蚀剂分子均可与铜原子形成配位键、反馈键等，使缓蚀剂分子能够有力地吸附于铜的表面，起到良好的缓蚀防护作用。根据最高占据分子轨道能量 E_{HOMO} 与最低未占分子轨道能量 E_{LUMO} 之间的能量差可以从理论上得出五种缓蚀剂分子的反应活性，即得到其相应的缓蚀效果，该五种缓蚀剂分子的缓蚀效果顺序为：D>C>E>B>A。

　　2016 年，程志等研究了嘧啶与硫醇类化合物在模拟海水中对纯铜的缓蚀性能[17,18]。4,6-二氨基-2-巯基嘧啶（DAMP）对铜的腐蚀起到了良好的抑制作用。浓度为 2 mmol·L^{-1} 时能起到最佳的抑制作用，最高的缓蚀率是 93.2%，最大持效时间为 60 天。DAMP 可以通过吸附在铜表面，有效地抑制铜的腐蚀产物的生成，从而保护铜且能够抑制铜的氧化物和氯化物的生成。硫原子和氮原子可以作为活性吸附位点来连接 DAMP 和铜基底，以此来使 DAMP 分子牢固地吸附在铜基底上。1, 3, 5-苯三硫酚（BTT）自组装膜可以同时抑制铜的阳极和阴极的腐蚀反应。当其组装浓度为 1 mmol·L^{-1} 时，缓蚀效果最佳。BTT 分子能够吸附在铜表面，并形成一个亲水性薄膜。较长的组装时间有利于增强 BTT 自组装膜的缓蚀性能。硫原子是主要的吸附位点，分子模拟[19]结果显示，BTT 分子以平行的方式吸附在铜表面上。而 4′4-二巯基二苯硫醚（TBBT）自组装膜可以有效抑制可溶性铜离子和溶解氧的扩散过程，铜的抗腐蚀能力显著地提高。TBBT 分子通过巯基和铜基底发生化学作用而吸附在铜表面上，可以在铜基底表面上形成一层亲水性膜。所以，杂环有机缓蚀剂有利于铜金属及其合金的海水腐蚀防护。在可降解、环境友好型的前提下，杂环化合物具有良好的发展前景。

随着对海水用缓蚀剂的要求不断提高，环保意识不断提升，目前国内外海水用缓蚀剂以有机化合物及环境友好型绿色缓蚀剂为主[20]。但对大面积海域而言，缓蚀剂投加量大，考虑到对海洋生物的影响，因此廉价、环保、高效型缓蚀剂是研究中的重点问题。随着人们对海洋资源的大力开发，海洋用材要求不断提高，不再局限于碳钢和有色金属铜等，新型材料的腐蚀防护需受重视。海洋环境复杂，不同时期有不同的特点，而针对不同环境的普适性缓蚀剂是未来研究的难点。

8.4.2　气相缓蚀剂[21-26]

气相缓蚀剂又称挥发性缓蚀剂或气相防锈剂，常温下能自动挥发出缓蚀成分，吸附在金属表面，从而抑制金属腐蚀。由于气相缓蚀剂靠自身挥发间接起到缓蚀作用，因此使用时不必直接接触金属，具有操作简便、经济实用等优点，特别适用于结构复杂的金属设备或与构件的非涂装性保护。

1933 年，Cox 首次将乙二胺和吗啉用于抑制锅炉腐蚀的缓蚀剂，成为气相缓蚀剂研究与发展的开端。第二次世界大战期间，气相缓蚀剂的使用成功解决了武器装备的腐蚀问题，已成为短期防腐蚀工作的有力方法。其中，亚硝酸二环己烷和碳酸环己烷以及后来出现的苯并三氮唑、铬酸二环己胺和铬酸胍等曾成为气相缓蚀剂使用的主流。亚硝酸二环己胺和碳酸环己胺能使黑色金属表面钝化从而起到保护作用。苯并三氮唑、铬酸二环己胺和铬酸胍能对大气环境中的多种金属进行保护。自 20 世纪 80 年代中期开始，随着 ISO 14000 环境管理标准的推出，亚硝酸盐和铬酸盐等对人和环境产生危害的气相缓蚀剂产品逐渐被淘汰且禁用。低毒或无毒的新型气相缓蚀剂的研究、开发及应用得到快速发展。21 世纪主导的缓蚀剂主要为低毒（无毒）、环保、高效型。

用于现阶段的气相缓蚀剂主要有高效通用型、绿色低毒型、多载体应用型等。
高效通用型气相缓蚀剂主要有有机胺类、酸酯类、杂环类和聚合物等。有机
胺能够通过水解和解离释放出游离的小分子胺或者羟自由基吸附在金属表面从而
抑制金属腐蚀；同时分散在气相中的 NH_3 对酸性气体有一定的中和作用，加强了
大分子胺类阻止腐蚀过程的作用。俄罗斯研究开发的 N,N-二乙胺基丙氰在工业性
和海洋性大气中对黑色金属和有色金属均具有良好的保护作用。蔡会武通过实验
对高级脂肪乙醇酰胺的最佳合成工艺条件及产品的最佳配方进行确定，并评价了
产品的防锈性能。结果表明，产品对钢、铜、铝等金属有良好的防锈作用，而性
能比较实验证明，产品性能优于目前广泛使用的亚硝酸二环己胺，是一种性能优
异的环保型产品。Martin 用咪唑啉同低分子胺按一定比例进行复配，可以用于输
气管线，并且具有一定的缓蚀效果。硝基苯甲酸胺能吸附在金属表面的活性位置，
取代水分子或者将低化合价的氧化物转变为高价氧化物。环己亚胺-N-硝基苯甲酸
盐能够吸附在 Fe 或者 Ni 表面发挥保护作用，并随着时间和温度的增加而增大。
大多数的硝基苯甲酸胺对 Fe 或者 Zn 都有较强的保护作用。Gao 等研究了 1,3-二
吗啉基-2-丙醇（DMP）和 1,3-双-二乙胺基-2-丙醇（DEAP）等醇胺衍生物作为气
相缓蚀剂，它们能通过阻止金属活性位溶解来防止黄铜、碳钢在气相条件下的腐
蚀，DEAP 比 DMP 具有更好的缓蚀效果。张大全等进行了双哌啶脲（BPMU）和
单哌啶脲（MPMU）作为碳钢挥发性缓蚀剂的比较研究。通过挥发性抑菌筛实验
（VIS）和抑菌能力实验（VIA）对其抑菌性能进行了评价，采用密闭空间挥发性
失重实验比较其挥发性。结果表明，BPMU 比 MPMU 具有更好的保护效果。一
个 BPMU 分子有两个 N 原子与一个 Fe 原子配合，一个 MPMU 分子有一个 N 原
子与一个 Fe 原子配合。BPMU 分子中 N4 和 N8 原子的 HOMO-LUMO 能隙较小，
是一种优良的缓蚀剂。Muraveva 等研发出的脂肪族叔二胺化合物可用于防止石油
开采过程中硫化氢腐蚀。之后，国内学者研发的月桂酰联胺及其衍生物和脲胺衍生
物作为气相缓蚀剂，对碳钢、铜合金、锌、铝均有很好的保护作用。最近，张
大全课题组又考察了环己胺甲基脲（CAU）气相缓蚀剂的防腐蚀性能和成膜特性。
CAU 的挥发性较小，72 h、50℃条件下密闭空间挥发减小量大约为 1.0%。经过
20 h 诱导期，气相缓蚀实验的碳钢试片无锈蚀。气相防锈甄别实验中，CAU 可以
使碳钢的腐蚀率从 311.9 mg·m^{-2}·h^{-1} 降低至 64.76 mg·m^{-2}·h^{-1}，对碳钢缓蚀率为
79.24%。CAU 预膜电极电化学阻抗谱呈现弥散效应，经过 30 min 的 CAU 预膜，
碳钢电极的电荷传递电阻从 1.32 kΩ·cm^2 提高到 3.81 kΩ·cm^2。CAU 可以挥发到
达碳钢表面，通过分子中的 N 原子、O 原子和 Fe 原子发生化学配位作用，吸附在
碳钢表面形成保护膜，是性能优良的碳钢气相缓蚀剂。酸酯类气相缓蚀剂无毒，
且具有良好的缓蚀性能和挥发性。Dwivedi 等研究发现在高湿度（100% RH）和
低湿度（40%～20% RH）条件下，丙氨酸对铁金属有很好的气相保护性能，缓蚀

效率为 78%～80%。碳原子数为 4～7 的氨基酸烷基酯具有较好的气相挥发性和长效的缓蚀作用，如半胱氨酸、谷氨酸等脂肪氨基酸，色氨酸等含有芳香基的氨基酸类。为了防止汽车零配件清洗及储运过程中产生锈蚀，Saurbier 等发现 3-(苯甲酰基)-N-(1, 1-二甲基-2-羟乙基)-丙氨酸（TALA）对湿大气中的低碳钢具有良好的保护效果。Müller 等用 3 种不同的丙烯酸酯和两种异丁烯酸酯合成的低聚型聚酯，对 Zn 有良好的缓蚀性能。杂环类化合物一般含有 O、N、S 和 P 等原子，与金属具有较强的吸附作用并形成稳定的配合物或螯合物，而且分子内或分子间极易形成大量的氢键而使吸附层增厚，形成阻滞腐蚀粒子接近金属表面的屏障。近几年常用的杂环类气相缓蚀剂有环己亚胺、哌啶、唑类化合物、吗啉类衍生物等。张大全课题组关于杂环类气相缓蚀剂的研究做了大量工作。1999～2010 年，他们依次研究了以低毒的杂环胺和苯甲酸为主要原料反应得到的 HA-1 气相防锈剂、以 4-(N, N-二环己基)-胺甲基吗啉为主剂的气相防锈剂 HA-3、新型吗啉衍生物 HJ-20-2、以 2-巯基苯并咪唑（MBI）为主的复配体系等气相缓蚀剂，其可有效用于抑制碳钢及有色金属的腐蚀，他们还揭示了其缓蚀机理。吗啉类系列衍生物分子中的 N、O 杂原子与 Fe 之间存在相互作用。含 0.75 mmol·L^{-1} MBI 和 0.25 mmol·L^{-1} 的 KI 复配，缓蚀效率达到 95.3%，在金属表面形成了一层（Cu$^+$MBI）络合物膜来抑制铜的腐蚀，碘离子没有参与缓蚀膜的形成。协同作用是由于碘阴离子吸附在铜表面，促进了质子化 MBI 的吸附，从而形成保护膜。聚合物除了具有可作为气相缓蚀剂的优点外，还具有多功能性，即缓蚀基团之间的协同效应使得缓蚀剂的功能性增强。冯辉霞等以苯胺、乌洛托品为原料合成了一系列苯胺缩聚物，用失重法研究了它们在不同温度、不同酸浓度的介质中，随缓蚀剂加入量的不同，对 A3 钢产生不同的缓蚀效果，进而表明苯胺缩聚物具有优良的缓蚀性能。张大全合成了一种吗啉二聚体——双-(吗啉甲基)-脲，其是一种性能优良的黑色金属气相缓蚀剂，对 Cu 和 Al 等有色金属也有一定的缓蚀作用。为了适应社会的发展变化，人类环境保护意识逐渐提高。在缓蚀剂方面，天然物质提取物逐渐成为防腐技术中应用较为广泛的物质之一。如利用天然野生植物制取中药后的残渣研制了 CH 缓蚀剂，通过研究发现它是一种缓蚀效果良好的吸附膜型缓蚀剂。Rauscher 等对含有 N、S、O 和不饱和键成分的植物提取物缓蚀剂进行评价，结果表明其均具有 90%以上的缓蚀效率。油类或者谷类中的提取物植酸是一种高效多功能气相缓蚀剂，能够在金属表面螯合成膜，阻止金属进一步腐蚀。植物类缓蚀剂原体包括菊科类植物、桉树叶、核桃叶、金竹叶、樟树叶、酒糟、穿心莲、米糠、麻疯树、柏树籽、绿茶树、可乐树等。2017 年，国内的一些团队从橘子叶、种子及油菜籽饼的提取物中相继开发了环保型气相缓蚀剂。国外的高效低毒和高稳定性的钢铁用气相缓蚀剂多系咪唑类化合物，可以从维生素 B6 生产过程中的副产物中提取，成本较低，如 2-甲基咪唑、2-乙基-4-甲基咪哩和 2-

异丙基咪唑等，其热稳定性好，毒性低，对人体无有害的生理毒性，并能被细菌降解。

多载体应用型气相缓蚀剂的应用方式多种多样，可以直接散布在机器的不同位置，可以装入纱布，制成黏合剂，压制成片或丸，也可以制成气相防锈水、气相防锈油、气相防锈纸等。如汽车零部件种类繁多，结构复杂，形状各异，普遍的防护方法主要是通过涂抹防锈油或者防锈油脂来达到防锈效果。海运出口国外的缸套包装采用浸涂防锈油、气相防锈袋包装；腔、筒状器件等多采用防锈粉剂包装；大型精密设备或配件要求包装等级较高，一般用气相防锈铝塑复合膜；单个且形状较规则的零件多采用气相防锈纸作为包装材料。气相防锈纸较为常见，是一种含浸或涂覆气相缓蚀剂的纸。它是靠纸中浸渍或纸面上涂布的一种气相缓蚀剂的化学物质，在常温下缓慢地散发出缓蚀气体，这种气体能使空气中的水分、二氧化碳、二氧化硫、硫化氢等腐蚀性介质游离到金属表面，生成一种表面看不见的稳定的致密保护膜，起到钝化作用，保护金属材料和设备免于侵蚀。气相防锈纸的核心成分为气相缓蚀剂，气相防锈纸的研究重点就在于气相缓蚀剂的研究。辛志玲等在非亚硝基气相防锈纸的配方开发研究中采用电化学方法和传统评价方法对所配制的几种气相防锈纸的性能进行了评价。结果表明，它们对碳钢都具有保护作用，并且证明了气相防锈纸的电化学阻抗评价方法与传统的盐雾实验评价方法的结果一致。伍振亚等在高效低毒镀锌钢板用气相防锈纸的研究中，针对镀锌钢板锈蚀机理及影响条件，配制缓蚀剂并涂布于防锈原纸上，成功制得了高效的镀锡钢板用气相防锈纸。在环保型金属包装用气相防锈纸的研究中，通过研究气相缓蚀剂钨酸钠、乌洛托品与尿素 3 者之间的最佳配比关系，开发出一种新型无毒的环境友好型气相防锈纸，并通过快速气相防锈甄别实验，表明该防锈纸防锈效果良好，能够对所包装的金属产品进行较长期的防锈保护。近年来，随着经济的发展及对环境保护要求的提高，气相防锈新产品和气相缓蚀剂的使用新方法相继出现，如气相防锈泡沫塑料、气相防锈烟熏剂、气相防锈干燥剂、可剥性气相防锈胶带、气相防锈缓冲材料等。总体而言，目前研发的气相缓蚀剂中，真正实现商品化和实际应用的产品还不多，气相缓蚀剂的应用研究还有待加强。另外，气相缓蚀剂的载体因被保护金属部位而异，具有多样性，因此发展多载体应用技术也是气相缓蚀剂研究的一个重要环节。

多数单气相缓蚀剂没有广泛的适用性，仅对某一种或几种金属具有缓蚀作用。在实际应用中，被保护的对象大多是多金属组合件。为获得较好的防护效果，达到通用性目的，采用复合配方充分发挥组分间的协同效应是一种较为理想的方法。以协同缓蚀作用机理指导气相防锈材料复合配方的开发，可以提高缓蚀效率，降低对环境危害大的缓蚀剂的使用量，具有重要的现实意义。而对于天然产物气相缓蚀剂，由于其分子量通常比较大，挥发性能会受到一定限制，因此注重不同分子量及活性基团的天然产物间的复配及优化，以提高其挥发性能和缓蚀效率也不失为一种良计。

8.4.3　酸性缓蚀剂

1. 油田酸化缓蚀剂[27-35]

在石油勘探和开采过程中，对于新井而言，需要加入一定的酸液进入地层岩石的孔隙空间内，通过化学溶蚀作用扩大已有的流动通道，同时打开流向井筒的新通道；而对于老井，酸液用于清除孔隙堵塞物并降低一些不利于油井产量的无机有害物质。所用酸液主要有盐酸、氢氟酸、甲酸、乙酸、硫磺酸、硫酸、磷酸、柠檬酸、氯乙酸等。其中，最常见、最普遍的是盐酸。1895 年，美国俄亥俄州利马市标准石油公司太阳炼油厂提出通过化学作用扩大灰岩地层油井流动通道的设想，并推荐使用 30%~40%的盐酸作为酸化液，并于当年在油井中实施了盐酸酸化增产技术，1896 年获得美国第一个油井酸化采油技术专利权。由于盐酸会腐蚀金属设备，酸化增产技术未能实现工业化应用。直到酸化缓蚀剂出现，酸化增产技术才得以应用。早在 1915 年，Aupperle 首次发现了盐酸溶液中锑对钢材的缓蚀效果。1928 年 Gravell 提出砷可作为钢桶储存酸的缓蚀剂，原因是砷可以在金属表面形成保护膜。20 世纪 30 年代以后，酸化缓蚀剂在国外盛行，包括有机物、无机物及复合配方酸化缓蚀剂。直到 21 世纪，无机物酸化缓蚀剂逐渐减少，研究较多的还是有机杂环化合物及复配型缓蚀剂。近几年，所采用的酸化油田缓蚀剂主要有咪唑啉类缓蚀剂、复合缓蚀剂及环保型缓蚀剂等。

咪唑啉类缓蚀剂是一种广泛应用于石油、天然气生产中的缓蚀剂，具有一个含氮的五元杂环，杂环上与 N 成键的是 R_1 基团（如烷基等疏水基团）和 R_2 基团（如酰胺官能团、氨基官能团和羟基等亲水基团）。五元杂环为给电子中心，疏水碳链起屏蔽作用。以己二酸、二乙烯三胺为原料合成了双环咪唑啉缓蚀剂 JUC，并对其季铵化后得到了适于酸化用的双环咪唑啉季铵盐缓蚀剂 JUCI，评价结果表明，合成的 JUC 和 JUCI 缓蚀剂对 N80 钢（油管用）在盐酸体系溶液中有较好的缓蚀作用。董莹等发现 3 种双咪唑啉季铵盐在 1 mol·L^{-1} 盐酸介质中对 Q235 钢都具有良好的缓蚀性能，且用量少，较高温度（50~80℃）下的缓蚀效率达 90%以上。Zhang 等对 1-R-2-十二烷基咪唑啉的 4 种不同官能团进行了对比分析，证明这 4 种官能团对分子的反应能力、缓蚀剂膜附着能力和缓蚀剂膜的紧密度具有显著的影响。赵永生等的研究表明咪唑啉及其衍生物在盐酸中对铜的缓蚀率与其分子轨道能级密切相关，咪唑化合物在铜表面的化学吸附是配位键与反馈键共同作用的结果，咪唑啉及其衍生物的分子以平卧的方式吸附于铜表面。作者课题组也研究了几种用于酸化体系的咪唑啉缓蚀剂。2011 年，在双季铵盐中引入咪唑啉环，以咪唑啉为母体，合成了一种含咪唑啉环的不对称双季铵盐化合物 DBA。DBA 在盐酸溶液中对 Q235 钢的腐蚀有明显的缓蚀作用。当浓度达到 2.89×10^{-4} mol·L^{-1} 时，缓蚀效率均在 90%以上，且缓蚀效率受温度影响较小，在 25～55℃温度范围内显示出良好的缓蚀效果。在 Q235 钢表面的吸附过程属于一种吸热反应的化学吸附。DBA 可通过咪唑啉环和 N 等原子与 Fe 作用，在金属表面形成配位键和反馈键，使缓蚀剂分子在金属表面的吸附更加稳定。同时采用失重法、电化学技术评价了新合成的咪唑啉磷酸盐缓蚀剂对 Q235 钢的缓蚀作用及其在盐酸溶液中的吸附行为。咪唑啉磷酸酯是一种混合型缓蚀剂，其咪唑啉环和 N、O、P 等杂原子是缓蚀剂的活性中心。其与碘化钾复配的复合缓蚀剂在 298 K、303 K、323 K 和 343 K 下均具有良好的缓蚀效果。缓蚀效率在 120 h 时最高可达 95.7%。2012 年，合成了咪唑啉基不对称双季铵盐 Gemini 表面活性剂。该化合物具有较高的表面性能，缓蚀效率在临界胶束浓度值时达到最高，以抑制阴极过程为主。接着又研发了新型不对称双季铵盐 DBAL，DBAL 随着温度的升高，缓蚀效率逐渐提高，在 298～328 K 温度范围内，浓度为 3.28×10^{-4} mol·L^{-1} 时，效率可达 90%以上。2013 年，测定了不同疏水链长度 DBA-12、DBA-14 和 DBA-16 的一系列咪唑啉基不对称双季铵盐 DBA 的表面性质，采用失重法、极化曲线法和电化学阻抗谱研究了这些化合物在盐酸溶液中的吸附行为及其对 Q235 钢的缓蚀作用。结果表明，三种缓蚀剂对 Q235 钢均表现出良好的缓蚀性能，可同时延缓阳极溶解和阴极析氢反应，表明有较强的化学吸附作用。结果进一步证明，高温有利于化合物的吸附，其中 DBA-12 的缓蚀效率最高。

复配型缓蚀剂可以弥补单一缓蚀剂投加量大、效率低的缺点，选择合适的比例及用量可以充分发挥组分间的协同作用。2016 年，埃及国家研究中心物理化学系 Abdel Ghany N. A.等研究了两种缓蚀剂在 65℃、90℃、15% HCl、20% HCl 环境中对低碳钢的缓蚀效果。两种缓蚀剂配方为煤焦油蒸馏产物（CTDP）和水溶性姜萃取物。CTDP 在 65℃、90℃、15% HCl 中 6 h 的缓蚀效率分别为 98.6%和 90.3%。姜萃取物在 65℃、90℃、15% HCl 中 6 h 的缓蚀效率分别为 99.3%和 96%。两种缓蚀剂在 20%的 HCl 中同样具有良好的缓蚀效果，与油气田常用酸化缓蚀剂相比显示出良好的优势。2017 年，巴西里约热内卢大学 Nascimento 等研究了以丙炔醇、十八烷基胺和 1, 3-二丁基硫脲为有机组分的缓蚀剂间的协同作用，评价了缓蚀剂在甲酸和乙酸介质中对 API P110 钢的腐蚀抑制效果，该复合缓蚀剂为混合型缓蚀剂，在 80～120℃下缓蚀效率超过 98%。国内的李克华等以曼尼希碱为基本组分，复配丙炔醇、OP-10、乌洛托品等，通过正交实验确定复合缓蚀剂的组成为：丙炔醇/曼尼希碱（质量比）为 0.08，OP-10/曼尼希碱（质量比）为 0.02，乌洛托品/曼尼希碱（质量比）为 0.05。复合缓蚀剂添加量为 1.0%时，在酸中的腐蚀速率为

$0.385 \text{g} \cdot \text{m}^{-2} \cdot \text{h}^{-1}$，缓蚀性能达到了 SY/T 5405—1996 规定的一级标准。赵修太等以芳香酮、甲醛和四种有机胺为原料，在实验室合成了四种曼尼希碱酸化缓蚀剂，复配以四种增效剂，制备出了系列高温酸化缓蚀剂。用静态失重法对合成出的系列母体缓蚀剂和系列高温酸化缓蚀剂进行了性能评价与对比，结果表明，系列高温酸化缓蚀剂耐温可达 150℃，在盐酸、氢氟酸和土酸中均具有良好的缓蚀性能。

用于油气田中的绿色型缓蚀剂不再局限于从天然产物中提取，基于环保型材料合成绿色目标产物是当下的重点。绿色缓蚀剂不仅是指最终产品对环境无毒、对人体无害，还要求缓蚀剂的合成、制备及使用过程减小对环境及人体的影响，且经济有效。油田绿色缓蚀剂要求从分子水平研究油田的污染防护，采用化学手段设计分子结构，减少及终止有毒原料和化学品的使用，研发新型的有机缓蚀剂，并使最终产品在苛刻条件下耐高温性和防腐蚀性更好，使用更方便。近几年，用于油田酸化的绿色有机合成缓蚀剂主要有醛类、氨基酸和有机胺等。醛类化合物中常见的绿色缓蚀剂主要有糠醛和香草醛，糠醛可以从米糠及农作物中提取，而香草醛是一种无毒香料。李善建等用肉桂醛和苯胺脱水缩合合成了一种新型 Schiff 碱盐酸酸化缓蚀剂。Nabel 等利用香草醛-甘氨酸 Schiff 碱分别与四种聚乙二醇脂肪酸酯进行酯化，获得四种碳链长度不同的环保型缓蚀剂，分别为 VGOD（十二烷基）、VGOH（十六烷基）、VGOO（十八烷基）和 VGOL（油酸），并在 25℃下评价了四种缓蚀剂在 $1 \text{ mol} \cdot \text{L}^{-1}$ HCl 中的缓蚀性能。研究结果表明在四种缓蚀剂加入量为 $400 \text{ mg} \cdot \text{L}^{-1}$，反应 24 h，碳钢的腐蚀速率降至 $0.1 \text{ mg} \cdot \text{cm}^{-2} \cdot \text{h}^{-1}$，缓蚀效率在 95% 以上。这是因为香草醛分子中有芳环、羰基、甲氧基和羟基等多个吸附基团。但香草醛目前应用的主要困难在于成本较高，不适合在大面积的酸化油田中使用。王清海等将一种降解壳聚糖季铵化并与香草醛反应得到香草基改性壳聚糖季铵盐（VHTC），其在酸性介质中对 Q235 钢具有良好的缓蚀性能，VHTC 的缓蚀效果优于壳聚糖，当其浓度增加到 $200 \text{ mg} \cdot \text{L}^{-1}$ 时，缓蚀效率达到 90%，与常用缓蚀剂（如咪唑啉）相当。VHTC 是一种由几何覆盖效应引起的混合型缓蚀剂，在酸性溶液中引入 VHTC 后，Q235 钢在 HCl 溶液中的腐蚀受到明显抑制。氨基酸分子兼具氨基和羧基基团，是许多天然产物及其提取液的主要成分，来源广泛，且在自然环境中能够降解。陈武等研究了五种氨基酸在盐酸介质中对 Q235 钢的腐蚀抑制性能。研究表明，缓蚀效率受酸的浓度、温度和缓蚀剂用量的影响，半胱氨酸缓蚀效率最高，亮氨酸最差。40℃时，1% HCl + 1% HF 的土酸中，加入 $200 \text{ mg} \cdot \text{L}^{-1}$ 半胱氨酸缓蚀效率最高。而在 2% HCl 中，氨基酸浓度为 $200 \text{ mg} \cdot \text{L}^{-1}$ 时，五种氨基酸缓蚀剂的效率为：半胱氨酸＞酪氨酸＞组氨酸＞精氨酸＞亮氨酸。杨萍等根据虹吸原理水解蛋白质废弃物制备复合氨基酸用缓蚀剂，并合成聚天冬氨酸（PASP）。结果表明，蛋白质水解液及合成物对 X65 钢在高矿化度、腐蚀性强的 HCl 中具有良好的缓蚀作用。尼日利亚尤约大学研究了无毒合成化合物 5-羟基色氨酸（5-HTP）在 1 mol·L^{-1} HCl 和 15% HCl 中对 J55 碳钢的缓蚀作用。在 30℃下的缓蚀效率分别为 91.4%和 73.9%，在 90℃下的缓蚀效率分别为 67.4%和 40.3%。当 5-HTP 与碘化钾和聚乙烯乙二醇混合后，在 90℃的两种酸液中的缓蚀效率分别为 87%和 72%。可见，氨基酸符合绿色缓蚀剂的要求，如果能够增加其普适性，其应用范围会进一步扩大。在缓蚀剂领域中，有机胺化合物应用最多，普遍用于多种腐蚀介质中，如脂肪胺、芳香胺、胺聚合物等。研发环境友好型胺类缓蚀剂必须以引入低毒性有机胺及其盐化合物代替有毒胺化合物。Schmitt 等提出将聚琥珀酰亚胺、乳糖酸等衍生物作为高酸性介质中对碳钢的环境友好型缓蚀剂，满足了海上油气田开发用缓蚀剂高降解性、低毒和不在沉积物中富集的要求。EkeminiItuen 在油井 30～90℃环境下评价了 2-(E-(5-甲氧基-1-(4-(三氟甲基)苯基)戊基)氨基)乙胺（MPPOE）作为 15%酸液的无毒缓蚀剂。30℃下，10×10^{-5} mol·L^{-1} 的 MPPOE 缓蚀效率为 80.4%。加入谷胱甘肽复配增效后，在 90℃、15%酸液中缓蚀效率由 74%提高到 85%。

绿色合成缓蚀剂是未来的研究重点，同时环保、廉价缓蚀剂也是复配的基础。盐酸是油田酸化较普遍应用的酸液，但由于各油井岩石、硬度及孔隙堵塞物的不同，加强对其他酸化缓蚀剂的研发也是当下的重点。

2. 油气田 CO_2 水溶液缓蚀剂

随着深层含 CO_2 油气井的开发、油井含水量的增加以及注 CO_2 强化采油工艺的应用，CO_2 腐蚀与防护问题已成为当今油田亟待解决的重要课题之一[36]。CO_2 溶入油田采出水或油田注水溶液中形成碳酸，对钢铁有极强的腐蚀性，在相同 pH 下，它对钢铁的腐蚀比盐酸还要严重。在石油、天然气开采与集输过程中普遍存在的 CO_2 气体能够引起石油、天然气的生产、加工设施和运输管道的严重腐蚀[37]，从而造成巨大的经济损失。我国华北油田、中原油田、四川气田等都发生过因 CO_2 腐蚀而造成设备严重损坏。因此，无论是国内还是国外，CO_2 腐蚀都已成为一个不容忽视的问题。由于缓蚀剂技术有用量少、成本低、操作方便、能适应许多恶劣环境等优点，在各大油气田中应用十分广泛。

控制 CO_2 腐蚀的缓蚀剂种类较多，常用的有以胺类、酰胺类、咪唑啉类及其他一些含 N、P、S 的有机化合物为主的单组分缓蚀剂，也有少数无机缓蚀剂。但由于油气田现场工况条件往往随地质因素和开采期变化，因此传统的缓蚀剂常常不能完全适应 CO_2 腐蚀中出现的新情况，缓蚀剂的研制也趋向于开发一些复配型和专用型缓蚀剂。

1）单组分缓蚀剂

单组分抑制 CO_2 腐蚀的缓蚀剂包括含氮化合物类缓蚀剂、含硫化合物类缓蚀剂和含氧或磷化合物类缓蚀剂[38]。

含氮化合物类缓蚀剂应用最广泛的是咪唑啉类缓蚀剂。咪唑啉衍生物属于环境友好型缓蚀剂，制备方法简单，原料易得，高效、低毒，是一种广泛应用于石油、天然气生产中的有机缓蚀剂，对含有 CO_2 或 H_2S 的体系有明显的缓蚀效果[38]。据 Martin 和 Valone 介绍，国外商品咪唑啉缓蚀剂多为咪唑啉与酰胺的混合物。由此开发了一种名为咪唑啉酰胺（IM）的咪唑啉缓蚀剂。胜利油田研制的一种酰胺咪唑啉缓蚀剂 GS-1，现场应用显示该缓蚀剂能显著抑制含 CO_2、H_2S 及盐等高腐蚀性含水油井中的腐蚀，使检泵周期由原来的 1.5～3 个月延长至 6 个月以上。陈普信等针对高矿化度的弱酸性采出水中的 CO_2 引起的文东油田高含水气举采油井生产管柱严重腐蚀的情况，研制了固体状缓释性酰胺咪唑啉缓蚀剂 SIM-1，在 60℃ 的常压 CO_2 饱和 3% NaCl 溶液中，50～100 $mg·L^{-1}$ 的 SIM-1 可有效地保护 A3、N80 和 J55 钢材。通过电化学测试表明 SIM-1 为控制阳极过程为主的混合型缓蚀剂。原中国科学院金属腐蚀与防护研究所张学元等利用电化学手段和有关热力学理论研究了咪唑啉酰胺在饱和 CO_2 的高矿化度溶液中对碳钢的缓蚀行为。结果表明，这类化合物属吸附型缓蚀剂，对于钢铁有良好的缓蚀作用，其缓蚀机理为"负催化效应"。

马涛等通过对咪唑啉改性制得了一种改性咪唑啉缓蚀剂，在 CO_2 饱和的盐水体系中该缓蚀剂对 A3 钢的缓蚀率达到 95% 以上。李国敏等研制出一种防止 CO_2 腐蚀的咪唑啉固体缓蚀剂。该缓蚀剂在 CO_2 饱和的 3% NaCl 水溶液中对碳钢有良好的缓蚀效果。不足的是该固体缓蚀剂的溶出速率会随着时间的增加而减小，随时间的延长，没有足够的缓蚀剂到达金属表面或修补保护膜，从而导致防腐蚀作用逐渐丧失。华中科技大学成功研制缓释型固体棒状缓蚀剂，并成功应用于中原油田，投加一次该缓蚀剂，能在长达一个月内较好地抑制油套管线 CO_2 腐蚀。

针对传统的投加液体缓蚀剂防止油井管柱的腐蚀方法存在着增设加药泵、操作不便、用量大、防护周期短及生产成本大的问题，尹成先、阮林华等以最优原料二聚酸与多胺合成双烷基双环咪唑啉季铵盐，并通过静态失重法和高温高压动态模拟实验方法表明，该缓蚀剂在 120℃、转速 60 $r·min^{-1}$、CO_2 饱和条件下，添加量为 300 $mg·L^{-1}$ 时，缓蚀率达到 80.3%[39]。

本课题组对用于 CO_2 腐蚀环境中咪唑啉类缓蚀剂的研究做了大量工作。首先，在简单咪唑啉结构中引入硫脲合成硫脲咪唑啉缓蚀剂（TAI）并将其与烷基咪唑啉进行比较。TAI 能有效地抑制 Q235 钢 CO_2 腐蚀，在 0.15 $mmol·L^{-1}$ 浓度下，缓蚀效率随吸附方式的改变而出现峰值现象。在试样表面的吸附过程改变了双电层的结构，TAI 分子中的杂原子与金属表面上的 Fe 形成配位键起到缓蚀作用。正电荷质子化的 TAI 分子吸附在钢表面使得 AFM 针尖与试样表面的长距离反射力减小,疏水作用增强。烷基咪唑啉和硫脲基烷基咪唑啉缓蚀剂都是以控制阳极过程为主的混合界面型缓蚀剂。而烷基咪唑啉成膜相对较慢,吸附能力较弱,容易发生脱附。硫脲基烷基咪唑啉中的 N、S 杂原子,增强了咪唑啉环的吸附性能,使得硫脲基烷基咪唑啉缓蚀剂溶液存在自动修复的能力,提高了其缓蚀性能。量子化学计算进一步验证了硫脲基烷基咪唑啉中由于活性吸附点的增加,缓蚀性能增强。接着,为了提高咪唑啉类缓蚀剂的降解性,合成了环境友好型咪唑啉不对称双季铵盐 DBA,DBA 对 Q235 钢在 CO_2 饱和的 2% NaCl 溶液中具有良好的缓蚀性能,缓蚀效率随缓蚀剂浓度的增加而增大,在临界胶束浓度值附近达到 91.35%。该缓蚀剂是一种既抑制阳极反应又抑制阴极反应的混合型缓蚀剂,它在 Q235 钢表面形成保护膜,在 240 h 以上都较稳定。为了进一步改进碳钢腐蚀防护,将 DBA 与硫脲(TU)进行复配并研究了 DBA 和 TU 对 Q235 钢在 CO_2 饱和油田采出水中的协同作用。DBA 与 TU 的质量分数最佳比例为 1:1,随着 DBA-TUG 浓度的增加,缓蚀效率提高,在 150 mg1-1DBA-TU 存在下,最高效率达到 94.7%,表明DBA 和 TU 具有协同抑制作用。EDS 和 SEM 的结果证实了保护性吸附膜的存在。该缓蚀剂的吸附模型符合 Flory-Huggins 吸附等温线,在 Q235 钢表面通过物理吸附和化学吸附相结合起到缓蚀作用,且该复配体系能够抑制 CO_2 高温腐蚀。而为了增加分子吸附活性中心和增强降解性,在咪唑啉不对称双季铵盐中引入酯基得到了咪唑啉不对称磷酸酯季铵盐,并研究了它对碳钢在饱和 CO_2 盐水中的缓蚀性能和机理。从腐蚀角度看,该衍生物是良好的混合缓蚀化合物,对阳极和阴极过程均有影响,其缓蚀效率随缓蚀剂浓度的增加而增大。分子中均匀分布的"电子密度和 N 原子"参与吸附过程。当其与碳钢表面相互作用时,缓蚀分子也起到电子受体的作用。由于咪唑啉类缓蚀剂具有优良的性能,已经被用于工业生产,一直是研究中的重点。近几年,对咪唑啉的研究主要集中在影响因素及改性评价方面。咪唑啉中引入烷基疏水链,可阻止腐蚀介质和金属接触。赵桐等的研究结果表明,烷基链长度增强了分子的疏水性,碳链的碳数为 21 时,缓蚀效果最佳。而且,咪唑啉烷基疏水链中引入双键后能提升其疏水性,增强对金属吸附的稳定性,因而具有更好的缓蚀效果。侧链和烷基链双重引入的缓蚀剂可以抵制材料特殊类型的腐蚀,如 1-(2-氨基乙基)-2-庚基咪唑啉可有效抑制缝隙腐蚀。咪唑啉类缓蚀剂的缓蚀性能还与流速和浓度有关。对 2-巯基苯并咪唑缓蚀效应的研究发现,恒定浓度下,缓蚀剂的性能取决于湍流条件,与缓蚀剂分子从溶液到钢表面扩散的增量有关;流速恒定时,缓蚀性能取决于其浓度,随浓度增加,腐蚀速率下降。在流动条件下,通过增大缓蚀剂浓度降低金属的腐蚀速率并不是有效的措施,需要加强对流速极值的研究。流速条件下,加入 8.1×10^{-5} mol·L^{-1} 羧乙基改性咪唑啉缓蚀剂,在 500 r·min^{-1} 时腐蚀速率最低,出现了流速临界值的现象。

其他含氮化合物类缓蚀剂包括铵盐、季铵盐和有机胺类缓蚀剂，主要依靠氮原子吸附，广泛应用于油气井中的吸附成膜。原中国科学院金属腐蚀与防护研究所研制的炔氧甲基季铵盐把具有较好性能的各类型缓蚀剂的典型官能团互相嫁接，集中反映在一个化合物中，使其在使用性能上能相互取长补短，在金属表面吸附时形成多个基团形成金属表面的多中心吸附，大大提高其在铁表面的吸附活性，显示出极优良的缓蚀性能，对均匀腐蚀和局部腐蚀都能产生抑制作用。蒋秀等利用交流阻抗（EIS）、线性极化、动电位极化和拉曼光谱等方法对炔氧甲基季铵盐在常温常压 CO_2 饱和的模拟油田产出水中的电化学行为和缓蚀性能进行了研究。结果表明，随着该缓蚀剂的加入，体系的阳极电流明显减小，自腐蚀电位显著正移。炔氧甲基季铵盐的极值浓度为 150 mg·L^{-1} 并存在阳极脱附现象。

曹家绶和陈家坚等针对碳原子数对缓蚀效率的影响进行实验对比发现，由含 6~8 个碳的烷基胺所合成的炔氧甲基胺和季铵盐缓蚀效果最好。通过在 CO_2 饱和的盐水体系中进行实验发现，当该缓蚀剂的浓度为 50~75mg·L^{-1} 时，平均腐蚀速率从 0.19 mm·a^{-1} 降至 0.017 mm·a^{-1}，点蚀基本不发生，平均有效缓蚀率大于 90%。

程远鹏等在高温高压高 CO_2[39]和 Cl$^-$环境中，用静态高温高压模拟实验方法对不同浓度的 TG500 新型咪唑啉季铵盐缓蚀剂进行了缓蚀效率测试。结果表明，TG500 缓蚀率随浓度增加而增加，浓度增加到 0.3 g·L^{-1} 后，缓蚀效率提高不明显。

油气井常用的吸附成膜型胺类缓蚀剂往往在极度湍流的流体中失去缓蚀作用，最近成功研究了一种专门抑制流体冲刷的缓蚀剂，这类缓蚀剂具有吸附速度快，可快速修复破损的缓蚀剂膜；形成的缓蚀剂膜致密、强韧、附着力增强、膜寿命大大提高。

松香胺是一种主要含有烷基氢化菲结构的树脂胺，分子结构中非极性三环结构具有很好的疏水性，而极性的胺基部分具有亲水性，因此松香胺属于两亲分子。李国敏、李爱魁等应用电化学阻抗谱及极化曲线测量技术，研究了在高压 CO_2 的 1% NaCl 溶液中松香胺类缓蚀剂（RA）对 N80 钢的缓蚀机理，并探讨了它的吸脱附行为。结果表明，RA 缓蚀剂对 N80 钢在高压二氧化碳体系中腐蚀有良好的缓蚀作用，缓蚀机理是负催化效应。在碳钢表面的吸附服从 Langmuir 吸附等温式。

刘宏伟等研究了十二胺缓蚀剂在 CO_2 + 3% NaCl 动态腐蚀介质中对 Q235 钢的缓蚀行为。随着转速的增加，Q235 钢自腐蚀电位明显正移，1000~2000 r·min^{-1} 的测试条件下，腐蚀电流密度增速较慢。酰胺也属于有机胺，有关研究表明，酰胺可以通过一个分子占据两个或多个活性位点进行吸附。酰胺中引入烷基，其缓蚀机理与表面活性剂相似，羧基与氨基极性基团吸附在金属表面，烷基作为疏水屏障隔离腐蚀介质。脂肪酰胺主要来源于植物油，如米糠油、棕榈油，用量少，缓蚀效率高，其由于能从食物中提取，因此无毒、易降解，符合绿色高效型缓蚀剂的要求。

另外，受海洋生物代谢启发，将天冬氨酸经热缩聚反应得到聚天冬氨酸（PASP），其是一种生物高分子缓蚀剂，不仅对碳钢的 CO_2 腐蚀具有良好的缓蚀性能，对 Al、Co、Ni 和 Cu 等其他金属的腐蚀也有很好的抑制作用。

咪唑啉季铵盐也是抵制 CO_2 腐蚀的优良缓蚀剂。咪唑啉季铵盐比咪唑啉单体具有更好的缓蚀性能，N^+ 增加了分子的亲水性，成膜能力增强。Yang 等的研究发现，1-癸基-3-甲基咪唑氯化铵在 pH = 3.8 时试样表面形成缓蚀膜，在 pH = 6.8 时，缓蚀效率达 97.6%。咪唑啉季铵盐与烷基酚聚氧乙烯醚的复配体系质量浓度为 100 mg·L^{-1} 时，缓蚀效率为 97.55%。咪唑啉不对称双季铵盐作为抑制 CO_2 腐蚀的缓蚀剂也得到了大量研究，在上述已列出，包括 DBA 和磷酸酯不对称双季铵盐等。Harris 等探讨了氯化二甲基苄基烃铵（C14）缓蚀剂对碳钢在 CO_2 水溶液中腐蚀速率的影响。在 60～70℃时，C14 有良好的缓蚀性能；在 80℃时，形成了具有保护性的 $FeCO_3$ 沉淀膜，但是加入 C14 后缓蚀效率降低，$FeCO_3$ 沉淀膜被破坏。因此，高温条件下缓蚀剂的选择要考虑 $FeCO_3$ 沉淀膜的形成。目前，对有利于腐蚀产物形成的缓蚀剂研究极少，只有早前在对咪唑啉衍生物的研究中证明了咪唑啉环上存在亲水碳氢链时对 $FeCO_3$ 的形成是有利的。

最近，有关文献报道了低聚物 4-乙烯基哌啶在二氧化碳盐溶液中对碳钢的缓蚀，低聚物 4-乙烯基哌啶分子中 N 原子上的孤对电子可以与铁的 3d 空轨道形成配位键，产生化学吸附。随着温度升高，吸附分子（疏水链）之间的排斥力增加，分子更紧密地吸附在金属表面，低聚物 4-乙烯基哌啶解决了高温二氧化碳腐蚀问题。棕榈酸聚丙烯酰胺分子结构中 $CH_3(CH_2)_7CH = CH—(CH_2)_7CO$ 和 CONH—R 基团吸附在高密度的钢表面，形成了一种抑制碳钢腐蚀的分子膜，可有效抑制二氧化碳腐蚀。Ambrish 等合成了席夫碱、N, N-(吡啶-2, 6-二基) bis (1-(4-甲基氧苯基)-甲胺)（PM），缓蚀效率在 90% 以上。加入 PM 后接触角明显增大，碳钢表面疏水性增强，腐蚀速率减小。

含硫化合物类缓蚀剂主要有硫脲，其通过硫原子进行吸附，主要作为酸性介质中钢铁缓蚀剂，但发现硫脲及其衍生物对抑制 CO_2 腐蚀有一定效果。上海材料研究所的吕战鹏和华中科技大学的郑家燊等研究了硫脲衍生物在 CO_2 饱和水溶液中对碳钢的缓蚀性能，发现硫脲衍生物对抑制碳钢在 CO_2 饱和的水溶液中的腐蚀有一定效果，在较低浓度时就有明显的缓蚀性能。硫脲衍生物对阴、阳极过程都有抑制作用，依取代基不同而抑制程度不同，不同硫脲衍生物缓蚀率与浓度关系不同，会出现缓蚀率极值现象。

Jovancicevic 和 Ahn 等研究了一些商业应用的抑制 CO_2 腐蚀的含硫化合物[硫代硫酸钠，硫脲，2-硫基乙醇酸，巯基丙氨酸，3, 3′-二硫代二丙酸（DTDPA）和叔丁硫醇（t-BM）]，并与巯基乙醇（MA）在结构-性能的关系和电化学行为上进行比较。结果显示，在上述缓蚀剂中，MA 能最有效地抑制全面腐蚀和局部腐蚀，MA 是与咪唑啉缓蚀剂具有协同效应的阴极型缓蚀剂，把含硫官能团还原为不易溶的二硫化物是 MA 的主要缓蚀机理。

巯基酸是油田应用中有效的钢铁缓蚀剂。巯基乙酸（TGA）对钢铁在含有 CO_2 的盐水溶液中的缓蚀行为已用不同的电化学方法和分析技术研究过。Bilkova 和 Hackerman 用三种不同的电化学测量技术——线性极化电阻、阻抗测量和动电位极化测量技术从吸附、保护膜的形成尤其是溶液化学和溶液 pH 效应方面研究了 TGA 的缓蚀机理，并得出如下结论：在裸钢表面 TGA 很容易起到缓蚀作用，但当钢铁表面有腐蚀产物膜时则需要更高的浓度来达到相同的缓蚀效果，加入 TGA 后溶液 pH 的改变引起了自腐蚀电位向阳极移动，溶液的 pH 及它的缓冲容量在 TGA 分子的缓蚀行为中发挥着重要作用。

在最近的研究中，含硫缓蚀剂出现了几种新型的化合物。Tian 等设计了两种多活性位点缓蚀剂，即 CITT 和 CATA。CITT 具有苯环、三唑、亚胺基、巯基和烯烃等，CATA 还包含氨基、羰基和硫原子。分子中氮、氧、硫原子可在碳钢表面进行化学吸附，双键提供的 π 电子与铁 3d 空轨道形成 π-d 键增强分子吸附，CATA 还存在分子间氢键，可以形成双层缓蚀膜。7.7×10^{-4} mol·L^{-1} 的两种缓蚀剂的缓蚀效率将近 95%。将多个活性吸附基团集中在一个分子中，相同量的该分子有多个可吸附基团，有利于提高缓蚀效率，减少使用量。因为较多大基团（如苯环）的引入可能会因空间位阻而屏蔽一些基团，使其失去吸附能力，所以，在不考虑分子设计困难的情况下，多活性吸附位点有机缓蚀剂避免了缓蚀剂复配体系的复杂筛选过程，又减少了缓蚀剂用量，未来可能成为国内外缓蚀剂研发的一大热点，目前研究较少。

针对国外的顶线腐蚀问题，Belarbi 等研究了己硫醇、癸硫醇和 11-巯基十一烷酸对 X65 钢在 CO_2 饱和的 1% NaCl 溶液中的缓蚀作用及机理。硫醇在碳钢表面是物理吸附，硫原子的自由电子与铁键合形成范德瓦耳斯力二次键，癸硫醇和 11-巯基十一烷酸的长疏水基团阻碍腐蚀介质侵蚀碳钢基体。利用硫醇的挥发性和缓蚀性解决了石油和天然气工业中的顶线腐蚀问题，而对于烷基硫醇的研究还很少，较多的研究内容是将巯基引入分子中作为缓蚀基团，如硫代咪唑啉缓蚀剂、2-巯基苯并咪唑等。

含氧或磷化合物类缓蚀剂包括有机磷缓蚀剂，它是一类高效、用途广泛的缓蚀剂，但容易造成含磷化合物引起的水源富营养化。张贵才等以聚氧乙烯烷基苯酚醚为原料合成了氧乙烯链长和单酯含量不同的系列聚氧乙烯烷基苯酚醚磷酸酯，并评价了其在 CO_2 饱和的模拟盐水中的缓蚀效果，发现该类表面活性剂属于阳极型缓蚀剂。

随着国内外对缓蚀剂研究的不断进行，双子表面活性剂研究盛行。双子表面活性剂具有两个亲水基和疏水基，由连接基将两个亲水基连接而成。疏水链长度的选择是研究的热点，疏水链过短不能更好地将金属与腐蚀介质隔开，疏水链过长会因水溶性而影响缓蚀效果。赵景茂等研究了含羟基双子表面活性剂在 CO_2 饱和盐水溶液中对 Q235 钢的缓蚀性能，结果表明，羟基双子表面活性剂（n-3OH-n，n = 12, 14, 16, 18）碳链数为 12 和 14 时缓蚀效果最好。为了进一步提高缓蚀效率，将羟基双子表面活性剂与硫脲组成复配体系，达到与单组分相同的缓蚀效率时，羟基双子表面活性剂的用量减少了 10 倍，有效节省了缓蚀剂用量。

此外还有炔醇类化合物，其是高温、浓酸条件下的重要钢铁缓蚀剂，20 世纪 50 年代中期就已发现它的高缓蚀效果。但其主要缺点是毒性大，国内已研究生产的无炔醇缓蚀剂，都是具有阳离子表面活性的杂环化合物。

2）复配缓蚀剂

单一品种的缓蚀剂要想提高缓蚀效果，一般是增加缓蚀剂浓度，这样势必造成投加缓蚀剂的成本增加，并且单一缓蚀剂在浓度增加到一定程度后，缓蚀率不再随浓度增加而增加或增加较少。采取缓蚀剂复配是提高缓蚀效果的有效方法之一，通过缓蚀剂复配，可有效地发挥缓蚀剂的协同效应，提高缓蚀剂的缓蚀效果。我国油气田目前所使用的抑制 CO_2 腐蚀的缓蚀剂大多以咪唑啉为主要成分，复配其他有机物和溶剂。咪唑啉复配乙基硫代磷酸酯制得 ID-1 缓蚀剂（CN1043534A），该缓蚀剂只能在较低温度下使用，且产物气味较大。咪唑啉与炔醇复配的缓蚀剂（CN1277240A、CN1277241A）有较好的抑制 CO_2 腐蚀的效果，可用于较高温度下，但炔醇化合物成本高，毒性大，对操作人员有很大的危害性。

郑家燊发现咪唑啉与硫脲复配后有很好的抑制 CO_2 腐蚀的作用，并具有一定的"后效性"。冀成楼等发现，咪唑啉与硫化物、磷酸酯、季铵盐等复配，由于协同效应而使缓蚀效率较单一成分的咪唑啉大幅度提高。针对华北油田高 CO_2 引起的严重腐蚀，发展了一种以咪唑啉衍生物和一种含氮的噻唑衍生物复配的缓蚀剂 IMC-871。实验室的动态模拟实验表明，该缓蚀剂不但有良好的缓蚀效率，而且有明显的后效性。

原中国科学院金属腐蚀与防护研究所针对 CO_2 的腐蚀研究开发了以油溶或水溶性咪唑啉及其季铵盐为主成分，复配以含硫大分子有机化合物的 IMC-871 及 IMC-871-G 缓蚀剂。在 CO_2 饱和水溶液中，当添加量为 30～100 mg·L^{-1} 时，碳钢的腐蚀速率可由 2.97 mm·a^{-1} 降到 0.07 mm·a^{-1}。机理研究表明，该缓蚀剂在 CO_2 饱和水溶液中对腐蚀过程的阴、阳极同时具有较好的抑制作用，属混合型缓蚀剂。中国石油天然气集团公司管材研究所开发了一种油田用新型抗 CO_2 腐蚀缓蚀剂，由咪唑啉含硫衍生物、烷基磷酸酯、炔醇和非离子表面活性剂复配而成。该缓蚀剂在金属表面以独特的双胶层方式成膜，呈"相间型"与"界面型"的混合吸附特征。可用于较高温度和较高压力的油井中防止含 CO_2 的高矿化度污水对金属表面的侵蚀。长江大学开发的一种控制 CO_2 腐蚀的缓蚀剂，是由油酸咪唑啉、硫脲、聚氧乙烯醚、异丙醇和水组成。该缓蚀剂具有良好的控制 CO_2 腐蚀的效果，缓蚀率在 95% 以上。杨小平等针对川中矿区磨溪气田井下油管和气管以及地面集输设备的严重腐蚀情况，研制了油溶性成膜缓蚀剂（液相缓蚀剂）CZ3-1 和水溶性挥发性缓蚀剂（气相缓蚀剂）CZ3-3，将两者复配使用，对高温高 H_2S 气体分压和 CO_2 气体分压下该气田采出水的腐蚀有良好的减缓作用。

北京化工大学赵景茂课题组近几年研究了多种咪唑啉衍生物的复配体系。采用电化学技术研究了油酸基咪唑啉季铵盐（OIMQ）与硫脲（TU）对 Q235 钢在 CO_2 饱和盐水溶液中的缓蚀协同效应。结果认为，二者复配使用可以有效降低使用浓度，表现出优异的缓蚀协同效应。OIMQ 与 TU 在碳钢表面形成了一层双层结构的吸附膜，TU 可主要存在于膜的底部，而 OIMQ 主要存在于膜的顶部，这种结构的缓蚀膜一方面阻止腐蚀性离子的渗透，另一方面限制了 TU 分子脱附。而张晨等研究了咪唑啉季铵盐（IAS）与十二烷基磺酸钠（SDSH）在 CO_2 饱和 3.5% NaCl 腐蚀介质中对 Q235 钢的缓蚀协同效应。结果认为，低浓度 SDSH 与 IAS 具有较好的缓蚀协同效应，且当二者以 $1:1$（$50 \text{mg·L}^{-1} : 50 \text{ mg·L}^{-1}$）的浓度复配时，协同效应最明显，缓蚀率为 88.5%；高浓度 SDSH 与 IAS 会产生拮抗效应。当 SDSH 浓度高于 100 mg·L^{-1} 时，SDSH 阴离子与 IAS 阳离子在金属表面会发生竞争吸附，此时 SDSH 主要起缓蚀作用。此外还采用电化学测试、失重、表面分析等测试手段研究了咪唑啉衍生物（IM）和半胱氨酸（CYS）的协同缓蚀机理。结果表明，在 CO_2 饱和盐水溶液中，10 mg·L^{-1} CYS 和 50 mg·L^{-1} IM 的加入使接触角迅速增加，碳钢表面的疏水性增强。IM 和 CYS 分别含有 N 和 S，S 原子有两个孤立的电子对，电负性比 N 原子小，更易于提供电子与 Fe 形成配位键，CYS 分子更容易吸附在金属表面。初始吸附的 CYS 分子主要抑制金属表面的腐蚀反应，随后吸附的 IM 分子具有较长的疏水烷基链，主要抑制腐蚀介质的扩散过程，同时阻止 CYS 分子解吸。在水溶性的含硫缓蚀剂中，经常用硫代硫酸盐与其他缓蚀剂联合使用来抑制碳钢的 CO_2 腐蚀。硫代硫酸盐与含氮的阳离子化合物之间的协同效应已有报道。然而，当有硫酸盐还原菌（SRB）存在的条件下，硫代硫酸盐可能引起铁合金的点蚀、缝隙腐蚀和应力腐蚀开裂。硫代硫酸盐也可以作为氧化剂被硫酸盐还原菌还原，进一步引起局部腐蚀。因此应该探寻一些具有更好缓蚀性能的含硫化合物。

华中科技大学利用分子设计方法采用大分子化合物和小分子化合物及特性吸附的阴离子相复配开发了一种抑制 CO_2 腐蚀的水溶性缓蚀剂，其由松香胺、单元酸、硫脲及其衍生物和溶剂组成，可在较宽的温度范围较好地抑制管道碳钢材料在油田中的 CO_2 腐蚀，对油套管和集输管线提供了有效的保护。

除了上述咪唑啉复配型缓蚀剂之外，也有有机物间以及有机物与无机物间的复配体系。赵景茂等研究了双子表面活性剂（12-3OH-12）与硫脲（TU）的复配体系在 CO_2 腐蚀环境中对 Q235 碳钢的缓蚀行为。结果表明，不同配比的复配缓蚀剂相比于单独使用 12-3OH-12 和 TU 时的缓蚀效率均有所提高，$10\ mg\cdot L^{-1}$ 的双子表面活性剂与硫脲最佳复配比为 1：2，腐蚀速率最小，缓蚀效率为 75.91%。卤素离子电负性大且易极化，可在金属表面发生特性吸附，使其表面带负电荷，并与质子化的有机缓蚀分子产生静电作用形成金属-卤素-有机分子的吸附体系，从而提高缓蚀效果。Abdulazeez 等采用理论计算法和电化学技术研究了咪唑衍生物与卤素原离子（Cl^-、Br^- 和 I^-）在 Fe（100）表面的吸附行为。吸附强度排序为 $I^->Br^->Cl^-$，I^- 电负性大，与金属的作用最强，作为中间体连接金属与有机物形成一定的吸附体系。Bashir 等研究了 KI 的加入对单宁酸（TA）在 CO_2 饱和 3.5% NaCl 溶液中对 X60 管线钢的缓蚀性能的影响。结果表明，KI 的加入增强了 TA 的缓蚀效率，浸泡 24 h 时，KI 与 TA 的缓蚀效果仍然良好，保护效率约为 90%。而 Heydari 研究了氨基咪唑啉衍生物和 KI 在 CO_2 饱和 3wt% NaCl 溶液中对 API 5l X52 钢的协同缓蚀作用。实验结果认为，溶液中 I^- 的存在稳定了氨基咪唑啉的吸附，表面覆盖度增加，体系的协同作用是由于 I^- 与氨基咪唑啉的共吸附。

3）绿色缓蚀剂

许多高效缓蚀剂往往带有毒性，致使它们的应用效果受到限制。近年来，随着人类环保意识的增强和可持续发展思想的深入，围绕性能和经济目标开发环境友好型缓蚀剂成为未来缓蚀剂的发展方向。

目前，主要应用烷基胺、咪唑啉衍生物和生物高聚物这三种化学物质来开发抑制 CO_2 腐蚀的绿色缓蚀剂。Obeyesekere 和 Naraghi 等分别合成了以这三种物质为基础的 30 多种缓蚀剂，并从缓蚀性能测试、毒性测试、化学稳定性和水溶解性几方面筛选出了两种最佳的咪唑啉类缓蚀剂 N265 和 N267，测试结果表明这两种缓蚀剂在酸性溶液中对于钢铁的缓蚀性能优于商业上可获得的最佳的低毒型缓蚀剂。

Obeyesekere 和 Zhou 等以烷基胺、胺和咪唑啉、磷酸酯等化学物质为基础，并用乙二醇、乙二醇单丁醚或者丙二醇作溶剂合成了 50 多种环境友好型缓蚀剂。以商业应用的缓蚀剂 N-1 作参照，通过最初的旋转圆筒电极体系测试、生物毒性测试以及进一步的化学稳定性能、热稳定性能和水溶解性能测试筛选出三种适用于 CO_2 饱和的酸性环境中钢铁用的高效低毒缓蚀剂：N-33、N-35（季铵盐＋磷酸酯）、N-37（水溶性磷酸酯盐）。不但这三种缓蚀剂的缓蚀性能等于或优于 N-1，而且 N-33 和 N-35 比 N-1 具有更高的环境友好性。

　　Chen 从三个主要的化学药品生产商购买了 5 种抑制 CO_2 腐蚀的最佳绿色缓蚀剂，在常温 CO_2 饱和的 3%的 NaCl 溶液中在旋转圆筒电极体系（RCE）中用交流阻抗和线性极化电阻测试技术研究了这 5 种缓蚀剂的缓蚀行为，结果显示缓蚀剂 A（乙氧化脂肪胺盐）、C（聚胺/多胺）、D（乙酸铵）、E（烷基氨基酸＋乙二醇）这四种缓蚀剂在上述溶液中，当浓度为 25 ppm 时缓蚀率≥90%。

　　为了进一步开发适用于 CO_2 高压条件下的绿色缓蚀剂，Jenkins 和 Mok 等以环境友好型的原料合成了主要化学成分分别为咪唑啉、磷酸酯＋咪唑啉、季胺化合物＋咪唑啉的几种绿色缓蚀剂，并通过高压釜测试、旋转圆筒电极体系测试和喷砂实验验证了它们的缓蚀性能，所有的测试结果都显示当缓蚀剂浓度达到 20 ppm 时，这几种绿色缓蚀剂的缓蚀率都在 90%以上，可以用来作为 CO_2 高压条件下的绿色缓蚀剂。

　　生物表面活性剂是微生物在一定条件下通过代谢过程分泌出的具有一定表面活性的代谢产物，如糖脂、多糖脂、脂肽或中性类脂衍生物等，其无毒、可生物降解、表面活性高，在石油领域具有广阔的应用前景。其中，生物表面活性剂槐糖脂由大量的羧基、羟基组成，极性基团的亲和力可以促进槐糖脂分子与金属表面键合，有作为缓蚀剂的潜能。张静等研究了槐糖脂在 CO_2 饱和的油田采出水中对 X65 钢的缓蚀作用，25℃时能有效地抑制 X65 钢的 CO_2 腐蚀，30 $mg·L^{-1}$ 槐糖脂的缓蚀效率已经达到 92.44%，缓蚀效率随缓蚀剂浓度的增加而升高。槐糖脂是用于抵制二氧化碳腐蚀的新型、绿色、高效缓蚀剂，生物表面活性剂这一领域是未来缓蚀剂研发的关键领域。

　　最近，Umoren 等和 Verma 等[40, 41]研究了天然聚合物壳聚糖和羧甲基纤维素缓蚀剂在 CO_2 饱和 3.5% NaCl 中对 X60 钢的缓蚀性能。结果认为，两种缓蚀剂的缓蚀效率随浓度增大而升高，相同条件下壳聚糖的缓蚀性能优于羧甲基纤维素。它们常温下通过物理吸附起到缓蚀作用，但在 40℃时因分子量大和吸附力弱均发生脱附行为，在 60℃时由于铁-缓蚀剂复合物的形成，其效率有所提高。而 Cui 等采用失重法、电化学测试、表面分析等方法评价了两种壳聚糖低聚糖衍生物（PHC 和 BHC）80℃条件下在 CO_2 饱和 3.5% NaCl 中对 P110 钢的缓蚀性能。结果表明，100 $mg·L^{-1}$ 的 PHC 和 BHC 的缓蚀效率分别为 85.70%和 88.59%，属于阴极抑制为主的混合型缓蚀剂，PHC 和 BHC 具有两亲性官能团，可改变 P110 钢表面的亲疏水性，具有较好的缓蚀效应。

　　4）气液两相缓蚀剂

　　随着天然气工业的发展，传统的液相缓蚀剂已很难达到防腐蚀的目的，如液相缓蚀剂往往难以抑制湿气管线的顶部腐蚀，这就使得气液两相缓蚀剂的开发尤为重要。气液两相缓蚀剂既有液相保护作用又有气相保护功能，主要用于解决某些含水液体部分及液面以上 100～500 m 管段钢材的腐蚀问题。这种缓蚀剂同时含有液相和气相缓蚀组分，以利于对液面以下部分和气相部分的材料进行保护。

赵雯和张秋禹等按一定比例将含羰基官能团的正丁醛或异丁醛滴加到氨水中制得中间体二烯亚胺并与升华硫反应制得了一种二氢噻唑类新型 CO_2 缓蚀剂。在高温条件下，用室内静态挂片失重法进行缓蚀效果评价。结果表明该缓蚀剂浓度为 1000 mg·L^{-1} 时，气、液两相缓蚀率分别为 89.6% 和 91.7%。

周静和郗丽娟等将阳离子咪唑啉与硫脲缓蚀剂按一定比例进行复配。用静态挂片失重法研究其缓蚀效率，结果表明该复配缓蚀剂对气相、液相中 CO_2 腐蚀都有较好的抑制作用，缓蚀率分别为 93.31% 和 98.51%。电化学极化曲线测量表明该缓蚀剂是以抑制阳极过程为主的混合型缓蚀剂，阳离子咪唑啉组分通过与金属吸附或与金属氧化物络和形成致密膜，提高阳极反应活化能位垒，即"负催化效应"，硫脲主要覆盖在阴极表面，提高析氢过电位，阻止氢离子放电，降低了溶液对金属的腐蚀。

颜红侠和张秋禹等以吗啉衍生物与咪唑啉衍生物、硫脲及丙炔醇进行复配得到一种抗 CO_2 腐蚀的气、液双相缓蚀剂。采用静态挂片失重法结果表明，该缓蚀剂对抑制 CO_2 对 N80 钢的腐蚀有很好的效果，当添加浓度为 500 mg·L^{-1} 时，气、液两相中的缓蚀率分别为 93.6% 和 96.9%，因此其是一种高效的气、液双相缓蚀剂。咪唑啉与硫脲主要提供液相缓蚀效果，硫脲衍生物分子缔合度高，聚合性强，可以填覆咪唑啉吸附膜的空隙；组分中的丙炔醇及吗啉衍生物主要提供气相缓蚀效果。丙炔醇的吸附作用和遮蔽作用，可有效地防止点蚀和坑蚀，同时炔醇可以进一步聚合成膜，填补吗啉衍生物吸附膜的空隙。

赵景茂和顾明广等将二氢噻唑衍生物和硫脲、表面活性剂复配得到了一种抑制 CO_2 腐蚀的气液双效缓蚀剂。通过在 CO_2 饱和的 3% NaCl 腐蚀介质中的静态挂片失重法研究表明该复配缓蚀剂对 CO_2 气液两相腐蚀都有很好的抑制作用。硫脲分子量不高，能够进入气相中填补噻唑衍生物的不足；加入的本身具有缓蚀作用的表面活性剂，可增加噻唑衍生物在水溶液中的溶解性，能够使气相中的噻唑分子溶解到气相试片表面的水膜中，增加浓度可形成更致密的膜。动电位极化曲线测量结果表明该复配缓蚀剂是阳极型缓蚀剂，其缓蚀机理为"负催化效应"。

张军平和张秋禹等以吗啉、三聚甲醛、二正丁胺为原料合成了一种吗啉衍生物，以异丁醛、氨水和硫为原料合成了一种噻唑衍生物。通过静态挂片失重法研究表明，该吗啉衍生物与咪唑啉衍生物、硫脲及丙炔醇复配后对 CO_2 腐蚀有很好的缓蚀效果；而噻唑衍生物单独使用时对 CO_2 腐蚀有较好的缓蚀效果，气液两相缓蚀率可接近 90%。其他常用缓蚀剂（吡啶季铵盐、硫脲、丙炔醇）中只有丙炔醇有协同促进作用。

顾明广将合成的二氢噻唑衍生物与表面活性剂（T-27）和含硫化合物复配制

得了一种抑制 CO_2 腐蚀的气液双效缓蚀剂，缓蚀性能评价结果表明该缓蚀剂对 CO_2 的气液两相腐蚀均有良好的缓蚀作用，缓蚀率分别达到 70% 和 90% 以上。动电位极化曲线和交流阻抗测试结果表明该缓蚀剂是以控制阳极过程为主的混合型缓蚀剂，缓蚀机理为 "负催化效应"。

龙彪将自己合成的咪唑啉季铵盐与 2-己基-4-甲基咪唑啉和硫脲复配，通过拉丁正交实验获得了缓蚀剂复配产品 MLV-1，在 CO_2 饱和的 $20\ g\cdot L^{-1}$ 的 NaCl 溶液中通过静态挂片失重法测得该复配缓蚀剂气、液相缓蚀率分别可达到 86% 和 97% 以上，极化曲线测量结果表明该复配产品是以抑制阳极过程为主的混合型缓蚀剂。

王荣良和张英菊等设计合成了一种成膜型的氮杂环季铵盐缓蚀剂 9912-1，并与硫脲、三乙胺复配后制得了抑制 CO_2 腐蚀的气液双效缓蚀剂，在 90℃ 下，CO_2 饱和的 3% NaCl 水溶液中通过挂片失重法对碳钢的缓蚀性能测试表明，该复配缓蚀剂具有良好的气、液双相缓蚀效果，在气、液相中的缓蚀率分别为 93.89% 和 95.68%。复配的三组分之间具有良好的协同效应。

顾明广和苏芳通过合成咪唑啉、噻唑类衍生物，并将其与低分子量的有机胺及表面活性剂（Q-15）进行复配得到复配缓蚀剂。静态挂片失重法结果表明该复配物对抑制 CO_2/H_2S 的气液两相腐蚀均有良好的缓蚀效果。低分子量的碱性有机胺进入气相中通过共价键吸附在金属表面，烃基则有拒水作用，阻止腐蚀介质接近金属；在液相中，有机胺可以填补噻唑、咪唑啉和 Q-15 所形成吸附膜的空隙，进一步提高缓蚀率。动电位极化曲线和 EIS 测量结果表明，该复配缓蚀剂是以控制阳极为主的混合型缓蚀剂，缓蚀机理属于 "负催化效应"。

Kuznetsov 研究了脂肪族羧酸在 CO_2 饱和的盐溶液中对碳钢的气、液两相的缓蚀效果，发现随着疏水性的增加，酸的缓蚀性能增加。研究结果表明十二烷基酸抑制 CO_2 腐蚀效果最好，而辛酸在 30~100℃ 的条件下，浓度为 $3.7\ mmol\cdot L^{-1}$ 时就能够抑制铁的溶解。

未来，应用于 CO_2 水溶液中的缓蚀剂主要集中于以下几点。①绿色高效型缓蚀剂仍然是今后的研究热点，如生物表面活性剂无毒、易降解、表面活性高，是用于抑制二氧化碳腐蚀的新型、绿色、高效型缓蚀剂。②运用理论计算方法指导多活性吸附位点有机缓蚀剂的合成，既能避免复配缓蚀剂的复杂筛选过程，又会减少缓蚀剂用量，未来可能成为国内外缓蚀剂研发的一大热点。③工业生产中的 CO_2 腐蚀环境越来越苛刻，如高温、高压等，解决缓蚀剂的使用寿命问题是一大难题，而聚合物可以解决高温 CO_2 腐蚀下缓蚀剂的失效问题，是研究中的重点。④考虑到工业成本问题，复配型缓蚀剂可以减少昂贵缓蚀剂的用量，扩大对廉价助剂的使用范围，从一些失效药物和过期食品中提取与分离的有机分子可能是潜在的廉价助剂。

3. 油气田 CO_2 与 H_2S 共存缓蚀剂[42, 43]

随着油气资源的不断开采,含高 H_2S、CO_2、Cl^- 等多种恶劣腐蚀介质的油气田相继出现,有些油气田投产初期就为 H_2S 和 CO_2 共存腐蚀环境,全世界各大产油国几乎都含有 H_2S 气藏,如美国得克萨斯州 Murray Franklin 气田,加拿大阿尔伯塔省 Bentz/Bearberry 气田、Panther River 气田,以及俄罗斯、伊朗、法国等国都有不同 H_2S 含量的气田。我国也有不少气田含有 H_2S 气体,部分气田 H_2S 含量极高,如渤海湾盆地赵兰庄气田、胜利油田罗家气田和卧龙河气田嘉陵江组气藏等。较多油气田随着注水开发,由起初单一的 CO_2 腐蚀环境转变为开发中后期的 CO_2 和 H_2S 共存的腐蚀环境。CO_2/H_2S 共存会造成严重的管柱、管线腐蚀穿孔或者断裂落井的井况恶化等问题,不仅造成巨大的经济损失,同时也给生产工作人员带来安全威胁。

应用于油气田抑制 CO_2 和 H_2S 腐蚀的缓蚀剂以吸附型缓蚀剂为主,普遍认为咪唑啉衍生物、季铵盐双子表面活性剂、气液双相缓蚀剂和复配型缓蚀剂的缓蚀效果较好。

咪唑啉及其衍生物类缓蚀剂热稳定性好,高效低毒,是一种广泛应用于石油天然气生产中的有机缓蚀剂,对含有 CO_2 或 H_2S 的体系有明显的缓蚀效果。美国等西方国家各油气田使用的缓蚀剂中以咪唑啉及其衍生物用量最大。在国外开展的防止 CO_2 腐蚀的缓蚀剂研究中,发现 4-氨基哌啶衍生物可用于防止 CO_2 饱和盐水对钢材的腐蚀,其缓蚀率高达 95%;烷氧基硫醇的磷酸酯或其胺盐可作为高浓度 CO_2 环境中的缓蚀剂;2, 3-双取代基 3, 4, 5, 6-四氧嘧啶化合物,适用于含 CO_2、H_2S 及盐水深井的腐蚀防护;而含硫基和氨基的咪唑啉衍生物,对 CO_2、H_2S 的缓蚀率可达 90%~95%。许多高效咪唑啉型缓蚀剂往往带有毒性,致使其应用受到限制。而 Rivera-Grau 研究了椰子油改性咪唑啉在 H_2S 腐蚀环境下对 1018 碳钢的缓蚀性能并与商业应用的羟乙基咪唑啉相比,结果发现由椰子油改性咪唑啉有更好的抗腐蚀性能,可降低一个数量级的腐蚀速率,对于指导制备绿色缓蚀剂具有重大意义。

我国也开发了多种咪唑啉类缓蚀剂应用于油气田 CO_2/H_2S 共存体系。杨小平等研制了油溶性成膜缓蚀剂 CZ3 系列,对高温、高 H_2S 气体分压和高 CO_2 气体分压下采出水的腐蚀有良好的减缓作用。中国石油天然气集团公司管材研究所也研究开发了抗 CO_2 腐蚀咪唑啉类缓蚀剂,该缓蚀剂对 N80 和 J55 钢在高矿化度、高 CO_2 气体分压下的腐蚀有较好的缓蚀性能。胡松青等研究了 1-(2-氨基-硫脲乙基)-2-十五烷基-咪唑啉(IM-S)的缓蚀性能,结果表明 IM-S 能有效抑制 Q235 钢的 H_2S/CO_2 腐蚀。赵景茂等研究了咪唑啉缓蚀剂在 CO_2/H_2S 共存体系中的缓蚀效果，缓蚀剂质量浓度为 100 mg·L^{-1} 时，缓蚀效率达 86.8%，咪唑啉侧链引入的胺基乙撑数越多，疏水性越强，对金属的黏附力越大。R1 链较多引入烷基疏水链，阻止腐蚀介质和金属接触。

季铵盐表面活性剂可以在金属表面吸附形成单分子膜或多分子膜，从而阻碍腐蚀介质对金属的侵蚀。早期，Menger 等就合成了以刚性基团连接离子头基的双烷烃链季铵盐表面活性剂，并为其起名为 Gemini。由于 Gemini 表面活性剂具有低毒、较好的表面活性和良好的水溶性等特点，作为缓蚀剂具有广阔的应用前景。之后，世界各国的科学家对季铵盐类 Gemini 表面活性剂展开了研究，比较有代表性的是法国 Charles Sadron 研究所的 Zana 研究组、美国纽约市立大学 Brooklyn 学院的 Rosen 研究组、美国 Emory 大学的 Menger 研究组和日本 Osaka 大学的 Nakatauji 研究组等。我国李强等研究了在 50℃、H$_2$S/CO$_2$ 介质中 12-6-12 型、16-2-16 型 Gemini 表面活性剂和咪唑啉表面活性剂在 Cr13 钢上的缓蚀性能，结果表明 Gemini 表面活性剂的缓蚀性能优于咪唑啉，当 Gemini 表面活性剂的浓度达到 50 mg·L^{-1} 时，其缓蚀率可达到 85%左右。

西南油气田分公司天然气研究院开发了气田开发用气液两相缓蚀剂 CT2-15，舒作静和刘志德等介绍了 CT2-15 缓蚀剂在四川气田、大港油田的应用情况。结果表明：CT2-15 缓蚀剂具有优良的气相和液相综合防腐效果，其气、液两相缓蚀率均大于 90%，可将现场的腐蚀速率控制在 0.125 mm·a^{-1} 以下，对抑制油套管的局部腐蚀具有突出的效果，适用于以 H$_2$S 为主的腐蚀环境及 H$_2$S 和 CO$_2$ 共存环境的腐蚀防护，同时对于以 CO$_2$ 为主的腐蚀环境和高温（<160℃）油气井也具有一定的缓蚀作用，使用方便，技术经济合理。杨小平等针对川中矿区磨溪气田井下油管和气管以及地面集输设备的严重腐蚀情况，在研制的油溶性成膜缓蚀剂（液相缓蚀剂）CZ3-1 和水溶性挥发性缓蚀剂（气相缓蚀剂）CZ3-3 两者复配使用的基础上，研制出一种改进的气、液相双效缓蚀剂 CZ3-1E。其液相缓蚀组分仍为油溶性成膜缓蚀剂，由有机胺和有机酸反应合成；气相缓蚀组分为合成反应中有机胺原料的低分子组分、炔醇及杂环类物质，炔醇可有效地抑制钢铁表面的点蚀和坑蚀，两种挥发性物质协同作用，可大大提高气相缓蚀效果。在高温、高 H$_2$S 气体分压和 CO$_2$ 气体分压下，气液两相的缓蚀率都大于 90%。

国内外应用于 H$_2$S/CO$_2$ 共存体系中的缓蚀剂多以复配为主。Ramachandran 和 Ahn 等采用高速高压釜测试方法（HSAT）模拟含有 CO$_2$、H$_2$S 的高温高压气井腐蚀环境，分别研究了以环胺化合物、季铵化咪唑啉和咪唑啉表面活性剂为基础的缓蚀剂对钢铁的缓蚀性能，这几种缓蚀剂都是高温高压条件下热稳定的并且可以有效地阻止钢铁的腐蚀，实验结果表明这些缓蚀剂可以通过高温下在碳钢表面形成的多孔渗水的腐蚀产物层，并与其结合一起作用于碳钢表面，从而阻止碳钢的腐蚀。长庆石油勘探局针对油气田开采、集输过程伴生的 H_2S 与 CO_2 对开采设备腐蚀的情况,开发了一种抗 H_2S 与 CO_2 联合作用下的缓蚀剂,由异丙醇、脂肪醇聚氧乙烯醚和烷基醇聚氧乙烯醚复配而成。该缓蚀剂适用于油田中较高温度和较高压力的油/水井中,有用量少、成本低、效率高的特点。为了防止 CO_2/H_2S 腐蚀,胜利孤岛油田以炔氧甲基胺及其季铵盐为主缓蚀剂,酰胺咪唑啉为复配缓蚀剂,加入多种辅助组分和加工助剂,采用挤压成型方法制成了固体缓蚀剂 GTH。使用该缓蚀剂之后腐蚀速率平均由 0.138 $mm·a^{-1}$ 降至 0.023 $mm·a^{-1}$,缓蚀率为 83%。为解决中原油田高 CO_2/H_2S 的腐蚀,合成了以炔氧甲基胺和炔氧甲基胺衍生物为主要成分的缓蚀剂 IMC80 系列。垦西断块油井的产出水(气)质组成分析及腐蚀性测试结果表明,主要腐蚀因素是地层水、产出气中的 H_2S 和 CO_2 以及随注入水进入地层的 SRB 的生长繁殖。为此研制开发了缓蚀剂 GS21,在现场 6 口油井使用该缓蚀剂后检泵周期大大延长。最近,Zhang 等研究了十八胺(OCT)和十四烷基三甲基溴化铵(TTAB)在 H_2S 和 CO_2 共存溶液中对碳钢的缓蚀行为。结果表明,5 $mg·L^{-1}$ 的 OCT 与 25 $mg·L^{-1}$ 的 TTAB 复配,缓蚀效率达 99.03%。该复配体系通过物理吸附和化学吸附混合过程起到缓蚀作用,一方面是 HS^- 离子起桥联作用的物理吸附,另一方面是 TTAB 和 OCT 中的 N 原子将孤对电子给予 Fe 原子的 3d 空轨道,二者存在共吸附现象,TTAB 阳离子和 OCT 分子同时吸附在钢表面形成保护膜。Zhao 等研究了喹啉季铵盐(QB)和双子表面活性剂(12-3OH-12)在 H_2S 和 CO_2 饱和的盐溶液中的协同机理,结果表明,低浓度缓蚀剂之间会产生协同效应。单组分 QB 缓蚀效率为 95.2%,12-3OH-12 为 91.7%,当在溶液中加入 100 $mg·L^{-1}$ QB 和 30 $mg·L^{-1}$ 12-3OH-12 时,缓蚀效率达到 98.7%,分别提高了 3.5% 和 7.0%,复配体系表现为阳极抑制为主的混合型缓蚀剂。溶液中的 12-3OH-12 浓度较高时,其阳离子优先吸附在钢表面,QB 分子被取代,吸附量降低,分子中 N^+ 和固体(Fe)表面之间是平衡的,而每个吸附的分子(N-Fe)都占据单个位点,所以高浓度的 12-3OH-12 与 QB 的复配体系可以通过竞争吸附实现对金属的缓蚀。

用于 H_2S/CO_2 共存体系中的缓蚀剂以咪唑啉衍生物和复配体系为主。咪唑啉及其衍生物类缓蚀剂是国内外油气田缓蚀剂中研究最多的一种。但是许多高效缓蚀剂往往具有毒性,使其应用受到限制。随着环境保护日益被重视,利用天然动植物资源开发研制、复配和改性新的缓蚀剂,天然环保的绿色缓蚀剂将是未来的发展方向。复配体系能起到显著的抑制效果,但在严酷环境下缓蚀剂的研究相对匮乏,H_2S/CO_2 体系需要针对性较强的缓蚀剂,而含高 H_2S/CO_2 油气田使用经济型缓蚀剂将成为研究难点和重点。

8.4.4　预膜技术

冷却水循环系统内设备和管道经化学清洗后,金属的本体裸露出来,很容易在水中溶解氧等的作用下再发生腐蚀;为了保证正常运行时缓蚀阻垢剂的补膜、修膜作用,应进行预膜处理。通过预膜剂的作用,使金属表面形成一层致密均匀的保护膜,从而使金属免于腐蚀。

膜的组成与所使用的预膜剂性质有关,膜的特点要求薄、均匀、致密。薄的保护膜不至于影响换热效果(涂料太厚);良好的均匀性不至于引起腐蚀;保护膜的致密性与膜的牢固性有关。一般有以下三类:①氧化型膜:是以缓蚀剂本身作氧化剂使金属表面形成钝态的氧化膜。一般来讲,氧化性的缓蚀预膜剂有一定的毒性,常用于密闭系统的处理。铬酸盐、亚硝酸盐的氧化型膜致密、薄,与金属表面结合牢固,防腐效果好。②沉淀型膜:可由缓蚀剂的相互作用,也可由缓蚀剂与腐蚀介质中的金属离子反应形成。一般此种膜的厚度比氧化膜和吸附膜都厚。聚磷酸盐、硅酸盐、杂环化合物等沉淀型膜质地多孔。聚磷酸盐是阴离子型缓蚀剂,它与钙离子结合形成一个带正电荷的聚磷酸钙络合离子($Na_2Ca_2P_4O_6$),以胶溶状态存在于水中,另外,阳极反应产生的亚铁离子向阴极扩散,产生一定的腐蚀电流。当带正电荷的聚磷酸钙络合离子到达表面区域时,可再与亚铁离子络合,生成以聚磷酸钙铁为主要成分的络合离子,依靠腐蚀电流电沉积于阴极表面形成沉淀膜。这种膜具有一定的致密性。而聚磷酸盐等则用于敞开系统,使用广泛。③吸附型膜:由于吸附型缓蚀剂与金属的结合性要差些,故一般不单独用于循环冷却水系统的预膜处理,如胺类吸附型膜,结合性较差,较少使用。

我国的预膜处理技术所使用的预膜剂以磷酸盐及其复配体系为主。

20世纪末,黄兵和杨靖中等针对循环水系统化学清洗后的腐蚀防护问题,以聚磷酸盐-锌盐的成膜机理研究影响成膜速度和预膜效果的主要因素,确定最佳的成膜条件。聚磷酸盐预膜剂的最佳预膜条件为:预膜剂的组成为聚磷酸盐:锌盐 = 2.5:1;预膜液中预膜剂总浓度为 $800\ mg \cdot L^{-1}$;预膜液中 Ca^{2+} 为 $100\ mg \cdot L^{-1}$ 左右;pH 6~7;常温预膜时间为 48 h。通过与其他厂家产品的比较,该预膜条件预膜的各种材质试片的预膜效果优于其他厂家产品。工业性实验表明,预膜试片具有较好的抗腐蚀性。刘茜等采用 NJ-304 和 ZS-202 型预膜剂用于化学清洗后的设备防护也取得了良好的效果。1999 年,田剑临在对清洗预膜剂进行广泛调研的基础上,通过一系列的实验研究,研制出一种高效的低磷清洗预膜剂[HEDP、新型多元醇磷酸酯(PAPE)、低磷聚合物的锌盐复配物],并进行工业应用。结果表明:该清洗预膜剂对系统的清洁能力强、缓蚀性能佳、适应范围宽。产品磷含量极低、性能价格比高，尤其适合系统容量大、环保要求高的循环冷却水系统。

2001 年，为了为空调冷却水处理中如何提高预膜处理效果提供实验依据，一种含聚磷酸盐、Zn^{2+}、分散剂等成分的 NF-902 预膜剂被使用。NF-902 预膜剂中的主要成分是聚磷酸盐，当水中具有一定浓度的钙离子时，带负电荷的直链聚磷酸根离子与 Ca^{2+} 螯合形成胶溶状态的络合离子。腐蚀过程中，阳极反应的产物 Fe^{2+} 向阴极扩散移动，产生一定的腐蚀电流，当胶溶状态的带正电荷的聚磷酸钙络离子到达金属表面时，再与 Fe^{2+} 结合，生成以聚磷酸钙铁为主要成分的络合离子，靠腐蚀电流电沉积于阴极表面，形成沉淀膜。这种膜具有一定的致密性，能阻挡溶解氧扩散到阴极，抑制了腐蚀电池的阴极反应，达到缓蚀效果。使用 NF-902 预膜剂进行静态预膜，钙离子浓度范围为 $40 \sim 80 \ mg \cdot L^{-1}$，根据不同的水质调整预膜剂浓度，预膜时间 $2 \sim 3 \ d$，pH 为 $6 \sim 7$，可获得较好的预膜效果。

2003 年，黄金营等采用正交分析法筛选出一种用于 HEDP 酸洗后的预膜剂，即六偏磷酸钠和硫酸锌。预膜 70 h 后效果显著，根据实验结果在某中央空调系统进行了现场应用，并取得了较好的效果，证实了根据正交实验的结果来确定预膜方案，具有可行性和实效性。接着又以碳酸钠、亚硝酸钠、三聚磷酸钠及六偏磷酸钠作为主要研究对象筛选出用于羟基亚乙基二膦酸酸洗后的预膜剂。亚硝酸钠（质量分数 0.25%）表现为阳极抑制型，虽能减缓腐蚀，但并没有形成理想的钝化膜；碳酸钠（质量分数 0.5%）、三聚磷酸钠（$700 \ mg \cdot L^{-1}$）为阴极抑制型，没有出现明显的钝化区；其中六偏磷酸钠（$640 \ mg \cdot L^{-1}$）属阳极抑制型，加入 $320 \ mg \cdot L^{-1}$ 的 $ZnSO_4 \cdot 7H_2O$ 时，腐蚀速率显著降低，出现实阳极钝化。所以，六偏磷酸钠 $640 \ mg \cdot L^{-1}$ + 硫酸锌 $320 \ mg \cdot L^{-1}$ 可作为 HEDP 复合酸洗液较为理想的预膜配方使用。

2006 年，黄长山等改进了集中空调系统化学清洗钝化预膜工艺，在钝化剂中加入聚丙烯酸钠（PAAS）以提高金属钝化预膜的成膜质量，并研究了 PAAS 的作用机理。PAAS 在钝化预膜过程中对由 Ca^{2+}、Mg^{2+} 等离子生成的氢氧化物有防沉淀作用的原因是其分子结构中的 C—C 长链上存在大量的侧基官能团，即活性羧基基团。该官能团具有较强的螯合作用、分散作用、晶格歪曲作用及成膜能力。加入 PAAS 后，碳钢表面灰色膜层颜色均匀、细腻，在空气中放置 112 h 后，膜层被氧化，开始出现红色锈斑。而在紫铜试样表面有一层均匀、光滑的淡黑色膜层，在空气中放置 240 h 后，膜层未见有明显变化，达到了钝化预膜效果。

2008 年，针对循环冷却水系统清洗预膜问题，黄文氢等以有机磷酸和少量锌盐作为预膜剂配方。采用 SEM 结合 EDS 分析了预膜剂在碳钢表面成膜的形貌及成分，特别是对成膜厚度进行了细致的研究，并采用适当的检测器及特殊的制样方法，得到了真正的膜厚度，并考察了预膜剂浓度对膜厚度及腐蚀速率的影响。

结果表明，由于预膜条件或试片表面不平等原因，导致预膜存在缺陷。膜表面的主要成分有钙、锌、磷、镁，可能是钙、镁、锌的磷酸盐螯合物，膜厚约 24.8 μm。预膜剂对试片保护成膜时，浓度是影响腐蚀率及膜厚的主要因素。采用该体系预膜缓蚀剂防止碳钢设备的腐蚀作用效果较为理想。

2011 年，山西天浩化工股份有限公司工作人员采用 TF-204 预膜剂对正运行的甲醇循环水系统进行清洗预膜。清洗预膜可使循环水清洗预膜后二合一压缩机的真空度有小幅度的降低、冷凝液温度降低幅度较大；空分汽轮机的真空度有较大幅度的降低、冷凝液温度降低幅度较大；合成水冷器进出口温差大，最大达63.6℃，达到了清洗预膜目的。

2014 年，吴东容鉴于输气管道缓蚀剂预膜的经济技术优势，针对其基础理论与应用研究较为薄弱的现状，对输气管道缓蚀剂预膜技术进行探讨分析。基于缓蚀剂预膜的基本技术思路，剖析了缓蚀剂预膜的主要机理，探讨了多种缓蚀剂预膜装置的优缺点，揭示了几种常用的缓蚀剂预膜质量评价方法。结果表明：缓蚀剂预膜机理以吸附成膜为主；现有缓蚀剂预膜装置主要存在管道预膜不完整或缓蚀剂加注量受清管器尺寸限制的问题，采用双清管器全周向喷射式预膜工艺对现有工艺进行改进；缓蚀剂预膜质量的评价需结合缓蚀剂膜厚度测量与管道腐蚀速率监测结果完成，为输气管道预膜技术提供理论指导。

2015 年，刘铭对大庆油田北 I-2 深冷循环水系统预膜方案进行了研究。以预膜剂 A∶B = 19∶4 的加入量预膜后，监测试片表面形成了淡蓝色保护膜，在阳光下观看有较明显的光晕，预膜试片用硫酸铜滴定时间均大于 18 s，多于合同规定的 10 s，达到了《冷却水系统化学清洗、预膜处理技术规则》（HG/T 3778—2005）中的验收要求。同时，循环水浊度降到 16 mg·L^{-1}，总铁含量降到 1.09 mg·L^{-1}，挂片腐蚀速率小于标准要求，达到清洗效果，提升了系统防腐、防垢、防黏泥附着能力，保证了系统安全稳定运行。张旭春等介绍了某企业循环水系统开车前的清洗预膜过程，以 LX-H16 A 和 LX-H16 B 混合 6∶1 的浓度比例，28 h 时试片光亮，表面已经成膜，膜层不易划掉，但试片边缘膜层较薄。36 h 时，整个试片成膜较均匀，有蓝色光晕。至 39 h 时，光亮的试片表面色晕较强，沉积膜以蓝色为底色，有七彩色晕。预膜时钙离子是直接参与成膜的金属离子，与水稳剂中的磷酸根以及锌离子共同作用生成难溶的螯合物，并在金属表面不断沉积，形成致密的保护膜，将金属表面基本上全部覆盖，保护基体不被腐蚀。针对榆林炼化企业循环冷却水中的预膜剂研发，韩启飞对比了低磷含量、高磷含量 2 种预膜剂对碳钢的缓蚀性能的影响。结果表明：用低磷配方 TS-52805A 预膜的碳钢挂片在循环水中防腐蚀效果更好。将 TS-52805A 预膜运行方案应用于榆林某炼油厂循环冷却水系统，运行一个月后监测挂片的腐蚀速率为 0.025 mm·a^{-1}，连续运行半年中每个月碳钢的腐蚀速率均为0.050 mm·a^{-1} 以下，不但明显减缓了碳钢的腐蚀速率，而且符合环保的标准。

2016 年，研究者对锦西石化六循环水场进行了清洗预膜处理。预膜处理阶段共投加预膜剂 1000 kg，预膜分散剂 450 kg，预膜处理结束后，取出预膜监测试片观察，试片表面无锈蚀。挂片腐蚀速率为 0.13 g·m^{-2}·h^{-1}，出现蓝黄色的膜晕，清洗明显，预膜处理成功，对循环冷却水系统的防结垢、防腐蚀、防黏泥附着起到了很好的作用。

2017 年，张敏等针对化学清洗后的钝化预膜过程选取磷酸盐与无机碳酸盐进行复配，并用正交实验法筛选出一种新型复合钝化预膜剂，采取旋转挂片法进行预膜剂的缓蚀性能测试，并对金属表面微观形貌、元素成分使用 SEM 与 EDS 进行检测分析。结果表明，当磷酸盐、碳酸盐投加量分别为 320 mg·L^{-1} 和 100 mg·L^{-1} 时，新型复合钝化预膜剂对碳钢 A3 的腐蚀速率为 0.074 5 mm·a^{-1}，对紫铜合金的腐蚀速率为 0.006 6 mm·a^{-1}，满足化学清洗后对金属的缓蚀要求；同时，复合磷酸盐型钝化预膜剂对金属具有良好的协同增效缓蚀性能，在金属表面形成稳定的钝化膜，降低了金属的腐蚀速率，增强了金属的抗蚀能力，扩展了单一预膜剂的使用范围。钢厂步进式加热炉汽化冷却系统预膜采用 JD-Y602A 预膜剂（硼酸盐、亚硝酸盐等调配物），消除了腐蚀安全隐患，达到了施工的预期效果。王浩等将全无磷环保型清洗预膜剂 HS218XF 应用于中韩（武汉）石油化工有限公司循环水系统。系统预膜后，试片表面有五彩色晕，表面成膜均匀。用硫酸铜试液检测，耐膜时间为 40 s、38 s，达到预膜控制要求。而在循环水管道抗内壁腐蚀的问题上，王洪兵选择投加一种由多种络合剂、成膜剂等组成的预膜剂，通过调整管道内循环水的 pH，使管道内表面形成保护膜，可有效防止管道内壁结垢，同时大幅度提高了管道内壁的抗腐蚀性，增加管道、设备的使用寿命，在保证油气处理厂循环水系统正常生产运行方面意义重大。

2018 年，王成波等报道了新疆生产建设兵团天盈石油化工股份有限公司循环冷却水系统开车前清洗预膜的流程，通过加入预膜剂及预膜增效剂，控制 pH、浊度、总磷量达到了良好的预膜效果。汪枫等现场试验表明，优化后的预膜控制速度计算方法在现场实验中应用良好，采用优化后的预膜控制速度进行现场清管预膜，A、B 两条管线预膜控制速度计算方法切实有效，预膜效果良好，适用于四川盆地高含硫集输管道清管预膜。一种主要成分为聚磷酸盐和锌盐的 DQ-505A/B 预膜剂用于炼油循环水系统的清洗防护，pH 在 5.5~6.5，铁离子浓度控制在 2.0 mg·L^{-1} 以下，预膜时间 48 h 以上时效果较好。

2019 年，刘立军评价了 LX-W068 清洗预膜剂的预膜效果，并将其应用于循环水冷却水系统开车前。试片的腐蚀率较低，碳钢试片腐蚀速率远远小于国家标准中的 6 g·m^{-2}·h^{-1}。LX-W068 清洗预膜剂使用剂量低，可以达到清洗铁锈和预膜两种功能。通过将清洗与预膜两个过程合成一个过程，大量减少了清洗污水的排污量，节约了水资源，缩短清洗周期及人工成本，从而达到保护环境的目的。

我国的预膜技术以磷酸盐及其复配为主，以氧化膜型和沉淀膜型居多，吸附膜型过少。从发展历程来看，考虑到对环境的影响，低磷、无磷型预膜也在研发和使用中，新型预膜剂有待开发。

思 考 题

1. 缓蚀剂分为哪几类？
2. 缓蚀机理有哪三种？分别加以论述。
3. 缓蚀剂测定评定方法有哪些？

参 考 文 献

[1] 王佳，曹楚南，陈家坚. 缓蚀剂理论与方法的进展[J]. 腐蚀科学与防护技术，1992，4（2）：79-86.

[2] 张天胜. 缓蚀剂 [M]. 北京：化学工业出版社，2002：35.

[3] 穆振军. 天然海水中"绿色"复合缓蚀剂的研发及其缓蚀性能和缓蚀机理的研究[D]. 青岛：中国海洋大学，2004.

[4] 王宁. 新型咪唑啉缓蚀剂浓度检测及其在 Q235 钢表面膜生长和衰减规律研究[D]. 青岛：中国海洋大学，2008.

[5] 高玉华，刘振法，张利辉，等. 海水循环冷却水系统中绿色碳钢缓蚀剂的研究进展[J]. 应用化工，2011，40（9）：1653-1656.

[6] 王莹. L921A 钢在海水中的缓蚀剂及其机理研究[D]. 北京：北京化工大学，2015.

[7] 皇甫健. 曼尼希碱海水碳钢缓蚀剂的制备及其作用机理研究[D]. 青岛：中国海洋大学，2012.

[8] 王昕. 环境友好型海水处理剂的研制及性能研究[D]. 天津：河北工业大学，2013.

[9] 宋伟伟. 新型不对称双季铵盐缓蚀剂的合成及缓蚀性能研究[D]. 青岛：中国海洋大学，2011.

[10] 蒋斌. 含咪唑啉环不对称双季盐的合成及其缓蚀性能的研究[D]. 青岛：中国海洋大学，2009.

[11] 蔡国伟，杨黎晖，李言涛，等. 海水环境中碳钢缓蚀剂的研究进展[J]. 腐蚀与防护，2015，36（2）：101-107.

[12] 冯盼盼. 改性壳聚糖衍生物以及 CTS-IA-AA 对不同钢材的缓蚀性能研究[D]. 北京：中国科学院大学，2017.

[13] 梁平，张云霞. 铝合金海水缓蚀剂研究进展[J]. 腐蚀与防护，2010，31（9）：737-740.

[14] 孙丽红. 模拟海水介质中黄铜复合缓蚀剂的研究[D]. 重庆：重庆大学，2010.

[15] 曹琨. 含氮杂环类化合物及其自组装膜对铜在海水中缓蚀机理的研究[D]. 青岛：中国海洋大学，2012.

[16] 王俊伟. 9 种三氮唑类化合物的合成及其缓蚀性能研究[D]. 青岛：青岛科技大学，2013.

[17] 程志. 嘧啶与硫醇类化合物在模拟海水中对纯铜缓蚀性能的研究[D]. 重庆：西南大学，2016.

[18] 洪松. 唑类化合物对模拟海水中纯铜缓蚀性能的研究[D]. 重庆：西南大学，2012.

[19] 杜磊，上官昌淮，林修洲. 分子模拟辅助油气田缓蚀剂研究进展[J]. 四川理工学院学报（自然科学版），2013，26（1）：1-5.

[20] 马庆国，魏英立，张学丽，等. 绿色缓蚀剂在海水对碳钢缓蚀中的研究进展[J]. 环境科学与技术，2010，33（12）：368-371.

[21] 张大全. 气相缓蚀剂研究、开发及应用的进展[J]. 材料保护，2010，43（4）：61-64.

[22] 张大全. 气相缓蚀剂的研究开发及应用中若干问题的探讨[J]. 上海电力学院学报，2019，35（1）：1-7.

[23] 鞠玉琳，李焰. 气相缓蚀剂的研究进展[J]. 中国腐蚀与防护学报，2014，34（1）：27-36.

[24] 李丹希，刘全校，许文才，等. 气相防锈纸研究现状[J]. 北京印刷学院学报，2014，（2）：37-39.

[25] 魏士礼，徐伟. 气相防锈包装材料在汽车行业的应用现状[J]. 绿色包装，2017，（11）：29-32.

[26] 张大全. 绿色气相防锈材料的研究与展望[J]. 世界科技研究与发展，2007，29（3）：15-21.

[27] 秦双，周锰，王辉，等. "绿色缓蚀剂"在油气田领域的研究与进展[C]. 西安：第十九届全国缓蚀剂学术讨论及应用技术经验交流会，2016.

[28] 王宝峰. 国外油气田酸化缓蚀剂研究现状及发展趋势[J]. 腐蚀与防护，2018，39（增刊1）：227-231.

[29] 李耀龙，刘云，鄢晨，等. 油气田开发过程中的缓蚀剂应用[J]. 当代化工，2019，48（1）：153-156.

[30] 吕依依，王远. 油气田用缓蚀剂研发进展[J]. 石油管材与仪器，2015，1（4）：5-7.

[31] 杨鹏辉，张宇翔，任香梅，等. 油气田注水缓蚀剂研究进展[J]. 广州化工，2014，42（13）：8-10.

[32] 王彬，杜敏，张静. 油气田中抑制 CO_2 腐蚀缓蚀剂的应用及其研究进展[J]. 腐蚀与防护，2010，（7）：503-507.

[33] 袁青，刘音，毕研霞，等. 油气田开发中 CO_2 腐蚀机理及防腐方法研究进展[J]. 天然气与石油，2015，33（2）：78-81.

[34] 刘福国. 油田钻具、管道系统腐蚀规律及缓蚀剂缓蚀性能和机制研究[D]. 青岛：中国海洋大学，2008.

[35] 刘小波. 油气井抗 CO_2 腐蚀缓蚀剂的研究进展[J]. 广州化工，2011，39（6）：25-26.

[36] 王梦，张静. 二氧化碳腐蚀缓蚀剂及其缓蚀机理的研究进展[J]. 表面技术，2018，47（10）：208-215.

[37] 刘清云，高峰，吾买尔江，等. 天然气集输缓蚀剂的研究进展[J]. 广州化工，2010，38（12）：74-75.

[38] 王彬. 油气田用抑制 CO_2 腐蚀的咪唑啉类缓蚀剂的缓蚀行为研究[D]. 青岛：中国海洋大学，2011.

[39] 程远鹏，李自力，刘倩倩，等. 油气田高温高压条件下 CO_2 腐蚀缓蚀剂的研究进展[J]. 腐蚀科学与防护技术，2015，27（3）：278-282.

[40] Umoren S A，Solomon M M，Obot I B，et al. A critical review on the recent studies on plant biomaterials as corrosion inhibitors for industrial metals [J]. Journal of Industrial and Engineering Chemistry，2019，76（25）：91-115.

[41] Verma C，Ebenso E E，Quraishi M A. Corrosion inhibitors for ferrous and non-ferrous metals and alloys in ionic sodium chloride solutions：a review[J]. Journal of Molecular Liquids，2017，248：927-942.

[42] 耿春雷，顾军，徐永模，等. 油气田中 CO_2/H_2S 腐蚀与防护技术的研究进展[J]. 材料导报，2011，25（1）：119-122.

[43] 李自力，程远鹏，毕海胜，等. 油气田 CO_2/H_2S 共存腐蚀与缓蚀技术研究进展[J]. 化工学报，2014，65（2）：406-414.

第 9 章 阴极保护

9.1 阴极保护原理

9.1.1 基本原理

应用电化学阴极极化来防止和减轻金属腐蚀的方法称为阴极保护法。阴极保护也就是对被保护金属提供一定量的电子流（或者说电流）进行阴极极化，使金属的电位发生负移，使其处于热力学稳定区，从而减轻或防止金属腐蚀的电化学方法。如图 3-8 电位（势）-pH 图中向下的箭头所示。

根据金属电化学腐蚀原理，电位较低（负）的铁和电位较高（正）的铜连在一起浸入海水中，电位较低的铁被腐蚀而电位较高的铜得到了保护。若想使铁和铜都不腐蚀，需将一块电位比铜和铁更低的金属锌接到回路中，并串联毫安表（mA）指示电流的大小和方向，如图 9-1 所示。

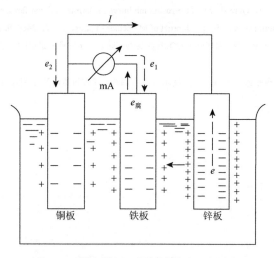

图 9-1　锌板-铁板、铜板腐蚀电池示意图

由于锌板的电化学活性较强，连接后锌板上发生氧化反应 $Zn-2e^- \longrightarrow Zn^{2+}$，其间有大量的过剩电子沿导线流入铜板和铁板，而且：

$$e = e_1 + e_2$$

式中，e_1 为锌板流入铁板电子数；e_2 为锌板流入铜板电子数。

　　当 e_1 足够大时，就能抵消原先引起铁板腐蚀的电子流 $e_腐$，那么铁板上再没有电子沿着导线流入铜板了，这时回路中的电流方向是从铁板和铜板经导线流入锌板，再由锌板经海水流回铁板和铜板。因此，若电流表上的指针指零或反向，则表示铁的腐蚀电流消失或得到过剩阴极电流的保护，因此，铁板得到了保护，不再发生腐蚀，而锌板却受到了腐蚀。

　　由于锌板的接入，腐蚀电池中的铁板（原来腐蚀电池的阳极）和铜板都变成了阴极而得到保护，所以称这种保护为阴极保护。下面用极化曲线来说明阴极保护的原理。为了说明问题，把阴、阳极化曲线按照强极化处理简化成直线，如图 9-2 所示。

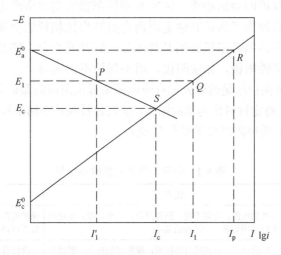

图 9-2　阴极保护原理腐蚀极化图

　　在图 9-2 中，$E_c^0 SQR$ 为阴极极化曲线，$E_a^0 PS$ 为阳极极化曲线，两者相交于 S 点，对应的电流 I_c 为系统的腐蚀电流，对应的电位 E_c 为系统的腐蚀电位（或称混合电位）。

　　当对系统设备施加阴极保护时，即向设备施加阴极电流使其发生阴极极化，则系统设备的总电位就向负的方向移动，如移至 E_1，这时阴极上的总电流为 I_1，相当于线段 $E_1 Q$，其中一部分电流是外加的，相当于 PQ 段，另一部分电流仍然是由于阳极腐蚀而产生的，相当于 $E_1 P$ 段，可以看到，这时阳极的腐蚀电流 I_1' 要比原来腐蚀电流 I_c 小，即阳极腐蚀速率降低，得到一定的保护。

　　当外加的电流继续增加时，系统的电位会继续往负的方向移动，当电位达到阳极的平衡电位 E_a^0 时，则阳极腐蚀电流等于零，即得到了完全保护，这时阴极电

流 I_p（相当于 $E_a^0 R$ 段）全部是外加的电流，这一外加电流称为最小保护电流，所对应的电位称为最小保护电位（等于 E_a^0）。一般在海水中金属从稳定电位往负的方向极化 200～300 mV，就可以得到完全保护。

9.1.2 阴极保护种类及其特点

如前所述，阴极保护的实质就是向被保护金属结构通以一定的阴极极化电流，使被保护的金属结构电位降至热力学稳定区而得到保护。根据所提供电流的方式不同，可分为牺牲阳极的阴极保护和外加电流的阴极保护。

牺牲阳极的阴极保护就是选择电位较低的金属材料（如图 9-1 中的 Zn 板），在电解液中与被保护的金属相连，依靠其牺牲阳极的腐蚀所产生的电流来保护其他金属的方法。这种为了保护其他金属而自身被腐蚀损耗的金属或合金，就被称为牺牲阳极。常用的牺牲阳极有铝及其合金、锌及其合金、镁及其合金等。近年来也有其他新型牺牲阳极，如铁阳极，用来保护不锈钢等。

外加电流阴极保护法是通过外加直流电源来提供所需的保护电流，将被保护的金属作阳极，选用特定材料作为辅助阳极，从而使被保护金属结构受到保护的方法。

表 9-1 比较了两种阴极保护法的优缺点。

表 9-1 阴极保护法的优缺点比较

种类	优点	缺点
牺牲阳极法	不需要外加电流，安装方便，结构简单，安全可靠，电位均匀，平时不用管理，一次性投资小	保护周期短，需要定期更换，电位不可调
外加电流法	电位、电流可调，可实现自动控制，保护周期较长，辅助阳极排沉量大而安装数量少	一次性投资较大，设备结构较复杂，需要管理维护

9.1.3 主要参数

1. 保护电位

保护电位是指阴极保护时使金属停止腐蚀所需的电位值。为了使腐蚀完全停止，必须使被保护的金属电位极化到活泼的阳极"平衡"电位或者自腐蚀电位。

保护电位的值有一定范围，如钢铁在海水中的保护电位在–0.80～–1.0 V（相对于银/氯化银/海水电极，下同）之间，当电位比–0.80 V 更高时，钢铁不能得到完全的保护，所以该值又称为最小保护电位。当电位比–1.0 V 更低时，阳极上可能析氢，使阳极表面上的涂层鼓泡损坏，并可能产生氢脆，同时保护电流密度增大造成浪费，因而还要确定最大保护电位即析氢电位。

保护电位值常作为判断阴极保护是否完全的依据，通过测量被保护结构的各部分的电位值，可以了解保护的情况，因而保护电位值是设计和监控阴极保护的一个重要指标。表9-2列出了一些金属在海水中的保护电位。

表 9-2　一些金属在海水中的保护电位[1]（单位：V）

金属或合金	参比电极	Cu/CuSO$_4$	Ag/AgCl/海水	Ag/AgCl/饱和 KCl	锌/(洁净)海水
铁及钢	通气	−0.85	−0.8	−0.75	0.25
	不通气	−0.95	−0.9	−0.85	0.15
铅		−0.60	−0.55	−0.50	0.50
铜基合金		−0.5～−0.65	−0.45～−0.6	−0.4～−0.55	0.6～0.45
铝	上限	−0.95	−0.9	−0.85	−0.15
	下限	−1.2	−1.15	−1.1	−0.1

2. 保护电流密度

阴极保护时使金属的腐蚀速率降到允许程度所需要的电流密度值，称为最小保护电流密度。最小保护电流密度值是与最小保护电位相对应的，要使金属达到最小保护电位，其电流密度不能小于该值，否则，金属就得不到满意的保护。如果所采用的电流密度远远超过该值，则有可能发生"过保护"，出现电能损耗过大、保护作用降低等现象。

最小保护电流密度作为阴极保护的主要参数之一，与被保护的金属种类、腐蚀介质的性质、保护系统中电路的总电阻、金属表面是否有涂覆层及涂覆层的种类、外界环境条件等因素有关，必须根据经验和实际情况才能判断得当。国际标准中对保护电流密度值均有推荐值。

表 9-3 列出了钢铁在不同介质环境中所需的保护电流密度。表 9-4 列出了中国一些码头用钢所需的保护电流密度。

表 9-3　钢铁在不同介质环境中所需的保护电流密度[2]

环境	条件	保护电流密度/(mA·m^{-2})	环境	条件	保护电流密度/(mA·m^{-2})
稀硫酸	室温	1200	中性土壤	细菌繁殖	400
海水	流动	150	中性土壤	通气	40
淡水	流动	60	中性土壤	不通气	4
高温淡水	氧饱和	180	混凝土	含氯化物	5
高温淡水	脱气	40	混凝土	无氯化物	1

表 9-4　中国一些码头用钢所需的保护电流密度[3]

码头名称	海水中保护电流密度/(mA·m⁻²)		土壤中保护电流密度/(mA·m⁻²)
	裸钢	有涂层	裸钢
上海石化陈山原油码头		30	10
北仑港	100	20	15
上海石化总厂码头		40	10
宝钢原料码头	80（海拔水）	55（海拔水）	10
连云港杂货码头			10
三亚港码头	107		
黄尚原油码头	120		20

9.1.4　影响因素

1. 腐蚀电池的极化

因为阴极保护是在被保护金属表面阴极极化的基础上进行的，所以原来腐蚀电池的极化性能对阴极保护有很大的影响。

（1）在阴极极化率较大和阳极极化率较小的情况下，极化曲线如图 9-3（a）所示，被保护金属的腐蚀主要受阴极控制，在这种情况下较易达到完全保护。如果阴极极化曲线为扩散控制部分，则保护电位正好处于该范围内，则 I_p 与 I_c 基本相等。

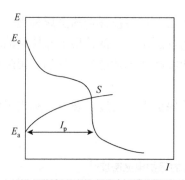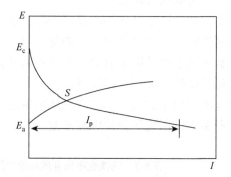

(a) 阴极极化率较大时的极化曲线图　　(b) 阴、阳极极化曲线相等或阳极极化率较大时的极化曲线图

图 9-3　极化曲线图

（2）在阴极极化率和阳极极化率相等的情况下，或阳极极化率较大的情况下，如图 9-3（b）所示的极化曲线图，要达到完全保护，使系统达到保护电位 E_a，则 $I_p \geqslant I_c$，即保护电流要比腐蚀电流大得多。

（3）周围介质腐蚀性的增大会使保护电流相应加大，介质中氯离子浓度的增加、含氧量的增大、介质搅动速度加快（如增加海水流速）均会使阴极极化减弱，从而使极化所需的电流增加，即保护电流增大。

介质中化学成分的变化、含氧量、pH、离子种类、悬浮物，均对阴极保护有影响。含氧量、pH 及介质电导率都会影响阳极极化速度，使得所需的阴极保护电流发生变化。悬浮物的增多会使阴极表面发生磨损，导致阴极极化减弱，腐蚀电流增加，保护电流相应增大。

温度也会影响极化率，温度升高使氧的溶解度降低，但同时扩散速度加快，电极反应速率加快，最终往往使得保护电流密度有所变化。

2. 涂层及石灰质垢层

金属表面的油漆涂层可以使金属与周围介质隔离，但由于涂层并不是完全致密的，往往具有微小的孔隙和缺陷，在此局部会发生腐蚀。若阴极保护与油漆联合保护，则使得这些局部得到保护，而且所需保护电流密度比裸露金属要小得多。

在阴极保护时，海水中阴极发生吸氧反应，生成大量的 OH^-，界面 pH 升高，海水中存在的钙镁离子就会生成氢氧化镁和碳酸钙沉淀，称为石灰质垢层。由于金属表面被覆盖，增加了表面电阻，降低了保护电流密度，提高了保护效果。

由于形成石灰质垢层后保护电流密度会大幅度降低，电位分布更趋均匀，因而在阴极保护过程中，常常首先控制较大电流密度，使表面尽快形成致密的石灰质垢层，然后采用较小的电流密度来维持。

9.2 牺牲阳极的阴极保护

9.2.1 牺牲阳极的性能及种类

1. 牺牲阳极的性能要求

（1）阳极电位。牺牲阳极要有足够负的电位，不仅要有足够负的开路电位，还要有足够负的工作电位，并能与被保护金属之间产生较大的驱动电压，另外要求阳极本身极化小，电位稳定。

（2）电流效率。牺牲阳极的电流效率是指实际电容量与理论电容量的百分比，工程要求牺牲阳极具有较高的电流效率和较小的自腐蚀速率。

（3）阳极消耗率。牺牲阳极的消耗率是单位电量所消耗的阳极质量，单位是 $kg \cdot A^{-1} \cdot h^{-1}$ 或者 $kg \cdot A^{-1} \cdot a^{-1}$。对于牺牲阳极来说，实际测得的消耗单位质量牺牲阳极所产生的电量越大（$A \cdot h \cdot kg^{-1}$），则阳极消耗率越小。

（4）腐蚀特征。牺牲阳极的表面腐蚀特征是评定阳极性能的指标之一。对于性能良好的阳极，要求表面腐蚀均匀，无难溶的沉积物。阳极使用寿命长，不产生局部腐蚀脱落。牺牲阳极本身的合金组织成分及熔炼铸造工艺条件是决定阳极腐蚀特征的重要因素。

2. 牺牲阳极的种类

根据牺牲阳极的成分，常用的牺牲阳极主要有锌阳极、铝合金阳极和镁合金阳极三类，另外还有锰合金阳极和铁合金阳极。下面分别介绍在海水中常用的牺牲阳极——锌合金阳极和铝合金阳极。

1）锌阳极

锌阳极是使用较早且较普遍的一种阳极。锌阳极的种类很多，有纯锌体系、Zn-Al 系、Zn-Sn 系、Zn-Hg 系等，但常用的锌阳极主要是纯锌系和 Zn-Al-Cd 系，这两种阳极的性能见表 9-5。

表 9-5　锌阳极的性能[4]

性能		纯锌，锌合金
密度/(kg·dm^{-3})		7.14
开路电位/V（vs. SCE）		−1.03
对铁的驱动电压/V		0.20
理论发生电量/(A·h·g^{-1})		0.82
海水中 （3 mA·cm^{-2}）	电流效率/%	95
	发生电量/(A·h·g^{-1})	0.78
	消耗量/(kg·A^{-1}·a^{-1})	11.8
土壤中 （0.03 mA·cm^{-2}）	电流效率/%	65
	发生电量/(A·h·g^{-1})	0.53

由于锌阳极本身含铁量高，会造成阳极表面溶解状态不好，从而电流效率降低。20 世纪 60 年代后，我国研制出三元锌合金阳极，并制定出国家标准 GB 4950—1985，其化学成分和电化学性能见表 9-6 和表 9-7。

表 9-6　Zn-Al-Cd 系合金牺牲阳极的化学成分

	Al	Cd	杂质最大含量				Zn
			Fe	Cu	Pb	Si	
含量/%	0.3～0.6	0.05～0.12	0.005	0.005	0.006	0.125	余量

表 9-7　Zn-Al-Col 系合金牺牲阳极的电化学性能

	开路电位/V （vs. SCE）	工作电位/V （vs. SCE）	理论发生 电量/(A·h·g^{-1})	实际发生 电量/(A·h·g^{-1})	电流效率/%	溶解状况
性能	−1.05～−1.09	−1.00～−1.05	0.82	≥0.78	≥95	腐蚀产物容易脱落，表面溶解均匀

由于三元锌阳极的电化学性能优越，具有性能稳定、电流效率高、溶解性能好、可自动调节阳极电流的优点，因而被广泛用于船舶、海底管线、油舱、海水冷凝器及其他海上构筑物。其缺点是对杂质（铜和铁）较敏感，有效电量（单位质量阳极发出的电量）小，实际消耗率大，使被保护体负荷较重，保护寿命短。

2）铝合金阳极

铝合金阳极是在锌阳极的基础上，为了开发优质长寿命阳极而研制的，其自 20 世纪 60 年代开始迅速发展，我国也开发出许多类产品，形成三大系列，并制定了铝合金阳极的国家标准（GB 4948—1985 和 GB 4949—1985）。较常用的为 Al-Zn-In 系，其化学成分、电化学性能见表 9-8 和表 9-9。

表 9-8　Al-Zn-In 系合金牺牲阳极的化学成分

合金种类	化学成分/%								
	Zn	In	Cd	Sn	Mg	Si	Fe	Cu	Al
Al-Zn-In-Cd	2.5~4.5	0.018~0.050	0.005~0.020			≤0.8	≤0.16	≤0.02	余量
Al-Zn-In-Sn	2.2~5.2	0.020~0.045		0.018~0.035		≤0.8	≤0.16	≤0.02	余量
Al-Zn-Ir-Si	5.5~7.5	0.025~−0.035				0.10~0.15	≤0.16	≤0.02	余量
Al-Zn-In-Sn-Mg	2.5~4.0	0.020~0.050		0.025~0.075	0.50~1.00	≤0.13	≤0.16	≤0.02	余量

表 9-9　Al-Zn-In 系合金牺牲阳极的电化学性能

项目	开路电位/V (vs. SCE)	工作电位/V (vs. SCE)	实际发生电量/(A·h·g⁻¹)	电流效率/%	溶解状况
性能	−1.18~−1.20	−1.12~−1.05	≥2.4	≥85	腐蚀产物容易脱落，表面溶解均匀

铝合金阳极的优点是：理论发电量大，密度小，可以设计成长寿命阳极，重量轻，制造工艺简便，材料来源充足，电化学性能优良，有自动调节电流和电位的作用，被广泛应用于海上采油设备、海底管线、船舶、海上构筑物、滨海电厂的海水系统。铝阳极的缺点是：电流效率一般比锌阳极低，活化起动性能和溶解性能比锌阳极差，不适于高电阻率介质。

目前，铝合金阳极的发展向着提高电流效率，改善溶解性能，适于高电阻率介质及高、低温海水环境方向发展，如热海水阳极、半咸水阳极及海泥中铝阳极。

为了使海上不同类型的构筑物得到保护，并满足安装和使用寿命的要求，设计出了不同形状的牺牲阳极。例如，①适用于海洋采油平台导管架的长条形支架阳极，其特点是单个阳极质量大（重达几百千克）、发出电流高（一般都在 3 A 甚至更高）、使用寿命长（20～30 年不等）；②适用于海洋输油管的手镯式牺牲阳极，使得安装更合理，发生电流尽可能满足管道要求；③适用于管道内壁的板状、丝状牺牲阳极；④适用于复杂结构如油水分离器、换热器等的柔性牺牲阳极等。

近年来，为了适应不同的环境和不同的需求，诸多新型牺牲阳极也被研制出，如干湿交替环境用牺牲阳极，深海低温牺牲阳极，油水环境用牺牲阳极以及电位较正的高强钢用牺牲阳极等。

9.2.2　牺牲阳极的阴极保护设计

牺牲阳极保护的效果主要取决于牺牲阳极材料及合理的保护设计，其基本步骤如下。

1. 收集设计参数

收集材质、表面状况、几何形状及有关环境条件；设定保护电流密度；了解保护面积及结构特点；根据保护年限和所需保护电流计算牺牲阳极的重量。

2. 选择牺牲阳极材料及规格

根据保护年限及要求，选择牺牲阳极材料（如锌阳极或铝阳极），根据安装要求、结构条件和保护电流，选择牺牲阳极的布设位置和间距，并确定阳极的尺寸及规格。

3. 计算阳极数量的验算

对于根据总的防蚀面积和防蚀电流，计算所得的阳极重量和数量，需再行验算。阳极设计和安装的关系式应满足：

$$I = \sum_{a=1}^{n} I_a = \sum_{a=1}^{n} (I_c \times S_c)_a \qquad (9\text{-}1)$$

式中，I 为所需总的保护电流，A；I_a 为每个阳极的保护电流，A；n 为阳极个数；I_c 为每个阳极所负担的被保护面积 S_c 上的平均保护电流密度，$A \cdot m^{-2}$。

根据法拉第定律，阳极使用寿命的验算公式为

$$Y = \frac{Wu}{BI} \qquad (9\text{-}2)$$

式中，Y 为阳极的有效寿命，a；W 为阳极的质量，kg；u 为阳极利用率；B 为阳极消耗量，$kg \cdot A^{-1} \cdot a^{-1}$；$I$ 为阳极的保护电流，A。

由于每个阳极的输出电流与阳极的形状和尺寸有关，因而可以通过每个阳极的输出电流与所需总电流量比较来验算阳极数量。按欧姆定律计算阳极输出电流

I_a 的公式为

$$I_a = \frac{\Delta E}{R} \tag{9-3}$$

式中，ΔE 为阳极驱动电压，V；R 为回路总电阻，Ω。

驱动电压是牺牲阳极工作电位与被保护结构阴极极化后的电位之差。回路总电阻中主要是阳极接水电阻 R_a，实际情况下，阳极接水电阻与介质电阻率、阳极大小和形状有关。长条形支架阳极（要求长度 $L>4r$）接水电阻的计算公式如下：

$$R_a = \frac{\rho}{2\pi L}\left(\ln\frac{4L}{r} - 1\right) \tag{9-4}$$

式中，ρ 为介质电阻率，$\Omega\cdot cm$；L 为阳极长度，cm；r 为阳极的等效半径，cm。

4. 合理布置

为了使电流均匀分布在被保护体上，要进行牺牲阳极的合理布置，并考虑安装的环境（如流速等）条件，对特殊部位要单独进行设计（如焊接与应力集中处、复杂结构部位和腐蚀严重区域等），以达到最佳保护效果。

9.2.3 应用举例[5]

1. 海水管道

随着国民经济的不断发展及淡水资源的缺乏，建设利用海水作为冷却水的发电厂已成为能源部门的发展方向。目前，我国已相继建设了几十座海滨电厂，因此，海水对输水管道的腐蚀成为海滨电厂急需解决的问题。由于海水的强腐蚀性和具体情况的不同，对于海水管道的防腐蚀需要进行现场调查及相应设计。

1）牺牲阳极保护设计的准备工作

在对电厂海水冷却管道进行阴极保护设计以前，需收集以下资料和数据。

（1）海水水温、盐度及其变化，以及含氧量与电阻率等。

（2）海水流速及海生物附着情况。

（3）管道材质、表面状况、几何形状、面积及结构。

（4）涂层种类和状况。

（5）设备的维修周期。

2）阴极保护设计

例如，某滨海电厂处于亚热带，装机容量为 $6\times600\ MW$，冷却水为一次性海水，管道由直径 $\Phi3040\ mm$、壁厚 20 mm、每节长度 6 m 的 A3 钢管焊接而成，管道内壁涂漆。

（1）设计参数（以每节长度 6 m 计）如下。

海水管道内径：3000 mm；

每节管道长度：6 m；

海水电阻率：30 Ω·cm；

设计温度：10～32℃；

设计寿命：15 年；

阳极类型：长条形支架阳极（或者板状阳极）；

阳极化学成分：Al-Zn（2.5%～4.5%）-In（0.03%～0.04%）-Cd（0.0l%～0.02%）；

阳极在海水中的开路电位：−1.10～−1.18 V（vs. Ag/AgCl）；

阳极在海水中的工作电位：<−1.05 V（vs. Ag/AgCl）；

阳极在海水中的电流效率：>85%；

阳极在海水中的消耗率：3.8 kg·A^{-1}·a^{-1}；

实际发生电量：0.263 A·a·kg^{-1}；

阳极在涂漆管道上的保护电流密度：30 mA·m^{-2}；

保护电位变化范围：−0.85～−0.95 V（vs. SCE）。

（2）阳极设计如下。

保护面积：$A = \pi \times 3\text{m} \times 6\text{m} = 56.52 \text{ m}^2$；

总保护电流：$I = i \times A = 30\text{mA} \times 56.52 = 1695.6 \text{ mA} = 1.6956\text{A}$；

根据保护年限 15 年，可计算所需阳极总质量为：$W = Y \cdot I/0.263\mu = 113.8 \text{ kg}$（$\mu = 0.85$）。

选用长条形支架阳极所对应的体积应该为 $V_{Al} = 113.8 \text{ kg}/2.7\text{g·cm}^{-3} = 42148 \text{ cm}^3$，如果选用一块阳极时，则阳极发出电流不小于 1.6956 A。而根据发生电流计算公式 $I_a = \Delta E/R$，这里铝阳极的 ΔE 选取 0.22 V，则要求接水电阻应当近似等于或略小于 $R = \Delta E/I = 0.22/1.6956 = 0.1297 \text{ Ω}$，依据公式（9-4），设定牺牲阳极的长度和高度后，用 EXCEL 计算如表 9-10 所示。

表 9-10　质量为 113.8kg 不同长度牺牲阳极的接水电阻计算结果

设定牺牲阳极长度 L/cm	截面积 A (A = V$_{Al}$/L)/cm²	选用设定高度 H 为 30 cm 阳极时的等效宽度(A/H)/cm	根据周长计算出的等效半径(r = C/2π)r/cm	根据公式（9-4）计算出的接水电阻/Ω
100	421.5000	14.050000	14.02866242	0.112278439
95	443.6842	14.78947368	14.26416359	0.114771417
90	468.3333	15.61111111	14.52583156	0.117312924
85	495.8824	16.52941176	14.818284000	0.119881067
80	526.8750	17.56250000	15.14729299	0.122442227
75	562.0000	18.73333333	15.52016985	0.124945351
70	602.1429	20.07142857	15.94631483	0.127313138

设定牺牲阳极长度 L/cm	截面积 A ($A = V_{Al}/L$)/cm²	选用设定高度 H 为 30 cm 阳极时的等效宽度(A/H)/cm	根据周长计算出的等效半径($r = C/2\pi$)r/cm	根据公式（9-4）计算出的接水电阻/Ω
65	648.4615	21.61538462	16.43802058	0.129428073
64	658.5938	21.95312500	16.54558121	0.129806308
63	669.0476	22.3015873	16.65655647	0.130165694
62	679.8387	22.66129032	16.77111157	0.130504229
61	690.9836	23.03278689	16.88942257	0.130819726
60	702.5000	23.41666667	17.01167728	0.131109786

根据上述计算结果可以看出，选用一块阳极时只有长度为 65 cm 时，牺牲阳极的接水电阻才能满足略小于 0.1297 Ω 要求，因为发出电流太高，阳极消耗过快，使用寿命或者设计年限必然减少；但是也不能低于设计标准，因为低于设计标准时，构筑物得不到有效保护，因此选定长度为 65 cm 的牺牲阳极，其具体尺寸如下：（200 + 240）mm×650 mm×300 mm，验证计算结果如下。

单块牺牲阳极质量：
$$65.0×30.0×22×2.7 = 115.8 \text{（kg）}；$$

单块牺牲阳极发出电流：1.707A；

使用年限：
$$115.8× \text{（} 0.263/1.707 \text{）} ×85\% = 15.2 \text{（年）}$$

实际应用的牺牲阳极需要一个阳极芯用来安装，因此阳极的尺寸略有改变。

上述计算得到的牺牲阳极已临近 4 年，刚刚满足长条形支架阳极的要求，或者改成两块牺牲阳极。该实例中的阳极最好不选择长条形支架阳极，可以选择其他形状阳极，如板状阳极。

板状阳极的设计计算如下。

板状阳极接水电阻可以根据公式（9-5）计算：
$$R_a = \frac{0.315\rho}{\sqrt{A}} \quad \text{（} A \text{ 为阳极接水面积）} \tag{9-5}$$

根据上面计算过程中的参数，如果采用一块阳极：其实际接水电阻应该接近等于或略小于：
$$R = \frac{\Delta E}{I} = 0.22/1.6956 = 0.1297 \text{（Ω）}$$

换算成接水面积：
$$A = (0.315×30/0.1297)^2 = 72.86^2 = 5309 \text{（cm}^2\text{）}$$

根据质量体积关系计算出牺牲阳极厚度为

$$42150/5309 = 7.94（cm）$$

可以设计成 1770 mm×300 mm×79.4 mm，单面暴露，其他面刷漆。

但是这个尺寸的牺牲阳极在安装、保护电流的平均化方面均有一定难度。考虑到这个原因可以设计成 2 块牺牲阳极，那么：每一块牺牲阳极的体积为

$$42150/2 = 21075（cm^3）$$

发出电流就等于

$$1.6956/2 = 0.848（A）$$

接水电阻

$$R = \frac{\Delta E}{I} = 0.22/0.848 = 0.26（\Omega）$$

换算成接水面积：

$$A = (0.315×30/0.26)^2 = 1321（cm^2）$$

根据质量体积关系计算出牺牲阳极厚度为

$$21075/1321 = 16.0（cm）$$

那么可以设计成 830 mm×160 mm×160 mm，单面暴露，其他面刷漆或者镶嵌式安装。

验算得到的相关数据：单块体积：21248 cm^3，单块质量：

$$21248×2.7 = 57370\ g = 57.3（kg）$$

总质量：114.6 kg，单块接水电阻：0.26 Ω，发出电流：0.848 A，总电流：1.6956 A，保护年限：

$$114.6×0.263/1.6956 = 17.8（年）$$

再加上电流效率：

$$17.8×85\% = 15.1（年）$$

符合设计要求。

3）阳极安装

为了使电流分布均匀，采用对称安装方式，因每段管道长 6 m，焊接处需适当加强保护，故选定在每段管道水平中线放置阳极，距离管端 1 m，整个管道内的阳极对称交错排列，其布设示意图如图 9-4 所示。

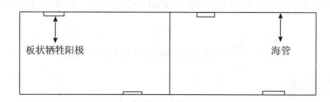

图 9-4　板状牺牲阳极在海管内的布设示意图

2. 船舶

某舰艇船体为碳钢 CT4 焊接而成，涂六道沥青系油漆，有推进器 3 只，材料为锰青铜，舵板 1 只，进坞周期为 1.5 年。

1）浸水面积

艇壳水下面积：$S_n = 341 \text{ m}^2$；推进器表面积：$S_d = 4.2 \text{ m}^2$；舵板表面积：$S_p = 4.5 \text{ m}^2$。

2）保护参数选择

艇壳保护电流密度：$i_n = 4 \text{ mA·m}^{-2}$；推进器保护电流密度：$i_d = 150 \text{ mA·m}^{-2}$；舵板保护电流密度：$i_p = 25 \text{ mA·m}^{-2}$。

3）牺牲阳极数量计算

船体水下各部位所需的保护电流值分别为

$$I_n = S_n \times i_n = 1364 \text{ mA}；\quad I_d = S_d \times i_d = 630 \text{ mA}；\quad I_p = S_p \times i_p = 112.5 \text{ mA}$$

采用锌合金牺牲阳极（250 mm×100 mm×35 mm），每块阳极发生电流量为 $I_a = 170 \text{ mA}$，则该艇各部位所需阳极块数分别为

艇壳：$\dfrac{I_n}{I_a} = 8.02$，取 8 块；推进器：$\dfrac{I_d}{I_a} = 3.71$，取 4 块；舵：$\dfrac{I_p}{I_a} = 0.66$，取 1 块。

3. 平台导管架

海水电阻率 ρ：30 Ω·cm；设计寿命 t：25 年；使用温度范围：−1.6～33.8℃；阳极选用有芯的长条形支架阳极：

$(A+B) \times H \times (L_1 + L_2)$，即：（上底宽度 + 下底宽度）×高度×（上底长度 + 下底长度）

阳极芯尺寸：$\Phi114 \text{ mm}$（外径）×8.5 mm（壁厚）×L（长度）

被保护体的对应面积见表 9-11。

表 9-11　平台导管架不同区域的被保护面积

	保护面积/m²	
	平台代号 WGPA	平台代号 WHPA
海水中涂层钢	424	231
海水中裸钢	5561	3409
海泥中裸钢	6121	3596
输油导管数目	48	24

不同区域在不同时期需要的保护电流密度设计要求见表 9-12。

表 9-12　平台导管架不同区域不同时期的保护电流密度设计要求

	保护电流密度/(mA·m^{-2})		
	初始	中期	后期
海水中涂层钢	2.6	15.3	35.2
海水中裸钢	130	90	110
海泥中裸钢	20	20	20
输油导管（额外增加保护）	5 A/口井		

根据上述数据：计算出不同时期需要的保护电流总量见表 9-13。

表 9-13　平台导管架不同区域不同时期需要的保护电流计算结果

	需求的保护电流/A					
	WGPA			WHPA		
	初始	中期	后期	初始	中期	后期
I_{1c}（海水中涂层钢）	1.1	6.5	14.9	0.6	3.5	8.1
I_{2c}（海水中裸钢）	723.0	500.5	611.7	443.2	306.8	375
I_{3c}（海泥中裸钢）	122.4	122.4	122.4	71.9	71.9	71.9
I_{4c}（输油管额外电流）	240.0	240.0	240.0	120.0	120	120
I_c（总保护电流）	1086.5	869.4	989.1	635.7	502.3	575

按照平均保护电流即中期保护电流，根据公式：

$$M = \frac{I_c t \times 8760}{u \times \varepsilon} \tag{9-6}$$

式中，M 为阳极质量，kg；I_c 为平均保护电流，A；t 为保护年限，a；u 为阳极利用率；ε 为阳极电化学容量，A·h·kg^{-1}；8760 为时间换算因数，$I_a = 8760$ h。

计算出的阳极材质的总净质量分别为

$$M(\text{WGPA}) = \frac{869.4 \times 25 \times 8760}{0.9 \times 2500} = 84621.6 \text{kg}$$

$$M(\text{WHPA}) = \frac{502.3 \times 25 \times 8760}{0.9 \times 2500} = 48890.5 \text{kg}$$

根据发出电流的需求，设计出阳极的具体尺寸（单位为 mm）为

WGPA，（200＋220）×230×（2700＋2900），阳极芯：$\Phi114\times8.5\times3930$；

WHPA，（200＋220）×230×（2500＋2700），阳极芯：$\Phi114\times8.5\times3730$。

计算单块阳极的裸重 W_n 和毛重 W_g 分别如下：

WGPA：$W_n = 288\ \text{kg}$，$W_g = 375\ \text{kg}$；

WHPA：$W_n = 267.4\ \text{kg}$，$W_g = 350\ \text{kg}$。

计算出需要的阳极数量：

WGPA：84183.6/288≈295 块；

WHPA：48890.5/267.4≈183 块。

验算的单块阳极发出电流：

WGPA：$I_i = 4.341\ \text{A}$，$I_f = 3.354\text{A}$，发出的总电流：初期 4.341×295 = 1280.6 A，末期：3.354×295 = 989.43 A；

WHPA：$I_i = 4.121\ \text{A}$，$I_f = 3.173\ \text{A}$，发出的总电流：初期 754.14 A，末期：580.66 A。

根据式（9-6）验算使用寿命：

WGPA：25.1 年；WHPA：25.0 年。满足要求。

9.3　外加电流的阴极保护

9.3.1　系统特点

外加电流阴极保护系统是将外设直流电源的负极接被保护金属结构，正极接安装在金属结构防腐一侧的外部并与被保护金属构筑物绝缘的辅助阳极。电路接通后，电流从辅助阳极经导电介质至金属构筑物形成电流回路，金属结构被阴极极化而得到保护。其特点如下：

（1）可随外界条件（如海区、流速、温度等）引起的变化自动调节电流，使被保护部分的电位控制在预置最佳保护电位范围内。

（2）保护周期长，采用不溶性高效辅助阳极，使用寿命可达 10～20 年。

（3）辅助阳极排流量大，作用半径大，可以保护结构复杂、面积较大的设备及港口工程建筑物与地下管道等。

9.3.2　系统组成

外加电流阴极保护系统由辅助阳极、参比电极、阳极屏蔽层和供电电源四部分组成。

1. 辅助阳极材料

在外加电流保护系统中与直流电源正极连接的外设电极称为辅助阳极,其作用是使电流从电极经介质到被保护体表面。辅助阳极材料的电化学性能、机械性能、工艺性能及结构形状、大小、分布与安装等对其寿命和保护效果都有影响。理想的阳极材料应具有下列性能。

(1) 导电性能好,阳极极化小,表面电阻小。

(2) 排流量大。

(3) 耐腐蚀,消耗量小,寿命长。

(4) 材料应具有一定的机械强度,耐磨损,并耐冲击和振动。

(5) 机械加工性能好,易于加工成各种形状。

(6) 材料易获得,价格相对便宜。

常用辅助阳极材料的性能示于表 9-14。

表 9-14　常用辅助阳极的种类及其性能

材料	工艺	工作电流密度/(A·m^{-2})	损耗率/(kg·A^{-1}·a^{-1})	寿命/年	特性	使用范围
高硅铸铁	14.5%～17% Si 0.3%～0.8% Mn 0.5%～0.8% C	55～100	0.3～1.0		性脆硬,机械加工困难	海洋设施、淡水、地下
石墨		10～30	0.04～0.8		性脆,强度低	海水、地下
铅银合金	2%～3% Ag	50～250	0.1	>6	性能良好,价格便宜	海水
铅银微铂	1%～2% Ag 铅银表面嵌铂丝	600～1000	0.010	>10	性能良好,输出电流大,价格便宜	海水
镀铂钛	铂层厚2.5～10 μm	500～1250	0.006×10^{-3}	6～10	性能良好,体积小,较昂贵	海水、淡水、地下
涂钌钛	钛表面涂二氧化钌	1000	0.476×10^{-3}	4.5		海水及其他介质
铂铌丝	铂铌复合材料	>1000	6×10^{-6}	10	性能较好,价格高	海水
钛基/混合金属氧化物		600	3.6×10^{-6}	8	性能较好	海水
铂铱合金	10%～20%铱	1800	可忽略		性能良好,较昂贵	海水

2. 参比电极

在外加电流阴极保护系统中,参比电极被用来测量被保护体的电位,并向控制系统传递信号,以便调节保护电流的大小,使结构的电位处于给定范围。参比电极应具有下列性能。

（1）在长期使用过程中，参比电极应保持电位稳定，重现性好。

（2）参比电极应允许通过微量电流，且不产生严重极化。

（3）参比电极的使用寿命要长。

（4）受外界温度及环境条件影响要小，温度系数要小。

（5）有一定的机械强度，耐海水冲刷，耐磨损，便于安装。

常用参比电极性能见表 9-15。

表 9-15　25℃海水中常用参比电极性能

种类	电极电位/ V（*vs.*SCE）	钢保护电位/ V（*vs.*SCE）	生产工艺	稳定性	极化性能	寿命/年	用途
银/氯化银	0.00	−0.80	复杂	稳定	不易极化	5～10	用于海水中外加电流设备
Ag/AgX[a]	0.000	−0.80	很复杂	非常稳定	不极化	～20	用于海水中外加电流、牺牲阳极电位测定等
铜/硫酸铜	0.05	−0.85	简单	较稳定	不易极化	2～3	手提式，用于现场观测
锌电极（纯锌）	−1.03	+0.23	简单	稳定	不易极化	6～10	用于海水中外加电流系统

a.X 表示除 Cl 外的其他卤素。

参比电极电位与钢的保护电位的关系是，无论采用何种参比电极，对于钢来说，只要使钢的自然腐蚀电位向负方向移动 200～300 mV，便为保护电位范围。在表 9-15 中，已列出不同参比电极对钢的保护电位值。

通过大量的实验得出结论：在阴极保护系统中，将钢的保护电位规定在以下的范围内保护效果为最佳，相对银/氯化银电极，钢的保护电位范围是−0.80～−1.00 V；相对铜/饱和硫酸铜电极，钢的保护电位范围是−0.85～−1.05 V；相对锌电极，钢的保护电位范围是+0.23～+0.03 V。如果钢的保护电位不在以上范围，则会发生欠保护（保护不足）或过保护现象。

3. 阳极屏蔽层

在外加电流系统工作时，从阳极排出较大的电流，近阳极处的被保护结构的电位会很负，以致产生析氢现象，使附近的涂层破坏，降低保护效果。为防止这种现象发生，并扩大电流的分布范围，以确保阴极保护效果，需在辅助阳极周围涂装绝缘屏蔽层，以使得阳极发出电流尽量均匀化。一般对阳极屏蔽材料的性能要求如下。

（1）有较高的黏附性和韧性，能耐海水冲击。

（2）耐海水、耐碱，特别是耐氯气性能好。

（3）绝缘性高。

（4）使用寿命长。

（5）工艺性能好，施工简单，原料易得。

常用的阳极屏蔽材料有三类：①涂层：环氧沥青化、氯化橡胶化和玻璃鳞片涂料；②薄板：聚四氟乙烯、聚氯乙烯和聚乙烯等薄板；③覆盖绝缘层的金属板。

4. 供电电源

在外加电流阴极保护系统中所使用的供电电源有恒电位仪、整流器、直流发电机、太阳能电池等，比较常用的为恒电位仪。防腐工程中对于恒电位仪性能要求如下。

（1）根据参比电极提供的信号，能自动调节保护电流，使被保护体始终处于预定保护电位范围内。

（2）电位控制误差≤±0.01 V。

（3）给定电位范围–1.5～0 V，0～+1.5 V，连续可调。

（4）输入阻抗≥1 MΩ。

（5）纹波电压不大于自定义输出直流电压的5%。

（6）具有限流或过流保护装置，过、欠保护电位的显示报警及断电报警装置。

（7）绝缘电阻（冷态）：对标称电压不大于60 V的仪器，对地绝缘电阻不小于10 MΩ，对标称电压大于60 V的仪器，对地绝缘电阻不小于100 MΩ。

（8）稳态时参数正常工作，瞬态时能可靠工作。

恒电位仪的种类及特点见表9-16。

表9-16　恒电位仪的种类及特点

整流方式	特点	适用范围	稳定性	缺点
可控硅	体积小，重量轻，功率大，可靠性强	船舶、管线及平台的保护	稳定性强，使用寿命长	过载能力不强，调试较麻烦，需加过流保护装置
磁饱和	线路简单，过载能力强，便于维修	适用于各类阴极保护系统	稳定性强，使用寿命长	装置笨重，工艺复杂
晶体管	体积小，精度高，工作可靠，操作简单	适用于小型船舶及较小规模外加电流保护系统	稳定性强，使用寿命较长	输出功率低，使用范围受限制

9.3.3　系统设计

1. 保护参数的选择

各种不同的金属材料在海水中有不同的腐蚀电位和保护电流密度，在阴极保护设计中必须正确选择这些参数。不同的金属或合金都有一定的保护电位范围。对于港口设施和近海平台、船舶等，其主要结构材料是钢，在海水中的最佳保护范围应控制在 -0.80～-1.00 V（相对于银/氯化银电极）。

保护电流密度的确定与钢材本身的性质及其他因素均有关系，如海水状况、地理条件和涂层情况等，因此应根据实际情况确定。

2. 设计步骤

（1）了解被阳极保护部分的基本设施参数和有关图纸资料，如材质、表面状况（涂层）、尺寸、水下面积、结构电连接等。

（2）了解所在海区的环境条件及海水状况，如含氧量、湿度、盐度、潮汐、电阻率和流速等，以便选择合适的电流密度。

（3）根据各部分（或不同材质）所要保护的面积和保护电流密度，计算总的保护电流量。

（4）根据被保护物的结构尺寸、保护年限和所需总保护电流，选用适当的电源设备、辅助阳极材料、结构、尺寸和数量，以及参比电极的类型、结构和数量。

（5）根据被保护物的结构情况和辅助阳极的保护范围，确定辅助阳极和参比电极的布置。

（6）如果要涂刷阳极屏蔽层，可根据海水电阻率与辅助阳极最大排流量，结合实用要求，选用一定的屏蔽层材料并计算出阳极屏尺寸。

9.3.4　应用举例

1. 循环水泵

某滨海电厂循环水泵为 4 台 72LKXA-17.5 型的立式混流泵，内腔采用外加电流阴极保护方法，保护年限为 10 年。

（1）保护面积。泵壳内表面面积为 40 $m^2 \cdot$ 台$^{-1}$；叶轮表面积为 15 $m^2 \cdot$ 台$^{-1}$；泵轴保护面积为 8 $m^2 \cdot$ 台$^{-1}$。

（2）保护参数选择。叶轮的保护电流密度为 0.6 $A \cdot m^{-2}$；泵轴及泵壳的保护电流密度为 0.2 $A \cdot m^{-2}$；总电流为 18.6 $A \cdot$ 台$^{-1}$。

（3）设计。辅助阳极选用镀铂钛圆盘状辅助阳极 5 只，适用的工作电流密度为 $2.50\sim7.50\ A\cdot dm^{-2}$。每个辅助阳极表面积为 $200\ cm^2$，使用在 3.72 A 的电流范围之内，镀铂层厚度为 10 μm。

参比电极采用 Ag/AgCl 电极，每台泵内设置两只。

恒电位仪采用 24/36 A 可控硅型，每台泵配置 1 台。

2. 海水热交换器设备

沿海电厂、石化厂等海水冷却系统的腐蚀比较严重，各种类型的海水热交换器都采用阴极保护和涂层联合保护的方法。

（1）钢冷却器被保护面积。水室 2 个，面积为 $20\ m^2$；管线 $\Phi68\ mm$，长 7.3 m，共 384 根，总面积为 $610\ m^2$。

（2）保护电流密度。水室 $100\ mA\cdot m^{-2}$；管内 $50\ mA\cdot m^{-2}$。

（3）所需保护电流：32.5 A。

设计选用 14 V/20 A 恒电位仪两台，铅银合金辅助阳极 4 只，锌参比电极 2 只。

根据上述实例可以看出外加电流阴极保护计算相对简单，其难度在于辅助阳极的形状、位置、面积等参数的设定，还有如何在不影响设备正常运转的前提下进行电线、参比电极的安装等。

9.4　阴极保护新进展[6-12]

9.4.1　牺牲阳极的发展

随着阴极保护技术的普及，对于牺牲阳极，人们有了更加深刻的认识。目前，牺牲阳极的实用配方已经基本定型和标准化，但开发高效、耐用、经济、适用于不同环境的牺牲阳极仍然是牺牲阳极材料的发展方向，材料主要集中在铝、锌、镁三个体系；其中又以铝合金阳极的性能研究及开发最多。

现在研究出的高效铝阳极开路电位已达–1.40 V（vs. SCE），电流效率＞95%以上，而且还开发研制出了用于海泥的 Al-Zn-In 系及 Al-Zn-In-Si 系合金牺牲阳极和 A1ap-3，后者在 93℃的海泥中，电位为–1.03 V（vs. SCE），电容量 1187 A·h·kg^{-1}，此外，与热油输送管道保护有关的高温阳极、适用于深海环境的低温耐高压深水阳极、适用于低导电介质的高活性阳极等都已经成为牺牲阳极新的研究方向。

在牺牲阳极机理研究方面，对于铝合金阳极中铟、汞、钛、稀土等元素的活化作用机理、多种元素的协同活化作用机制，合金中晶粒大小、第二相（数量、形态、分布等）对其电化学性能的影响，某些特殊合金元素如 Ga 等对铝阳极电化学性能的影响，铝基牺牲阳极的均匀腐蚀影响因素、溶解过程和负差异效应，锌阳极晶间腐蚀的原因和对策以及探索用工业纯原料代替高纯原料制造牺牲阳极等方面也都有了不同的进展。

在生产工艺及成型方面，通过对铸造过程的热处理及改变阳极的常规形状，以提高电化学效率及改变原来单调的外形，满足阴极保护多样化的发展，如用于管线的手镯式阳极、用于保护管线的带状阳极及小尺寸的棒状阳极；另外，适应于不同时间段对保护电流要求不同的阴极保护系统的复合牺牲阳极也成为牺牲阳极研究领域一个新的增长点。

9.4.2 辅助阳极的发展

外加电流中使用的辅助阳极材料，由最普遍的石墨和高硅铸铁发展到镀铂钛、镀铂钽和铅银等材质。最近国内外使用贵金属包覆阳极的趋势在上升，如铂铌丝、铂钽丝等。此外，阳极形式也发生了变化，如 LIDA 阳极，它们单个阳极用导线连成一串，在析氯环境（海水）或析氧（土壤或淡水）环境中使用。

在对混凝土钢筋实施阴极保护时，可采用以下阳极。其一是网状辅助阳极，即在金属钛网上涂一层具有电催化活性的单一或者混合金属氧化物而构成，由于氧化物涂层极化小并且消耗率极低，通过调整氧化物层的成分，可以使其适于不同的环境（如海水、淡水、土壤介质）中。由于贵金属氧化物阳极具有其他阳极所不具备的优点，它已成为目前最为理想和最有前途的辅助阳极材料之一。其二是导电混凝土，即用导电材料全部或部分代替混凝土中的骨料，依靠这些导电组分间紧密接触而导电。其三是柔性阳极，它可以弥补普通辅助阳极导电均匀性差、易受介质电阻率影响的缺点，可在更复杂的场合下使用。

9.4.3 参比电极的发展

目前，在海上采油平台、海底管线、舰船、码头、地下输油输气管线、地下电缆等方面广泛采用阴极保护，保护电位是阴极保护中最重要的必须经常控制的参数，而精度高、稳定性强的参比电极是进行电化学测量和腐蚀检测必不可少的组成部件。此外加电流阴极保护系统中，参比电极的作用有两个：测量被保护金属结构物的电位，监测保护效果；为自动控制的恒电位仪提供控制信号，调节输出电流，使金属结构物总处于良好的保护状态。这就要求参比电极具有以下性能：一是电极材料是惰性材料，化学稳定性高，不与环境发生化学反应，不污染介质；二是长期使用时电位稳定，重现性好；三是不易极化；四是有一定的机械强度，使用寿命长。

　　实验室常用参比电极电位稳定，精度较高，测量数据准确可靠，但要求精细的维护和严格的使用条件，在工程应用中是不方便的。因此选择合适的、长期稳定的参比电极对阴极保护电化学参数测量及保护效果的评价是至关重要的。

　　目前常用于海洋环境的参比电极有 Ag/AgCl 电极，用于土壤环境的有 Cu/CuSO$_4$ 电极；此外高纯 Zn 电极也作为海水中阴极保护的参比电极。王庆璋等根据化学海洋学中海水组成保守性和固-液平衡原理，以及海水中银的溶存形式，合成了与天然海水中卤离子呈热力学平衡的卤化银固溶体，以该固溶体作为活性材料制成的全固态银-卤化银电极，在天然海水中浸泡近四年的结果表明，该电极是比常规的银-氯化银更为理想的参比电极，已成功地用作海洋构筑物阴极保护系统的长寿命参比电极。土壤中常用的 Cu/CuSO$_4$ 电极有便携式的和埋地式。在内阻和渗漏速度的要求上往往出现矛盾，即内阻降低时渗漏速度太快从而影响使用寿命，而渗漏速度降低时内阻太大使测量误差上升。另外，高纯镁电极和 Mo/MoO$_x$ 电极都得到了不同程度的实际应用。

9.4.4　外加电流阴极保护的发展方向

　　外加电流阴极保护系统主要由辅助阳极、参比电极、阳极屏和供电电源 4 个部分组成，其发展也就集中在了这 4 个部分和系统参数的设计上，其中辅助阳极和参比电极的发展上述已分别介绍，供电电源可根据设计要求选购。阳极屏材质、形状、表面涂料的种类对阴极保护电流均匀化均有影响，针对不同保护对象，如何选择材质、对系统参数进行合理的设计以满足施工过程中方便、经济、安全、环保的原则成为外加电流阴极保护的主要发展趋势。

9.5　阴极保护计算机辅助设计

　　阴极保护设计历经经验法、缩比模型法和数值模拟法，取得了长足的发展。目前国内大部分仍采用经验法设计，部分已采用缩比模型和数值模拟法。

9.5.1　经验法

　　在传统的阴极保护工程设计中，大多采用经验设计和平均分布的原理来设计阴极保护方案，并采用实际测量或经验估计的方法来掌握电位分布规律。这种方法虽然比较简单实用，但实际保护效果却还有待提高，特别是没有经验可借鉴的新结构阴极保护设计。

对于结构简单的海洋构筑物，经验设计可以满足要求，但对于复杂的结构如深水平台、潜艇上层建筑等，经验设计常导致保护电位分布不均匀，有些构件可能形成过保护，析氢并破坏构件表面涂层，对于高强钢材料甚至导致氢脆，同时，另一些构件则可能由于保护不足而发生各种腐蚀。对于结构更为复杂的深水导管架，构件间的相互屏蔽作用比较严重，采用经验设计难以使保护电流均匀分布，特别是在结构复杂的节点处。由于节点处的相互屏蔽及被保护面积的相对集中，最容易造成保护不足，严重危害节点的腐蚀疲劳和应力腐蚀开裂得不到有效控制。

经验法的另一个缺点是对环境参数仅能定性参考，无法应用于阴极保护设计计算中，导致传统阴极保护设计过于保守。例如，海水环境中，海水流速、水温、溶解氧等将影响材料的腐蚀行为，但设计时无法全面地反映到设计计算中。

经验法阴极保护的设计步骤是：①根据被保护对象结构特点和服役环境特点选择适宜的阴极保护方法；②参照相关标准计算保护电流；③根据保护电流和保护年限确定阳极类型、数量等参数。

9.5.2　缩比模型法

缩比模型法阴极保护设计是基于缩比理论，将被保护对象按一定比例制成缩比模型，同时将介质的电导率按比例减小，在实验室内研究不同阴极保护方案（如辅助阳极数量、位置，参比电极数量、位置等）对保护效果的影响，从而实现阴极保护设计方案的优化。该方法也称为物理比例电导缩比模型方法，是一种实验优化设计技术。

1. 缩比理论

设缩比比例为 k，介质（海水）稀释 k 倍，则有

$$S_{原型} = k^2 S_{缩比} \tag{9-7}$$

$$\rho_{原型} = \rho_{缩比}/k \tag{9-8}$$

$$L_{原型} = kL_{缩比} \tag{9-9}$$

式中，$S_{原型}$ 和 $S_{缩比}$ 分别为原型和缩比模型阴极保护面积，m^2；$\rho_{原型}$ 和 $\rho_{缩比}$ 分别为原介质和缩比模型介质的电阻率，$\Omega \cdot m$；$L_{原型}$ 和 $L_{缩比}$ 分别为原型任意两点间距和缩比模型上与原型对应的两点间距，m。

假设被保护对象在海水中的极化行为与缩比模型在淡化相应比例的海水中的极化行为相同，即原型和缩比模型对应位置电流密度相同，

$$J_{原型} = J_{缩比} \tag{9-10}$$

由欧姆定律得：

$$E_{原型} = J_{原型} \rho_{原型} L_{原型} \tag{9-11}$$

$$E_{缩比} = J_{缩比} \rho_{缩比} L_{缩比} \tag{9-12}$$

将式（9-7）～式（9-10）代入式（9-11）可得：

$$E_{原型} = E_{缩比} \tag{9-13}$$

由式（9-13）可知，缩比模型电位分布与实际结构阴极保护电位分布一致，即可通过缩比模型法评价经验法设计阴极保护系统的保护效果，同时也可以通过对比不同阴极保护方案保护效果，优化阴极保护系统。

2. 缩比模型法阴极保护设计步骤

（1）按照缩比理论，并根据被保护对象结构图，确定缩比比例，设计制造缩比模型。

（2）根据经验法设计结果，在缩比模型上安装阴极保护系统，评价涂层完好和涂层不同破损率条件下阴极保护效果。

（3）研究辅助阳极数量和位置对阴极保护效果的影响，确定最佳辅助阳极安装数量和位置；研究参比电极数量、位置和控制电位对阴极保护效果的影响，确定参比电极最佳安装数量和位置，最佳控制电位，形成最优化阴极保护系统设计方案。

（4）涂层完好及涂层不同破损率下，验证阴极保护系统保护效果。若达到最佳阴极保护效果，完成阴极保护设计；若保护不佳，重复步骤（3）和步骤（4），直至达到设计要求。

3. 缩比模型法的应用

缩比模型法具有可预测并优化阴极保护效果，解决经验法设计阴极保护系统易导致"欠保护"和"过保护"问题的优点。由于牺牲阳极阴极保护所需阳极数量多、牺牲阳极在淡化海水中活化困难等问题，缩比模型法主要用于船舶外加电流阴极保护效果测量与优化。

缩比模型法理论基础是物理缩比理论，无法表征缩比前后电化学反应过程的变化，即没有考虑材料在海水和淡化海水中极化行为差异、介质电导率变化对阴极产物的影响，导致缩比模型测量电位与原型电位存在一定误差；而且缩比模型制作周期较长，每个阴极保护优化设计对象均需制作缩比模型，费时费力。

9.5.3　数值模拟法

物理缩比模型实验虽然可以较好地指导阴极保护设计，但其操作比较复杂，工作量和成本也都比较大，而且对于保护对象的细节结构部分无法很好地模拟。

为实现保护效果的快速、准确评价，近几年又发展了数值模拟技术来预测保护效果并优化设计方案，以获得阴极保护效果的最优化。数值模拟法是通过计算机求解不同阴极保护方案电位、电流分布，确定最佳阴极保护方案。

从 20 世纪 60 年代起，已逐渐采用计算机对阴极保护系统进行辅助设计。计算机辅助设计不仅可以快速、准确模拟阴极保护状态，评价阴极保护效果，预测牺牲阳极阴极保护系统的寿命，还可以优化阴极保护系统，使得阴极保护效果最优化。

计算机辅助设计方法主要有有限差分法（FDM）、有限元法（FEM）和边界元法（BEM）。20 世纪 60 年代后期，有限差分法开始应用到腐蚀与防护阴极保护计算领域。其基本原理是用代数式近似代替原微分方程中的导数，采用一定的网格划分方式对所研究的场域进行离散化，得到差分方程组，求解即可获得所研究场的电位分布解。有限差分法采用折线近似代替原边界曲线，使得这种方法的收敛性和稳定性难以保证。

由于有限差分法应用到三维几何图形难度大，20 世纪 70 年代，有限元法被逐渐应用于该领域。有限元法在原理上是有限差分法和变分法的结合。它对变分问题作离散化处理，将场域划分为很多较小的区域，然后建立每个单元的公式，形成求解阴极保护电位和电流分布的代数方程组。相对于有限差分法，有限元法的优势在于可方便处理复杂或弯曲的几何面，其单元不必非要有正规形状或尺寸；由于有限元法需要针对整个空间域划分单元，因此工作量过大，处理三维问题能力较差。

有限元法是根据变分原理和离散化而取得近似解的方法。电场的问题一般都可以归结于求解的偏微分方程的边值问题。有限元法不是直接对电场的偏微分方程去求解，而是先从偏微分方程边值问题出发，找出一个能量泛函的积分式，并令其在满足第一类边界条件的前提下取极值，即构成条件变分问题。有限元法便是以条件变分问题为对象来求解电场问题。在求解过程中，将场的求解区域剖分成有限个单元，在每一个单元内剖分，近似地认为对任一点的求解函数是在单元节点的函数值之间随坐标变化而线性变化的。因此在单元中构造出插值函数，将插值函数代入能量泛函的积分式，再把泛函离散化成多元函数，之后求此极值，这样便得到一个代数方程组。

对于阴极保护体系电位分布的数值研究中，采用拉普拉斯方程作为电位分布的描述方程。即

$$\Delta^2 E = \frac{\partial^2 E}{\partial x^2} + \frac{\partial^2 E}{\partial y^2} + \frac{\partial^2 E}{\partial z^2} = 0 \big[(x, y, z) \in \Omega\big] \tag{9-14}$$

其推导过程如下。

对于阴极保护体系中任意一个小单元 $\Delta x \Delta y \Delta z$，如图 9-5 所示。

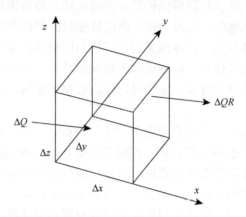

图 9-5　直角坐标系中导出拉普拉斯方程式意图

在下面这个无限小的立体单元中，E 为中心点电势，所以左边和右边的电势可分别写成

$$E_{\mathrm{L}} = E - \frac{1}{2}\frac{\partial E}{\partial x}\Delta x \tag{9-15}$$

$$E_{\mathrm{R}} = E + \frac{1}{2}\frac{\partial E}{\partial x}\Delta x \tag{9-16}$$

流经系统内各点的电流密度可以用下式表示：

$$i = -\kappa \frac{\partial E}{\partial n} \tag{9-17}$$

式中，n 为电流法线方向的单位矢量。

在 x 向（一维）上，单位时间内通过的电量可以表示为

$$Q = -\kappa A \frac{\mathrm{d}E}{\mathrm{d}x}\mathrm{d}t \tag{9-18}$$

式中，Q 为 t 时间内流过这个单元的电量；κ 为介质的电导率；A 为界面面积。

对于二维空间来说，流过单元左侧界面的电量则可以表示为

$$\Delta Q_{\mathrm{L}} = -\kappa \Delta y \Delta z \frac{\mathrm{d}}{\mathrm{d}x}\left(E - \frac{\mathrm{d}E}{\mathrm{d}x}\frac{\Delta x}{2}\right)\mathrm{d}t \tag{9-19}$$

而流过单元右侧界面的电量可以表示为

$$\Delta Q_{\mathrm{R}} = -\kappa \Delta y \Delta z \frac{\mathrm{d}}{\mathrm{d}x}\left(E + \frac{\mathrm{d}E}{\mathrm{d}x}\frac{\Delta x}{2}\right)\mathrm{d}t \tag{9-20}$$

于是，流经单元左右两侧界面的静电量可以表示为

$$\Delta Q_{unit} = \Delta Q_{L} - \Delta Q_{R} = \kappa \Delta y \Delta z \frac{d^2 E}{dx^2} \Delta x dt \qquad (9-21)$$

进一步扩展到三维，流经该单元的静电量：

$$\Delta Q_{unit} = \kappa \Delta x \Delta y \Delta z \left(\frac{d^2 E}{dx^2} + \frac{d^2 E}{dy^2} + \frac{d^2 E}{dz^2} \right) dt \qquad (9-22)$$

存储在小单元中的电荷必须满足 $\Delta Q = \rho c \Delta x \Delta y \Delta z \Delta E$，$\rho$ 为单位体积电荷密度，c 为电容；综合两式可得：

$$\frac{\sigma}{\rho c} \left[\frac{\partial^2 E}{\partial x^2} + \frac{\partial^2 E}{\partial y^2} + \frac{\partial^2 E}{\partial z^2} \right] = \frac{\partial^2 E}{\partial t^2} \qquad (9-23)$$

当 t 趋近于 0 时，在稳态电化学场不考虑时间的影响，上式变成拉普拉斯方程：

$$\frac{\partial^2 E}{\partial x^2} + \frac{\partial^2 E}{\partial y^2} + \frac{\partial^2 E}{\partial z^2} = 0 \qquad (9-24)$$

即对于一个稳态系统，其中各点的电位不随时间变化，所以按照保持电中性的要求，应有：

$$\Delta Q_{unit} = 0 \qquad (9-25)$$

那么，则必有：

$$\frac{d^2 E}{dx^2} + \frac{d^2 E}{dy^2} + \frac{d^2 E}{dz^2} = 0 \qquad (9-26)$$

也就是拉普拉斯方程：

$$\Delta^2 E = \frac{\partial^2 E}{\partial x^2} + \frac{\partial^2 E}{\partial y^2} + \frac{\partial^2 E}{\partial z^2} = 0 \left[(x, y, z) \in \Omega \right] \qquad (9-27)$$

拉普拉斯方程是一个二阶偏微分方程，要想得到方程式的唯一确定解，需要设置一定的边界条件。对于一个阴极保护体系而言，需设定以下三方面的特定的边界条件：被保护体系形状以及阳极的形状、位置等参数；环境介质性能参数；被保护构件阴极的极化性质参数。

阴极保护区域 Ω 的边界记为 Γ，$\Gamma = \Gamma_1 + \Gamma_2 + \Gamma_3$，$\Gamma_1$ 为阳极工作面，Γ_2 为阴极表面，Γ_3 为绝缘面（或对称面）。阴极保护电位场 E 在 Γ_1、Γ_2、Γ_3 上满足不同的边界条件。

第一类边界条件：

$$E|\Gamma_1 = f(x, y, z) \qquad (9-28)$$

在进行阴极保护时，阳极的电位是已知的，在计算中取阳极电位为恒定值。$E|\Gamma_1 = E_0$，E_0 为阳极工作电位。

在 Γ_2 上满足第三类边界条件。在 Γ_2 阴极表面上，流经的电流密度：

$$\frac{1}{R_{\mathrm{p}}}(E_{\mathrm{c}} - E_{\mathrm{c}}^{0}) \tag{9-29}$$

式中，E_{c}、E_{c}^{0} 分别为阴极的极化电位和自腐蚀电位；R_{p} 为阴极表观面电阻率，而流经系统内各点的电流密度为

$$-\kappa\frac{\partial E}{\partial n}\Big|_{\Gamma_2} \tag{9-30}$$

所以在阴极表面上：

$$i = \kappa\frac{\partial E}{\partial n} = \frac{1}{R_{\mathrm{p}}}(E_{\mathrm{c}} - E_{\mathrm{c}}^{0}) \tag{9-31}$$

于是对于均匀的导电介质，达到稳态的阴极保护体系，金属表面和腐蚀介质中电位分布的数学模型为

$$\begin{cases} \Delta E = 0 \\ E\big|_{\Gamma_1} = E_0 \\ -\kappa\dfrac{\partial E}{\partial n}\Big|_{\Gamma_2} = f(E) \qquad \in \Omega \\ \dfrac{\partial E}{\partial n}\Big|_{\Gamma_3} = 0 \end{cases}$$

有限元法就是通过建立边界条件，求解上述数学方程，达到阴极保护的优化。

边界元法是通过域内方程去逼近边界条件，并经格林公式降阶后，只需对研究对象边界进行单元划分，得到阴极和阳极电位与电流密度相关的方程组，求解非线性方程组即可得阴极保护电位和电流分布。边界元法的主要优点是可将空间的维数降低一维，对于无限域问题，只需对内边界进行离散，从而使数据准备工作量和计算量大大减少，为海洋工程腐蚀防护提供了一种精确、快速的阴极保护设计方法。

1. 边界元法数值模拟计算原理

在海水电解质区域内，由欧姆定律知，阴极保护系统产生的电场中的电位和电流密度满足方程（9-32）：

$$i = -\kappa\nabla\phi \qquad \in \Omega \tag{9-32}$$

式中，i 为电流密度；ϕ 为电位；κ 为海水的电导率。由公式（9-32）可知，任意时刻微小立方体积元（$\mathrm{d}x \times \mathrm{d}y \times \mathrm{d}z$）中电量的变化量为

$$Q = \kappa\left(\frac{\partial^2\phi}{\partial x^2} + \frac{\partial^2\phi}{\partial y^2} + \frac{\partial^2\phi}{\partial z^2}\right)\mathrm{d}x\mathrm{d}y\mathrm{d}z \tag{9-33}$$

当阴极保护系统产生的电场达到平衡状态时，微小体积元中的电量处于恒定状态，即 $Q = 0$，则：

$$\kappa\nabla^2\phi = 0 \quad \in \Omega \tag{9-34}$$

由此可知，阴极保护过程的控制方程为拉普拉斯方程。通过求解拉普拉斯方程的基本解，并将其应用于格林定理，得到拉普拉斯方程问题的积分方程和边界积分方程，最后将研究区域的边界分割成 n 个边界单元，以 n 个边界单元上的积分和来近似表示整个边界上的积分，得到求解阴极保护电位和电流分布的系数矩阵（9-35）。

$$HE = GI \tag{9-35}$$

2. 数值模拟计算边界条件

由边界元法数值模拟计算原理可知，阴极保护数值模拟与优化需要以被保护结构边界条件为已知条件，求解矩阵方程（9-35），得到被保护对象表面阴极保护电位与电流分布。数值模拟边界条件主要包括：恒电位边界条件、恒电流边界条件、阴极极化边界条件、牺牲阳极极化边界条件，如图 9-6 所示。

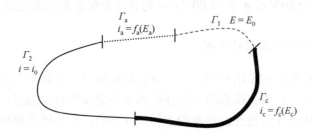

图 9-6　边界元法的四种边界条件

Γ_c-阴极极化边界；Γ_a-牺牲阳极极化边界；Γ_1-恒电位边界；Γ_2-恒电流边界

1）恒电位边界条件

参比电极控制电位应满足恒电位边界条件，如式（9-36）所示：

$$E = 常数 \tag{9-36}$$

2）恒电流边界条件

外加电流阴极保护系统辅助阳极输出电流、无穷远边界及海平面均应满足恒电流边界条件，如式（9-37）所示：

$$i = 常数 \tag{9-37}$$

3）阴极极化边界条件

被保护对象表面电位和电流应满足被保护对象在服役环境中的阴极极化边界条件，如式（9-38）所示：

$$i_c = f_c(E_c) \tag{9-38}$$

4）牺牲阳极极化边界条件

牺牲阳极表面电位和电流应满足牺牲阳极材料在服役环境中的阳极极化边界条件，如式（9-39）所示：

$$i_a = f_a(E_a) \qquad\qquad (9-39)$$

3. 阴极保护优化设计

在边界元数值模拟的基础上，通过建立电位均匀分布寻优方程，如式（9-40）所示，计算不同辅助阳极输出电流、辅助阳极位置和控制电位时，被保护对象表面电位差方和，差方和最小时，即为辅助阳极最佳安装位置、最佳输出电流、最佳控制电位。

$$\min f(i,x,u) = \sum_{i-1}^{n}(\phi_{i+1} - \phi_i)^2 \qquad\qquad (9-40)$$

式中，i 为辅助阳极输出电流；x 为辅助阳极位置；u 为控制电位；ϕ_i 为被保护对象表面电位，$-0.80\,\text{V} \leqslant \phi_i \leqslant -1.00\,\text{V}$；$n$ 为被保护对象表面单元数。

4. 数值模拟与优化设计步骤

（1）根据被保护对象结构图，建立数值模拟模型，并对结构表面进行单元划分。建模的原则是：数值模拟模型的保护面积与被保护对象的保护面积相等；数值模拟模型主体尺寸与被保护对象的主体尺寸相同；数值模拟模型的材料类型与被保护对象的材料类型相同；数值模拟模型不同材料间的电连接状态与被保护对象的电连接状态相同；若被保护对象服役于电导率梯度变化环境，应建立多区数值模拟模型，每个区电导率不同。

（2）阴、阳极极化曲线测试。极化曲线作为数值模拟的边界条件，其能否正确表征材料体系在相应工况环境下的极化行为，直接影响到数值模拟结果的准确性与可靠性。因此，极化曲线测试时应保证模拟测试环境参数与被保护对象服役环境参数一致。采用电化学工作站测试被保护对象、牺牲阳极在（模拟）服役环境中过电位与过电流的关系曲线。

（3）阴极保护数值模拟。根据经验法设计阴极保护系统，在数值模拟模型中定义阳极数量和位置、参比电极数量和位置，并定义阳极组、被保护对象组、参比电极组等。将各类边界条件赋给数值模拟模型对应组，求解不同条件下被保护对象表面电位和电流分布。

（4）阴极保护系统优化。定义阳极候选组，候选组中包括阳极可安装的多个位置，以公式（9-40）为优化方程，计算机自动对比阳极安装不同位置被保护对象表面电位差方和，确定阳极最佳安装位置、最佳输出电流和最佳控制电位。

5. 数值模拟与优化的应用

从 20 世纪 80 年代 Marstons 采用边界元法模拟 Conoco 张力腿平台外加电流阴极保护系统保护效果后，该技术已广泛应用于石油平台、船舶、输油管道、电厂冷凝水管路、石油储罐、跨海大桥、港工设施等阴极保护效果模拟与优化领域，并证明该技术可准确预测并优化阴极保护电位和电流分布。

相对于经验法无法预测阴极保护效果、存在欠保护和过保护风险，以及缩比模型法需建立被保护对象缩比模型费时费力的缺点，数值模拟与优化技术具有在设计阶段即可预测阴极保护效果、优化阴极保护系统的优点。数值模拟与优化应用的最大局限性是难以获得被保护对象在服役环境中的准确边界条件。特别是服役几年至几十年后，被保护对象表面状态发生显著变化，难以在实验室准确模拟；服役于深海、干湿交替、压力交变等复杂环境中的被保护对象，准确边界条件难以获得，导致数值模拟与优化结果可靠性较差。随着各种环境下边界条件数据积累，数值模拟与优化在阴极保护领域将得到更广泛的应用。

此外，阴极保护的应用范围还在向如下几个方向不断扩展：①地下区域性阴极保护；②城市地下金属构筑物；③混凝土钢筋阴极保护；④滨海电厂海水循环水系统；⑤大气环境中阴极保护；⑥地面储罐内、外壁阴极保护；⑦汽车的阴极保护；⑧化工生产中反应釜及容器的阴极保护；⑨海洋干湿交替环境阴极保护等。

9.6　脉冲阴极保护技术

9.6.1　脉冲阴极保护技术的发展历史

对脉冲阴极保护技术的研究可以追溯到 20 世纪中期，距今已有六十余年的历史。早在 1961 年，Heuze[13]在第一届国际金属腐蚀大会上首次展现脉冲阴极保护的研究结果。针对覆盖层下管线电位分布随脉冲阴极保护电流而变化的情况，结果发现脉冲阴极电流的防护效果更为优良，同时也表明了脉冲电流使得传统直流保护可以在更广泛的领域应用。此后，很多学者展开了对脉冲阴极保护技术的探究。他们分别从脉冲参数、脉冲电源及脉冲阴极保护设计装置等入手进行研究。

1968 年，美国的 Huntington Beach 油田为了对丛生井套管实施防护，采用了脉冲整流器（pulse rectifiers）技术，实验取得了成功[14]。研究发现，脉冲阴极保护电流在套管表面的分布更为均匀，阴极保护系统具有较深的穿透性、较小的电流以及较小的阳极地床要求等一系列传统直流保护不具有的优点。1971 年，Doniguian 等[15]就脉冲电流阴极保护的仪器和方法申请了美国专利。专利中给出了两种用商流源产生脉冲信号的线路图，并对产生脉冲信号的原理进行了详细的说明。该专利就上述线路和脉冲电流阴极保护方法申请了专利权。1972 年，Kippst 等[16]就脉冲电流阴极保护系统申请了美国专利。专利中给出了三种用交流电源产生脉冲信号的线路图，并进行了详细的描述。专利中提出，脉冲电流阴极保护设计中的重要参数为：脉冲宽度、频率、电压幅值，脉冲宽度要控制在 7~60 μs，这样可使希望发生的反应有足够的反应时间，而使不希望发生的反应没有足够的反应时间。脉冲频率应为体系的共振频率（resonant frequency），他们认为在共振频率下工作有以下优点：①共振频率下，阴极、阳极间回路的反应阻抗为零，没有反应造成的能量消耗，这样在给定的输入功率下就可以获得最大的阴极保护功率；②利用阴极、阳极间固有的电感，可以在电压脉冲终止以后维持连续电流，这样就可以提供连续的阴极保护而不会引起过保护。对于电压幅值，他们认为应采用高电压，这样利于电流达到较远的地方，并加快极化速度。1973 年，Haycock 和 Seid[17]研究了脉冲阴极保护对浸泡在海水中钢的保护效果，结果表明脉冲阴极保护可以获得较好的阴极保护效率。

在随后的十几年里，几乎没有这方面的研究成果发表。直到 1982 年 Doniguian 就脉冲整流器的发展和几个实测结果进行了讨论[14, 18]。Fletcher 等[19]研究了脉冲电流阴极保护对于控制应力腐蚀开裂的优越性。1986 年发表的 *Cathodic Protection: Theory and Practice* 一文[20]，对 20 世纪 80 年代早期以前的阴极保护技术的研究进展进行了总结，但文中没有脉冲电流阴极保护方面的内容。由此可见，在这一时期有关脉冲电流阴极保护技术的研究工作确实太少，还没有引起人们的重视。在 1990 年前后，Bich 和 Bauman[21, 22]对油井套管和管道脱黏覆盖层下的金属施加脉冲阴极保护进行研究，结果均证明了脉冲电流无可比拟的优越性。

近年来，随着国内科学技术的发展，对脉冲电流阴极保护的研究也开始起步。学者首先对脉冲电源展开研究，并发表了一系列专利。此外，华中科技大学邱于兵、西安石油大学周好斌、南京工业大学王常青、中国海洋大学杜敏等展开了对脉冲阴极保护效果的研究，并对脉冲阴极保护机理进行了初步探索。

9.6.2　脉冲阴极保护技术的特点

脉冲阴极保护（pulse cathodic protection，PCP）是在传统阴极保护的基础上发展而来的一种比较新型的保护技术。脉冲阴极保护技术采用不连续作用的电流，这种电流持续时间短，两次作用间的时间间隔又相对较长，可以是周期性和非周期性的两种形式。该技术的电流大小、周期和频率均是可调的，是特殊形式的直流电[23]。脉冲电流根据波形的不同可以分为三角波、方波、锯齿波三种。最常见的为方波脉冲。

脉冲阴极保护技术包括多个可调节参数，以方波脉冲电流进行介绍。图 9-7 为方波脉冲电流的波形示意图，图中 I 为方波幅值（mA·cm^{-2}），即脉冲电源有电流部分输出的电流密度；T 为脉冲周期（s），$T = t_{on} + t_{out}$；脉冲频率为周期的倒数，即 $f = 1/T$（Hz）；脉冲宽度（t_{on}）指一个周期中有电流的时间（s），没有电流的部分为 t_{out}；占空比（P）为脉冲宽度与周期的比值，即 $P = \dfrac{t_{on}}{T} = \dfrac{t_{on}}{t_{on} + t_{out}}$。

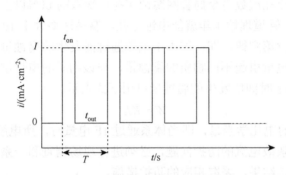

图 9-7   方波脉冲电流的波形示意图

脉冲阴极保护技术在应用时可以采用恒电位或者恒电流两种方法，控制脉冲电源输出的电流和电压的大小与恒定情况，同时可以调节脉冲电源输出的脉冲频率（f）与占空比（P），以达到较好的保护效果与节约能源等目的。

脉冲阴极保护技术具有传统直流阴极保护所不具备的优点。主要表现在所需的平均电流较小，节约能源；脉冲电流渗透能力强，电位分布更加均匀；加速侵蚀性离子 Cl^-、SO_4^{2-} 等的迁移，维持阴极表面的钝化状态；形成的钙镁沉积层更加致密；杂散电流干扰较小及维护费用较低等。但是，目前脉冲阴极保护仅仅在油井套管、钢筋混凝土、涂层脱黏裂缝、潮差区钢结构、换热器和锅炉等系统中有少量应用。国内这种技术的应用尚不广泛，仅有少数油田在局部进行了使用。其主要限制因素是脉冲阴极保护机理研究的缺失。

9.7   直流杂散电流的腐蚀与防护

9.7.1   管道杂散电流的腐蚀与防护[21, 22, 24]

杂散电流是设计的或规定的回路以外流动的电流。杂散电流一旦流入埋地金属体，再从埋地金属体流出，进入大地或水中，因电流流出部位成为阳极，则在电流流出部位发生激烈的腐蚀，通常把此种腐蚀称为杂散电流腐蚀，为了与自然腐蚀相区别，也称电蚀。概括地说，电蚀有如下特点：①腐蚀激烈；②腐蚀集中于局部位置；③有防腐层时，往往集中于防腐层的缺陷部位。

上述特点，使被干扰体在短时间内发生点状坑蚀，造成泄漏事故。特别是像长距离带有防腐层的埋地金属管道这样长大的埋地金属体，流入管道的杂散电流很大且集中于局部，从防腐层缺陷处流出，由此造成的局部腐蚀将非常惊人。东北抚顺地区受杂散电流干扰影响的长输管道约有 50 km，占东北输油管网的 2%，而因电蚀造成的穿孔次数占全局管网腐蚀穿孔总次数的 60%以上。该地区的杂散电流高达 500 A，管道埋地半年就能电蚀穿孔，腐蚀速率大于 $10\sim15$ mm·a^{-1}。

电蚀服从法拉第定律，即：①由于电流通过而发生的腐蚀量，与通过的电量成正比；②相同电量引起不同物质的腐蚀量，与该物质的电化学当量成正比，即电流为 I 时，在 t s 时间所发生的腐蚀量可用下式表示：

$$W = KIt$$

式中，K 为物质的电化学当量，即当体系通过 1F 电量时，所电解的物质的量。

实践中解决杂散电流的防护问题，必须进行现场调查和一系列的测定作业，并依据调查和测定结果，采取相应的防护措施。

杂散电流的测量对测量的仪表与设备、测量方法和数据处理都有相应的要求。

1. 杂散电流测量仪表与设备

（1）对测量仪表的一般要求：①当所测电位小于 2.5 V 时，仪表的内阻应大于 10000 Ω·V^{-1}；②零点在表盘的中心（双向或零点可调）；③多量程，响应时间短；④尽可能不用电源，必须使用电源时宜采用干电池或干电池组；⑤具有防磁干扰性能。

推荐使用的仪表如表 9-17 所示。

表 9-17　推荐使用的仪器仪表

名称	量程	仪表精度	内阻	电源	推荐型号
自动平衡记录仪	$\pm5\sim\pm10$ mV　10 档零点可调，走低速度可调	0.5%	1 MΩ	交直流可用，附干电池	XWX-2042 等
自动转档笔型表	±1 mV$\sim$400 V 直流	2%	1 MΩ	干电池	32116
直流电压表	零点在中间，$\pm1\sim750$ V 多量程分档	2.5 级	10 kΩ·V^{-1}		C31-V
直流毫伏表	零点在中间，±500 mV 多量程分档	1.0 级	2 kΩ·V^{-1}		C31-mV
数字万用表			1 MΩ	干电池	DT830 等
直流电流表	$0\sim30$ A 多档			$27\sim45$V	C31-A
直流毫安表	$0\sim750$ mA 多档			$27\sim45$ mV	C31-mA

续表

名称	量程	仪表精度	内阻	电源	推荐型号
多功能测试箱	交直转换，电流电压多参数				
直流电位差计	$1\sim100$ mV	0.1 级		干电池	UJ35
接地电阻测试仪	$0\sim1\ \Omega/10\ \Omega/100\ \Omega/1000\ \Omega$ 四档	±5			ZC-8
防腐层绝缘电阻测试仪	任意中断测量			蓄电池	AY-5081
万用示波器				内附式外接	PM97/95/93

（2）测量时采用的参比电极宜使用 $Cu/CuSO_4$ 电极。采用不同参比电极时数据应换算为相对于同一参比电极的数据。

（3）测量用导线一般采用塑封软铜线。

（4）测量作业的操作要求：①参比电极应放置在被测体附近，每次测量的位置尽量相同；②参比电极放置处应比较湿润，可浇盐水，冬季测量时宜浇热盐水；③在可能存在可燃气体的环境中，严格避免作业时产生火花或确认为无燃烧可能时再进行测量；④在干扰电压较高时，尽量采用右手单手作业；⑤测量前 24 h，阴极保护系统停止运行。

2. 杂散电流的测量方法

1）管地电位测量

①一般测量方法如图 9-8 所示。②闭路测量法或移动参比电极法：此种方法测量管地电位分布时，可以做到任意长的测量点间隔布置，而无须增加测定点，是一种经济实用的方法，其原理接线如图 9-9 所示。参比电极可以任意地间隔放置在地表 a、b、c、d 等点。测量的 V_a、V_b、V_c、V_d…则分别为与 a、b、c、d 等点直接对应的管道上的 a'、b'、c'、d' 等点的电位。③双参比电极法：此方法测量原理和结果与闭路测量法相同，但避免了无限长的延长测量导线所带来的麻烦，如图 9-10 所示。

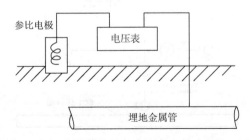

图 9-8　管地电位测量标准方法示意图

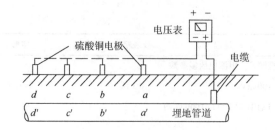

图 9-9　闭路测量法原理图

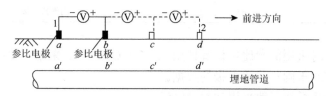

图 9-10　双参比电极测量管地电位接线示意图

两支参比电极以规定的间隔，沿管道同时移动，移动中参比电极的位置顺序不能颠倒，采用常规方法测量得到管道 a' 点的电位后，

则
$$V_{b'} = V_{a'} + V_{ab} \qquad (9\text{-}41)$$

$$V_{c'} = V_{b'} + V_{bc} = V_{a'} + V_{ab} + V_{bc} \qquad (9\text{-}42)$$

$$V_{d'} = V_{c'} + V_{cd} = V_{a'} + V_{ab} + V_{bc} + V_{cd} \qquad (9\text{-}43)$$

依此类推。

2）杂散电流方向及地电位梯度测量

如图 9-11 所示，a、b、c、d 四支参比电极，用各长 100 m 的导线连接成互相正交的两个支路，其中支路 cd 与管道平行走向。二支路 ab 和 cd 又同时组成直角坐标系。ab 和 cd 支路中的电压表所测量的数据，分别对应于分布在直角坐标系的 4 个象限中，求其矢量和，则该矢量方向即代表该点的杂散电流方向。沿被干扰管道多测几点，就可分析出被干扰段杂散电流总的流向趋向。

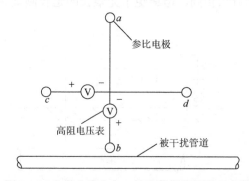

图 9-11　杂散电流方向、地电位梯度测量示意图

所测得的 V_{ab} 和 V_{cd} 除以极间距，则分别为纵向（与管道垂直）和横向（与管道平行）的地电位梯度，其矢量和为该点的地电位梯度。

如果只作地电位梯度测量时，宜将参比电极的间距缩小至 1m 左右；如测量值太小，可以适当加大参比电极间距。参比电极也可用三只呈直角形布设，其中保证一边与管道平行。

3）管内电流测量

一种是管道上某点管内电流的测量。

如图 9-12 所示，在管道上取 a、b 两点，其间隔尽可能得小。测量两点间的电压，由于该值很小，故采用电位差计测量。由此计算两点间的电流为

$$I_{ab} = \frac{V_{ab}}{R_{ab}} \tag{9-44}$$

式中，R_{ab} 为管段 ab 的直流电阻，该值可以计算得出，也可由实测得到。

由于 ab 的间距很小，对于较长的管道而言，可以近似为一个点，这样测得的电流可以认为是对应于 a 点或 b 点的管道内（严格来说是 a、b 之间的管段）流动的电流。

另一种是 AB 管段内流进、流出的电流测量。某一点的管内电流的测量，实用意义不大，但利用此法可以求出某一较长管段 AB 内流入和流出的电流，如图 9-13 所示。

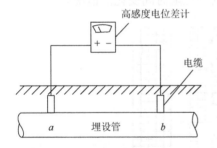

图 9-12　管内电流测量示意图

图 9-13　流出、流入电流测量示意图

一般要求 AB 应大于 ab 的 20 倍以上，利用点电流测量可以得到 A、B 两点的管电流 $I_A = I_{ab}$ 和 $I_B = I_{a'b'}$，则流出、流入 AB 段的电流 I 为：$I = I_A - I_B$。

4）铁轨侧轨地电位的分布测量

铁轨点电流及铁轨泄漏电流或流入、流出电流的测量可以分别参照上述图 9-12 和图 9-13 的方法进行。

5）数据处理

由于干扰电流有测量时间与读数间隔的要求，在某一测量段内，读数有正负交替变化，所以必须要对测量数据进行处理。具体方法如下。

（1）采用指针式仪表。①电位的最大、最小值分别由指针摆动位置直接测得。

②电位平均值计算:

$$a(\pm) = \frac{\sum\limits_{i=1}^{n} a_i(\pm)}{n} \tag{9-45}$$

式中，$a(\pm)$ 为分别计算的测量时间内读数的正、负电位平均值; $\sum\limits_{i=1}^{n} a_i(\pm)$ 为分别计算的正、负电位读数的总和; n 为测量时间段内读数的总次数。

（2）采用记录式仪表。首先按记录纸上的适当刻度，将记录曲线分为若干小段，分割得越小得到的结果就越精确。然后分别计算各个小段的正平均值 M_1、M_2、M_3、…、M_n 和负平均值 N_1、N_2、N_3、…、N_n。

则:

$$正平均值\ M = (M_1 + M_2 + M_3 + \cdots + M_n)/n$$
$$负平均值\ N = (N_1 + N_2 + N_3 + \cdots + N_n)/n$$

（3）曲线表达法。一般情况下，人们习惯于用绘制曲线的方法来表达数据处理结果，便于使数据与各个测点和某管段联系起来，以便分析、处理。

与时间关系曲线:以电位-时间曲线为例。建立直角坐标系，纵轴为电位，横轴为时间，分别将读数和读数时间绘制成曲线。如图 9-14 所示，电位-时间曲线主要表达某一测定点在某一测量时间段内的电位随时间变化的情况。

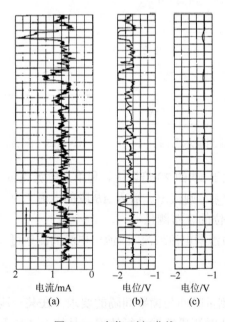

图 9-14　电位-时间曲线

（a）管道中干扰电流；（b）管道中干扰电位；（c）用探头测得管道电位

以管地电位分布曲线为例建立直角坐标系，纵轴表示电位，横轴表示距离 L（测定点分布），将按数据处理后的数据绘制成曲线。电位距离曲线主要表达某一管段上的电位分布情况，如图 9-15 所示。

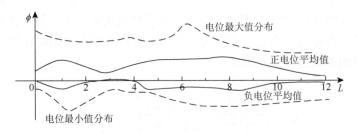

图 9-15　管段上干扰电位曲线分布

9.7.2　排流保护法的种类

1. 排流保护

人为地使管道中流动的干扰电流直接回流到铁轨或回归线，返回整流器，需要将管道与铁轨回归线在电气上连接起来，这种防止管道电蚀的方法称为排流法，其连接导线称为排流线。排流法是防止电蚀最实用和有效的方法。依据电连接回路的不同可以分为直接排流法、极性排流法、强制排流法和接地排流法等四种。各自的接线原理、优缺点及适用场合见表 9-18。

表 9-18　排流保护的主要方式

项目	直接排流法	极性排流法	强制排流法	接地排流法
应用条件	1. 被干扰管道上有稳定的阳极区； 2. 直流供电所接地体或负回归线附近	被干扰管道管地电位正负交变	管轨电位差较小	不能直接向干扰源排流
优点	1. 简单经济； 2. 效果好	1. 安装简单； 2. 应用范围广； 3. 不需要电源	1. 保护范围大； 2. 可用于其他排流方式不能应用的特殊场合； 3. 电车停运时，可对电车提供阴极保护	1. 应用范围广泛，可用于各种情况； 2. 对其他设施干扰小； 3. 可提供部分阴极保护电流
缺点	应用范围有限	当管道距铁轨较远时，保护效果差	1. 加剧铁轨电蚀； 2. 对铁轨电位分布影响较大； 3. 需要电源	1. 效果稍差； 2. 需要辅助接地床

2. 其他特殊的防护措施

1）电屏蔽法

可在阳极干扰段或电气铁路干扰区内采用电屏蔽法以防止杂散电流的干扰，图 9-16 为消除阳极干扰的一种电屏蔽法，其原理是用裸管套在被干扰管段上，并与整流器的负极相连，形成一个阴极电位场来抵消阳极电位场的作用。其不足是要消耗大量的电流且效果不明显。

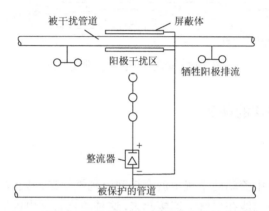

图 9-16　消除阳极干扰的电屏蔽法

2）牺牲阳极法

此方法适用于防止来自阴极保护系统的干扰电流，在被干扰管段上找出泄漏电流的点，在此处安装上牺牲阳极便可以起到排流和保护的作用。不过使用这种方法一定要慎重，如不当可能会引起副作用。

牺牲阳极法有时也可用于排除和电铁交叉的管道上的干扰，起加压消除作用。

3）绝缘法兰分割法

当被干扰管道长距离平行于电气铁路时，为了减轻干扰程度，可采用绝缘法兰（或接头）将管道分割成若干小管段，降低杂散电流的干扰影响。

9.7.3　船体杂散电流的腐蚀与防护[25]

1. 水中杂散电流产生的原因

作为一种介质，水和土壤一样可以视为电解质，但水的均匀性比土壤好，当有电流流动时，一般可以直线方向流动，如果在电流流动的区域内有金属构筑物存在，则其和埋地管道一样将受到杂散电流的腐蚀。

　　船舶、海上平台、码头等金属构筑物置于海水中，当其使用直流用电设备时，便会受到杂散电流的干扰，如电焊、外加电流阴极保护等。图 9-17 是电焊引起的杂散电流腐蚀示意图。

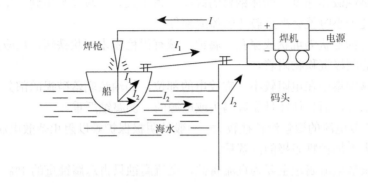

图 9-17　电焊引起的杂散电流腐蚀示意图

　　作为船体，杂散电流主要发生在修造、停泊、维修期间，因为这个时期往往需要使用电焊机或其他用电设备，故电焊或其他用电设备的电流会通过船体。因杂散电流腐蚀的实际例子很多，往往 1～3 个月便会腐蚀穿孔，更有甚者，大连某海运大队的一条船，停靠在岸边用单线进行轴系焊接工作，持续时间大约 5 h，就腐蚀损坏了一支铸钢螺旋桨。

　　按图 9-17 所示电焊机的负极接在码头上，而不是直接接在被焊船体上，这样形成了两条电通路：一条为焊机正极→船体→钢缆→钢码头→焊机负极（I_1）；另一条为焊机正极→船体→电解质（海水）→钢码头→焊机负极（I_2）。这里的第二条通路中的 I_2 就是杂散电流，这个电流从船体进入电解质，再经过码头进入地线返回焊机负极。这一过程符合杂散电流腐蚀的三个条件：干扰源（电焊机）、电解质（海水或江水）和两电极（船体阳极和码头阴极）。电流 I_2 从船体上流过，必然引起船体的腐蚀。

　　杂散电流的大小与钢缆、船体和码头的接触电阻有关，电阻越大，电流 I_1 越小，则杂散电流 I_2 越大。当涨潮时，船体与码头之间的钢缆松弛，几乎处于绝缘状态，或船体与码头之间的缆绳是麻缆或尼龙缆，这时电焊机的电流几乎全部从船体流过，可以认为 $I_2 = I$，腐蚀最为严重。

　　目前，我国的焊机接地均增加了一条电缆线，将船体和钢码头连接起来，以供焊接电流返回电焊机，减轻杂散电流的腐蚀。即使这样，仍有少量电流流入海水中，有时电缆断开或接触电阻很大时，焊机仍然可以正常工作，产生较大的杂散电流，造成水下部位严重腐蚀，这种现象往往不容易发现。

2. 杂散电流腐蚀的验证和检测

1）腐蚀特征

（1）腐蚀破坏速度与船体钢材的好坏关系不大。一般仅半年到一年，有时几十天甚至几个小时就会严重破坏船体或部件。

（2）腐蚀形状为坑状或穿孔，腐蚀区域有黑色粉末泥状铁锈，相应的阴极部位有白色的阴极沉积物附着。

（3）腐蚀集中在电阻较小、宜放电的部位，如油漆剥落破损的部分、尖角边棱等突出部位，而且往往是靠近码头或电源的一侧腐蚀严重。

（4）杂散电流的数量级往往较大，一般的阴极保护难以阻止杂散电流的腐蚀，此时将大大增加牺牲阳极的溶解量。

（5）杂散电流腐蚀主要为直流腐蚀，交流腐蚀只占总腐蚀量的 1%。

（6）当有杂散电流存在时，船体的电位值明显偏离船体的正常电位值。

2）杂散电流的检测

按《船体杂散电流腐蚀的防护方法》（CB/T 3712—2013），杂散电流的判断准则为船体电位正向偏移大于 20 mV。

通常船体在海水中的电位值在 $-0.65 \sim -1.00$ V（vs. SCE）之间，若测得的船体电位不在这一范围均应怀疑有杂散电流；当用指针式电压表测量时，表现为指针颤抖或左右摆动。表 9-19 中给出了几个现场的实际测量值。

表 9-19　杂散电流的实测值

地点	被测实物	原电位/V	电焊时电位/V	电位偏移/V
大连某码头	舰船	−0.90	−0.35	+0.55
黄浦江	小船	−0.65	>0	>−0.65
黄浦江	码头	−0.65	<−1.5	>+0.85

3. 杂散电流腐蚀的防护

1）直接排流

和管道直接排流的道理一样，将被干扰的船体在焊接作业时，直接用一根长的地线与焊机的负极连接在一起，这样基本保证导线中的电流 I_1 近似等于 I，杂散电流接近于零。为了确保接地线和船体电连接良好，应采取焊接接线片的方式连接。图 9-18 是直接排流的原理。

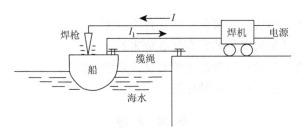

图 9-18 船体电焊机直接排流示意图

在实际工作中应坚持焊接操作和地线连接同船的原则。在大船上焊接时，应选取大截面电缆，做到多股、多点并尽量靠近焊点与船体连接。

2）牺牲阳极排流

通过检测，在确定了杂散电流的分布和流向后，可在流出侧安装牺牲阳极，阳极的成分应符合 GB 4950 和 GB 4948 的规定；在淡水介质中，选择镁合金牺牲阳极，阳极成分应符合 GB/T 21484—2017 的规定。

阳极采用悬挂式与船体连接，数量视杂散电流的大小而定，均匀分散布置在船体两舷。推荐使用长条形支架阳极，尺寸为：500 mm×（37 + 42）mm×40 mm。

当采用牺牲阳极法排流时，在停止焊接作业后，牺牲阳极可以向船体提供阴极保护。

3）其他防护措施

当船舶停泊的港口附近有发电厂、直流电气化铁路或过江电缆时，应注意监测杂散电流及流向，以及电流源的方向和位置等。

4. 杂散电流腐蚀与防护过程中的注意事项

（1）不允许利用海水、江水放电、降压，不得使用破损电缆，以免产生杂散电流。

（2）在大船上进行长期的焊接作业时，应将电焊机整套搬运到船体上。

（3）船舶的供电系统、电气设备等必须绝缘良好，定期检查，以免漏电。

思 考 题

1. 简述阴极保护原理、参数和适用范围。
2. 牺牲阳极法和外加电流法各有何优缺点？
3. 如何获得防腐蚀电位即最小保护电位与防腐蚀电流即最小保护电流？
4. 石灰质垢层是如何形成的？有什么作用？
5. 常用的牺牲阳极和外加电流阳极有哪些？

6. 试画出牺牲阳极法阴极保护设计程序框图。

7. 杂散电流是如何产生的？有什么危害？

8. 怎样调查和测量直流杂散电流和交流杂散电流？

9. 什么是排流法？有哪几种排流方式？

参 考 文 献

[1] CP 1021-1973. Code of Practice for Cathodic Protection [S]. London：British Standards Institution，1973.

[2] 日本学术振兴会. 金属防蚀技术便览.新版 [M]. 东京：日刊工业新闻社，1972：580.

[3] 中华人民共和国交通部. JTJ 230—1989. 交通部海港工程结构防腐技术规定 [S]. 北京：人民交通出版社，1989.

[4] 日本学术振兴会. 金属防蚀技术便览.新版 [M]. 东京：日刊工业新闻社，1972：590.

[5] 朱相荣，王相润. 金属材料的海洋腐蚀与防护[M]. 北京：国防工业出版社，1999.

[6] 张信义，工元玺，火时中. Al-Zn-Mg-In-Ga-Ca 合金牺牲阳极电化学性能的研究 [J]. 腐蚀科学与防护技术，1995，7（1）：53-57.

[7] 王芷芳，杨骁. 牺牲阳极在高温下电化学性能的测定 [J]. 化工腐蚀与防护，1994，（2）：21-24.

[8] 李异，戚本盛，邓和平. 铝合金牺牲阳极在南海海泥中的性能研究 [J]. 腐蚀科学与防护技术，1991，3（1）：22-26.

[9] Schrieber C F，Murray R W. Effect of hostile marine enviraonments on the Al-Zn-In-Si sacrificial anode [J]. Materials Performance，1988，27（7）：70-77.

[10] 郭慧志. 应用常规方法进行阴极保护的 PC 机辅助设计[D]. 青岛：青岛海洋大学，1996.

[11] 陆长山. 海洋平台节点阴极保护电位场有限元计算[D]. 青岛：青岛海洋大学，1991.

[12] 常炜，栗艳侠，徐桂华，等. 海上平台阴极保护原位监测系统 [J]. 中国海上油气（工程），1999，11（3）：27-30.

[13] Heuze B. A new technique of cathodic protection based on adjustment of the quantity of electricity to the potential[C]. London：Proc First International Conference on Metallic Corrosion，1961.

[14] Doniguian T M. American gas association operating section proceedings [J]. National Geographic of Arlington，1982，44（1）：22-33.

[15] Doniguian T M，Beach S L，Kipps H J，et al. Pulsed cathodic protection apparatus and method[P] . USA：3612898，1971.

[16] Kipps H J，Beach S L，Doniguian T M，et al. Cathodic protection system[P]. USA：3692650，1971.

[17] Haycock E W，Seid D M. Cathodic protection by intermittent and pulsed currents [J]. Corrosion，1993：69.

[18] Doniguian T M. Pulse rectifier improves cathodic protection [J]. Oil and Gas Journal，1982，80（30）：221-229.

[19] Fletcher E E，Barlo T J，Markworth A J，et al. Relative merits of pulsed rectifiers for controlling stress corrosion cracking [J]. NG-18 Report，1982：127.

[20] Ashworth V，Booker C J L. Cathodic protection：theory and practice [J]. Corrosion Science，1986，26（11）：983-984.

[21] Bich N N，Bauman J. Cathodic protection of well casings by pulsed current[C]. Houston：National Association of Corrosion Engineers（NACE）International Annual Conference，1994：566.

[22] Bich N N，Bauman J. Pulsed current cathodic protection of well casings [J]. Materials Performance，1995，34（4）：17-21.

[23] 邱于兵，郭稚弧. 脉冲电流阴极保护技术 [J]. 腐蚀科学与防护技术，2001，13（4）：227.

[24] 胡士信. 阴极保护工程手册 [M]. 北京：化学工业出版社，1999：355.

[25] 陈光章，王朝臣，陈仁兴. 舰船及海上设施阴极保护 [M]. 北京：舰船材料编辑室，1984：5-11.

第 10 章　海洋生物污损与微生物腐蚀

随着海洋工程和造船工业的日益发展，海洋生物附着引起的污损问题已引起人们的极大重视。海洋污损生物是指那些生长在与海水接触的船体、管壁和海洋设施表面的动物、植物及微生物，它们的附着会对船舶和设施造成损害，通常称为海洋生物污损。防止海洋生物污损，简称防污。海洋生物污损与防污研究包括生态学、生物学、微生物黏膜、附着机理和各种防污技术。生物污损与微生物腐蚀是分不开的，因此都被列入本章。

10.1　海洋生物污损的危害、污损生物种类以及污损机理简介[1]

10.1.1　海洋生物污损的危害

海洋生物污损的危害主要从以下三个方面考虑。

1. 对设备结构的影响

污损生物会使结构过载、丧失浮力、航行阻力增大、阻塞水流、降低传热率、诱发局部腐蚀；常见金属结构碳钢、低合金钢、不锈钢、铜合金、铝合金、涂层/金属，它们都会由于海生物附着不均匀诱发氧浓差电池，发生点蚀和缝隙腐蚀；污损生物的新陈代谢会改变局部化学环境，加速腐蚀；生物附着会破坏保护涂层等。

2. 对设备功能的影响

污损生物会使声、光、电、流动、电化学和生物传感器功能下降或失效，如电导率仪因生物污损产生偏差而失效，电化学参比电极因生物附着使电极电位产生偏差和不稳定等。

3. 对非金属材料的破坏

海洋中钻孔生物对非金属工程材料的危害更大，尤其是船蛆对木船的钻孔破坏尤为严重，半年时间船蛆对木板的穿孔破坏密度高达 2700 孔·m^{-2}，使木船稍受风浪冲击就可能破损，给海洋渔业、运输业带来严重的安全隐患，造成巨大的经济损失。污损生物还会堵塞海水养殖的网孔、增加海水流动阻力，妨碍养殖海鲜牡蛎等生长，降低所养殖的海带、紫菜和裙带菜的质量。

随着海上交通运输及海洋资源开发事业的发展，海上船舶、海滨电厂及港口工程设施大量增加，防止海洋生物对船舶、海水管路及水下构筑物的附着污损，避免其危害和损失，已引起人们极大的关注，一直是海洋开发活动中的重要研究课题。

10.1.2　污损生物种类

海洋污损生物种类繁多，常见的有 50 多种，危害较大的有藤壶、牡蛎、海鞘、海藻等，它们大部分生存于海岸及港湾处。

污损生物按照个体大小群落可以分为微型污损生物和大型污损生物。按照生活方式分为：固着，如藤壶、牡蛎和海藻、海鞘等；附着，用足丝、基盘和卷枝附着，附着后还可以做短距离移动，可以成为污损群落的主体，如贻贝、扇贝、海葵等；活动性，个体不大密度大，起陪衬作用，或栖息或觅食或二者兼而有之。

污损生物以群落聚集，其形成与演替如下：初期阶段，微生物黏膜阶段，是一切海域中污损生物群落形成的必经阶段；中期阶段，也称为发展阶段，大型污损生物的幼体开始附着，种类数和个体数不断增多，群落的体积和重量不断增大，种类之间的演替现象明显；最后是稳定阶段，污损生物群落中各种生物之间和同一种群的各个个体之间，存在着相互依存又互相制约的关系，明显地存在附着空间和食物的竞争。理化因子，特别是温度、盐度和附着基的种种性质，对群落产生很大的影响。由于群落内部相互之间以及外界环境的影响，群落存在明显的季节变化和年变化现象。但是顶级群落通过一系列的调节机制，其性质和结构保持相对的稳定性。

10.1.3　污损机理简介

有研究表明，海洋生物污损过程经过细菌附着、微藻附着，最后是大型污损生物附着。

细菌通过疏水性、静电作用力等在材料表面形成初始附着；随后通过其表面成分与材料表面的受体形成特异吸附；最后细菌与细菌之间相互聚集，形成生物膜。生物膜是具有高度组织化的多细胞菌群体结构，细菌之间存在广泛的化学信息及遗传信息交流。胞外聚合物（extracellular polymeric substance，EPS）在附着过程中发挥着重要作用。

硅藻的附着过程包括随机着陆、初始附着、滑行及永久附着四个步骤。底栖硅藻在重力、水流的作用下被动到达材料表面，通过细胞和基底材料之间作用力暂时与材料表面结合；通过 EPS 调整细胞姿态，变成壳面着陆，然后在肌动蛋白/阻凝蛋白的联合作用下开始滑行，最后 EPS 将硅藻牢牢黏附在材料表面，使细胞具有较强的抗水流冲击能力。

附着生物以浮游阶段的孢子或幼虫形式附着在已形成微生物膜的材料表面，发育成熟为污损生物。藤壶在腺介虫幼虫期寻找合适的基底材料附着、变态，并向体外分泌胶黏剂——醌丹宁蛋白质。在形成稳定的化学键前，胶黏剂借助于表面细微结构，吸收或排水以利于对基材的成功黏结，与材料表面形成交联膜。贻贝黏结聚合物是多酚蛋白，通过氢键，多酚蛋白的赖氨酸与生物膜黏液中的硫酸基团形成的离子键，以及多酚蛋白与细菌膜酸性聚合物之间形成的离子键进行附着。

也就是说，首先由蛋白质、多糖等有机分子等胞外多聚物 EPS 吸附，形成条件膜；然后细菌等原核微生物的附着生物膜和真菌、藻类等生物的附着菌膜形成；最后是大型污损生物，如藤壶、牡蛎、贻贝等的附着。

10.2　海洋防污的方法

防止海洋生物污损的方法很多，常见的有涂覆防生物污损涂料、施加液态氯、电解海水制氯防污和电解重金属防污防腐、铜合金覆膜、电解氯-铜联合防污防腐等[2-5]。

10.2.1　涂覆防生物污损涂料[2]

防生物污损涂料（简称防污涂料）法是将防污涂料涂覆于被保护结构物表面，依靠涂膜中含有对生物有毒性的防污剂的不断溶解、渗出，杀死或抑制污损生物的生长附着，如有机锡、氧化亚铜、DDT 等。这种涂料的使用范围广，施工方便，但毒物渗出会对附近海水造成污染。

防污涂料是最方便有效、应用范围最广的防止污损生物附着的方法，有上百年的历史，其作用原理是：防污涂料中的防污剂溶解后向海水渗出，在漆膜表面形成有毒溶液薄层，用以抑制或杀死企图停留在漆膜上的污损生物孢子或幼虫。防污涂料由基料、防污剂、填料和溶剂等组成。

依据防污涂料内部结构和渗出机理，其基本上可分成四种类型。

1. 溶解型防污涂料

溶解型防污涂料是靠海水对毒料和部分基料的溶解作用来实现防污的。常用的基料有沥青、油基树脂和松香等，常用的防污剂有 DDT、氧化亚铜等。例如，用得最多的是由可溶性的松香和防污剂 Cu_2O 组成的涂料，Cu_2O 遇水生成 $CuCl_2$，随着可溶性基料松香在海水中的不断溶解，漆膜中有毒的 Cu_2O 不断暴露出来，使材料表面保持含有 $CuCl_2$ 的溶液薄层，达到防污的目的。

2. 接触型防污涂料

这类防污涂料的基料是不溶解的，具有一定的强度，如氯化橡胶、乙烯共聚物。防污剂可用 Cu_2O 和铜粉，涂料中防污剂的含量很高，呈颗粒状存在，且相互接触，当漆膜表面的防污颗粒溶解渗出后，漆膜表面就形成空洞或沟槽，海水可以渗入并与里面的防污剂表面接触，使其继续溶解。

3. 扩散型防污涂料

扩散型防污涂料以丙烯酸类树脂、乙烯类树脂或合成橡胶作为基料，以有机锡化合物为防污剂，防污剂与基料树脂以分子状态形成固体溶液，通过有机锡分子的扩散渗出，防止污损生物的附着。

4. 自抛光型防污涂料

自抛光型防污涂料的基料是丙烯酸有机锡酯共聚物，如丙烯酸三丁基锡/甲基丙烯酸甲酯的共聚物，它在海水中发生水解，释放出有机锡。水解后的树脂变成水溶性的，逐步在海水中溶解，在防止生物污损的同时，起到抛光漆膜的作用，从而减少船体阻力。

防污涂料主要是由防污剂、基料树脂、填料及溶剂等组成，其中防污剂是主要的有效防污成分，防污涂料的发展主要是针对防污剂的研制与更新。

氧化亚铜是最早使用的防污剂，至今已有一百多年的历史，能有效地防除污损生物的附着，它对人体毒性小，至今仍被广泛使用。氧化亚铜在海水中的溶解度为 $5\ \mu g \cdot dm^{-3}$，其有效防污临界渗出率为 $10\ \mu g \cdot cm^{-2} \cdot d^{-1}$。在接触型防污涂料中，氧化亚铜的含量高达 70%。

有机锡类化合物作为防污剂使用在 20 世纪六七十年代得到快速发展，主要是三烷基锡，如三丁基氧化锡（TBTO）、三苯基氯化锡（TPTC），具有高效广谱的特点，对藻类的临界渗出率为 $5\ \mu g \cdot cm^{-2} \cdot d^{-1}$，对藤壶为 $1\ \mu g \cdot cm^{-2} \cdot d^{-1}$，比氧化亚铜少一个数量级，目前尚无一种防污剂效果能超过有机锡。有机锡在防污涂料中的使用大大延长了防污涂料的使用寿命。

20 世纪 70 年代中期，英国国际涂料公司（IP）研制出新一代以有机锡丙烯酸酯共聚物为基料的有机锡自抛光防污涂料，它兼具控制污损和降低船体粗糙度的作用，使防污涂料研究开发有了新的突破，并得到广泛应用。

随着有机锡用量的增大，其对海洋环境的危害也越来越引起环境学家的广泛关注，现已证明，鱼类受到慢性损害的 TBTO 浓度是 0.2 ppb 以上，甲壳类生物受到慢性损害的 TBTO 浓度是 0.09～0.4 ppb，美国率先制订法规，规定含有有机锡的涂料不得在 65 ft[①] 以下的非铝外壳船上使用，其他船舶使用的涂料有机锡含量须低于 5%。日本、法国、英国、德国等也采取了相应的措施以控制有机锡的使用。为此，各发达国家投入大量研究资金，以寻求性能上能替代有机锡的无公害新型防污剂和防污涂料。

近几年的文献报道中，防污涂料的研究多是围绕新型防污剂进行，主要是针对毒性低、易降解的有机防污剂。英国注册了下列十五种非铜和锡类有机防污剂：乙基-1, 2-双(二硫代氨基甲酸锰)；乙基-1, 2-双(硫代氨基甲酸锌)；双(二甲基硫代氨甲酰基)二硫代物；双(二甲基二硫代氨基甲酸锌)；抑菌灵；2-甲硫基-4-t 丁胺基-6-环丙胺基-5-三嗪；2-(硫氰酸基甲硫基)苯异噻唑；2, 3, 5, 6-四氯-4-(甲基磺酰基)吡啶；1-(3-氯化烯丙基)-3, 5, 7-三氮杂-1-氮嗡金钢烷基氯化物；二氯丙基二甲基脲；氟化羟基吡啶硫酮的锌化物；2, 4, 5, 6-四氯间苯二甲腈；4, 5-二氯-2-N-辛基-4-异噻唑啉-3-酮；甲基-双硫氰酸酯；对氯甲基甲酚。

日本专利中介绍，除使用 4-(甲硫基)苯酚、4-(丙硫基)苯酚作防污剂外，还有用吡啶-三苯硼烷和 3-(3, 4-二氯基苯)-1, 1-二甲基脲等为防污剂，与氯化异丙烯橡胶等配制防污涂料，具有较好的防污性能。

另外还有胺类，如氯化 N, N-二甲基-N-苯基-(二氯氟甲基硫代)磺酰胺；五元和六元（稠）环化合物，如 2-糠基戊酮、2-乙酰苂呋喃、γ-癸内酯；抗生素类，如金霉素在水中有较低的溶解度，而且非光解，在溶剂中稳定，可制得较长期有效的防污涂料；呈微碱性的不利于生物生长的无机硅酸盐类等，作为新型防污剂筛选目标，已取得较好的实验效果。

这里需指出的是虽然决定防污涂料性能的主要因素是防污剂，但涂料的其他成分、性能和施工方法等同样影响其性能。

近代新型防污涂料的研究，主要有以下几个方向。

1）无锡自抛光防污涂料

鉴于自抛光型防污涂料所具有的优越性能及有机锡的高毒性，无锡自抛光型防污涂料近年来已成为防污涂料领域研究的焦点，它是将自抛光处理与低毒防污剂如铜的化合物等相结合的产物。以亲水性的或水解性的树脂（即自消融树脂）为基料，主要是丙烯酸酯类、不饱和酸金属酯类、丙烯酸有机硅酸聚合物以及含有链端烯基的胺类聚合物等，其在海水中能够逐渐溶解，释放防污剂并自身抛光。IP 公司自 1985 年起，已在无锡防污涂料方面取得了实船中使用 36 个月的经验。日本关西涂料公司以甲基丙烯酸二甲氨基乙酯的共聚物为基料，添加 5%松香、

---

① ft 表示英尺，1 ft = 0.3048 m。

20%氧化亚铜，制成了无锡自抛光防污涂料，防污期效达到 18 个月。

2）无毒防污涂料

无毒防污涂料首先推出的就是低表面能防污技术，当表面张力<22 dyn·cm^{-1} 时[①]，且接触角大于 98°，就认为污损生物难于附着。日本关西涂料公司的防污硅氧烷涂料已在 1986 年申请专利，它采用含硅氧烷等单体的复杂共聚物，加入硅油、硅胶和二甲苯溶剂。涂膜临界表面张力为 20.5 dyn·cm^{-1}，海湾挂板实验 12 个月无污损。日本 NipponPaintMarine 的专利是基料为甲基丙烯酸三甲基硅烷酯或甲基丙烯酸硅氧烷酯共聚物的低表面能材料。

3）导电防污涂料

电解海水防污是近年来研究的活跃领域，在国外已经相当成熟。在这项技术的研究中，相当重要的一项是寻找寿命长、性能稳定、适合海水浸用的新型电极材料。导电防污涂层被用来取代电解电极，这样可以不设置局部电极，而是把整个船体作为电极，在涂层周围都能产生次氯酸，防除污损生物的附着。日本专利介绍，先将金属结构用绝缘涂料涂覆，再用含 30%～65%不溶性导电颜料（炭黑，粒径 5～300 μm）的导电涂料面涂。

4）仿生防污涂料

海洋中游动的鱼类、哺乳类动物的表面大多见不到污损生物的附着，这是由于动物表面被覆膜的特殊结构所致。人们设想模拟生物体表皮的天然构造制造涂膜，如模拟鲨鱼表皮结构制备的防污涂料，不仅防污效果突出，减阻效果也十分明显，还可在涂膜内部添加黏滑性可供渗出抑制生物附着的化合物。

5）生物防污涂料

有人提出将从自然界提取的无害、可降解，但能阻碍附着诱因的物质作为防污剂。这方面的工作近几年日益受到人们的重视，目前已取得一定的成果，如从辣椒、洋葱中提取的辣素，可抑制细菌和海生物附着，且在金属、木材、水泥等材料上效果良好。许多海洋生物，如珊瑚、海绵等能分泌具有防污性能的物质，如海绵提取物能干扰污损生物的触须运动，使污损生物在初始附着阶段就被遏制。但生物防污涂料仍存在释放快、易分解、使用寿命短等缺点，仍需进一步研究。

6）表面植绒型防污涂料

通过物理方法，在涂料表面植入一层致密的纤维绒毛，在海水作用下，绒毛随水流不停摆动，形成不稳定的表面，阻碍污损生物附着。但这种方法需要特殊设备、修补困难，在绒毛长短、粗细、分布等方面还需要进一步研究。

7）可溶性硅酸盐防污涂料

海洋污损生物适宜生长在 pH 为 7.5～8.5 的弱碱性海水中，一般在强碱性或

---

① 1 dyn = 10^{-5} N。

强酸性条件下不宜生存。可溶性硅酸盐涂料利用这一特性,通过提高涂层表面 pH,抑制附着生物生长,从而起到防污的作用。海洋化工研究院有限公司研制的一种水性无毒硅酸盐防污涂料,经过 14 个月的实海挂片实验,证实防污效果明显。

10.2.2　施加液态氯

海水中只要 ClO⁻浓度达到 $20\ \mu g \cdot L^{-1}$ 就能有效地防止污损生物的附着,为此可将液态氯定时定量加入水体中,也可以在生物繁衍季节连续大剂量投放。其防污范围广,主要适用于管道内防污处理,该法一次性投资大,费用高,管理复杂,常常不能保证定时定量加氯,达不到预期的防污效果,且操作不当容易引起泄漏,危害人体健康。天津大港发电厂海水管道设计建厂时,就采用此法防污,但效果不理想,现在已基本停用。

10.2.3　电解海水防污

由于施加液态氯存在缺陷,改进方法为使用电解海水防污。海水中含有大量氯离子,利用特种电解槽并通入直流电,电解海水产生氯气并转化为次氯酸,可杀死污损生物的孢子和幼虫,使其无法附着和生长,达到防污目的。此法主要应用于海水管道及海水冷却系统,近几年发展较快,渐为成熟。

电解海水制氯防污是使用特制的阳极材料对海水进行电解,生成具有毒性的有效氯,杀死海洋生物的幼虫或孢子,达到阻止海洋生物生长的目的。

电解海水时,主要发生以下反应:

阳极反应 $\qquad\qquad 2Cl^- \longrightarrow Cl_2 + 2e^-$

$$4OH^- \longrightarrow O_2 + 2H_2O + 4e^-$$

阴极反应 $\qquad\qquad 2H_2O + 2e^- \longrightarrow 2OH^- + H_2$

阳极产生的氯气又和阴极反应产生的氢氧根离子反应:

$$Cl_2 + 2OH^- \longrightarrow ClO^- + Cl^- + H_2O$$

$$Cl_2 + H_2O \longrightarrow HClO + H^+ + Cl^-$$

反应生成的 HClO、ClO⁻和 Cl₂ 统称为有效氯。

衡量电解海水制氯防污的两个重要指标是必要氯浓度和残余氯浓度。必要氯浓度是指海水中所含有的有效氯浓度;它是根据海水水质、海生物种类、海水在系统中的滞留时间等影响因素,通过计算或实验确定的。首先必要氯浓度要保证有效地防止海洋生物污损,因为有附着能力的主要是海洋生物幼虫,所以氯浓度不需要太高;其次是不能对系统造成腐蚀,也不能污染环境。残余氯浓度是指含有效氯的海水经过系统循环后所剩余的氯的浓度,一般认为残余氯

浓度为 $1 \times 10^{-8} \, \text{mg} \cdot \text{dm}^{-3}$ 是有效的防污下限。

　　电解海水制氯防污系统主要由电解槽、配电设备和海水输送系统三部分组成,其系统流程如图 10-1 所示。常用的电解槽有双级电解槽（电极在电解槽内双级排列）和单级电解槽（电极在电解槽内单级排列）两类：双级电解槽在高电压、低电流下工作；单级电解槽在低电压、高电流下工作。阳极材料是电解槽的关键部分,必须具有较低的析氯电位、较高的析氧电位和较长的使用寿命。常用的有铅银微铂合金、钛镀铂、钛涂铱和钛涂钌等,其中钛涂铱是较为理想的电解海水用阳极材料。阴极材料要求具有较低的析氢电位,如铁、不锈钢、钛、镍合金等,一般常用的是钛和镍合金。

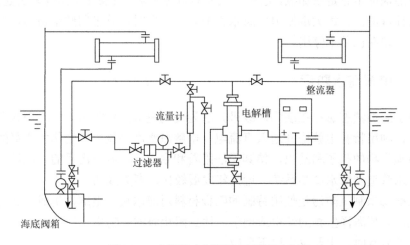

图 10-1　电解海水制氯防污系统示意图

　　电解海水制氢防污。有研究表明,氢气泡有助于防止或减轻细菌在潮湿表面的附着。剧烈产生的氢气可在几秒内有效去除细菌生物膜。有科学家提出了一种有效防污和表面抗菌的创新电化学方法。通过在导电表面施加负低压方波脉冲,在金属表面形成氢气气泡层,形成一个可持续的固-气界面。由于水在氢中的溶解度较低,留在表面的气泡层起到了相对干燥的分离屏障的作用,可以防止几乎所有的细菌的黏附。此外,制氢导致了干燥表面,也有利于杀死已经附着在表面的细菌。但考虑到氢气可能造成金属氢损伤,该技术还在研究中。

10.2.4　电解重金属防污

　　一些重金属离子对海洋生物具有一定的毒性,因此可利用电解这类重金属形成金属离子,从而防除污损生物附着。目前应用最多的是电解铜及其合金,方法是以铜或合金为阳极，被保护金属结构物为阴极，通以直流电，电解产生铜离子，起到防除生物的作用。

海水中电解铜-铝阳极防污、防腐蚀是将特殊的铜、铝合金作为阳极，被保护的海水系统作为阴极，对阳极通以低压直流电，铜阳极上电解生成具有毒性的铜离子，铝阳极上电解生成三价铝离子，铝离子在海水中反应生成絮状的氢氧化铝胶体，将铜离子包裹在其中，这种物质具有极高的吸附性和毒性。随着海水在被保护系统中流动，其会黏附在海洋生物容易栖息且海水流速缓慢的区域表面，杀死海生物或抑制其生长繁殖，同时氢氧化铝胶体还可以在系统表面形成一层保护层，起到防腐作用。这种方法具有连续性和积累性的特点。尽管释放出的铝离子和铜离子的量并不大，但是可以在整个系统中形成一层很薄的非绝热的保护层，铜离子逐渐积累，另外铝阳极也具有一定的阴极保护作用，因而可以起到防污、防腐的双重作用。

据介绍，在铜阳极上施加 1.0 A 的直流电流，在铝阳极上施加 0.7 A 的直流电流，就可以在海水流量为 $800 \ m^3 \cdot h^{-1}$ 的情况下，有效地防止海洋生物污损，使海水中含有 $1.3 \times 10^{-9} \ mg \cdot dm^{-3}$ 的铜离子，而且不会对环境有任何不良影响。

电解铜、铝阳极防污防腐系统主要由恒流电源、控制箱和电解阳极组成，其系统流程如图 10-2 所示。其中电解阳极分为防污阳极和防腐阳极，防污阳极由特制的铜或铜合金制成，防腐阳极一般由铝合金制造。在使用黄铜和铜-镍合金的冷凝器系统中，可使用铁阳极，因为铁阳极释放出的氧化铁化合物能够防止海水对冷凝器的冲刷腐蚀。

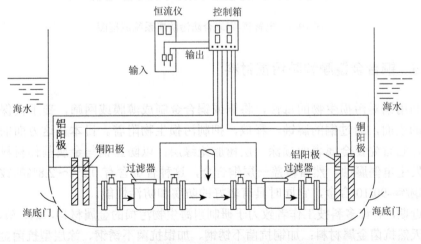

图 10-2 电解铜、铝阳极防污防腐系统流程图

　　海水中电解氯-铜联合防污防腐是将不溶性阳极和特殊的铜、铝合金作为阳极，被保护的海水系统作为阴极，对两极间施加低压直流电，电解铜阳极生成铜离子，电解铝阳极生成氢氧化铝絮状物，将铜离子包裹在其中，其作用机理与电解铜、铝阳极防污相同。与此同时利用不溶性阳极电解海水制氯，有效氯和铜离子都是有毒物质，都能起到杀死或抑制海洋生物的作用，其联合防污效果要远远优于单独使用时的效果，对必要氯浓度和残余氯浓度的要求比单独电解海水制氯要小得多。

　　电解氯-铜联合防污防腐系统主要由恒流电源、控制箱和电解阳极组成，其系统流程如图 10-3 所示。其中电解阳极的铜阳极、铝阳极与电解铜、铝阳极防污防腐系统相同，电解海水的不溶性阳极主要有铅银微铂合金、钛镀铂、钛涂铱和钛涂钌等。

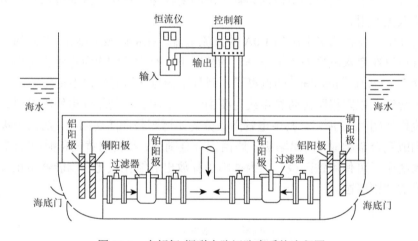

图 10-3　电解氯-铜联合防污防腐系统流程图

10.2.5　铜合金覆膜和防污损材料

　　利用铜对污损生物的毒性，将铜或铜合金制成薄膜或网筛，覆于被保护构件物的表面，通过铜的腐蚀、释放，抑制污损生物附着。日本在这方面的研究较多，它首先在金属表面预涂一层树脂绝缘层，以防止铜与金属基体材料的接触而发生电偶腐蚀，然后覆盖一层铜合金，这种合金含有 0.2%～2.8% 的铍，还有用铜/镍-90/10 合金，它同时具有较好的防腐和防污性能。

　　近期，有许多科技工作者致力于研制耐海生物污损的金属材料，铜、银、锌、钛是天然抗菌金属材料；加铜抗菌不锈钢、加银抗菌不锈钢、涂层型抗菌金属材料、复合型抗菌金属材料（刀具、剪刀的夹铜多层刀刃）等相继问世。另外还有抗菌塑料、抗菌纤维和抗菌陶瓷等方面的研究。

10.2.6　其他物理方法

过滤法。利用土壤、砂砾等的过滤作用，滤去海洋生物的卵孢子、幼虫等，避免了污损生物在海水输送系统内生长。

灼热法。向已经附着了污损生物的海水输送系统内通入热水，当温度达到50℃时，持续半小时，即可杀死附着生物。

超声波法。使用电子振荡器驱动声波发射装置，造成污损生物难以生存的环境。

紫外线法。利用紫外线能改变某些分子的化学链，长期或周期地开关光能发射装置，达到长期完全防污的效果。

这些方法只限于局部的、特定的环境下使用，其应用范围很有限。

另外阴极极化也具有抑制生物膜附着的能力。结合阴极极化和超声波方法可以高效长期抑制微生物附着，在抑制微生物腐蚀的同时控制生物污损。

10.3　微生物腐蚀

微生物主要包括各种类型的细菌、古菌、真菌和藻类等，它们通常以生物膜形式附着在材料表面并引起多种形式腐蚀的发生。据相关统计，与海洋微生物相关的腐蚀失效和破坏已经达到涉海材料总量的 20%[6]。海上油气田、钻井平台、深水泵、海水淡化设施、海港工程、海底输送管线、海底采矿工程、舰船设备、海上栈桥、码头等一系列海洋工程装置都不同程度地受到微生物腐蚀的破坏。因此，海洋环境中微生物是影响金属材料腐蚀的一个非常重要的因素。

10.3.1　微生物腐蚀概述

微生物诱发腐蚀（microbiological induced corrosion，MIC）是指由微生物通过自身的生命活动及其代谢产物直接或间接影响腐蚀过程，最终导致金属破坏的现象[7-9]。海洋微生物的种类和数量繁多，而具有腐蚀能力的海洋细菌大多是铁、硫、氮、碳等元素循环过程的参与者，通过影响材料的阴、阳极反应过程，从而影响腐蚀速率和类型。根据细菌种类及代谢特点，其主要包括硫酸盐还原菌、硝酸盐还原菌、铁氧化细菌、硫氧化菌、产酸菌、产黏液菌与产甲烷菌等。这些细菌通常共存于金属材料表面形成生物膜，使得膜下形成 pH、溶解氧、有机物和无机物浓度等完全不同于本体溶液的微环境，促进基体材料发生局部腐蚀，这种生物膜下腐蚀是微生物腐蚀的主要表现形式[10-12]。

10.3.2　典型微生物腐蚀机理

1. 硫酸盐还原菌

硫酸盐还原菌（SRB）是发现最早也是对材料腐蚀影响最大的细菌[13]。SRB为革兰氏阴性菌，是一类形态各异、营养类型多样的厌氧菌，广泛存在于 pH为 6～9 的土壤、海水、河水、温泉水、地热地区、淤泥、地下管道及油气井等厌氧环境。在其代谢活动中，将硫酸盐作为异化有机物质的电子受体，生成高浓度的 H_2S 副产物，改变金属的腐蚀状态，从而加速金属腐蚀。

SRB 厌氧腐蚀机理已经有了多年研究，其中最经典的是阴极氢去极化理论，它最早从电化学角度解释了 SRB 导致的腐蚀。之后的研究丰富和发展了 SRB 厌氧腐蚀理论，而在实际工程中，往往有多个腐蚀机理同时存在。

1）阴极氢去极化理论

1934 年，Kuehr 和 Vlugt[14]第一次采用电化学观点提出了 SRB 参与腐蚀的经典理论，他们认为氢化酶阴极去极化作用是金属腐蚀过程中的关键步骤。反应如下：

阳极反应：$\qquad\qquad\qquad Fe \longrightarrow Fe^{2+} + 2e^-$

水的解离：$\qquad\qquad\qquad H_2O \longrightarrow H^+ + OH^-$

阴极反应：$\qquad\qquad\qquad H^+ + e^- \longrightarrow H$

SRB 阴极去极化：$SO_4^{2-} + 8H \longrightarrow MIC \longrightarrow S^{2-} + 4H_2O$

腐蚀产物：$\qquad\qquad\qquad Fe^{2+} + S^{2-} \longrightarrow FeS$

腐蚀产物：$\qquad\qquad Fe^{2+} + 2OH^- \longrightarrow Fe(OH)_2$

总反应：$\qquad 4Fe + SO_4^{2-} + 4H_2O \longrightarrow FeS + 3Fe(OH)_2 + 2OH^-$

在这一过程中，SRB 能够利用氢化酶将吸附在金属表面的 H^+ 用于硫酸盐还原，实现阴极去极化，从而加速金属的腐蚀，这就是经典的阴极氢去极化理论。阴极氢去极化理论得到了很多研究的认可，主要是因为它能够解释一部分 SRB 对碳钢腐蚀的过程。但是随着 SRB 腐蚀机理研究的不断深入，发现该理论存在一定缺陷：根据该理论，引起腐蚀危害的 SRB 必须含有氢化酶，因为该类酶能够催化氢的氧化，但是有研究发现一些即使不含有氢化酶的 SRB 也造成了很严重的腐蚀危害。另外，在对腐蚀产物中的铁元素和发生腐蚀的铁的量进行定量比较时发现被腐蚀的金属铁和转化成铁的硫化物的比例在 0.9～1 变动，但是理论值是 4∶1，即理论得到的发生腐蚀的铁和铁硫化物的比例与实验结果不同。

2）代谢产物腐蚀机理

也有许多研究认为，代谢产物中的 H_2S 与 FeS 对腐蚀起着更为重要的作用。

$$H_2S + 2e^- \longrightarrow H_2 + S^{2-}$$

$$Fe + S^{2-} \longrightarrow FeS + 2e^-$$

在厌氧情况下，SRB 代谢产生的 S^{2-} 可以与铁作用产生 FeS 附着在金属材料表面形成阴极，与铁阳极形成局部电池，使腐蚀进一步恶化[15]。关于 SRB 代谢产生的 H_2S 对金属腐蚀的影响，有学者提出了不同的看法。Gu 等认为[16]，从外界引入的 H_2S 由于质子的释放（$H_2S \longrightarrow HS^- + H^+$，$HS^- \longrightarrow H^+ + S^{2-}$），会导致溶液的酸化加速腐蚀，而 SRB 代谢产生的 H_2S（$HS^- + H^+ \longrightarrow H_2S$），其需要的两个质子最初来源于乳酸氧化和溶液，因此 SRB 代谢并不会直接导致溶液的酸化。

3）浓差电池机理

MIC 对金属材料的影响与形成的生物膜和微生物的依附情况有很大关系。而生物膜的构成会对金属腐蚀造成不同的影响，可能促进也可能抑制腐蚀。致密的生物膜可以形成界面传质障碍阻止 O_2、Cl^-等有害物质的入侵，从而对材料起到保护作用。然而，附着在金属表面的生物黏膜往往是结构复杂而且分布不均匀的，会使金属表面电化学性质发生改变，导致局部腐蚀的发生[17]。

浓差电池理论可用来解释生物膜在材料表面空间分布不均匀引起的腐蚀行为。附着在金属表面的生物膜及腐蚀产物的局部堆积在一定程度上阻碍了介质中氧向材料表面的扩散，于是在微生物富集的金属表面附近形成低氧区，而没有微生物附着的金属基体表面溶解氧含量相对较高，从而引起金属表面氧含量的不同，形成氧浓差电池。氧浓度差异的存在满足了局部腐蚀的初始条件，腐蚀产物及代谢物堆积使得局部腐蚀得以发生和发展，加速了金属材料的腐蚀[18]。

4）生物催化硫酸盐还原理论

随着微生物燃料电池在研究领域的崛起，研究者对电活性微生物的认识有了新的高度，对 SRB 腐蚀机理的研究也不断深入。人们开始从生物能量学和生物电化学的角度重新认识细菌在微生物腐蚀中所担当的角色。在这基础上，Gu 等[19]首次将胞外电子传递的概念引入到微生物腐蚀研究中，提出"生物阴极硫酸盐还原理论"，他们认为金属腐蚀在热力学上是一个自发的放能反应，细菌将铁作为电子供体交换得到的能量高于在有机碳源中获得的能量，并且 SRB 通过跨膜电子传递直接从金属电极中获得电子，从而加速金属的阳极溶解[20]。"生物阴极"这一全新认知颠覆了人们对于微生物腐蚀领域中"物理阴极"的传统看法。生物阴极硫酸盐还原理论从细菌自身的能量交换着手，分析金属腐蚀过程，为微生物腐蚀研究提供了新的思路。

2. 硝酸盐还原菌

硝酸盐还原菌（nitrate-reducing bacteria，NRB）是一类利用体内硝酸还原酶将硝酸盐还原为亚硝酸盐或直接生成 N_2 或 NH_4^+ 的细菌[21, 22]。NRB 利用 Fe 作为电子供体时的反应如下：

$$4Fe + NO_3^- + 10H^+ \longrightarrow 4Fe^{2+} + NH_4^+ + 3H_2O$$

$$5Fe + 2NO_3^- + 12H^+ \longrightarrow 5Fe^{2+} + N_2 + 6H_2O$$

在脱氮过程中，NRB 将 Fe 转变为可溶的 Fe^{2+}，加速了金属腐蚀。在有机物的供给受到抑制的情况下，NRB 还可以通过直接利用硝酸盐氧化有机物的形式获得能量，而在这个过程中 NRB 会释放出 H^+，增加溶液的酸度，加速金属的腐蚀。

3. 铁氧化菌

铁氧化菌（iron-oxidizing bacteria，IOB）是可以将二价铁（Fe^{2+}）氧化成三价铁（Fe^{3+}）的一类微生物的统称，也是好氧微生物中对金属腐蚀贡献较大的一种[23, 24]。IOB 从亚铁离子氧化为铁离子的过程获取能量合成有机物以供自身的生命活动所需，同时也促进了阳极去极化作用[25, 26]，主要反应如下：

阳极反应：　　　　　　　　$Fe \longrightarrow Fe^{2+} + 2e^-$

阴极反应：　　　$O_2 + 2H_2O + 4e^- \longrightarrow 4OH^-$

腐蚀产物：　　　　$Fe^{2+} + 2OH^- \longrightarrow Fe(OH)_2$

腐蚀产物：　$4Fe(OH)_2 + O_2 + 2H_2O \longrightarrow 4Fe(OH)_3$

总反应：　　　$4Fe + 6H_2O + 3O_2 \longrightarrow 4Fe(OH)_3$

IOB 能将溶解性亚铁化合物[如 $Fe(OH)_2$]氧化，并生成不溶性的 $Fe(OH)_3$ 沉积下来。在这种铁氧化合物膜下会形成很多小的阳极活性位点，阳极 Fe 失去电子变为 Fe^{2+}，而 O_2 则通过阴极去极化反应得到电子变为 OH^-，并继续与 Fe^{3+} 反应形成铁氧化合物，铁氧化合物的形成又进一步促进阳极的溶解，最终导致缝隙腐蚀和点蚀的出现。IOB 往往与其他厌氧微生物（如 SRB）通过协同作用加速金属材料腐蚀，如 IOB 生成的好氧生物膜消耗膜内氧气，为 SRB 创造了一个厌氧环境，使 SRB 大量繁殖，以加速材料的腐蚀进程[27, 28]。好氧菌和厌氧菌共同存在下的协同腐蚀研究有助于揭示真实环境中的 MIC 机理，对其进一步的研究非常重要。

4. 硫氧化菌

硫氧化菌（sulfide-oxidizing bacteria，SOB）是一类能通过氧化低价态硫化物（如元素硫、硫代硫酸盐、亚硫酸盐）获得能量的好氧微生物[29]。这类菌常见的有硫杆菌属中的排硫硫杆菌、氧化亚铁硫杆菌和氧化硫硫杆菌。主要的腐蚀机理为产酸腐蚀和氧浓差电池腐蚀。SOB 利用无机硫化物作为能源，将它们氧化成硫酸，使细菌周围环境的 pH 降低，从而产生腐蚀：

$$2H_2S + 2O_2 \longrightarrow H_2S_2O_3 + H_2O$$

$$5S_2O_3^{2-} + 4O_2 + H_2O \longrightarrow H_2SO_4 + 5SO_4^{2-} + 4S$$

$$2S + 3O_2 + 2H_2O \longrightarrow 2H_2SO_4$$

另外，SOB 消耗环境中的氧，使金属表面局部质点成为缺氧区，从而形成了氧浓差电池。氧浓差电池的形成，大大加速了金属的腐蚀。通过在金属表面产生氧浓差电池促进腐蚀，是好氧菌腐蚀的另一重要途径。

5. 其他腐蚀菌

产甲烷菌（methanogens）是重要的环境微生物，它可将无机物或有机物（如乙酸）厌氧发酵得到甲烷和二氧化碳，在自然界碳素循环中扮演重要角色[30, 31]。在厌氧环境中，产甲烷菌利用有机物或阴极氢作为电子供体，将 CO_2 还原并释放出甲烷，反应如下：

$$8H^+ + 4Fe + CO_2 \longrightarrow CH_4 + 4Fe^{2+} + 2H_2O$$

研究发现产甲烷菌只有在饥饿时才会将 Fe 作为电子供体，若有机物或阴极氢供应充足，则不会加速其腐蚀。

产酸菌（acid-producing bacteria，APB）主要是通过分泌多种有机酸和无机酸如亚硝酸、硝酸、亚硫酸、硫酸、乙酸等，降低局部的 pH 从而加速金属的腐蚀[32, 33]。常见的 APB 有氨氧化细菌、硫杆菌属、醋酸杆菌属等。

产黏液菌（slime-producing bacteria，SPB），又称腐生菌，是海水中数量较多的一类细菌，常见的有气杆菌、黄杆菌、巨大芽孢菌、荧光假单孢菌和枯草芽孢杆菌等。SPB 是指可大量分泌 EPS 且增殖速度很快的细菌[34]。EPS 与细菌相互融合附着在金属表面，形成差异腐蚀电池而导致局部腐蚀。

除上述菌种外，引起腐蚀的细菌还包括产氨菌、铜绿假单胞菌、厚纤毛菌等。事实上，自然界中单一的微生物菌落很难存在，而是多种微生物通过生理相互作用共同存在于生物膜内，通过协同或竞争代谢，造成金属材料的腐蚀。因此，实际情况中往往是已知的多种微生物以不同的方式在腐蚀过程中共同发生作用。

10.3.3　微生物腐蚀研究方法

微生物对金属材料的影响过程非常复杂，涉及生物、材料、物理、电化学、环境等多个学科内容。要深入了解微生物腐蚀过程的特征及机制，需要将生物学、电化学以及表面分析等测试技术联合使用，得到更加全面可靠的信息。

1. 微生物来源与培养

微生物广泛存在于各种自然环境（土壤、海水、河水等），工业环境（油田注水、饮用水、循环水、冷却水、污水管道等）和极端环境（高温、高压、高盐等）中。在微生物腐蚀研究中，大多数实验是在富含培养基的介质中进行的，如 Postgate B、C 或 D 培养基[35]、Luria Bertani（LB）培养基[36,37]以及 Nutrient Broth（NB）培养基[38,39]。这种培养法不仅能够快速培养出大量微生物进行各种腐蚀实验，还能对介质中微生物的数量进行计数，其中最常用的方法包括平板菌落计数（colony forming units，CFU）法和最大可能数（most probable number，MPN）法。需要指出的是，培养法很难模拟出微生物实际生存的环境，所以在配制培养基时需考虑培养基组成要和微生物实际的生存环境相似。另外，培养基本身对于腐蚀也会产生一定影响，特别是对于海洋腐蚀的实际情况来说，培养基的加入会造成实验环境与实际环境不同。

2. 电化学方法

由于微生物的生长繁殖、生物膜的发展、代谢产物的生成以及腐蚀过程的本质都与电化学过程相关，因此，可用电化学方法来研究微生物腐蚀过程及其腐蚀机制。开路电位（OCP）的测量已被广泛应用于微生物腐蚀研究。尽管仅根据 OCP 的变化还不足以确定体系中生物膜吸附对金属腐蚀倾向的影响，但通过将相同条件下含有微生物和不含微生物体系所测得的 OCP 进行对比，根据电位的突然变化可以看出微生物活动对金属腐蚀的影响。同时可以结合其他电化学和表征实验结果，来解释金属在含微生物介质中的电化学行为。

EIS 对体系施加的扰动信号很小，对微生物膜的影响不大，因此在 MIC 研究中能够进行长期连续测量。通过 EIS 可以获取丰富的溶液界面信息，可用于考查微生物附着、繁殖、成膜及产生的后续腐蚀过程。极化曲线技术也可用于微生物腐蚀研究，通过极化曲线形状可以判断腐蚀反应的类型，如活化极化、扩散控制、钝化等。动电位极化技术可以快速确定微生物对金属腐蚀的影响，获得较多的腐蚀信息，如塔费尔常数、腐蚀速率和孔蚀特征等。但测量极化曲线时，往往对试样施加大幅度电位扰动，不仅破坏了电极表面状态，还可能会对微生物的生长繁殖产生干扰，从而影响腐蚀过程。因此，需要仔细注意极化技术的应用，并尽量缩短每次测量的时间。

近年来，微电极技术本身及微电极的应用已得到广泛而深入的研究。微生物通过改变金属/生物膜界面的局部环境参数来加速腐蚀。微电极尖端的直径通常在微米级，可以直接插入生物膜内，对金属/生物膜界面的局部环境参数进行原位测量。而且测量过程中不会影响电极表面生物膜的状态，根据这些参数的变化可以预测微生物活动是如何影响腐蚀的。丝束电极技术是将若干根相同材料的金属丝组合在一起制成复合电极，每个金属丝可以看作表面上的一个点，可以获得微生物膜/金属界面的局部腐蚀电位以及电流分布等信息，是研究局部腐蚀电化学特征的重要工具。

利用 Devnathan-Stachurski 双电解池技术可以研究微生物对氢渗透的影响。两个电解池室用所研究的金属试片隔开，分别在阳极池（充氢）和阴极池（测氢）加入含微生物的溶液和氢氧化钠溶液，对阳极池一侧施加恒电位的阳极极化，得到电流密度-时间曲线，通过改变阳极池中微生物的生长周期和微生物的种类得到一系列曲线，可反映出不同微生物活性对氢渗透的影响。

电化学噪声（EN）测量不需要对体系施加扰动，在 MIC 研究过程中不会对生物膜结构产生扰动，因此可以对腐蚀过程进行连续监测。从理论上讲，对噪声数据的统计分析可以给出腐蚀过程和腐蚀速率的信息，但是大部分噪声数据分析只是定性地给出点蚀发生的信息，数据波动的频率和幅度可以用来估计腐蚀速率大小。

3. 表面分析方法

对于腐蚀研究来讲，结合原位或非原位的表面分析技术来获取材料的腐蚀特征以及附着微生物的信息是非常重要的。它们更具有直观性和实证性，可以对微生物腐蚀的发生发展机制有更好的理解和认识。

环境扫描电子显微镜（ESEM）和 SEM 都是进行表面形貌分析的技术，常与 EDS 联用进行成分分析。近年来，ESEM 在微生物腐蚀中应用较多，它可以直接观察未经脱水处理保持自然状态的生物样品。对于多水的、具有生物活性的生物膜来说，是一种原位的、无伤探测方法。SEM 是利用二次电子和背射电子提供所测样品性质的信息，对于非导电的生物样品需经过固定、脱水以及喷镀导电层等预处理过程，这可能导致微生物膜收缩和胞外分泌物结构的损伤，不利于生物膜真实形貌信息的获得。AFM 属于扫描探针方法的范畴，不仅可以定量地提供细菌的形态信息，还可以测得微生物样品的物理性质（如表面亲/疏水性、表面电荷性质和弹性等）和分子间的相互作用（如分子键连接作用），这对研究微生物吸附和微生物膜的形成很有帮助。

表面荧光显微镜技术是通过专一性荧光染料与细胞中的核酸物质特异结合，进而在特定激发光照射下发出特定颜色的荧光。表面荧光显微镜技术可以对微生物在材料表面的分布情况进行原位观察。常用的荧光染料有 4′, 6-二酰胺-2-苯基吲哚（DAPI）、碘化丙啶（PI）、吖啶橙（AO）等。PI 和 AO 两种荧光染料混合染色后，具有完整细胞膜的活细菌被 AO 染色发绿色荧光；细胞膜破损的死细菌被 PI 标记发红色荧光，据此可以区别死菌和活菌。与普通荧光显微镜不同，激光共聚焦扫描显微镜（CLSM）有着高分辨率（可达 0.15 μm）和长景深，更有利于立体成像。将 CLSM 技术和染色技术结合起来不仅可以获得微生物膜的三维形貌，还可以获得细胞数量、细胞活性、胞外聚合物分布情况、生物膜厚度以及生物膜覆盖率等信息。

常用的腐蚀产物成分分析技术如 XRD、XPS、拉曼（Raman）光谱等也均可应用到微生物腐蚀研究中。

10.3.4　微生物腐蚀防护

1. 制备和选择耐腐蚀材料

制备具有抗菌活性的材料来抑制表面生物膜形成。各种金属及其合金或非金属材料耐微生物腐蚀的敏感性不同，通常 Cu、Cr 及高分子聚合材料比较耐微生物腐蚀，因此可以通过对材料的表面进行处理或在基体材料中添加耐微生物腐蚀元素或在金属表面涂覆抗微生物腐蚀的纳米氧化物，如 TiO_2 等，达到防止微生物腐蚀的目的[40]。

2. 防污涂层

防污涂层是一种应用比较多的防污方法。它主要是通过在船舶或海洋构筑物表面涂覆添加有抗生素、杀菌剂等防污剂的涂层，利用这些物质的释放来抑制微生物的附着及生长。应用比较多的涂料防污剂主要有氧化锡、氧化亚铜等无机重金属氧化物和三丁基氧化锡等有机锡化合物防污涂料。一般分为溶解型和接触型两大类。溶解型涂料是依靠涂层表面在海水中慢慢溶解而暴露出防污剂颗粒起到防污作用。这种类型的涂料防污剂含量较少，成本较低，但使用期限较短。而接触型涂料在海水中不能溶解，主要是依靠有毒颗粒的溶解物从涂料孔道渗出与生物幼虫或孢子等直接接触，将其杀死。但此类溶解型涂料使用过程中，随着时间延长，有毒物质的渗出率会降低，使得残留毒剂得不到充分利用，所以后期防污效果较差，并且失效后的防污涂层不易被除去。防污涂料的应用具有一定的局限性，很多涂料或化学制剂的使用会污染海洋环境，同时因为受到油漆工艺的限制而不能达到很长的期限。

3. 物理杀菌法

物理杀菌法包括电离辐射（如紫外线、X 射线和 γ 射线）杀菌、超声波杀菌以及改变介质环境等[41]。电离辐射有很强的穿透力，辐射可引起原子和分子的电离化，破坏分子的结构，达到杀菌的目的。紫外线通常在 260 nm 波长附近辐射强度最大，而这个波长恰好可以为细菌的核酸所吸收，所以延长照射时间完全可以杀死细菌等微生物；X 射线和 γ 射线可以使细菌细胞中 DNA 链上的两个相连的胸腺嘧啶之间产生共价连接，使得遗传物质复制错误，达到对其杀灭的目的。另外，声波频率在 9～20 kHz/s 的超声波段，能够使 SRB 受到剧烈振荡而被破坏，从而抑制 SRB 的生长。

微生物对温度、盐浓度、pH 及溶解氧量等环境参数都具有特定的耐受范围，根据不同的菌种改变这些条件以达到抑制其生长的目的。以 SRB 为例，pH 为 5.5～8.5、温度 25～30℃是其最佳生长条件，当其中之一超出这个范围时，SRB 就会停止生长，甚至死亡。研究表明，SRB 不是严格的厌氧菌，但在 9.0 mg·L^{-1} 的高溶解氧浓度下不能生长；厌氧条件下 pH 小于 4 或大于 9 时不能生长。高矿化度水或盐水通过渗透压降低细胞内部的含水量，SRB 就会停止生长，甚至死亡。周期性注入高温水（60℃）也可杀死 SRB。这种方法一般不会对环境产生破坏，但是不易对材料表面已经附着的微生物起效，并且不适用于开放水体环境。

4. 化学杀菌法

化学杀菌法是一种最简便并且行之有效的防护方法，主要是投加杀菌剂来杀死或抑制微生物的生长繁殖。按其功能和组成划分，常用杀菌剂一般有氧化型和非氧化型两大类。其中氧化型杀菌剂通过与细菌体内的代谢酶结合发生反应，把细菌最终分解成二氧化碳和水，从而杀灭细菌，包括氯气、溴、过氧化氢、二氧化氯、臭氧等。根据非氧化型杀菌剂功能基团及作用机理，可分为醛类、酚类、异噻唑啉酮、季铵盐类、季磷盐类、杂环化合物类、有机硫化物类、含氰基化合物类、金属盐类以及它们的复配物等多种[41]。非氧化型杀菌剂主要是通过破坏微生物细胞器的方式达到杀菌目的。但 SRB 常与其他微生物共存于微生物产生的多糖胶中，使杀菌剂不易穿透，长期使用单一药剂，菌会产生明显的抗药性；而且杀菌剂的大量使用，也给环境治理带来新的负荷。鉴于此，开发和使用高效环保的新型防护措施势在必行。

5. 阴极保护

海洋环境中，阴极保护被广泛地作为钢铁构筑物的腐蚀防护技术使用。一般认为，在被保护对象上施加的阴极极化电位降至–0.850 V（相对于 Cu/CuSO$_4$ 电极）时，即可达到保护的目的。而在有活性 SRB 存在的条件下，则需降到–0.950 V 甚至更负的电位[42]，才可以达到较好的阴极保护效果。虽然已有很多研究表明阴极极化电位的施加可有效抑制生物膜的附着，但关于其抑制机理还存在很多争议[43, 44]。迄今，主要有以下两类作用机制：①电泳力与静电斥力；②阴极氧还原反应的发生。其中，对于阴极氧还原反应这一作用机制的分析又分为几个方面：①pH 的增加；②电极表面钙沉积物的生成；③氧还原反应中间产物过氧化氢的生成。

细菌菌体蛋白质含量大于 50%，细菌等生物细胞的蛋白质都具有两性游离的性质，对于组成蛋白质的氨基酸，当氨基酸解离成阴阳离子的趋势及程度相等时，静电荷为零，呈电中性，此时溶液的 pH 即称为细菌等电点。当外界溶液的 pH 大于该等电点时，两性离子释放质子带负电；当外界溶液的 pH 小于该等电点时，两性离子质子化带正电。细菌的等电点 pH 大多在 2～5 之间，而大多数细菌的培养、生长是在中性或弱碱性的环境之中，所以细菌多显电负性，而受到阴极极化的材料表面会形成一个带负电荷的区域，所以在此区域内细菌会受到静电排斥作用，但是影响的力度还有待研究[45-47]。

有的研究认为阴极周围 pH 升高也会抑制 SRB 生长繁殖的程度[48,49]。从防止 MIC 的角度出发，阴极周围 pH 在 10 以上的保护电位就足以排除 SRB 及其他细菌的腐蚀作用。

虽然静电斥力能起到抑制作用已被广泛认同，但是人们也普遍认为，通过 Ca^{2+}、Mg^{2+} 这种二价阳离子的桥梁作用，细菌可以吸附在带负电的表面。但阴极极化会导致材料表面 pH 的升高，从而导致钙镁离子的沉淀，使得局部区域内钙离子浓度降低，继而抑制了细菌在阴极极化的材料表面的吸附[50]。

也有研究认为阴极极化抑菌的原因在于过氧化氢的生成[51]，阴极极化时氧的还原可能存在两种途径：4 电子过程（$O_2 + 2H_2O + 4e^- \longrightarrow 4OH^-$）和 2 电子过程（$O_2 + H_2O + 2e^- \longrightarrow OH^- + HO_2^-$，$HO_2^- + H_2O + 2e^- \longrightarrow 3OH^-$），而过氧化氢就是 2 电子过程的中间产物，但因为过氧化氢在材料表面附近生成，并且浓度较低，在本体溶液中检测不到，所以研究相对较少[49]。在实际工况中，阴极保护通常与涂层防护联合使用，以弥补涂层剥落而产生的不足，从而提高保护效果。

6. 微生物防治

微生物防治方法就是利用微生物之间的共生、竞争以及拮抗的关系来防止微生物对金属的腐蚀[52,53]。微生物防治 SRB 腐蚀的机理有两种。一是某些细菌在生活习性、生长环境等方面与 SRB 非常相似，只是它们不产生 H_2S，而是生成其他对系统无害的产物或者将 H_2S 转化，降低 SRB 的腐蚀。这一类细菌主要包括脱氮硫杆菌和硫化细菌等，它们通过将 H_2S 转化来抑制 SRB 的腐蚀。二是某些细菌可以产生类似抗生素类的物质直接杀死 SRB，如短芽孢杆菌能分泌短杆菌肽 S，从而抑制 SRB。

思　考　题

1. 防生物污损有哪几种方法？
2. 简述防污涂料的作用原理及组成。
3. 简述电解海水制氯防污技术的原理。防污系统由哪三部分组成？常用的阴、阳极材料有哪些？
4. 简述微生物腐蚀的基本原理、防护措施。

参 考 文 献

[1]　黄宗国，蔡如星. 海洋污损生物及其防除[M]. 北京：海洋出版社，1984.

[2]　邓舜扬. 海洋防污与防腐蚀[M]. 北京：海洋出版社，1992.

[3]　姜英涛. 涂料工艺　第五分册[M]. 北京：化学工业出版社，1992.

[4]　Kjaer E B. Bioactive materials for antifouling coatings[J]. Progress in Organic Coatings，1992，20（3-4）：339-352.

[5]　朱相荣，王相润. 金属材料的海洋腐蚀与防护[M]. 北京：国防工业出版社，1999.

[6]　Javaherdashti R. A review of some characteristics of MIC caused by sulfate-reducing bacteria：past，present and future[J]. Anti-corrosion Methods and Materials，1999，46（3）：173-180.

[7]　Videla H A，Herrera L K. Microbiologically influenced corrosion：looking to the future[J]. International Microbiology，2005，8（3）：169-180.

[8]　Kannan P，Su S S，Mannan M S，et al. A review of characterization and quantification tools for microbiologically influenced corrosion in the oil and gas industry：current and future trends[J]. Industrial & Engineering Chemistry Research，2018，57（42）：13895-13922.

[9]　Lv M，Du M. A review：microbiologically influenced corrosion and the effect of cathodic polarization on typical bacteria[J]. Reviews in Environmental Science and Bio/Technology，2018，17（3）：431-446.

[10]　Little B，Wagner P，Mansfeld F. Microbiologically influenced corrosion of metals and alloys[J]. Electrochimica Acta，1992，37（12）：2185-2194.

[11]　Grooters M，Harneit K，Wöllbrink M，et al. Novel steel corrosion protection by microbial extracellular polymeric substances（EPS）-biofilm-induced corrosion inhibition[J]. Advanced Materials Research，2007，20-21：375-378.

[12]　Vastra M，Salvin P，Roos C. MIC of carbon steel in amazonian environment：electrochemical，biological and surface analyses[J]. International Biodeterioration & Biodegradation，2016，112：98-107.

[13]　Hamilton W A. Sulphate-reducing bacteria and anaerobic corrosion[J]. Annual Review of Microbiology，1985，39（1）：195-217.

[14]　Kuehr V W，Vlugt V D. De grafiteering van gietijzer als electrobiochemich process in anaerobe gronden[J]. Water，1934，18：147-165.

[15]　Alabbas F M，Bhola R，Spear J R，et al. Electrochemical characterization of microbiologically influenced corrosion on linepipe steel exposed to facultative anaerobic *Desulfovibrio* sp[J]. International Journal of Electrochemical Science，2013，8（1）：859-871.

[16]　Gu T，Jia R，Unsal T，et al. Toward a better understanding of microbiologically influenced corrosion caused by sulfate reducing bacteria[J]. Journal of Materials Science & Technology，2019，35（4）：631-636.

[17]　Hamilton W A. Microbially influenced corrosion as a model system for the study of metal microbe interactions：a unifying electron transfer hypothesis[J]. Biofouling，2003，19（1）：65-76.

[18]　Castaneda H，Benetton X D. SRB-biofilm influence in active corrosion sites formed at the steel-electrolyte interface when exposed to artificial seawater conditions[J]. Corrosion Science，2008，50（4）：1169-1183.

[19]　Gu T，Zhao K，Nesic S. A new mechanistic model for MIC based on a biocatalytic cathodic sulfate reduction theory[J]. Corrosion，2009：09390.

[20]　Xu D，Gu T. Carbon source starvation triggered more aggressive corrosion against carbon steel by the *Desulfovibrio vulgaris* biofilm[J]. International Biodeterioration & Biodegradation，2014，91：74-81.

[21]　Jia R，Yang D，Xu J，et al. Microbiologically influenced corrosion of C1018 carbon steel by nitrate reducing

Pseudomonas aeruginosa biofilm under organic carbon starvation[J]. Corrosion Science，2017，127：1-9.

[22]　Etique M, Jorand F P A, Zegeye A, et al. Abiotic process for Fe(Ⅱ)oxidation and green rust mineralization driven by a heterotrophic nitrate reducing bacteria (*Klebsiella mobilis*) [J]. Environmental Science & Technology，2014，48（7）：3742-3751.

[23]　Mcbeth J M, Little B J, Ray R I, et al. Neutrophilic iron-oxidizing "*Zetaproteobacteria*" and mild steel corrosion in nearshore marine environments[J]. Applied & Environmental Microbiology，2011，77（4）：1405-1412.

[24]　Wang H, Ju L K, Castaneda H, et al. Corrosion of carbon steel C1010 in the presence of iron oxidizing bacteria *Acidithiobacillus ferrooxidans*[J]. Corrosion Science，2014，89：250-257.

[25]　Liu H, Gu T, Zhang G, et al. The effect of magneticfield on biomineralization and corrosion behavior of carbon steel induced by iron-oxidizing bacteria[J]. Corrosion Science，2016，102：93-102.

[26]　Moradi M, Duan J, Ashassi-Sorkhabi H, et al. De-alloying of 316 stainless steel in the presence of a mixture of metal-oxidizing bacteria[J]. Corrosion Science，2011，53（12）：4282-4290.

[27]　Liu H, Fu C, Gu T, et al. Corrosion behavior of carbon steel in the presence of sulfate reducing bacteria and iron oxidizing bacteria cultured in oilfield produced water[J]. Corrosion Science，2015，100：484-495.

[28]　Xu C, Zhang Y, Cheng G, et al. Localized corrosion behavior of 316L stainless steel in the presence of sulfate-reducing and iron-oxidizing bacteria[J]. Materials Science and Engineering: A，2007，443（1-2）：235-241.

[29]　Fischer K M, Batstone D J, Van Loosdrecht M C, et al. A mathematical model for electrochemically active filamentous sulfide-oxidising bacteria[J]. Bioelectrochemistry，2015，102：10-20.

[30]　Boopathy R, Daniels L. Effect of pH on anaerobic mild steel corrosion by methanogenic bacteria[J]. Applied & Environmental Microbiology，1991，57（7）：2104-2108.

[31]　Zhu X Y, Lubeck J, Kilbane J J. Characterization of microbial communities in gas industry pipelines[J]. Applied & Environmental Microbiology，2003，69（9）：5354-5363.

[32]　Xu D, Li Y, Gu T. Mechanistic modeling of biocorrosion caused by biofilms of sulfate reducing bacteria and acid producing bacteria[J]. Bioelectrochemistry，2016，110：52-58.

[33]　Sowards J W, Mansfield E. Corrosion of copper and steel alloys in a simulated underground storage-tank sump environment containing acid-producing bacteria[J]. Corrosion Science，2014，87：460-471.

[34]　Hino S, Watanabe K, Takahashi N. Isolation and characterization of slime-producing bacteria capable of utilizing petroleum hydrocarbons as a sole carbon source[J]. Journal of Fermentation and Bioengineering，1997，84（6）：528-531.

[35]　Videla H A. Manual of Biocorrosion [M]. London：Routledge，2018.

[36]　Jayaraman A, Earthman J C, Wood T K. Corrosion inhibition by aerobic biofilms on SAE 1018 steel[J]. Applied Microbiology and Biotechnology，1997，47（1）：62-68.

[37]　Jayaraman A, Cheng E T, Earthman J C, et al. Axenic aerobic biofilms inhibit corrosion of SAE 1018 steel through oxygen depletion[J]. Applied Microbiology and Biotechnology，1997，48（1）：11-17.

[38]　Jigletsova S K, Rodin V B, Kobelev V S, et al. Studies of initial stages of biocorrosion of steel[J]. Applied Biochemistry and Microbiology，2000，36（6）：550-554.

[39]　Rodin V, Jigletsova S, Kobelev V, et al. Development of biological methods for controlling the aerobic microorganism-induced corrosion of carbon steel[J]. Applied Biochemistry and Microbiology，2000，36（6）：589-593.

[40]　Hong J H, Lee S H, Kim J G, et al. Corrosion behaviour of copper containing low alloy steels in sulphuric acid[J]. Corrosion Science，2012，54：174-182.

[41]　黄金营，魏红飚，金丹，等. 抑制油田生产系统中硫酸盐还原菌的方法[J]. 石油化工腐蚀与防护，2005，
　　　　22（6）：48-50.

[42]　中华人民共和国国家质量监督检验检疫总局，中国国家标准化管理委员会. GB/T 21448—2008 埋地钢质管
　　　　道阴极保护技术规范 [S]. 北京：中国标准出版社，2008.

[43]　Edyvean R G J，Maines A D，Hutchinson C J，et al. Interactions between cathodic protection and bacterial
　　　　settlement on steel in seawater[J]. International Biodeterioration & Biodegradation，1992，29（3-4）：251-271.

[44]　Little B J，Ray R I，Wagner P A，et al. Spatial relationships between marine bacteria and localized corrosion on
　　　　polymer coated steel[J]. Bio/outing，1999，13（4）：301-321.

[45]　Heckels J E，Blackett B，Everson J S，et al. The influence of surface charge on the attachment of Neisseria
　　　　gonorrhoeae to human cells[J]. Journal of General Microbiology，1976，96（2）：359.

[46]　de Saravia S G G，de Mele M F L，Videla H A，et al. Bacterial biofilms on cathodically protected stainless steel[J].
　　　　Biofouling，1997，11（1）：1-17.

[47]　Hong S H，Jeong J，Shim S，et al. Effect of electric currents on bacterial detachment and inactivation[J].
　　　　Biotechnology and Bioengineering，2008，100（2）：379-386.

[48]　Pérez M，Gervasi C A，Armas R，et al. The influence of cathodic currents on biofouling attachment to painted
　　　　metals[J]. Biofouling，2009，8（1）：27-34.

[49]　Del Pozo J L，Rouse M S，Mandrekar J N，et al. The electricidal effect: reduction of *Staphylococcus* and
　　　　Pseudomonas biofilms by prolonged exposure to low-intensity electrical current[J]. Antimicrob Agents and
　　　　Chemother，2009，53（1）：41-45.

[50]　Eashwar M，Subramanian G，Palanichamy S，et al. Cathodic behaviour of stainless steel in coastal Indian
　　　　seawater: calcareous deposits overwhelm biofilms[J]. Biofouling，2009，25（3）：191-201.

[51]　Dhar H P，Howell D W，Bockris J O M. The use of *in situ* electrochemical reduction of oxygen in the diminution
　　　　of adsorbed bacteria on metals in seawater[J]. Journal of the Electrochemical Society，1982，129（10）：2178-2182.

[52]　刘宏芳，汪梅芳，许立铭. 脱氮硫杆菌生长特性及其对 SRB 生长的影响[J]. 微生物学通报，2003，30（3）：
　　　　46-49.

[53]　郎序菲，邱丽娜，弓爱君，等. 微生物腐蚀及防腐技术的研究现状[J]. 全面腐蚀控制，2009，23（10）：20-24.

第 11 章　腐蚀实验方法

腐蚀实验的目的是进行材料筛选和材质检查，估算使用寿命和设计参数，分析事故原因和验证防蚀效果以及研究腐蚀规律等。

腐蚀过程的复杂性要求实验尽可能反映实际情况，但实验本身是简单而理想化的，因此在分析实验数据和评价腐蚀程度时要注意实验条件与实际情况的相关性以及其间的差异。腐蚀实验最终的质量指标是数据的重现性和可靠性，只有周密设计和严格操作时才能获得理想而实用的结果。

11.1　常用腐蚀评定方法[1]

根据腐蚀研究的目的，除选择和确定实验方法及实验条件外，还必须确定测量参数以及评定和表示的方法，以取得腐蚀实验结果和表达腐蚀状态或表达腐蚀状态的某些指标。腐蚀作用的评定，主要是对受腐蚀金属材料本身进行检测，或者是对腐蚀介质的变化进行测定，也可对两者都进行考察。

11.1.1　表观检查

1. 宏观检查

宏观检查就是用肉眼或低倍放大镜对所用材料在腐蚀前后及去除腐蚀产物前后的形态进行仔细的观察和检查。宏观检查方便简捷，虽然粗略主观，但却是一种有价值的定性方法。它不依靠任何精密仪器，就能初步确定所用材料的腐蚀状态、类型、程度和受腐蚀部位。

在实验前必须仔细地记录试样的初始状态，标明表面缺陷。在实验过程中根据腐蚀速率确定观察的时间间隔。选择时间间隔必须考虑：①能够记录到可见的腐蚀产物开始出现的时间；②两次观察之间的变化足够明显。一般在实验初期观察频繁，而后间隔时间逐渐延长。

观察材料时应注意观察和记录：①材料表面的颜色与状态。②材料表面腐蚀产物的颜色、形态、类型、附着情况及分布。③腐蚀介质的变化，如溶液的颜色，溶液中腐蚀产物的颜色、形态和数量。④判别腐蚀类型。全面腐蚀导致均匀减薄，应测量厚度。局部腐蚀应确定部位，判明类型并检测腐蚀程度。⑤观察重点部位，如材料加工变形及应力集中部位焊缝及热影响区、气-液交界部位、温度与湿度变化部位、流速与压力变化部位。当发现特殊变化时，应拍照以供分析。为了更仔细地进行观察，也可使用低倍（2~20 倍）放大镜检查。

2. 显微检查

显微检查就是利用金相显微镜或者用扫描电子显微镜、透射电子显微镜、电子探针、X 射线结构分析仪等大型仪器对被腐蚀试样的表面或断口进行检查。这是宏观检查的进一步发展。显微检查一般有跟踪连续观察和制备显微磨片进行观察两种方法。

光学显微镜除用于检查材料腐蚀前后表面形貌的金相组织外，更重要的是：①判断腐蚀类型；②确定腐蚀程度；③确证析出相与腐蚀的关系；④调查腐蚀事故的起因；⑤提供腐蚀发生和发展情况。

对于应力腐蚀测试的断口观察，可以判断断裂是沿晶断裂还是穿晶断裂，是韧性断口还是脆性断口，是否存在解理组织结构等。还可以观察裂纹尖端光滑与否，间接佐证是氢致断裂还是阳极溶解腐蚀。

为了进一步研究腐蚀机理，除光学显微镜观察外，还可应用电子显微镜，特别是扫描电子显微镜，它不但高低倍数连续可调，观察金相组织方便，而且能相当清楚地显示孔蚀、应力腐蚀等的主体构造，以及氯化物、碳化物等的分布与状态。

电子探针可以定量地研究各种金属组织和夹杂，腐蚀产物相的组成和结构。通过腐蚀样品断口形貌的电镜观察可以进一步了解腐蚀破坏与金属微观组织结构之间的关系。有时还可用 X 射线光电子能谱仪、俄歇电子能谱仪等进行表面分析研究，其能够准确测定极薄表面膜的厚度及其组成。

3. 评定方法

对于定性的表观考察来说，腐蚀形态的记述明显地受到人为因素的影响。一些著名的腐蚀工作者提出了一些特定用途的方法，以期建立统一的标准评定方法。例如，Champion 提出了一些标准样图，并相应地按照腐蚀性质和程度定义了标准术语，在记述时则可用预先规定的标准缩写符号代表标准术语。腐蚀通常可分成全面腐蚀和局部腐蚀两大类，为了准确地描述腐蚀形态，则需进一步细分。图 11-1 为 Champion 的分类样图。它将全面腐蚀按腐蚀深度划分为七级；根据单位面积上的蚀孔数目或蚀孔的孔径大小或蚀孔深度分别将孔蚀分为七级；根据裂纹深度将腐蚀开裂也分为七级。图 11-1 中样图 A 和 B 是试样受腐蚀表面的平面特征，分别为单位面积腐蚀损伤的位置数目和每个位置受腐蚀的面积。样图 C 和 D 是腐蚀深度的特征。

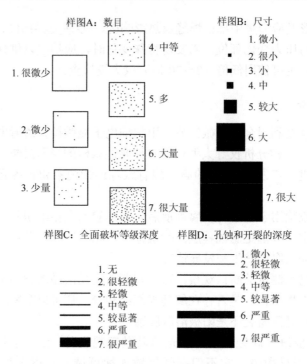

图 11-1　表观检查用 Champion 的分类标准样图

11.1.2　重量法

　　由于腐蚀作用，材料的质量会发生系统变化，此即重量法测定材料抗蚀能力的理论基础。虽然近年来发展了许多新的腐蚀研究方法，但重量法仍然是最基本的定量评定腐蚀的方法，并已被广泛应用。重量法简单而直观，适用于实验室和现场实验。它分为增重法和失重法两种。

1. 增重法

　　当腐蚀产物牢固地附着在试样上，又几乎不溶于溶液，也不为外部物质所沾污时，可用增重法测定腐蚀破坏程度。增重法适用于评定全面腐蚀和晶间腐蚀，而不适用于其他类型的局部腐蚀。

　　增重法实验过程为：将预先制备待用的试样进行尺寸测量和称量，然后置于腐蚀介质中，实验结束后（连同已脱落的腐蚀产物）取出，烘干，再称量。全部增重表征着材料的腐蚀程度。在重量法中，一个试样通常在腐蚀时间曲线上只提供一个数据点。当腐蚀产物确实是牢固地附着于试样表面，且具有恒定的组分时，就能在同一试样上连续或周期性地测量增重，因而适合于研究腐蚀速率随时间变化的规律。

增重法的一个严重缺点是数据的间接性，即得到的数据包括腐蚀产物的重量，究竟多少材料被腐蚀，还需分析腐蚀产物的化学组成来换算。有时腐蚀产物的相组成相当复杂，精确的分析往往有困难。同时多价金属（如铁、铜等）可能会生成几种化学组成不同的腐蚀产物，换算比较困难。这些都限制了增重法的应用范围。

2. 失重法

失重法是一种简单而直接的方法，它不要求腐蚀产物牢固附着在材料表面，也不考虑腐蚀产物的可溶性，因为实验结束后必须从试样上清除全部腐蚀产物。失重法直接表示由于腐蚀而损失的材料质量，不经过腐蚀产物的化学组成分析和换算。这些优点使失重法得到广泛的应用。

失重法实验过程为：对预先制备的试样测量尺寸，经准确称量后置于腐蚀介质中，实验结束后取出，清除全部腐蚀产物后清洗、干燥、再称量。试样的失重直接表征材料的腐蚀程度。

无论增重法还是失重法，在暴露实验前后与实验过程中，以及在清除腐蚀产物前后，都必须仔细观察并记录材料表面和介质中的各种变化。

3. 重量法测定结果评定

重量法是根据试样在腐蚀前后的质量变化来测定腐蚀速率的。为方便各次不同实验及不同试样的数据能够互相比较，通常采用单位时间内单位面积上的质量变化表征平均腐蚀速率（$g \cdot m^{-2} \cdot h^{-1}$）。从腐蚀实验前后的试样质量差计算腐蚀速率 v（$g \cdot m^{-2} \cdot h^{-1}$）。公式如下：

增重速率
$$v_{+w} = \frac{W_1 - W_0}{At} \tag{11-1}$$

失重速率
$$v_{-w} = \frac{W_0 - W_2 - W_3}{At} \tag{11-2}$$

式中，A 为试样面积，m^2；t 为实验周期，h；W_0 为试样原始质量，g；W_1、W_2 为实验后含与不含腐蚀产物的试样质量，g；W_3 为清除腐蚀产物时同样尺寸同种材料空白试样的校正失重，g。

金属的腐蚀并非恒速进行的，也就是说，其瞬时腐蚀速率可能发生各种变化。因此，重量法计算的只是平均腐蚀速率，而不适用于测定瞬时腐蚀速率。此外，重量法测定的腐蚀速率通常只适用于均匀腐蚀的类型。由于各种金属材料的密度不同，即使是均匀腐蚀，这种腐蚀速率也不能表征腐蚀的损耗深度。为此可将平均腐蚀速率换算成单位时间内的平均侵蚀深度（腐蚀率，如 $mm \cdot a^{-1}$），这两类腐蚀速率之间的换算关系为

$$B = \frac{W_0 - W_2 - W_3}{\rho At} = \frac{1}{\rho} \times v_{-w} \times \frac{365 \times 24 \times 10}{100^2} = 8.76 \times \frac{v_{-w}}{\rho} \tag{11-3}$$

式中，B 为按深度计算的腐蚀率，$mm \cdot a^{-1}$；v_{-w} 为按质量计算的腐蚀失重速率，$g \cdot m^{-2} \cdot h^{-1}$；$\rho$ 为金属材料的密度，$g \cdot cm^{-3}$。

电化学测试采用腐蚀电流 i_{corr}（$A \cdot cm^{-2}$）来表示腐蚀速率，它与 v_{-w} 的换算关系为

$$i_{corr} = \left(\frac{v_{-w}}{\frac{A}{n}} \right) \times \frac{26.8}{10^4} = v_{-w} \times \frac{n}{A} \times \frac{1}{373} \tag{11-4}$$

式中，A 为原子量；n 为离子电荷；$26.8 = 96500$（$C \cdot mol^{-1}$）$/3600$（$s \cdot h^{-1}$）。

4. 腐蚀产物的清除方法

为了取得准确的失重法实验结果，必须清除试样表面的腐蚀产物，但又不损伤金属基材本身。实际上完全不损伤基材是不可能的，只要求损伤对腐蚀结果无明显影响即可。对于不同金属材料和不同腐蚀产物应采用不同的清除腐蚀产物的方法。一般有机械法、化学法和电化学法三种。

（1）机械法。一般先用自来水冲洗，并用橡胶或硬毛刷擦洗，或用木制刮刀、塑料刮刀刮擦。对绝大部分疏松腐蚀产物用此法已可清除干净。但要完全清除掉腐蚀产物以精确测试或检查局部腐蚀状况时，尚需进一步采用化学法或电化学法。

（2）化学法。选择适宜的化学溶液及操作条件来溶解除去试样表面的腐蚀产物的方法。为了保护金属基体，在化学清除的溶液中往往需要加入缓蚀剂。表 11-1 列出了一些常用的清除腐蚀产物的化学方法。这些方法并不复杂，但在使用时有可能损伤基材，造成实验误差。为此，应在清除工作的同时，将未经腐蚀的相同尺寸的同种材料作空白试样在相同条件下清洗处理，求其失量，然后在实际试样的失重中加上此数，以取得比较真实的试样失重量。

表 11-1　清除腐蚀产物的化学方法

材料	溶液	时间/min	温度	备注
铝合金	70% HNO$_3$	2~3	室温	随后轻轻擦洗
	20% CrO$_3$，5% H$_3$PO$_4$	10	79~85℃	用于氧化膜不溶解于硝酸的情况
铜及其合金	15%~20% HCl	2~3	室温	随后轻轻擦洗
	5%~10% H$_2$SO$_4$	2~3	室温	随后轻轻擦洗

续表

材料	溶液	时间/min	温度	备注
铝及其合金	10%乙酸	10	沸腾	随后轻轻擦洗，除 PbO
	5%乙酸铵		热	随后轻轻擦洗，除 PbO
	80 g·L^{-1} NaOH，50 g·L^{-1} 甘露醇，0.62 g·L^{-1} 硫酸肼	30（或至清除为止）	沸腾	随后轻轻擦洗
铁和钢	20% NaOH，20 g·L^{-1} 锌粉	5	沸腾	
	浓盐酸，50 g·L^{-1} SnCl$_2$ + 20 g·L^{-1}	25（或至清除为止）	冷	搅拌溶液
	10%或 20% HNO$_3$	20	60℃	用于不锈钢，需避免氯化物的污染
	含有 0.15%有机缓蚀剂的 15%的浓 H$_3$PO$_4$	清除为止	室温	可去除氧化条件下钢表面上形成的氧化皮
镁及其合金	15% CrO$_3$，1% AgCrO$_4$	15	沸腾	
镍及其合金	15% CrO$_3$，1% AgCrO$_4$	清除为止	室温	
	10% H$_2$SO$_4$	清除为止	室温	
锡及其合金	15% Na$_3$PO$_4$	10	沸腾	随后轻轻擦洗
锌	先用 10% NH$_4$Cl，然后用 15% CrO$_3$，1% AgCrO$_4$	5 / 20 s	室温 / 沸腾	随后轻轻擦洗
	饱和乙酸铵	清除为止	室温	随后轻轻擦洗
	100 g·L^{-1} NaCN	15	室温	

（3）电化学法。选择适当的阳极和电解质，以试样为阴极，外加直流电的电解方法。电解时阴极产生氢气，在氢气泡的机械作用下，使腐蚀产物剥离，残留的疏松物质可用机械法冲刷除净。此法效果较好，空白试样失重小。适用于碳钢和许多金属材料的两种电解操作条件，示例如下：电解液为 5% H$_2$SO$_4$，阳极为碳棒，阴极为试样，阴极电流密度为 20 A·dm^{-2}，加入有机缓蚀剂（如若丁），2 mL·L^{-1}，温度 75℃，暴露时间为 3 min。

采用平行试样，分别测定不同时间的失重速率，也可以得到平均腐蚀速率随时间的变化。

11.1.3　失厚测量与孔蚀深度测量

对于设备和大型试件等不便于使用重量法的情况，或为了了解局部腐蚀情况，可以测量试件的腐蚀失厚或孔蚀深度。

1. 失厚测量

测量腐蚀前后或腐蚀过程中某两时刻的试样厚度，可直接得到腐蚀失厚。单位时间内的腐蚀失厚即为腐蚀率（mm·a^{-1}）。可用一些计量工具和仪器装置直接测量试样的厚度。由于腐蚀引起的厚度变化往往导致许多其他性质的变化。根据这些性质变化发展出许多无损测厚方法，如涡流法、超声波法、射线照相法和电阻法等。但是对于非均匀腐蚀来说，这种方法很不准确。

如果氧化膜（或硫化膜）可以被阴极还原，那么在已知还原反应的前提下，可以根据还原膜所消耗的电量，按照法拉第定律计算膜的厚度，此即阴极还原法。测量装置如图 11-2 所示。

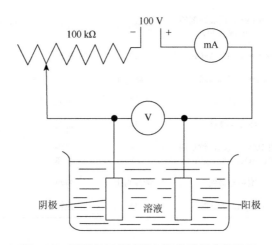

图 11-2　用阴极还原法测定氧化膜厚度的装置

2. 孔蚀深度测量

测量孔蚀深度的方法有：用配有刚性细长探针的微米规探测孔深。在金相显微镜下观测试样蚀孔截面的磨片；以试样的某个未腐蚀面为基准面，通过机械切削达到蚀孔底部以测量孔深；用显微镜分别聚集在未受腐蚀的蚀孔外缘和蚀孔底部以测量蚀孔深度等。

为了表示孔蚀的严重程度，应综合评定孔蚀密度、蚀孔直径和孔蚀深度。前两项指标表征孔蚀范围，而后一项指标则表征孔蚀强度。相比之下，后者具有更重要的实际意义。为此，经常测量面积为 1 dm^2 的试样上 10 个最大蚀孔的深度，并取其最大蚀孔深度和平均蚀孔深度来表征孔蚀严重程度。也可采用孔蚀系数来评价孔蚀程度。

孔蚀系数（Y）的定义是：最大孔蚀深度（P）与按全面腐蚀计算的平均侵蚀深度（d）的比率，这个数值越大，则表示孔蚀程度越严重。对于全面均匀腐蚀的情况下，孔蚀系数为 1。

3. 孔蚀评定

一般首先进行表观检查，确定受腐蚀金属表面的孔蚀严重程度，测定蚀孔的尺寸、形状和密度。美国材料实验协会（ASTM）ASTM G46 标准中对孔蚀的密度、大小和深度进行了分级，给出了标准样图（图 11-3 和图 11-4），这是 Champion 评级法的发展。然后根据实验要求可分别采用金相检测和无损探测。为进一步测定孔蚀严重程度，还可进行失重测量和孔蚀深度测量。对于后者往往测量一定面积内 10 个最深孔的平均孔蚀深度和最大孔蚀深度。也可采用图 11-5 所示孔蚀系数表征孔蚀严重程度。此外可采用一些统计分析方法来评价孔蚀程度。

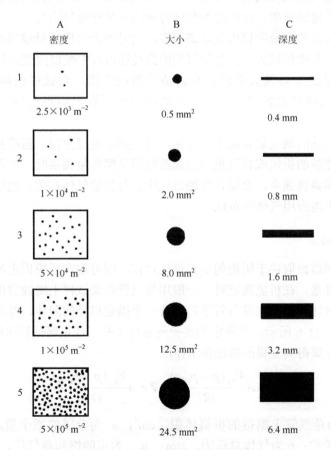

图 11-3　评定孔蚀特征的标准样图

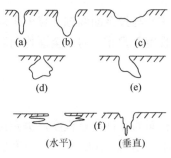

图 11-4　孔蚀的断面形状

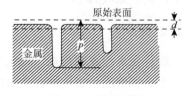

图 11-5　孔蚀系数

11.1.4　气体容量法

对于伴随析氢或耗氧的腐蚀过程，可通过测量一定时间内的析氢量或耗氧量来计算金属的腐蚀速率，此法称为气体容量法（又称量气法）。

气体容量法的灵敏度比失重法高得多，这是因为与腐蚀量成等摩尔量关系的气体密度小，其体积较大，而且量气管的直径还可以扩缩以改变测量范围。

气体容量法不必像失重法那样需清除腐蚀产物，在试样的腐蚀过程中，还可以测定其瞬时腐蚀速率，进而可以在一个试样上测得腐蚀量与时间的连续关系曲线。

气体容量法的测定装置简单而可靠，气量测定也很方便。但应指出，只有在腐蚀过程中伴随的析氢或耗氧量与金属溶解量呈摩尔量关系时，才可用气体容量法来测定金属腐蚀速率。金属在腐蚀过程中若与其他气体有关，也应服从这个原则，否则就不能应用气体容量法。

1. 析氢测量

如果金属腐蚀取决于阴极的氢去极化过程，则可测定反应析出的氢气量来测定金属的腐蚀量。在析氢测定时，一般用量气管收集试样上腐蚀放出的氢气，为了定量收集气体，往往在量气管下口倒置一个确定口径的漏斗，并尽可能选用细量气管，如图 11-6 所示。在规定的实验周期终了时，计量腐蚀析出的氢气体积，然后由下式计算得到金属的腐蚀量 $W(g)$：

$$W = A\frac{V_{H_2}(p-p_{H_2O})}{nRT} \times 2 = A\frac{V_{H_2}(p-p_{H_2O})}{41nT} \tag{11-5}$$

式中，V_{H_2} 为量气管上测得的析氢体积，cm^3；A 为金属的原子量，$g \cdot mol^{-1}$；n 为金属离子价；p 为气体总压力，atm；p_{H_2O} 为水的饱和蒸气压，atm；T 为温度，K。

　　为了提高灵敏度，可用压力计代替量气管。由于气体体积与温度密切相关，因此测量时必须严格控制温度。

　　2. 耗氧测量

　　如果金属腐蚀取决于阴极的氧去极化过程，则可以通过测定溶液中的耗氧量来评定金属的腐蚀量。无论是水溶液腐蚀，还是气相氧化，只有当腐蚀产物（可能有部分氧消耗于形成腐蚀产物的二次反应中）的成分恒定不变时，才能使用此法。

　　从耗氧量测定金属腐蚀的方法有：①将试样放在溶液的上部空间，测量由于腐蚀引起的气相中氧量的变化；②将试样放在含有溶解氧的溶液中，用化学分析法测定溶液中含氧量的变化；③将试样放在溶液中，测量上部封闭体积中氧浓度的变化。

　　图 11-7 为一种典型的气体法测量腐蚀的装置，它能同时测定消耗的氧量和放出的氢气量。放氢量是根据氢燃烧后气相减小的体积来计算，氧量是按照放出氢气体积与总的气相体积的变化之差来计算的。腐蚀性溶液经旋塞 2，进入容器 1，利用滴管 4 和压力计 3 来测定气相体积的变化；容器 5 及压力计 3 可在常压下进行测量；氢的燃烧在铂螺旋线 6 上进行。放出的氢气体积可按下式计算：

$$V_{H_2} = \frac{2}{3}(\Delta W + \Delta V_1) \tag{11-6}$$

式中，V_{H_2} 为放出的氢气量；ΔW 为由于氢的燃烧而减少的气体体积；ΔV_1 为在燃烧及仪器冷却期间气体体积增大的修正。

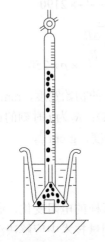
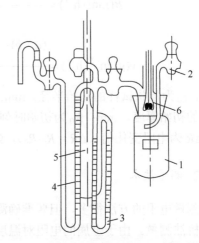

图 11-6　收集和测量氢气的装置　　　图 11-7　有混合去极化作用的腐蚀测定器

1，5. 容器；2. 旋塞；3. 压力计；4. 滴管；6. 铂螺旋线

消耗氧的量可以用下式计算：

$$V_{O_2} = V_{H_2} - \Delta V_2 \tag{11-7}$$

式中，ΔV_2 为由于腐蚀作用而增大的气体体积。

11.1.5　电阻法

1. 基本原理

电阻法是一种物理方法。对于一定形状、尺寸和组织结构的材料，当其遭受腐蚀后，根据电阻变化可提供许多腐蚀信息，如了解晶间腐蚀或氢腐蚀的状态，检测腐蚀导致的材料厚度变化和测定金属腐蚀速率等。

电阻法测定金属腐蚀速率，是根据金属试样由于腐蚀作用使横截面积减小，从而导致电阻增大的原理。通过测量腐蚀过程中金属电阻的变化而求出金属的腐蚀量和腐蚀速率。对于丝状金属试样，可按下式计算腐蚀速率：

$$B(\mathrm{mm \cdot a^{-1}}) = \frac{r_0}{t}\left(1 - \sqrt{\frac{R_0}{R_t}}\right) \times 8760 \tag{11-8}$$

$$v(\mathrm{g \cdot m^{-2} \cdot h^{-1}}) = \frac{r_0}{t}\left(1 - \sqrt{\frac{R_0}{R_t}}\right) \times \rho \times 1000 \tag{11-9}$$

而片状试样的腐蚀速率则为

$$B(\mathrm{mm \cdot h^{-1}}) = \frac{(a+b) - \sqrt{(a+b)^2 - 4ab\dfrac{\Delta R}{R_t}}}{t} \times 2190 \tag{11-10}$$

$$v(\mathrm{g \cdot m^{-2} \cdot h^{-1}}) = \frac{(a+b) - \sqrt{(a+b)^2 - 4ab\dfrac{\Delta R}{R_t}}}{t} \times \rho \times 250 \tag{11-11}$$

式中，r_0 为丝状试样的初始半径，mm；a 为片状试样的初始宽度，mm；b 为片状试样的初始厚度，mm；R_0 为初始时刻的试样电阻，Ω；R_t 为 t 时刻的试样电阻，Ω；ΔR 为电阻变化值（$\Delta R = R_t - R_0$），Ω；ρ 为金属密度，$\mathrm{g \cdot cm^{-3}}$。

2. 测量技术

测量电阻的方法很多，但要准确测量金属腐蚀试样的电阻变化，必须用精确的电桥法测量。由于金属的电阻对温度变化敏感，测量技术中应解决温度补偿问题。一般是在腐蚀实验介质中放置与测试试样相同的温度补偿试样，但后者表面为涂料涂覆，使其免遭腐蚀。

图 11-8 和图 11-9 分别为电阻法测量的单电桥法和双电桥法原理图。R_x 为待测腐蚀试样，$R_补$和 R_N 分别为两种方法中的温度补偿试样。

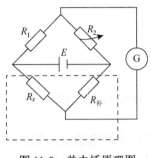

图 11-8　单电桥原理图

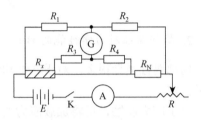

图 11-9　双电桥原理图

电阻法测定腐蚀信息不受腐蚀介质的限制，即气相或液相、导电或不导电的介质均可应用。测量时不必取出试样和清除腐蚀产物，因此可在生产过程中进行连续检测，可测定腐蚀速率随时间变化的关系曲线，有利于及时地进行腐蚀监控和研究。

11.1.6　力学性能与腐蚀评定

1. 全面腐蚀对力学性能的影响

有时无法用重量法或测厚法进行腐蚀评定，金相检查又只限于一个小区域，容易漏检。考虑到腐蚀作用的结果可使得材料力学的性能发生明显变化，从而可通过测定力学性能变化来评定腐蚀作用。为保证实验结果的良好重现性，所有被测试样的加工条件、热处理条件、取样方向和试样尺寸等应尽可能一致，此外实验过程中应辅以相同状态但未经腐蚀的空白试样做对比。

为评价全面腐蚀作用，一般用腐蚀前后材料力学性能变化的相对百分数表示。强度损失的百分数 K_S 为

$$K_S = \frac{\delta_{b0} - \delta_{b1}}{\delta_{b0}} \times 100\%（时间 t）\tag{11-12}$$

式中，δ_{b0} 和 δ_{b1} 分别为材料腐蚀前后试样的抗拉强度。也可用剩余抗拉强度的比率表示：

$$K_S' = \frac{\delta_{b1}}{\delta_{b0}} \times 100\%（时间 t）\tag{11-13}$$

全面腐蚀作用使延伸率损失的百分数 K_l 表示为

$$K_1 = \frac{\delta_0 - \delta_1}{\delta_0} \times 100\% (时间t) \qquad (11\text{-}14)$$

式中，δ_0 和 δ_1 分别为腐蚀实验前后试样的延伸率。也可用剩余延伸率的比率表示：

$$K_1' = \frac{\delta_1}{\delta_0} \times 100\% (时间t) \qquad (11\text{-}15)$$

2. 局部腐蚀对力学性能的影响

局部腐蚀类型很多，对于孔蚀和缝隙腐蚀也可参照式（11-12）～式（11-15）予以评定。

对于应力腐蚀，可将加载应力的试样在腐蚀介质中暴露指定周期之后，测定剩余力学性能；也可直接测定应力腐蚀试样在腐蚀介质中暴露直至断裂的寿命。在应力与腐蚀联合作用下引起的总强度损失中，附加应力对抗拉强度损失所占的百分分额可表示为

$$a = \frac{\delta_{b1} - \delta_{b2}}{\delta_{b0} - \delta_{b1}} \times 100\% \qquad (11\text{-}16)$$

式中，δ_{b2} 为试样在应力腐蚀实验后的抗拉强度。通过测量在不同应力水平下的应力腐蚀开裂寿命，可以确定该腐蚀体系不发生应力腐蚀开裂的最大应力，即应力腐蚀的临界应力 δ_{th}。

对于腐蚀疲劳，主要的测量参数是试样直至断裂的应力循环周期（寿命）。在 $\delta\text{-}N$ 腐蚀疲劳曲线上，通常取某一指定腐蚀疲劳寿命（如疲劳循环周次 $N = 10^7$ 次）相对应的应力幅值为不发生腐蚀疲劳断裂的最大应力，即腐蚀疲劳临界应力，也称腐蚀疲劳强度 δ_{th}。

腐蚀实验后对试样进行往复弯曲实验是评定某些类型局部腐蚀的常用方法。可以测定腐蚀后的试样能忍受往复弯曲而不致断裂的次数；也可以对延展性较差的金属采用能够弯曲的角度评价腐蚀；还可以将腐蚀后试样弯成半径等于其厚度2倍的U形，然后检查所产生的裂纹。

通过断裂力学研究应力腐蚀和腐蚀疲劳，可以确定应力腐蚀临界应力场强度因子 K_{ISCC}、应力腐蚀裂纹扩展速率 $\dfrac{da}{dt}$、腐蚀疲劳临界应力场强度因子 ΔK_{ICF}，以及腐蚀疲劳裂纹长度 a 相对于应力循环周次 N 的扩展速率 $\dfrac{da}{dN}$ 等。

11.1.7 溶液分析与指示剂法

在腐蚀化学的研究中，常采用化学分析法和仪器分析法测定腐蚀介质的成分

和浓度、缓蚀剂的含量以及金属腐蚀产物以确定金属的腐蚀量等。当金属的腐蚀产物完全溶解于介质中时，可通过定量化学分析求得某时刻腐蚀速率，据此可从一个试样获得一条腐蚀量-时间的关系曲线。化学分析还是一种重要的工业腐蚀监测方法。

极谱分析法是一种在特殊条件下的电解分析方法，即在电解池内，采用滴汞电极进行电解，测定与被检测离子浓度成正比的极限电流。定量测定时，一般只需测量极谱波的波高，而不必测量极限电流的绝对值。现在已经普遍采用极谱仪测定重金属，其具有灵敏度高、操作简便和多元素分析等优点。

近年来在电化学分析领域内发展出离子选择性电极分析技术，它是利用一种对某种特定离子具有专属选择性的膜电极，其电极电位与待测特定离子浓度之间符合能斯特公式，从而可通过电位测量来确定溶液中某些特定离子活度。所需仪器设备简单，操作方便，适用于实验室和现场测量，也适用于极少量试样和微观环境测量。

原子吸收光谱分析法是利用被测元素的基态原子具有吸收特定辐射波长的能力，而吸收值的大小与该原子的浓度存在一定的关系，从而形成了这种对被测元素的定性和定量的分析方法。此方法能分析几乎所有的金属元素，且灵敏度高、分析速度快、操作简便。

指示剂法是利用某些化学试剂配制的指示剂与腐蚀产物（金属离子、OH^-、H^+等）之间反应可产生不同的特定颜色，以确定正在腐蚀的金属表面上阳极区和阴极区，以及受腐蚀的局部区域和状态类型。为研究铁基合金的腐蚀，常采用铁-羟指示剂，其溶液配方为：$K_3Fe(CN)_6\cdot 2H_2O$（1 g）＋NaCl（10 g）＋琼脂（10 g）＋水（1000 mL）＋酚酞（数滴）。铁羟基实验是一种检验薄层质量的标准实验方法。为研究铝基合金的腐蚀，可采用如下指示剂溶液：3% NaCl 溶液（100 mL）＋1%琼脂溶液（100 mL）＋茜素（室温下饱和乙醇溶液，7～10 mL）。

11.2　实验方法举例

11.2.1　模拟全浸实验——常规实验室腐蚀方法之一

试样完全浸入溶液的浸泡实验称为全浸实验，此方法操作简单，重现性较好，比较容易控制某些重要的实验条件。为了准确地规划实验和解释实验结果，必须考虑下列因素的影响：溶液体积、温度、充气状态、相对速率、试样表面状态、试样固定方式、实验周期以及暴露后试样的清洗方法等。

实验过程中溶液的蒸发损失，可以利用恒定水面装置控制或定时添加溶液，使溶液体积波动不超过±1%；加热实验中可采用回流冷凝器。为了避免腐蚀产物影响腐蚀规律，一般将介质容量与试样表面积的比例控制在 $20\sim200\ mL\cdot cm^{-2}$。通常要求每个实验装置中只浸泡一种金属材料，以避免腐蚀产物对金属材料腐蚀规律的干扰。

为了提高实验结果的重现性及称量准确度，常采用平板试样。孔蚀发生概率与试样面积有关，应严格规定试样的尺寸。实验容器可以密封，也可以敞露于大气中；应考虑配置充气或去气系统、温度测量与控制装置，以及试样支架等。

实验室常利用水浴或油浴控制实验温度。一般情况下，腐蚀实验过程不应对溶液充气。脱气则是将惰性气体或不活泼气体（如氩气、氮气等）鼓入溶液，以驱除溶液中存在的氧，或者以抽真空与充惰性气体相结合，也有加热溶液驱氧或加入除氧剂除氧的；必须保证试样支架、容器在实验溶液中是惰性的，自身不受溶液腐蚀而破坏，也不污染实验溶液。

推广之，全浸实验也可以是全部浸泡在空气、土壤以及其他腐蚀介质中。相对于全浸，还有半浸和间浸，研究干湿界面和干湿交替环境。

试样可以是板状、棒状、弯曲状，也可以加载荷，模拟受力情况下的腐蚀。

11.2.2 孔蚀实验

1. 化学浸泡实验方法

1) 三氯化铁实验法

三氯化铁实验法用于检验不锈钢及含铬的镍基合金在氧化性介质中的耐孔蚀性能，也可用于研究合金元素、热处理和表面状态等对上述合金耐孔蚀性能的影响。此法已列入美国 ASTM 标准和日本 JIS 标准。我国也制定了相应的标准 GB/T 17897—2016。表 11-2 示出了此三个标准的实验方法要点，以便进行综合比较。

表 11-2 三氯化铁孔蚀实验法主要技术条件的比较

序号	技术条件	GB/T 17897—2016	ASTM G48-1976	JIS G0578-1981
1	实验溶液	6% FeCl$_3$ + 0.05 mol·L^{-1} HCl	6% FeCl$_3$	6% FeCl$_3$ + 0.05 mol·L^{-1} HCl
2	实验温度	(35±1)℃, (50±1)℃	(22±2)℃, (50±2)℃	(35±1)℃, (50±1)℃
3	实验时间/h	24	72	24
4	试样尺寸/cm^2 研磨程度	>10 240 号砂纸	50×25 120 号砂纸	>10 320 号砂纸
5	溶液量/(mL·cm^{-2})	≥20	≥20	≥20
6	试样位置	水平	—	—
7	耐孔蚀性判据	腐蚀率	腐蚀率，蚀孔特征数据	腐蚀率

2）其他溶液的孔蚀浸泡实验

有时也采用其他溶液进行孔蚀浸泡实验。这类实验溶液首先要求其中含有侵蚀性阴离子（如氯离子），以使钝化膜局部活化；此外还应含有促进孔蚀稳定发展的氧化剂，以提高氧化还原电位，促使材料发生孔蚀。氯离子是最常用的侵蚀性阴离子，在实验溶液中的氯离子浓度应高于诱发孔蚀所需的最低临界浓度，表 11-3 示出了某些铁基合金的临界氯离子浓度。孔蚀浸泡实验溶液中的氧化剂通常具有较高的氧化还原电位，常用的氧化剂有 Fe^{3+}、Cu^{2+}、Hg^{2+}、MnO_4^-、H_2O_2 等。选用不同的氧化剂时将呈现不同的氧化还原电位，因此应谨慎选择氧化剂的种类和数量。化学浸泡的孔蚀实验溶液种类较多，采用的氧化剂也不同，表 11-4 列出了一些常用的溶液组成和实验条件。

表 11-3　不同合金诱发孔蚀所需 Cl^- 的最低浓度

合金	浓度/（mol·L^{-1}）
Fe	0.0003
Fe-5.6Cr	0.017
Fe-11.6Cr	0.069
Fe-20Cr	0.1
Fe-24.5Cr	1.0
Fe-29.4Cr	1.0
Fe-18.6Cr-9.9Ni	0.1

表 11-4　实验室孔蚀浸泡实验的溶液

序号	实验溶液	温度/℃	时间
1	10% $FeCl_3 \cdot 6H_2O$	50	
2	5% $FeCl_3$ + 0.05 mol·L^{-1} HCl	50	48 h
3	100 g $FeCl_3 \cdot 6H_2O$ + 900 mL H_2O	22/50	72 h
4	0.33 mol·L^{-1} $FeCl_3$ + 0.05 mol·L^{-1} HCl	25	
5	108 g·L^{-1} $FeCl_3 \cdot 6H_2O$，pH = 0.9		
6	10.8% $FeCl_3 \cdot 6H_2O$ + 0.05 mol·L^{-1} HCl	20	4 h
7	10 g $FeCl_3 \cdot 6H_2O$ + 5 g NaCl + 2.5 mL 浓盐酸 + 200 mL H_2O	室温	5 min
8	10 g $FeCl_3 \cdot 6H_2O$ + 4.5 mL 浓盐酸 + H_2O 稀释至 1000 mL	35	2 h
9	1 mol·L^{-1} NaCl + 0.5 mol·L^{-1} $K_3[Fe(CN)_3]$	25/50	6 h
10	2% $NH_4Fe(SO_4)_2 \cdot 12H_2O$ + 3% NH_4Cl	30	1 h
11	2% NaCl + 2% $KMnO_4$	90	
12	6.1% NaOCl + 3.5% NaCl		
13	4% NaCl + 0.15% H_2O_2	40	25 h

2. 电化学实验方法[2]

击破电位 E_b 和保护电位 E_p 是表征金属材料孔蚀敏感性的两个基本电化学参数，它们把具有活化-钝化转变行为的阳极极化曲线划分为三个区段（图 11-10），即：①$E>E_b$，将形成新的蚀孔，原有蚀孔会继续长大；②$E_b>E>E_p$，不会形成新蚀孔，但原有蚀孔将继续发展长大；③$E\leq E_p$，原有蚀孔再钝化而不再发展，也不会形成新蚀孔。

测量击破电位 E_b 和保护电位 E_p 的方法很多，通常采用测量极化曲线的方法。

控制电位法包括恒定电位法、步进电位法和连续扫描动电位法。测量 E_b 和 E_p 时可采用连续扫描动电位法，以某个规定的速率连续改变电位（通常以三角波电位扫描方式），测定相应阳极极化曲线（图 11-10）。在析氧电位以下由于孔蚀而使电流密度急剧上升的电位定义为击破电位或称孔蚀电位 E_b，当电流密度达到 $1\ mA\cdot cm^{-2}$ 时反向改变电位扫描方向，逆向极化曲线与正向极化曲线相交点（或电流降至零）所对应的电位即为保护电位 E_p，也可采用步阶式改变电位的准稳态法和稳态法测量阳极极化曲线，以确定 E_b 和 E_p。

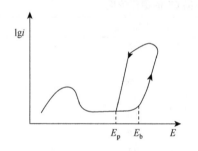

图 11-10　具有活化-钝化转变行为的金属的典型阳极极化曲线和孔蚀特征电位

采用恒定电位法测定 E_b 和 E_p 的方法如下：①在动电位法测定的或估计的 E_b 附近选择若干电位，测量各给定电位下的电流密度-时间曲线（每条曲线都须使用一个新试样），如图 11-11（a）所示。当 $E<E_b$ 时，电流密度随时间下降，此时金属表面呈钝态；当 $E\geq E_b$ 时，金属产生孔蚀，电流密度随时间上升。据此将电流密度不随时间变化或略呈下降的最高电位确定为 E_b。②测定保护电位 E_p，先将试样在高于 E_b 的电位下活化处理（产生孔蚀），然后在各个给定的恒定电位下测量电流密度-时间曲线（每条曲线也须使用一个新试样），如图 11-11（b）所示。当 $E\geq E_p$ 时，已有蚀孔将继续扩展长大，所以电流密度随时间不断上升。当 $E<E_p$ 时，已有蚀孔将发生再钝化，电流密度随时间减小，根据此原理可确定 E_p 值。

我国已制定了测定不锈钢孔蚀电位的标准 GB/T 17899—1999，相应的美国、日本标准是 ASTM G6l-1978 和 JIS G0577-1981。这些标准全都是采用连续扫描动电位法测定曲线的。表 11-5 将这几个标准的主要技术条件做了比较。

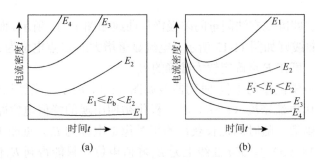

图 11-11　恒定电位法测定的极化曲线

表 11-5　有关国家的电化学孔蚀实验方法的主要技术条件比较

序号	技术条件	GB/T 17899—1999	ASTM G61-1978	JIS G0577-1981
1	实验溶液	3.5% NaCl	3.5% NaCl	3.5% NaCl
2	实验温度	(30±1)℃	(30±1)℃	(30±1)℃
3	试样	涂覆型或预埋型，硝酸预钝化	涂覆型或预埋型，硝酸预钝化	圆片，聚四氟乙烯和装配支架
4	试样初磨	600 号砂纸湿磨	600 号砂纸打磨	600 号砂纸湿磨
5	试样终磨	—	800 号砂纸打磨	—
6	扫描速率/（mV·min^{-1}）	20	20	10
7	耐孔蚀性判据	E_b, E_{b10}, E_{b100}	V'_{c10}, V'_{c100}	电流快速增加的电位

　　控制电流法。类似于用控制电位法测量阳极极化曲线，以确定 E_b 和 E_p，控制电流法也可分别采用连续扫描动电流法、步进电流法（准稳态法）和恒电流法（稳态法）。连续扫描动电流法测定的阳极极化曲线如图 11-12 所示，由此确定的 E_b 和 E_p 与电流扫描速率有关。

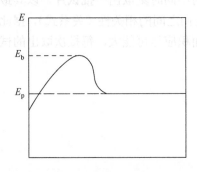

图 11-12　由连续扫描动电流法测得阳极极化曲线确定的 E_b 和 E_p

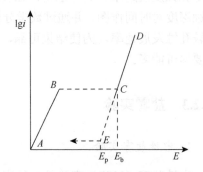

图 11-13　由恒电流（稳态）阳极极化曲线确定孔蚀特征电位

步进电流法即准稳态法测量的阳极极化曲线如图 11-12 所示。而恒电流法（稳态）阳极极化曲线则如图 11-13 所示，电流显著增大的 C 点电位为 E_b；从 D 点使电流逆向扫描，可在 E 点确定较为准确的 E_p。

采用恒电流法测量的电位-时间曲线如图 11-14 所示。当施加的恒定电流密度大于临界钝化电流密度（$i > i_c$）时，极化初期出现的峰值电位即为 E_b，但它是外加电流的函数，随时间延长获得的相对稳定电位为 E_p，见图 11-14（a）。当 $i < i_c$ 时［图 11-14（b）］，E-t 曲线上无 E_b 峰值电位，只能得到 E_p 值。

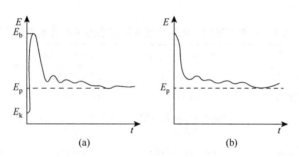

图 11-14　在恒定电流下的电位-时间曲线

(a) $i > i_c$；(b) $i < i_c$

此外，还有擦伤电位法、小孔发展速率（PPR）-电位曲线法等测定孔蚀敏感性的电化学实验方法。

3. 现场实验方法

将试片在实际工况介质中进行实验，可测定材料表面发生孔蚀的概率，并可测定孔蚀发展速率。其方法是：在实验过程的不同时刻取出一批试片，以其最大孔蚀深度对时间作图，并通过数学分析找出它们之间的相关性（关系式），据此可比较孔蚀发展速率。为使结果可靠，试片的面积应尽可能大，每批次取出的试片也要尽可能多。

11.2.3　盐雾实验

1. 中性盐雾实验

中性盐雾（NSS）实验是一种广泛应用的人工加速腐蚀实验方法，适用于检验多种金属材料和涂镀层的耐蚀性。将试样按规定暴露于盐雾实验箱中，实验时喷入经雾化的实验溶液，细雾在自重作用下均匀地沉降在试样表面。实验溶液为

5% NaCl（质量分数）溶液，其中总固体含量不超过 20 ppm，pH = 6.5～7.2。实验时盐雾箱内温度保持在（35±1）℃。

试样在盐雾箱内的位置应使其主要暴露表面与垂直方向成 15°～30°角。试样间的距离应使盐雾能自由沉降在所有试样上；且试样表面的盐水溶液不应滴落在任何其他试样上。试样间不构成任何空间屏蔽作用，互不接触且保持彼此间电绝缘。试样与支架也须保持电绝缘，且在结构上不产生任何缝隙。喷雾量的大小和均匀性由喷嘴的位置和角度来控制，并通过盐雾收集器收集的盐水量来判断。一般规定喷雾 24 h 后，在 80 cm^2 的水平面积上每小时平均应收集到 1～2 mL 盐水，其中的 NaCl 浓度应在（5±1）%范围内。

由于实验的产品、材料和涂镀层的种类不同，实验总时间可在 8～3000 h 范围内选定。国家标准规定实验应采用 24 h 连续喷雾方式；有时按照实验的具体情况酌变，如采用 8 h 喷雾后停喷 16 h 为一周期。国家标准《人造气氛腐蚀试验　盐雾试验》（GB/T 10125—2021）中详细规定了中性盐雾实验的要求和方法。

2. 醋酸盐雾实验

为了进一步缩短实验时间以及模拟城市污染大气和酸雨环境，发展了醋酸盐雾（ASS）实验方法（GB 64597—1986）。此法适用于各种金属材料和涂镀层，如检验装饰性镀铬层和镀镉层等的耐蚀性。除溶液配制及成分与中性盐雾实验不同外，实验的方法和各项要求均相同。

实验溶液为在 5% NaCl 溶液中添加冰醋酸，将 pH 调节到 3.1～3.3。溶液中总固体含量不超过 200 ppm；应严格控制试剂盐中的杂质种类和含量。实验温度控制在（35±1）℃。乙酸盐雾实验的周期一般为 144～240 h，有时根据实验需要可缩短至 16 h。国家标准《人造气氛腐蚀试验　盐雾试验》（GB/T 10125—2021）对实验方法和要求做了具体规定。

3. 铜加速醋酸盐雾实验

此法适用于工作条件相当苛刻的锌压铸件及钢铁件表面的装饰性镀铬层（Cu-Ni-Cr 或 Ni-Cr）等的耐蚀性快速检验，也适用于检验经阳极氧化、磷化或铬酸盐处理的铅材等。方法的可靠性、重现性及精确性依赖于对某些实验因素的严格控制。

实验溶液的配制为：取每份 3.8 L 的 5% NaCl 溶液中加入 1 g 氯化铜（CuCl$_2$·2H$_2$O，试剂级），溶解并充分搅拌。用冰醋酸将溶液 pH 调节到 3.1～3.3，实验温度控制在（49±1）℃。此法的实验周期一般为 6～720 h。实验的方法和其他各项要求与中性盐雾实验相同。国家标准《人造气氛腐蚀试验　盐雾试验》（GB/T 10125—2021）详细规定了实验的方法和要求。

11.2.4   应力腐蚀开裂实验[3]

研究金属材料的应力腐蚀行为就是检测其在特定的使用环境下发生应力腐蚀开裂的敏感性，并依据实验目的和材料发生应力腐蚀开裂的特征进行合理的方案设计，采取一定的措施从而尽最大可能地降低损失。但是金属材料的种类、其所承受的应力载荷以及腐蚀环境等各个方面在一定程度上存在差异，这也导致研究其应力腐蚀开裂的方法有所区别。目前，研究应力腐蚀开裂的力学方法按照加载方式的不同可以分为三类：恒应变法、恒载荷法和慢应变速率拉伸法（SSRT）。

1. 恒应变法

恒应变实验是将试样通过塑性变形至预定形态，如 U 形、C 形等，并运用刚性结构维持试样变形恒定，然后将试样放入腐蚀介质中进行应力腐蚀实验的方法。该方法不仅操作方便，实验设备相对简单，节省空间，且相较于其他方法，该加载过程更符合工程上材料的加工制造的实际情况，适用于工程选材实验。其具体方法有 C 形环法、三点弯曲法和四点弯曲法等，如图 11-15 所示。

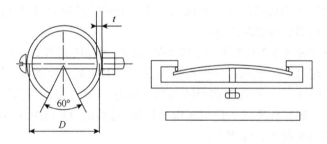

图 11-15   C 形环法和三点弯曲法实验装置图

同时，该实验方法也存在一定的缺点：一方面，试样的应力不易准确测得，因此该实验一般只用作定性实验；另一方面，当出现裂纹时，会引起应力松弛现象，裂纹扩展过程放慢甚至中止，造成实验时间过长，甚至观察不到试样完全断裂的情况。

2. 恒载荷法

恒载荷法则是在腐蚀介质环境中对试样施加恒定的应力来进行应力腐蚀实验。恒载荷法能够精确测出施加的应力值，且加载情况相较于其他方法更接近工程实践中设备在正常运行条件下材料的受载情况。通常利用砝码对试样施加应力，一般分为直接加砝码以及通过杠杆加砝码两种方式。该方法可以测量出滞后开裂的形核时间、断裂时间、门槛应力以及滞后开裂门槛应力强度因子等。

但其缺点也较为明显。严格来讲，恒载荷法中只有当裂纹形成之前才满足所谓的"固定载荷"，当裂纹形成后，形变的速度将会加快，不易检测开裂的敏感性，且实验设备较为复杂。

3. 慢应变速率拉伸法

慢应变速率拉伸法（简称慢拉伸）又称为恒应变速率拉伸法。实验过程中，应变速率保持恒定，而且足够小（$10^{-8} \sim 10^{-4} \mathrm{s}^{-1}$），通过拉伸实验直至试样断裂，由此可研究试样的应力腐蚀开裂敏感性。实验过程中，记录载荷（应力）-位移（应变）曲线，从而获得力学参量延伸率、抗拉强度以及断裂时间，把试样同它们在惰性环境（油、空气等）中获得的相应参量进行对比，就可以确定试样在实验介质中的应力腐蚀开裂敏感性。该方法的主要优点有：通过强化应变状态来加速应力腐蚀裂纹形核和扩展，从而能够促使试样在短时间内发生应力腐蚀开裂，节省研究时间；该方法不存在在规定时间内试样不发生断裂的情况，因此可以根据断裂后试样的延伸率等参数以及断口形貌等进行分析来评定和比较不同材料的应力腐蚀敏感性。慢应变速率拉伸试样尺寸如图 11-16 所示。

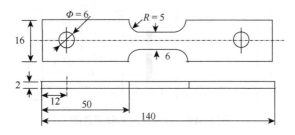

图 11-16　慢应变速率拉伸试样尺寸图（单位：mm）

11.2.5　氢渗透实验

腐蚀过程中，在金属或合金材料的表面会有氢原子析出，进而扩散、渗透到金属材料的组织结构内部，而进入到裂纹尖端的氢原子与该区域原本存在的应力集中和组织缺陷之间共同发挥作用，以至于金属晶格发生畸变，从而使得应力腐蚀开裂裂纹尖端位置处的材料脆性增强，最终金属钢材发生脆性断裂，即氢脆。

金属材料的应力腐蚀开裂的一个重要参数是氢在材料内部的扩散系数，在实验室中常采用电化学方法进行测定，另外还能通过相关的电化学实验来得到金属表面的氢原子浓度。

　　通常情况下实验室中为了获取金属材料在某一特定环境下发生腐蚀的过程中氢的渗透量，大多使用"Devnathan-Stachurski"双电解池测试[3]手段来达到这一目的。该方法的测试实验装置是利用两个电解池以及作为双面电极的金属试片共同构成的，见图 11-17。将所研究的金属试片放置于两电解池之间，其中 A 面充当着充氢面（位于阴极池）的作用，即对该面金属试片施加各种模拟实验，如阴极极化、浸泡实验等；B 面则充当测氢面（位于阳极池）的作用。实验开始前，通过施加恒电流将测氢面的金属试片表面进行镀镍，之后在阳极池中加入 0.1 mol·L^{-1} 的 NaOH 溶液对镀镍侧进行钝化，使该侧氢完全氧化而不会发生其他的电化学反应。向阴极电解池中注入所需研究的溶液介质，并向该侧加以恒电位或恒电流极化等，此时充氢面电解池中所形成的氢原子渗透到金属试片，并且其在阳极侧电解池中被氧化，形成氢离子，之后被仪器检测记录下并由此得到氧化电流/渗氢电流-时间变化曲线。通过该曲线可以得到氢在金属材料中的有效扩散系数 D、表观溶解度（初始氢聚集浓度）C_0、氢陷阱数、氢致开裂行为等相关的信息。

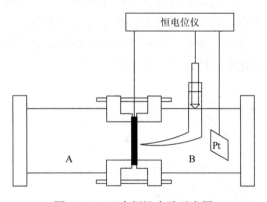

图 11-17　双电解池实验示意图

　　通过渗氢曲线计算获取 D 的方法有很多种，如两点法、斜率法、滞后时间法、时间穿透法、傅里叶法以及拉普拉斯法等。其中滞后时间法是最常用的方法。滞后时间法是由 Fick 扩散定律推导所得出的一种计算方法，其计算公式如下所示：

$$D = \frac{L^2}{6t_{0.63}} \tag{11-17}$$

式中，$t_{0.63}$ 为滞后时间，该值为渗氢电流密度达到最大稳定电流的 63%时的时间值；L 为金属薄片的厚度。由于滞后时间法拥有计算方便、使用较为简单的优点，而且这种方法的准确度可以符合要求，具有一定的物理意义，因此它在实验研究中被广泛地使用。

11.2.6　现场暴露实验

现场暴露实验有大气暴露实验、水（海水或湖水）暴露实验和土壤暴露实验等。

1. 大气暴露实验

实验场点选择。大气暴露腐蚀实验（即大气暴晒实验）的实验站应建立在使用金属材料、非金属材料和涂镀层，并且具有代表性的地区，如农村、城市、工业区、湿热地区、滨海或内陆地区等，以适应大气腐蚀规律的复杂性。目前，在我国已建立了八个不同气候环境条件的实验站（表 11-6），进行各种常用材料的暴晒实验。进行实验时应当测量和掌握实验站所在地的环境因素，如温度、降雨次数、降雨量及雨期的持续时间、风向、风速、湿度、日照时数等气象条件，以及大气中的污染成分，如 SO_2、H_2S、NO_2、煤屑、盐粒、灰尘等。如有可能应将实验站建在当地气象台站附近。除专门的工业大气实验站外，附近不允许有烟囱、通风口以及大量散发有害气体和灰尘的厂房和装置，以防对试样有干扰。为了对材料抗大气腐蚀的耐蚀性做出可靠的最终判断，应在尽可能多的、环境条件各异的实验站同时进行实验评定。如果是用于指定大气条件的材料，那么只需选择有限的实验站进行实验即可。但对污染大气中的腐蚀检测，则应在离污染源不同距离处及不同标高处进行实验。

表 11-6　我国各大气实验站地理位置与大气环境特征

站址	地理位置		气候类型、环境气象特征
	东经	北纬	
北京（郊区）	116°	39°59′	南温带，亚湿润区，乡村环境
青岛（海岛）	121°19′	31°18′	南温带，亚湿润区，海洋环境
武汉（城郊）	114°18′	30°35′	北亚热带，湿润区，半工业环境
江津（乡村）	106°15′	29°29′	中亚热带，湿润区，乡村环境
广州（市郊）	113°19′	33°08′	南亚热带，湿润区，半工业环境
广州（郊区）	113°28′	33°08′	南亚热带，湿润区，乡村环境
琼海（乡村）	110°28′	19°15′	北热带，湿润区，乡村环境
万宁（海边）	110°05′	18°58′	北热带，湿润区，海洋环境

1）暴晒架与试样

户外暴晒实验的暴晒架应设在完全敞开的地方，以便能充分受到大气条件（空气、日光、雨、露、雾、风、霜、雪等）的侵袭；暴晒架应与周围的建筑物、树木相隔一定距离，以避免阴影投射的影响；暴晒场周围应设置安全障碍物，但不能挡风；作为配套，还应设置实验工作室。

　　暴晒架由角铁和型钢或木材制成，并涂漆加以保护。如图 11-18 所示，架子距地面高度一般为 0.8～1.0 m，架面与水平面的角度应相当于实验站所在地的地球纬度（通常为 45°），正面朝南。暴晒架应安装牢固，足以承受狂风暴雨的冲击和最大积雪量的重压。暴晒架上配置由陶瓷（或塑料）绝缘子分隔的框架，其上安置试样。绝缘子的作用是保证试样与暴晒架以及试样与试样之间电绝缘，应尽可能避免试样与绝缘子之间产生缝隙，以防止缝隙腐蚀干扰。

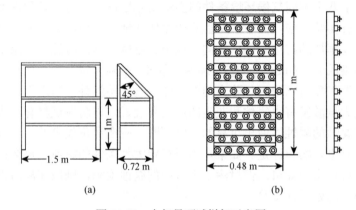

图 11-18　大气暴晒试样架示意图

　　大气腐蚀实验站应备有下列各种气象资料或观测用仪表。气象资料可从当地气象台站取得，包括地区累年界限温度、湿度出现频率统计表，以往的晴天日数、最高和最低的月/日平均温度、湿度、雨日、雨量及雨期的延续时间，月/日平均风速及风向、日照时数、露日数、雾日数等。

　　若不能从当地气象台站获得上述气象资料，可在实验站附近自设一小型气象站。并备有所需气象仪表：自记温度计、自记毛发湿度计、阿斯曼干湿球温度计、三杯手持风速计、自记雨量计、月照时数计、风雨量计、最高最低水银温度计等。

　　百叶箱实验的基本要求是使试样不受日晒雨淋，但百叶箱内部空气与外部大气相通。它应位于户外暴晒场附近。

　　标准百叶箱（图 11-19）体积约为 1 m³，呈双层百叶式，并有防水檐。箱内壁应安装孔径为 0.3 mm 的耐蚀网帘，箱内基座上设有水槽，其大小为 685 mm×830 mm×1300 mm。水池上方设有试样架，其位置应使试样下端距水面 100 mm。试样架间相距 100 mm。板状试样倾斜放置，与垂线夹角 15°，箱体正面向南放置。

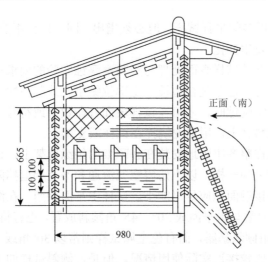

图 11-19 百叶箱切面示意图（单位：mm）

库内实验是把试样置于实验库内进行储存实验。实验库内的空气与外部空气不流通，不受阳光照射和雨、雪、风的侵袭。库内不设置调湿通风装置，一般为水泥地面。由于温度、湿度与户外有差别，而必须备有自动记录温度和湿度的气象仪器，并定期统计数据资料。可用实物试件，也可用试样实验，放置方式无特殊要求，板状试样可垂直悬挂，外形复杂的零件可按序摆在木制试样架上。

2）试样制备与要求

根据不同的实验目的，大气暴露试样可采用各种形状的小试片，也可采用较大的实物试件。由于大气腐蚀进行得十分缓慢，当采用重量法评定时，要求试样的暴露表面积对质量之比越大越好。若仅采用表观检查（如评定涂层的耐蚀性），则试样的表面光洁度应与实际应用状态相同。如果根据金属的力学性能来确定耐蚀性，那么就应当在大气暴露实验之后的板材上切取力学性能测试样。此外，还可采用电偶试样、应力腐蚀试样进行大气暴露实验。图 11-20 为 ASTM 推荐的一种大气电偶实验装置。

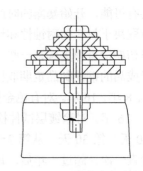

图 11-20 ASTM 推荐大气电偶实验装置示意图

实验所用的试样数量取决于实验设计和实验条件，即进行长期连续实验还是多组次间断实验，是定性比较还是定量评定。对于表观检查评定，每次只需 2 块平行试样；如需称量评定或破坏性测量，则需 3~5 块平行试样；对于特殊的局部腐蚀实验，将需要更多的平行试样。但必须指出，同一试样不能作第二次实验用，因为其表面状态已发生变化。

　　大气暴露实验前的试样表面处理与实验室腐蚀实验的要求相同。试样应在表面处理前打上标志号，通常是在边棱一定部位钻小孔或制造缺口，并涂漆保护。只有当试样材料非常耐蚀时，才可在试样表面打印数字或符号。也可将试样号打在铜标牌或刻字塑料牌上，用尼龙绕拴在试样或支架上。

　　将制备好的试样整齐牢固地安装在暴晒架的绝缘框架上，试样与试样之间如同暴晒架与暴晒架之间一样，以不妨碍空气流通和不互相遮挡阳光为原则；试样与其支承座之间的接触面积应尽可能小。试样主平面朝南，在海岸暴露时往往面向海洋。试样主表面常与水平面成 30°～45°角倾斜放置，也有将试样垂直放置的。涂料试板常以 45°角倾斜暴露，而有色金属试样则常以 30°角或垂直放置。一般说来，倾斜放置试样比较接近实际使用情况。但是，倾斜试样的上、下表面腐蚀情况往往不同。这是因为上表面总是干得更快些；而且灰尘和腐蚀产物等污物又很容易被雨水冲洗掉。安装试样过程中应避免使试样划伤、碰伤或沾污，也不允许用手直接接触试样主表面。

　　3）实验记录与结果评定

　　实验之前首先编写实验纲要（包括实验目的、实验要求、检查周期等）；试样备好之后，应当在专用记录卡上分别记录试样编号、类别、尺寸、外观形貌等项目，实验过程中须记录外界腐蚀因素及试样表面的腐蚀变化状况。

　　试样的初始暴露季节对大气腐蚀实验结果影响很大，因此供相互比较耐蚀性的试样必须在同一时刻暴露，而且应持续暴露一年以上，总暴露时间往往为 3～5 年。只要有可能，开始暴露的时间宜选择在 4～5 月份或 9～10 月份。检查试样的频繁程度取决于材料的耐蚀性和环境大气的腐蚀性，以及试样类型和实验目的，一般在暴露初期检查得更频繁一些。对耐蚀性差的材料总实验周期和检查间隔应短一些。对半成品的钢铁制品定期取样检查的时间常为 1 个月、3 个月、6 个月、1 年、2 年、4 年、8 年、16 年。对有色金属试件的定期取样检查时间可考虑为 1 年、2 年、4 年、8 年、16 年。对涂镀层试件检查的时间安排通常为开始暴露后的第 5 天、第 10 天、第 20 天、第 30 天，从第 2～6 期间每半个月检查一次，从第 7～12 期间为每月检查一次，超过一年后，每三个月检查一次。

　　实验结果的评定方法有外观检查、测定质量损失、力学性能变化和腐蚀深度，以及确定腐蚀类型等。通常采用试样表面形态的变化、质量变化和力学性能的变化作为材料抗大气腐蚀的判据。通过比较实验前后的试样表观形态，可以定性地比较金属或涂层的耐蚀性，为此必须仔细记录实验前试样的表面状态。用肉眼和放大镜观察并记载实验过程中或实验结束后试样表面的各种缺陷和变化，腐蚀产物覆盖的状态、数量和分布，必要时可将专门编制的塑料丝或金属丝网罩在试样表面上进行分区检查。也可对试样表面直接拍照。为了对试样表面状态评级分等，除采用标准术语外，还可采用标准的照相样板。表观检查对于有机涂层和金属镀层的试样，是必不可少的评定手段。

为了进行定量评定可以采用重量法，这是对试样的最终评定。如果试样是敞开暴露的，只能用失重法评定；如果是在百叶箱中封闭暴露的，而且腐蚀产物肯定保留在金属上，则也可用增重法评定。使用失重法必须完全清除腐蚀产物，为此对镀锌试样可以用 10%$(NH_4)_2SO_4$ 溶液进行化学清洗；对电镀的或未电镀的钢试样可在 5%～10% NH_4OH 溶液中在 1～2 $A \cdot dm^{-2}$ 的电流密度下进行阴极电解。如果形成的腐蚀产物可溶解于水，则可在蒸馏水中煮沸除去。失重法适用于评定未加保护的金属及施加阳极性镀层的金属的耐蚀性，但不能准确表征阴极性镀层保护的金属和有机涂层的耐蚀性。

失重法并不适用于晶间腐蚀、选择性腐蚀和孔蚀等局部腐蚀，对此可用力学性能变化、金相检查和测定孔蚀深度等方法来评定耐蚀性及考察有关腐蚀机理。

2. 海水暴露实验

1）实验站

海水腐蚀实验通常在专门的实验站进行。这种实验站往往建在受到良好保护的海湾中，除非具有专用的目的，一般不建在港口码头或附近，因为这类地点水质很容易被石油或其他杂质污染。如果是为了发展材料或涂层，应选择尽可能多的、有代表性的海域进行实验。对于指定用途的实验，只需选定有关海域即可。

按海洋环境区域特点，金属结构件的海水腐蚀实验可分为六类。

（1）海洋大气腐蚀实验，可以表征船只、船舱内的金属腐蚀，以及不会直接受到海水或浪花作用的海岸设施的金属腐蚀。

（2）浪花飞溅带腐蚀实验，表征海上和沿岸结构件在海平面之上经常遭受浪花飞溅作用，但不会受到海水浸润的金属腐蚀。

（3）海水间浸实验，又称交替浸泡实验，表征港口结构和海上平台潮间带或受到海水周期浸润的金属腐蚀。

（4）海水半浸实验，即海水水线腐蚀实验，表征任何海洋飘浮结构外部的气/液/固三相交界处的金属腐蚀。

（5）海水全浸实验，可表征船壳水线以下部件及各种水下设施的全面腐蚀。

（6）海洋土壤腐蚀实验，这是模拟埋在海底土壤部分的管道、电缆及水下设施的金属腐蚀实验。

实验站应当具备进行上述各种实验的装置。海洋大气实验细节与陆上大气暴露实验相同。全浸实验是将试样安装于框架中，集装于吊笼内，浸入相同深度的海水中。如果采用长尺试样，则应放置于相同深度范围的海水中。全浸实验吊笼一般固定于实验平台的某水下部位；有时为控制恒定的浸入深度（不受潮汐影响），也可将吊笼悬挂在浮筏或浮筒之下（图 11-21）。间浸实验则是将安装有试样的框架固定在专用的间浸平台上，或置于桥桩、码头的平均潮水线处。半浸实验一般是将安装试样的框架固定在浮筒或浮筏的水线处。

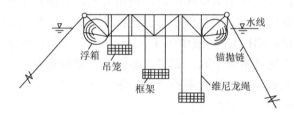

图 11-21　海水全浸实验筏

根据我国各海域的海洋环境特点，目前在黄海、东海和南海建立了青岛、舟山、厦门和三亚实海暴露实验站。各实验站海洋环境因素及特点见表 11-7。

表 11-7　我国各海水实验站的地理位置和主要海洋环境因素

参数		青岛 36°03′N 120°25′E	舟山 29°59′N 122°02′E	厦门 24°27′N 118°04′E	三亚 18°13′N 109°32′E
平均盐度/(g·L^{-1})		32.00	26.00	27.00	34.00
溶解氧/(mL·L^{-1})		5.57	5.82	5.30	4.50
pH		8.16	8.14	8.16	8.20
海水年平均温度/℃	最高	24.3	27.0	29.0	32.2
	最低	2.7	8.0	13.5	20.0
	平均	13.6	17.5	21.0	27.0
平均最大流速/(m·s^{-1})		—	—	0.68（全浸）	0.16
平均流速/(m·s^{-1})		—	—	0.34（全浸）	0.014
潮汐		半日潮，平均潮差 2.7 m	不规则半日潮，平均最大潮差 3.96 m，平均潮差 2.08 m	半日潮，平均潮差 3.9 m	混合潮，平均最大潮差 1.64 m，平均潮差 0.82 m
透明度/m		2～4	经常<0.3	0.86～1.08	1.6～4.7
特点		小麦岛内，无河口，无污染源。牡蛎、泥藤壶、石灰虫、东方钻岩红螺	海水浑浊，含泥沙量大、盐度低、海生物附着少。2～3 m 无海生物；4～11 m 较多，如藤壶、牡蛎、苔藓虫、水螅、盘管虫等	厦门港内，九龙江口，藤壶、牡蛎、苔藓虫、石灰虫等，一年四季生长，已附着量最大	藤壶、牡蛎、苔藓虫、树枚虫、石灰虫等，一年四季生长旺盛

2）试样与框架

海水腐蚀试样的尺寸形状可根据实验目的和实验站统一规定做出选择，推荐使用 100 mm×300 mm 的矩形试样。试样制备与实验室实验的制备方法相同。在试样边棱一定部位刻制缺口、钻孔或打印数码以作标记，也可牢固地挂上耐蚀材料制的标牌（注意须与试样绝缘）。对所有试样必须采用相同标记方法。至于对涂料的海水实验则应注意：①试样必须无孔；②基材试样的棱角须磨圆，必要时应在此处涂以更厚的涂料层；③涂覆的基材表面必须喷砂处理；④每个试样只能试验一种涂料。

作框架的材料除钢铁外也可用蒙乃尔合金（但不可用来支撑铝试样）、带涂层的铝框架、由增强塑料制成的非金属框架或经过处理的木材等。

试样之间必须互相绝缘并与框架绝缘，为此可用陶瓷（或塑料）绝缘子进行隔离与绝缘，如同大气腐蚀实验框架一样。当实验铜和铜合金、含铜的钢及施涂含有 Cu_2O 或 CuO 毒剂的防污涂料的钢试样时，应当用绝缘涂料涂覆金属框架，否则溶出的铜离子可能使试样与金属框架发生桥接，从而引起意外的电偶效应。

框架中试样的主平面应平行于水流方向，互相不遮蔽，既不能影响水的流速，又不能在试样上游处产生湍流。试样之间应保持足够距离，以免海生物或其他脏污积聚而阻塞。

根据不同的实验目的，也可以将专门设计的缝隙腐蚀试样、接触腐蚀试样及应力腐蚀试样固定在框架上，暴露于海水中，在不同深度暴露的孤立试样，其腐蚀行为与连续延伸通过整个深度范围的长尺试样的行为是明显不同的，因为后者包括了实际结构件在海水中所产生的充气差异电池和其他可能存在的浓差电池。这些电池的作用对腐蚀实验的结果有重大的影响，如暴露于潮汐区的孤立钢试样，其腐蚀速率要比同种材料的长尺试样在同一位置的速率快 10 倍。因此，在条件许可的情况下，可采用长尺暴露实验，或将不同深度的各孤立试样通过电连接进行实验。对于材料在高流速海水中的腐蚀实验，目前多采用动态海港挂片实验，即定期将试样从浮筏中取出，装在甩水机中并在海水中高速转动一段时间，然后再放回浮筏中去；更有将试样做成船型以提高海水与材料的摩擦来模拟船只航行与停泊的情况，所得实验结果较为可靠。

3）记录与评定

海水腐蚀实验的结果与环境条件关系甚为密切。应当定期观察和测定海水的主要参数，如水温、盐度、电导率、pH、含氧量和潮水流速，以及定期测定水中的氨、硫化氢和二氧化碳等。此外还必须详细记录海水的年（月）平均温度、挂取片时间、实验位置、浸泡深度以及实验场所的气象资料，这些基础资料对于分析实验结果是必不可少的。

海水实验的持续周期随实验材料的耐蚀性及实验目的而不同。对于钢铁材料通常为 3 个月、6 个月、1 年、2 年、5 年、10 年、20 年等。为了保证结果的可靠性，一般采用三个平行试样。在各规定周期结束时取出试样，清除掉附着的海生物，然后按照规定的操作去除氧化皮、清洗试样，而后再按失重法要求对试样称量。有时还需将腐蚀产物保存下来供实验室进一步分析评定。试样清洗前后对照相对于结果分析是很有价值的。从暴露前后的试样失重可换算成腐蚀速率。也可绘出单位面积失重随暴露时间变化的曲线。当发生局部腐蚀时，可通过测定暴露前后的力学性能变化来评定。此外测量破坏深度（包括孔蚀深度）也是很重要的。

思 考 题

1. 腐蚀评价的方法有哪几种？举例说明表面观察、失重法、厚度测定以及析氢量的测定方法适用的腐蚀类型。

2. 结合前几章的学习，设计海水中电偶腐蚀、小孔腐蚀、应力腐蚀和微生物腐蚀适用的测试方法。

参 考 文 献

[1] 吴荫顺. 腐蚀实验方法与防腐蚀检测技术[M]. 北京：化学工业出版社，1996.

[2] 宋诗哲. 电化学研究方法[M]. 北京：化学工业出版社，1984.

[3] 褚武扬，乔利杰，李金许，等. 氢脆和应力腐蚀——典型体系[M]. 北京：科学出版社，2013.

第 12 章　腐蚀检测、监测与评价

腐蚀检测、监测与评价是防腐蚀的重要组成部分。从 20 世纪 80 年代起，国际上对腐蚀监测有了更清楚的认识，逐步发展了可用于工业生产的检测/监测技术，其中在线腐蚀监测技术可分为物理法和电化学法，物理法主要有：腐蚀挂片法、测厚法、电阻探针（ER）法；电化学法包括：线性极化（LPR）法、电化学交流阻抗谱（EIS）和渗氢监测等。另外，20 世纪末期电化学噪声技术、微区探针技术（电位测量）等，因其能够灵敏地探测到局部腐蚀过程的变化，作为新的腐蚀监测技术而逐渐发展起来，并得到了广泛关注。

随着工业科技的迅猛发展，很多新型的检测手段不断应用于实际工业生产中，旁路监测系统、阴极保护监测系统发挥了巨大的辅助作用；此外，场指纹法（FSM）、"智能猪"、耦合多电极法、总铁测定，以及腐蚀因子，如硫酸盐还原菌测定、pH、Cl含量测定等也用于腐蚀检测/监测中。下面选择其中比较重要的方法分别加以介绍。

12.1　物　理　法

12.1.1　腐蚀挂片法

腐蚀挂片是放到系统中的一片已测面积的金属，其材质一般与设备或管材相近或相同，测定挂片实验前后的质量，然后根据失重量和挂片在介质中的放置时间，计算出实际情况下流体对该材质的腐蚀情况，主要是腐蚀失重速率或者增重速率（参考第 11 章）。这个方法是油田腐蚀监测和实验室评价材料腐蚀性能中使用最广泛，也是最直接、最有效的方法，在有条件的地方，首先推荐采用这种方法。

腐蚀挂片不仅可以计算出其放置期内的平均腐蚀速率，还可以用电子显微镜测量腐蚀坑的深度并计算点蚀速率，通过观察点蚀的性状判断腐蚀的类型。另外，分析挂片上附着的垢样，可以知道结垢的类型，并采取相应的阻垢措施。

为适应不同管道或设备状况，腐蚀挂片可选择片状、管状、丝状、棒状等；挂片的方向以不影响流体的流动为宜，一般挂片大平面平行于液体流动方向。挂片的放置时间需根据挂片的种类、腐蚀介质的腐蚀强度，以腐蚀程度、测定误差要求等因素来综合确定。

这种监测方法可以应用于多种工业环境，无论是水介质、油介质还是气体环境均可以使用，但是在高压系统中使用时，需要一些辅助工具，如挂片拆装工具、供给阀以及挂片固定系统等。缺点是检测周期比较长。

12.1.2　测厚法

测厚法是腐蚀检测领域常用的评价腐蚀程度的方法，主要有超声波测厚、磁感应测厚、涡流测厚等方法，三者均可以测定管道表面涂镀层的厚度，而超声测厚和涡流测厚还可以测定金属管道的壁厚，应用范围更广。

1. 超声波测厚法

根据超声波脉冲反射原理进行厚度测量，当探头发射的超声波脉冲通过被测物体到达材料分界面时，脉冲被反射回探头，通过精确测量超声波在材料中传播的时间来确定被测材料的厚度；凡能使超声波以一恒定速度在其内部传播的各种材料均可采用此原理测量。按此原理设计的测厚仪可对各种板材和各种加工零件做精确测量，也可以对生产设备中各种管道和压力容器的壁厚或表面涂镀层厚度进行监测，监测它们在使用过程中受腐蚀后的减薄程度。此法可广泛应用于石油、化工、冶金、造船、航空、航天等各个领域，属于无损检测方法。

但在实际现场应用中，超声检测会遇到一些问题：检测过程中，探头与管壁间需有连续的耦合剂，且需要声波的传播介质，如油或水等；超声波在空气中衰减很快，在气体管道上的应用还存在一定困难；对薄壁管道环缝缺陷的检测有一定难度。

2. 磁感应测厚法

利用探头经过非铁磁覆层而流入铁基材的磁通大小来测定覆层厚度，覆层越厚，磁通越小。该方法校准容易，可以实现多种功能集成，根据需要改变量程，提高测定精度。利用电磁原理研制的测厚仪，原则上适用于所有非导磁覆层测量，一般要求基材的磁导率达 500 以上，也就是说基材要求是磁性的。如果覆层材料也是磁性的，磁感应测厚则要求覆层的磁导率与基材的磁导率有足够大的差距（如钢上镀镍层），否则测量的准确性会大大降低。磁感应测厚仪可以应用在精确测量钢铁表面的油漆涂层，瓷、搪瓷防护层，塑料、橡胶覆层，包括镍铬在内的各种有色金属电镀层，化工石油行业的各种防腐涂层。对于感光胶片、电容器纸、塑料、聚酯等薄膜生产工业，利用测量平台或测量辊（钢铁制造）也可实现大面积物体上任意一点的测量。

3. 涡流测厚法

当测试探头与被测试样相接触，测试装置所产生的高频电磁场，使置于测试头下的金属导体产生涡流，其振幅和相位是导体与测试头之间非导电涡流测厚仪覆盖层厚度的函数；即该涡流产生的交变电磁场会改变测试头参数，而测试头参数变量的大小这一电信号经转换处理，即可得到被测涂镀层的厚度。涡流检测线圈的工作方式按接收信号的形式，可以分为反射法和透射法两种。测量金属薄板厚度时，检测线圈既可以采用反射法工作，使激励线圈产生的交变磁场（受试件涡流的影响）被在同一侧的测量线圈接收，也能够采用透射法，把伏特激励线圈和测量线圈分别放在薄板的两侧，利用测量线圈测量透过金属薄板的交变磁场的变化来测定厚度，这也是一种污损检测方法。

但是涡流检测也有其不足：检测对象必须是导电材料，检测信号受探头提离效应（当探头离开被测物时信号强弱的变化）的影响较大；线圈阻抗是缺陷信息的集中体现，检测信号受待测工件材料属性的变化、几何尺寸变化等因素的影响较大。

另外还有声发射技术和射线检测技术等。总得来说，厚度测量法大多应用于腐蚀检测，无法实现在线实时监测。

12.1.3　电阻探针法[1]

电阻探针是一个装有金属试片或丝的探头，电阻探针腐蚀监测是根据金属试样由于腐蚀作用使横截面积减小，从而导致电阻增大的原理设计的，通过测定浸入在某种介质中的外测金属元件的电阻值相对于密封在探针内部的参考电阻值的改变量，配上适当的计算方法就可以计算出被测物体的腐蚀量或者腐蚀速率。

环境介质的温度、流速、金属材料的成分和热处理以及电极表面制备等方面的偏差，或者探针表面存在的外来物质（如腐蚀产物），对测量结果的精度和可靠性有一定影响，在使用过程中必须给予考虑。但是由于温度变化对探针外测金属元件阻值和内测的参考电阻的阻值影响程度相当，因此在测量过程中应尽可能地使两者处于一个平衡状态，即二者的温差固定或者处于同一个温度，这样才能获得可靠的电阻测量结果，此时测定得到的两者之间的电阻比率净变化就是外测金属元件的金属损失量。

1. 测量原理

众所周知，一类导电物质电阻表达式：

$$R = \rho_{(T)} \frac{L}{S} \qquad (12\text{-}1)$$

式中，$\rho_{(T)}$ 为物质固有的电阻率，是温度的函数；L 为截面的长度；S 为截面的面积。

电阻探针测量就是基于上述公式，对于不同外观的被测物，由于面积、长度计算的方式不同，导致腐蚀速率的计算方法也有所不同。由于丝状测量元件比片状测量元件在相同寿命条件下灵敏度更高、制作方便，因此电阻探针多采用丝状测量元件。以被测物体是丝状或者管状为例介绍电阻探针的实用计算方法，由于测定过程中被测物体长度 L 保持一个常数值，被测物体的电阻率 $\rho_{(T)}$ 在温度一定时也是一个常数，将测定得到的电阻 R 代入公式（12-1），就可以计算出被测物体的截面积，根据 2 次不同时间测定截面积的数值变化，再结合被测物体的密度值，可计算出在测定时间间隔内物体的腐蚀质量，用腐蚀质量除以测定时间间隔计算出腐蚀速率。

2. 电阻探针的种类

因为腐蚀监测探针与电缆线、连接器相比有较低的电阻，须用分立的电流和电压测量线，通过同样的电流激活探针元件，测量被测电阻元件与参考电阻元件的电压的比率就可测定两者之间的电阻比值。不同的腐蚀监测探针可应用于不同的环境，主要的探针分类如下：①内部监测探针；②实验室探针；③外部和结构性监测探针；④环境监测探针。

按探针的安装方式不同，可分为可收回式探针（可带压安装）和固定式监测探针。可收回式探针操作方法是通过一个外面安装阀门的仪器箱，这种特别的收回装置可在系统 1500 psi（1 psi = 6.895 kPa）压力之下更方便地插入或移动探针，当压力太高超过 1500 psi 时不允许手动操作。固定式监测探针在一定系统压力（3600～6000 psi）之下，探针是不能移动的。探针的大小形状可根据被测试体的实际状况进行选择。

3. 技术特点

（1）可在设备运行过程中对设备的腐蚀状况进行连续监测，能准确地反映出设备运行各阶段的腐蚀率及其变化。

（2）适用于各种不同的介质，不受介质导电率的影响，其使用温度仅受制作材料的限制。

（3）通过周期性地测量探针电阻的增加，就可以计算出金属的腐蚀速率，具有制作简单、成本低廉、适用性强等优点。

（4）电阻法的试样加工要求严格，这是因为其灵敏度和试样的横截面有关。试样越细越薄则灵敏度越高，如果腐蚀产物是导电体（如硫化物）则会造成测试结果误差较大。

（5）如果介质的电阻率过低也会带来一定的误差，对于低腐蚀速率体系的测量所需时间较长。

（6）用于非均匀腐蚀场合，也有较大误差，所测得的腐蚀速率随腐蚀不均匀程度的加重而偏离。

12.2　电化学法

12.2.1　线性极化法

如本书第 5 章线性极化法测定金属腐蚀速率所述，在自腐蚀电位±10 mV 进行电化学极化，利用 Stern-Geary 公式（12-2）来计算腐蚀电流的大小：

$$i_{corr} = \frac{b_c b_a}{2.3(b_c + b_a)} \cdot \frac{i_a}{\eta_a} = \frac{b_c b_a}{2.3(b_c + b_a)} \cdot \frac{1}{R_P} = \frac{B}{R_P} \tag{12-2}$$

其中，
$$B = \frac{b_c b_a}{2.3(b_c + b_a)} \tag{12-3}$$

在一个给定的金属和电解质溶液体系中，阳极塔费尔斜率 b_a 和阴极塔费尔斜率 b_c 基本上是常数，在过电位 η_a 不变的情况下，测试电流密度（i_a）与自腐蚀电流密度（i_{corr}）成正比关系，可以根据这种比例关系算出腐蚀速率。

1. 测定系统类型

线性极化电阻法有二电极和三电极两种，使用二电极时需要针对溶液电阻做相应的校准，三电极因为包含参比电极而无须校正，但是溶液电阻需要补偿。线性极化电阻有专用套件，可以安装在各种有代表性的部位。

一般情况下，可以用便携式测定仪定期读取安装在 LPR 电极部位的腐蚀速率。如果数值量很大，或需要连续监测，可以安装远程数据收集器（RDC），用装有专门软件的计算机对数据进行采集并进行处理，给出即时的腐蚀速率监测数据。LPR 一般应用在生产水系统，如果水中的含油量高，属于油包水状态，监测数据可能存在偏差。

2. 线性极化技术特点

（1）对腐蚀情况的变化响应快，可以快速灵敏地测定金属的瞬时全面腐蚀速率，也可以实时、连续地跟踪设备腐蚀速率及变化。

（2）不适于在导电性差的介质中应用，这是由于当设备表面有一层致密的氧化膜或钝化膜，甚至堆积有腐蚀产物时，将产生假电容而引起很大的误差，甚至无法测量。

（3）由线性极化法得到腐蚀速率的技术基础是基于稳态条件，所测物体是均匀腐蚀或全面腐蚀，因此线性极化法不能提供局部腐蚀的信息。

（4）在一些特殊的条件下检测金属腐蚀速率通常需要与其他测试方法进行比较以确保线性极化检测技术的准确性。

（5）线性极化法在快速测定金属瞬时全面腐蚀速率方面独具优点，现已成功地用于工业腐蚀监控，如氨厂脱碳系统的腐蚀监控、酸洗槽中缓蚀剂的自动监测与调整等。

12.2.2　电化学噪声法[2-4]

电化学噪声（electrochemical noise，EN）是由金属材料表面与环境发生电化学腐蚀时其电学状态参量（如电极电位、外测电流密度等）随机非平衡波动的一种现象（即产生的"噪声"信号），主要与金属表面状态的局部变化以及局部化学环境有关。ТяГай 等 1967 年首先注意到这个现象之后，电化学噪声技术作为一门新兴的实验手段在腐蚀与防护科学领域得到了长期的发展。

电化学噪声技术具有以下优点：

（1）它是一种原位无损的监测技术，与外加极化的测试方法不同，电化学噪声方法在测量过程中无须对被测电极施加可能改变腐蚀电极腐蚀过程的外界扰动，因此完全反映材料腐蚀的真实情况。

（2）无须预先建立被测体系的电极过程模型。

（3）电化学噪声技术可以监测如均一腐蚀、孔蚀、缝隙腐蚀、应力腐蚀开裂等多种类型的腐蚀，并且能够判断金属腐蚀的类型。

（4）通过噪声分析，可以获得点蚀诱导期的信息，较准确地计算出点蚀特征电位及诱导期。

（5）无须满足阻纳的三个基本条件。

（6）检测设备简单，且可以实现远距离监测。

根据所检测到的电学信号视电流或电压信号的不同，可将电化学噪声分为电流噪声或电压噪声。根据噪声的来源不同又可将其分为热噪声（thermal noise，导体中由于带电粒子热骚动而产生的随机噪声）、散粒噪声（shot noise，由于离散电荷的运动而形成电流所引起的随机噪声）和闪烁噪声（flicker noise，由于传输媒介表面不规则性或其颗粒状性质而导致的随机噪声）。

其数据分析方法包括频域分析和时域分析。常见的频域分析的时频转换技术有快速傅里叶变换（fast Fourier transform，FFT）、最大熵值法（maximum entropy method，MEM）、小波变换（wavelets transform，WT）。

电化学噪声可以反映材料腐蚀的真实情况，能灵敏地探测到腐蚀特别是局部腐蚀过程的变化。研究表明：通过对噪声峰的面积、强度、上升和下降速率以及发生频率的分析，可以得到稳态或亚稳态蚀点、裂纹发展和应力腐蚀等许多局部腐蚀的发展信息。近年来，电化学噪声的理论研究正逐步向定量的统计分析、谱分析和小波分析发展，大大拓展了电化学噪声理论和应用范围，并开始应用到工业领域腐蚀的早期检测/监测。

12.2.3　腐蚀电位测定法

电位监测是最简单的腐蚀电化学测试技术，原位无损，测试装置简单，可长期连续监测，也易于实现远程操作，操作维护容易。但腐蚀电位的测量仅仅是对腐蚀的概率判断，具有一定的不确定性。这种方法采集到的腐蚀信息不够丰富，也不能得到腐蚀速率指标。因此还应结合其他腐蚀有关信息进行定性、定量判断。

金属的海水腐蚀电位是在腐蚀体系达到稳态条件下可精确测得的物理量，是研究金属在海水中腐蚀与防护的基本参数之一。目前应用于海洋环境的腐蚀监测技术仅限于测量金属材料的电位。我国于 1989 年 9 月～1990 年 5 月，对 60 余种金属材料在青岛、舟山、厦门和榆林 4 个材料海水腐蚀实验站进行了为期半年的实海电位测试，测试用高阻电位计及银/氯化银参比电极进行，积累了常用金属材料在三大海域的腐蚀电位数据及电位序。

缓蚀剂在金属材料表面的吸附、介质浓度和体系温度的变化，都会使得金属材料的自腐蚀电位发生变化，因此，腐蚀电位测定法也被用于研究缓蚀剂的缓蚀行为。

但是该方法只能得到腐蚀倾向，并不能得到腐蚀速率。丝束电极是由许多电极有序排列组成的阵列体系，各微电极之间彼此相互绝缘，不受干扰。丝束电极在局部腐蚀研究领域中有独特的优势，它将大面积电极分成很多区域，每个电极都是一个独立的微小探头，它既具有微电极传质快、能深入微小区域定点测量样品不同部位的局部信息，能快速达到稳态等优点，又弥补了微电极电流强度小的不足，有良好的电化学性能，可显著降低电化学实验的系统误差（小于 5%），提高实验的可靠性及稳定性，对于不均匀电化学体系研究十分有效。目前已广泛应用于有机涂层下、混凝土、金属等局部腐蚀研究。

美国公司研制的耦合多电极监测探头就是基于以上原理，测定多个微探头的电极电位及其之间的电流密度，从而监测环境的腐蚀性，同时可以监测发生小孔腐蚀的最大孔深等。

12.2.4　阴极保护监测技术[5]

目前我国很多海上采油平台导管架安装有阴极保护监测系统，根据系统采集的数据可以对平台导管架在不同时期的保护状态进行评价，另外根据不同时间段的数据可以分析平台导管架开始下海时的初期极化到极化稳定的全过程，据此可以为阴极保护系统的设计提出更加科学的依据，为优化阴极保护设计提供最原始的数据资料。

20 世纪 80 年代前，我国对导管架阴极保护状况的检测主要采用便携式参比电极，人工测量导管架局部平均电位，或由潜水员测量指定部位的电位值。测量费时、费工，而且只限于电位测量，不能长期连续检测。20 世纪 80 年代末90 年代初，在南海西部的个别导管架上安装了阴极保护电位监测系统，可定时定点连续测量导管架阴极保护下处于稳态后的电位值，但是仍无法获得阳极工作状况及导管架极化全过程的数据。1997 年，在渤西 APP 平台上，首次实现了从导管架下水开始，阴极保护体系各部分的极化过程的全面原位监测，并据此分析导出各部分的动态极化模式。

目前我国很多海上采油平台导管架安装有阴极保护监测系统，根据系统采集的数据可以对平台导管架在不同时期的保护状态进行评价，另外根据不同时间段的数据可以分析平台导管架开始下海时的初期极化到极化稳定的全过程，据此可以为阴极保护系统的设计提出更加科学的依据，为优化阴极保护设计提供最原始的数据资料。

1. 阴极保护监测系统组成

阴极保护系统主要由电位参比电极、电流检测、数据传输和数据采集 4 个部分组成。

在 APP 导管架上共设置了 16 个参比电极和 4 套阳极发出电流检测装置，布置如图 12-1 所示。

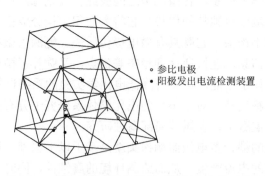

○ 参比电极
● 阳极发出电流检测装置

图 12-1　导管架阴极保护监测系统探头布设示意图

（1）参比电极。选用无液界、全固、长寿命 Ag/AgX 固溶体电极。该电极根据化学海洋学中海水组成保守性和固液平衡原理，以及海水中银的溶存形式，计算合成了与天然海水中氯离子呈热力学平衡的卤化银固溶体，以此固溶体作为活性材料制成全固态银-卤化银电极。该电极是目前适用于天然海水的最佳可逆电极，已有多年的应用实践。

（2）阳极发出电流检测装置。该装置主要由标准电阻、绝缘法兰、阳极和补偿电池组成。

（3）数据传输系统。采用双绝缘防水屏蔽软电缆，外部用 PVC 软管和钢管保护。

（4）数据采集系统。图 12-2 为数据采集器系统硬件框图。由于导管架在下水后相当长一段时间内孤立于海上，既无电源，又易遭到破坏，特别是在吊装和打桩过程中，导管架发生强烈震动，运作期间温差达 65℃以上，因此，为保证正常工作，对计算机数据采集系统提出以下性能指标要求：①有 16 个电压采集通道，每个通道的输入阻抗大于 10 mΩ；②测量电压分辨率优于 0.5 mV；③数据库储量大，可保存两年以上；④功率小（约 0.2 W），工作电压范围为直流电 5.1~12 V；⑤防水、抗震、稳定可靠，操作简便，可与计算机联机。

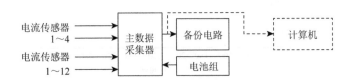

图 12-2　数据采集器系统硬件框图

该监测系统的全部安装工作均在导管架制造现场完成。数据采集存储器安装在导管架水平面以上 5.8 m 层的走道边，其保护箱具有水密和抗震功能。电缆均穿入护管且无接头。参比电极采取了防机械损伤和防生物污损措施。

2. 检测结果与讨论

1）阳极发出电流经时变化

阳极发出电流经时变化如图 12-3 所示。由于导管架下水后，7 个月无法启动，故数据不连续。从图中可以看出，导管架下水初期，阳极发出电流迅速增大，该过程由阳极活化控制，活化时间长短取决于该温度等环境条件下阳极的电化学性能。随着导管架极化过程的发展，阳极发出电流逐渐减小。达到稳定后，保护电流密度平均为 28 mA·m^{-2}，较设计值低得多。

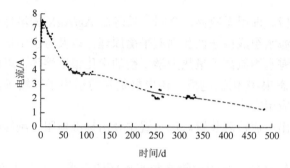

图 12-3　阳极发出电流经时变化

2）阳极工作电位经时变化

以一阳极为例的电位经时变化曲线如图 12-4 所示。显然，在低温下，导管架下水后阳极电位负移所反映出来的阳极活化过程是相当缓慢的。

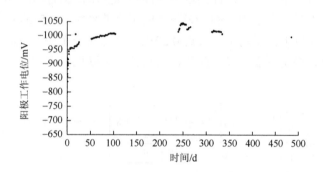

图 12-4　阳极电位经时变化曲线

3）导管架电位经时变化

图 12-5 为一测量点处电位经时变化曲线。显然，由图中反映出导管架极化过程相当缓慢，且明显地呈现二段极化过程。该情况主要是因为导管架冬季下水时水温低，阳极活化较慢，发出电流较小，石灰质垢层不够致密。当水温升高阳极活化后，导管架被充分阴极极化，形成致密的石灰质垢层，进入稳定保护范围。近阳极点与屏蔽严重点的电位随阴极过程而逐渐趋近，反映了导管架阴极保护下致密的石灰垢层形成与发展过程的特点。

4）等效电路分析

在导管架极化进程中，导管架电位负移而极化电流下降的主要原因是石灰质垢层的形成、发展和完善所致覆膜电阻的逐渐增大。因此，将阴极保护下导管架整体作为一个原电池进行分析，其稳态下的等效电路可以简化为图 12-6 的情况。

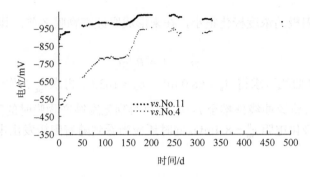

图 12-5　导管架上近阳极点与屏蔽严重点电位经时变化对比

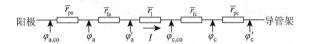

图 12-6　阴极保护下导管架稳态极化等效电路

　　导管架下水初期，阳极极化电流密度远小于极限扩散电流密度，因此以电化学极化为主，即导管架平均极化"超电势"（$\bar{\eta}_e$）与相应的平均极化密度（$\bar{i}$）之间大致符合电化学极化的塔费尔公式：

$$\bar{\eta}_e = A_c + B_c \lg \bar{i} = A_c + B_c \lg I \qquad (12\text{-}4)$$

取实测数据作 $\bar{\eta}_e$-$\lg I$ 图，求得 $A_c = 389.6 \text{ mV}$，$B_c = 287.8$。

　　根据电化学极化电阻定义，可求得导管架整体的电化学极化电阻（$\bar{r}_{pc}$）：

$$\bar{r}_{pc} = \frac{d\bar{\eta}_c}{dI} = \frac{B_c}{2.3} \cdot \frac{1}{I} \qquad (12\text{-}5)$$

将其间 I 值代入式（12-5）求得相应的 $\bar{r}_{pc}$，可作 $\bar{r}_{pc}$ 经时变化曲线，如图 12-7 所示。

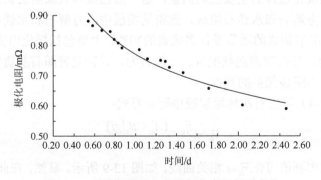

图 12-7　导管架整体电化学极化电阻经时变化

下水初期阳极的浓度极化很小，在未形成腐蚀产物膜之前，其电化学极化方程可表示为

$$\eta_a = A_a + B_a \lg i_a \qquad (12\text{-}6)$$

通过 η_a-$\lg I$ 曲线可求得 $A_a = 68.0$ mV，$B_a = 163.6$。再求 $\overline{r}_{pa}$ 并作经时变化曲线，如图 12-8 所示。将该曲线外推至 $t = 0$，即可得到无腐蚀产物膜时的阳极极化电阻，即阳极电化学极化电阻 $r_{pa}^0 = 8.4$mΩ。同时还应当看到随着阳极发出电流的减小，$\overline{r}_{pa}$ 相应增大。

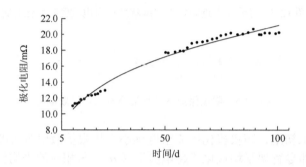

图 12-8　阳极电化学极化电阻经时变化

海水介质电阻（$\overline{r}_l$）可由下式求得：

$$\overline{r}_l = \frac{\overline{E_c} - \overline{E_a}}{I} \qquad (12\text{-}7)$$

作 $\overline{r}_l$-t 相关曲线。由于本工作中只能获知阳极平均电化学极化电位 $\overline{E}_a$，当导管架下水初期，可设 $\overline{r}_{fa} \approx 0$，此时 $\overline{E}_a \approx \overline{E}'_a$，故可由图外推至 $t = 0$，可求得 $\overline{r}_l = 1.4$ mΩ。

在海洋环境中，阴极保护下的导管架表面形成石灰质垢层的致密性和覆盖度往往是导管架极化过程的主要控制因素，这一点已成为大家所公认的。一般石灰质垢层主要由方解石和水镁石组成，致密的垢层中，方解石和水镁石的比例约为 3∶1。实际情况下构成的质量受很多因素的制约，主要包括极化电流密度、温度、pH、海水流速、导管架表面状况等。一般认为，导管架表面石灰质垢层的形成和完善是获得理想阴极保护的判据。

由式（12-4）导出石灰质垢层膜电阻计算式：

$$\overline{r}_{fc} = \frac{\overline{\eta}_e - (A'_c + B_c \lg i)}{i}$$

由该阶段实测值可作 $\overline{r}_{fc}$-t 相关曲线，如图 12-9 所示。显然，在此发展阶段中，

$\bar{r}_{fc}$ 值逐渐增大，并转化为极化过程的主要控制因素。因此，表面石灰质垢层的形成和发展既是阴极极化的结果，又是加速阴极极化过程的动因。

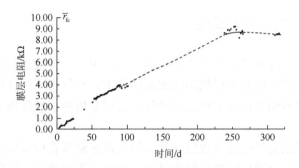

图 12-9　石灰质垢层膜电阻经时变化

自 20 世纪 90 年代至今多年的实践检验，阴极保护监测系统在阴极保护状态的监测、保护效果的预测、初期极化过程分析方面均取得很好的效果，同时为阴极保护设计和优化提供了丰富的、宝贵的第一手数据，为海洋石油开采做出了很大贡献。随着海洋开发向深海、远海发展，阴极保护监测所起的作用将越来越明显。

12.3　新　型　方　法

12.3.1　FSM 技术

FSM 技术是通过给探针矩阵一定的激发电流，电流则按照一定的路径分布，这种分布是由探针矩阵的布局及材料的电导率决定的；改变电流，从而引起探针矩阵内电流分布的变化或引起周围环境的浓度变化，如均一材质的质量损失会引起周围环境的浓度增加；材质表面有裂缝或材质表面不平，会引起探针矩阵内电流分布的变化及浓度的变化。由于腐蚀的发生会导致电场分布发生变化，此变化反映了腐蚀缺陷的尺寸、形状及位置，能够同时检测出海管的内腐蚀与外腐蚀。

FSM 技术能够实现对海管壁厚的实时监测，包括以下五部分：①管壁监测器；②探针检测矩阵；③电源（进/出）；④电子读/存储器；⑤数据分析软件。

FSM 技术能够检测管道的均匀腐蚀、焊缝腐蚀、点腐蚀等，通过矩阵内的数据分析就能得到结果，检测结果清晰直观。

FSM 设备只能在设计、建设之初进行安装，对于新油田建设可以推广应用。其优点是：①可以在不改变金属表面状态、不扰乱生产体系的条件下从生产装置本身得到快速响应；②可用于监测有无局部腐蚀的发生及其发展过程；③测量装置简单，操作维护容易；④可长期连续监测，并可根据电位变化信号构成报警系统。缺点是：①只适用于电解质体系；②要求溶液中的腐蚀性物质有良好的分散能力。

12.3.2 "智能猪"检测系统

"智能猪"检测系统可用于非标准化管道，可对海洋输运管线进行在线结果与缺陷评估；其原理就是采用超声波或漏磁技术，对管道不同区域形成不同强弱的反射信号，这些信号由计算机进行接收，采用专用分析软件就能够得到确切的腐蚀情况。

超声波检测法是利用超声波的脉冲反射原理来测量管壁腐蚀后的厚度的。检测时将探头垂直向管道内壁发射超声脉冲，探头首先接收到由管壁内表面的反射脉冲，然后超声探头又会接收到来自管壁外表面的反射脉冲，这个脉冲与内表面反射脉冲之间的路程间距反映了管壁的厚度。这种检测方法是管道腐蚀缺陷深度和位置的直接检测，检测原理简单，对管道材料的敏感性小，检测时不受管道材料杂质的影响，能够实现对厚壁大管径的管道进行精确检测，不受壁厚限制，还能分辨管道的内外壁腐蚀、管道的变形、应力腐蚀开裂和管壁内的缺陷如夹渣等。此外，超声波法的检测数据简单准确，无须校验，检测数据非常适合作为管道最大允许输送压力的计算；同时超声波测厚法不损坏设备、管线，随时监测以了解其腐蚀速率的变化情况，并能进行逐点测量。为检测后确定管道的使用期限和维修方案提供了极大的方便。超声波测厚法的不足之处是：受仪器的灵敏度限制，两次检测时间间隔短、金属壁厚变化不大时分辨率较差，高温部位监测时存在较大的困难，以及准确性差。对于一些形状复杂的结构，也限制了该法的使用，局部腐蚀不能用该法检测。同时超声波在空气中衰减很快，检测时一般要有声波的传播介质，如油或水等。但由于超声波测厚具有灵活、直观的优点，因此在国内外的化工生产企业仍作为一种惯用的腐蚀检测方法。

漏磁法检测的基本原理是建立在铁磁材料的高磁导率这一特性基础上，钢管腐蚀缺陷处的磁导率远小于钢管的磁导率，钢管在外加磁场作用下被磁化，当钢管中无缺陷时，磁力线绝大部分通过钢管，此时磁力线均匀分布；当钢管内部有缺陷时，磁力线发生弯曲，并有一部分磁力线泄漏出钢管表面。检测被磁化钢管表面逸出的漏磁通，就可判断缺陷是否存在。漏磁法适用于检测中小型管道，可以对各种管壁缺陷进行检验，检测时无须耦合剂，也不会发生漏检。但漏磁法只限于材料表面和近表面的检测，被测的管壁不能太厚，且抗干扰能力差，空间分辨力低。另外，小而深的管壁缺陷处的漏磁信号要比形状平滑但很严重的缺陷处的信号大得多，所以漏磁检测数据往往需要经过校验才能使用。检测过程中当管道所用的材料混有杂质时，还会出现虚假数据。

　　"智能猪"检测技术能够在不停产的基础上对作业海管进行检测，也不需要海管内介质具有很好的传导性，因此可用于输油海管、生产水海管及天然气海管的检测，可检出腐蚀最大长度大于 3 倍壁厚，深度大于 10%壁厚；精确度达到点状腐蚀约 20%壁厚，面状腐蚀约 15%壁厚。

　　"智能猪"检测技术结合清管球可以对海管进行定期清理以去除沉淀的沥青质、垢等沉淀物，保障海管的正常使用。

12.4　其他检测/监测方法

12.4.1　硫酸盐还原菌检测

　　在油水介质流速缓慢的工况条件下，海管内部有利于硫酸盐还原菌（SRB）繁殖滋生，SRB 腐蚀是腐蚀控制指标中非常重要的一项，大量硫酸盐还原菌可以造成如下危害。

　　（1）硫酸盐还原菌直接参与腐蚀反应，在细菌群落的下面直接造成点蚀。

　　（2）细菌产生 H_2S，从而引起 H_2S 腐蚀。

　　（3）在原来不含硫化氢的系统中，由于硫酸盐还原菌的存在，就有可能造成碳钢的硫化物脆性开裂和爆皮。

　　（4）酸性腐蚀可以生成不同的硫化铁层，这种不溶的硫化铁层是一种极强的地层堵塞物。

　　（5）使储层含硫。

　　R. S. Simith、S. H. Landes 和 M. T. Thurlow 在 1978 年《石油天然气杂志》中曾经报道：由于 SRB 的活动，已经使许多储层的含硫量增加。因此检测海管中 SRB 的含量能够很好地反映海管中的腐蚀情况，检测浮式储油轮（FPSO）生产水出口 SRB 的数量与生产水系统在各小平台入口、过滤器出入口、注水泵入口的 SRB 数量并进行比较，可以确定 SRB 是否在原油海管中、过滤器中大量繁殖，从而确定是否有进行杀菌的必要。

　　对于 SRB 检测也可以通过检测生产水总出口硫酸根离子含量与生产水系统在各支入口的硫酸根离子含量，从物质平衡的角度出发，判断上游是否向生产水处理系统引入了足够保证 SRB 生长繁殖的营养物质，从而可确定杀菌措施的有效性，这个方式典型的案例就是 FPSO 舱内检测。

　　由于 SRB 可以将 SO_4^{2-} 还原成 S^{2-}，S^{2-} 与阳极极化产生的 Fe^{2+} 生成不同的代谢产物，由于微生物的参与，该铁硫化物具有与无机硫化物相异的特征，即经微生物矿化作用形成的铁硫化物（FeS_x）。FeS_x 与钢基体形成电偶对，并对钢铁腐蚀起加速作用。通过该项目的检测，汇总水中硫离子的变化趋势，如果发现明显增加趋势，可能是海管内有 SRB 繁殖或者生产水系统有 SRB 繁殖，建议检测周期不大于 7 天。

12.4.2　总铁与亚铁含量测定

水样中亚铁或总铁离子的数量是间接表征系统是否发生腐蚀的重要指标，当腐蚀性介质与系统中的铁发生反应时，铁会被氧化成铁离子，而二价铁离子在水中溶解氧的作用下会转变成三价铁离子。通过测定水中溶解的总铁量，可以判断出生产流程、设备有无腐蚀倾向。

如果上游或设备的入口亚铁（总铁离子）的含量远低于设备或管线的出口含量，则间接地表明系统中可能已经发生了严重的腐蚀，但是最终确定腐蚀的程度和倾向还需要其他方法进行确认。二价铁离子和三价铁离子之间的转化需要有氧气或者铁细菌等氧化型的物质存在，才能推动这一化学变化进行下去。

目前总铁含量的测定有两种方法：室内推荐采用磺基水杨酸法，野外快速测定推荐采用硫氰酸盐法和测铁管法。

磺基水杨酸法的原理：在酸性介质中，水样中的二价铁离子用高锰酸钾或双氧水氧化，控制溶液的 pH，三价铁离子与磺基水杨酸反应生成紫色络合物，其颜色强度与三价铁离子的含量成正比，借此用分光光度计进行比色测定水中总铁含量。

硫氰酸盐法的原理：在酸性条件下，高锰酸钾可将二价铁离子氧化成三价铁离子，而三价铁离子与硫氰根离子作用，生成红色络合物，其颜色深度与高铁离子浓度成正比，此法可测水中总铁，反应式如下：

$$Fe^{3+} + nCNS^- \Longrightarrow [Fe(CNS)_n]^{3-n}$$

另外，在现场测试总铁含量时，通常采用测铁管法。可以按照铁管生产厂家提供的使用说明进行操作，不同厂家的铁管由于组分上的差异，其操作方式有所不同，在此不再一一赘述。

12.4.3　渗氢测定和 pH 测定

影响腐蚀的主要因素还有 pH。腐蚀过程能产生氢气，因为 H_3O^+ 在酸性（或中性、碱性）溶液中被还原为氢气是金属腐蚀期间最主要的阴极反应之一。腐蚀反应产生的原子氢渗入金属，对设备有各种不同的破坏，最终的结果将导致设备的损坏，造成重大的经济损失和工业安全事故。

西南石油化工股份有限公司川西采气厂研究了一种管道内腐蚀管外监测方法，根据电化学腐蚀测氢原理在室内实验基础上研制了高精度探测仪，直接在管道外测量腐蚀过程中氢渗透电流大小，实现对管道内腐蚀的监测。这种方法不需要将传感器放入管道内或设置旁路系统，安装不影响正常生产。但是，它关注的只是局部腐蚀状况，而且限于传感器和测量仪的适用范围，目前只能用于陆上管道，无法应用于长输埋地管道或者海底管道。

腐蚀介质中的 pH 的测定也可以间接地表达腐蚀的强弱，因此可以采用 pH 探头监测介质 pH 的变化。常见的现场用的 pH 探头有固态氧化物电极。

12.4.4　Cl⁻含量测定

点蚀是一种危害极大的局部腐蚀现象，点蚀发生在 Cl⁻和氧化剂并存钝化性溶液中，Cl⁻吸附并破坏钝化膜。已有的研究表明，活性阴离子是发生点蚀的必要条件。在 Cl⁻的作用下合金表面氧化膜因容易发生局部腐蚀而被破坏，金属表面微区 Cl⁻的浓度分布是影响局部腐蚀发生、发展的重要因素，传感器能用来检测由腐蚀反应产生的氯离子浓度。Cl⁻含量的测量大多采用 Ag/AgCl 电极，根据其电位响应确定游离 Cl⁻的浓度。

12.5　旁路检测法

旁路检测法是在工艺流程设计一个旁路，采用上述一种或者多种检测方法，检测工艺介质的腐蚀性、管路材料的耐蚀性以及缓蚀剂等的防护效果。

12.5.1　旁路式管道内腐蚀检测系统的构成

旁路式管道内腐蚀检测系统如图 12-10 所示，包括安装于现场（被监测管道需要监测的位置）的检测管段、安装于检测管段上的检测探头（失重挂片探头、电阻探针、LPR 探头等）和位于中控室的数据采集器（电化学工作站等）及 PC 机等。

12.5.2　旁路式管道内腐蚀检测系统作用及优点

1. 可实时在线拆装

由于检测管段独特的旁路式设计（图 12-11），只需将检测管段进行工艺隔离，即可对检测管段进行拆装作业，不影响生产油气田的正常生产活动。

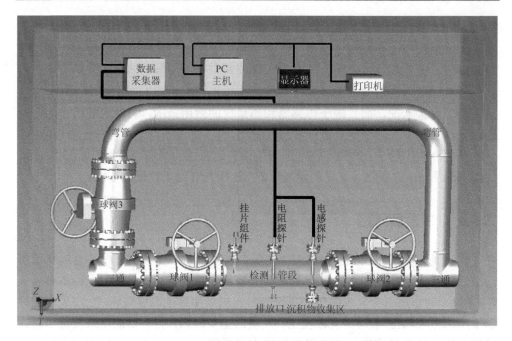

图 12-10　旁路式管道内腐蚀检测系统构成简图

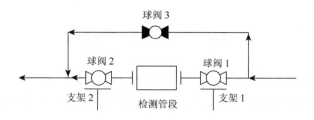

图 12-11　检测管段管路示意图

2. 可根据需求选择不同的检测方法

旁路式管道内腐蚀检测系统中包含了经典的挂片检测手段,可以得到管道在一段时间内的平均腐蚀速率。并可根据需要,选用不同的检测探头进行检测(图 12-12)。

3. 能实时检测管道内腐蚀情况及环境突变

选用电化学探针、电感探针或电阻探针等高灵敏度检测工具,可以实时检测管道的内腐蚀情况及工况的突变。

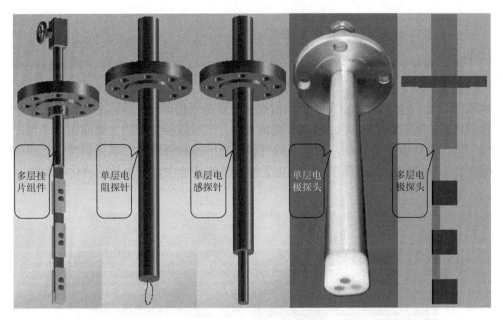

图 12-12　多种检测工具图

4. 能获得直观的内腐蚀信息

对某油气田海管入海端检测管段进行拆卸后发现，管段内壁能清晰地看见气、液分界面（图 12-13）。但未能看出管内油、水界面线，这可能是由于此处靠近外输增压泵，油水处于湍流状态，没有明显的分层现象。检测管段经过 6 个月的腐蚀后，内表面更加光滑，没发现明显的局部腐蚀现象，焊缝处也没有明显腐蚀的迹象，焊缝呈均匀腐蚀状；从清洗后的照片可以了解到，管段内壁整体腐蚀均匀。定期对检测管段进行拆卸，可以直观地了解到该管段的内腐蚀信息。同时，由于检测管段材质、工况均与管路相同，因此，通过了解检测管段的内腐蚀状况可以判断上下游距检测管段一定距离管线的内腐蚀状况。

图 12-13　实验前后检测管段内壁形貌图

5. 能获得腐蚀、结垢产物及沉积物

管段顶部和底部沉积物如图 12-14 所示。经分析，管段顶部沉积物含有 $FeCO_3$ 42%、Fe_3S_4 38%、FeS_2 9%。从分析结果看，顶部沉积物成分以 $FeCO_3$ 和铁硫化物为主，这表明实验管段内壁（主要是气相部分）结垢主要是由腐蚀产物造成的，其中以 CO_2 腐蚀和 H_2S 腐蚀为主，造成这种情况的主要原因是平台产出气中二氧化碳含量较高，在潮湿的气相环境中造成管壁的二氧化碳腐蚀形成碳酸亚铁。而铁硫化物的存在，则是由于管内气相环境中含有少量的硫化氢腐蚀。

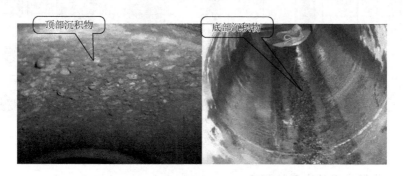

图 12-14　顶部沉积物及底部沉积物图

管段底部沉积物含有 $FeCO_3$ 43%、$Al(OH, F)_3·0.375H_2O$ 32%、Fe_3S_4 11%、FeS 8%、$CaCO_3$ 6%。与顶部沉积物分析结果一样，底部沉积物中也有大量的 $FeCO_3$ 存在，约占总含量的 43%，这说明在液相环境中，二氧化碳腐蚀同样占据主导作用；此外，含有约 32% 的 $Al(OH, F)_3·0.375H_2O$，这与以前在二级分离器底部沉积物中发现的 $NaMgAl(F, OH)_6·H_2O$、$Al_2(OH)_{2.76}F_{3.24}·H_2O$ 类似，都是含 Al 和 F 等元素的复杂化（混）合物。分析元素来源可以知道，Al 是牺牲阳极的主要成分，应该是牺牲阳极溶解后形成的，而 F 元素则有两个可能的来源，一是来自地层，二是平台酸化作业时引入，如氢氟酸。酸化残液进入分离器之后，首先对牺牲阳极进行加速腐蚀，大大缩短牺牲阳极的使用寿命。当牺牲阳极过早消耗殆尽，分离器罐体也将受到腐蚀。沉积物中的铁硫化物（FeS 和 Fe_3S_4）则是由硫化氢腐蚀造成的。

6. 能获得微生物腐蚀信息

对检测管段底部基座内部存留的流体（图 12-15）进行取样，可以获得 SRB、腐生菌细菌（TGB）等微生物信息，这对了解管道内部微生物腐蚀及其控制有着重要的意义。

图 12-15　检测管段底部基座盲法兰沉积物

思 考 题

1. 简要叙述常用的腐蚀检测方法原理及其使用条件。
2. 目前工业上采用的腐蚀检测哪些属于在线检测方法？
3. 阴极检测系统常用的参比电极是什么？与常规参比电极相比具有什么优势？

参 考 文 献

[1]　郑立群, 张蔚. 高温腐蚀监测电阻探针和测试仪的研制及应用[J]. 石油化工腐蚀与防护, 2002, 19 (5): 50-52.
[2]　张鉴清, 张昭, 王建明, 等. 电化学噪声的分析与应用[J]. 中国腐蚀与防护学报, 2001, 21 (5): 310-317.
[3]　Leoal A, Doleoek V. Corrosion monitoring system based on measurement and analysis of electrochemical noise[J]. Corrosion, 1995, 51 (4): 295-300.
[4]　Robere P R. Analysis of electrochemical noise by the stochastic process detector method[J]. Corrosion, 1994, 50 (7): 502-512.
[5]　常炜, 栗艳侠, 徐桂华, 等. 海上平台阴极保护原位监测系统[J]. 中国海上油气（工程）, 1999, 11 (3): 27-30.

第 13 章 案 例

海洋构筑物指海洋环境使用的结构物体，起支撑、运输、动力等作用，往往由金属结构、涂层（包覆层）或者混凝土等组成。具体来讲，有钻井（采油）平台、海底管道、港口设施、钢管桩、舰船及其附属结构、跨海大桥等。它们受到海洋环境的腐蚀，可以采取优化材料、表面处理、添加缓蚀剂或者阴极保护加以防护，同时也需要现场腐蚀检测技术。本章以海洋平台导管架、海底管线、舰船和跨海大桥为例，讲述典型海洋构筑物的腐蚀特征、防护与检测方法以及展望。

13.1 固定式海洋平台导管架

近海采油重要的构筑物是海上钻井和采油平台，我国从 20 世纪 80 年代开始自主设计并建造各类海洋石油平台，从北到南，从渤海、黄海、东海到南海，现有各类海洋平台 400 多座，水深由几十米到几百米不等，导管架裸重也由原来的几百吨增加到几千吨，成为海洋构筑物的重要组成部分。

海上钻井和采油平台由导管架和上部组块构成，通常使用寿命在几年甚至几十年，有的情况在设计寿命结束时还需要延寿，继续使用。平台导管架（图 13-1）主体由平台钢构成，如 DH36，主要靠焊接制作，是钢管桩结构，有桩腿、斜拉筋，存在大量节点，有应力集中的部位。导管架主要处于潮差区、海水全浸区和海泥区。

图 13-1 固定式海洋平台导管架

如表 1-2 所述,海洋环境存在化学与力学因素、化学与生物因素的交互作用,影响因素主要有：溶解氧、流速、盐度、温度、污染和海生物等。海洋构筑物在海水中的腐蚀反应受到氧的还原反应控制,所以溶解氧对钢铁腐蚀起主导作用。钢材的腐蚀类型主要是均匀腐蚀,也存在坑蚀、应力腐蚀、腐蚀疲劳及微生物腐蚀。

导管架潮差区主要使用重防腐涂层防腐,如环氧树脂,高度在低潮位线以上至高潮位线部位。海水和海泥中的结构采用阴极保护。全世界范围内有各类海洋石油平台 6000 余座,90%以上的海洋石油平台采取了牺牲阳极阴极保护法[1]。我国的绝大多数固定式海洋平台也采用牺牲阳极的阴极保护法,牺牲阳极采用长条式,主要的阳极种类是 Al-Zn-In。并且近年来许多平台导管架在建设之初就安装了阴极保护检测系统,实时检测保护电位和牺牲阳极发出的电流。

目前,海洋平台导管架运行良好,但是也存在隐患,需要修复、补救,有时需要延寿。

导管架的寿命往往都比较长,少则几年,多则十几、几十年,潮差区的涂层由于光照、浪击、磕碰及腐蚀,经常发生破损,需要修补。对涂层破损处进行修补时,新涂装的涂料必须干化一定时间后才能达到良好的性能,施工条件很难保证;金属热喷涂 Zn、Al 及其合金的缺点是熔融颗粒的堆积,产生微孔隙,从而引起腐蚀,且涂层结构和质量受喷涂方式影响较大,技术要求高,且现场施工困难;包覆防蚀技术施工工序较多,大型、异型结构玻璃钢模套的预制加工及安装技术施工成本较高,如果修复质量不过关反而带来更大的隐患。而且,所有这些措施都不能做到实时施工和不间断保护。因此,钢结构在潮差区、飞溅区的有效防护及修复是最具挑战性的难题。有研究表明,通过对钢铁构筑物外表面包覆一层吸水性材料,通过毛细管虹吸现象、利用钢表面锈层的特殊性,将水下的阴极保护电流引到潮差区,以弥补不足。或者,采用脉冲阴极保护的方法,提高阴极保护的电流渗透性,弥补潮差区保护不足的缺点。

牺牲阳极阴极保护的保护不足或者阳极过度消耗也是近年来出现的问题。南海某导管架出现水深 100 m 左右保护电位不足,经检查发现,尚未到设计寿命的牺牲阳极有的已经消失殆尽,有的也已经远远小于设计值。致使导管架存在安全隐患。采取的补救措施是外加电流阴极保护。根据外加电流辅助阳极的结构和安装方式可将外加电流延寿。修复系统分为固定式、拉伸式和远地式三种,各有优缺点,都有实施的案例。采用阴极保护的修复关键在于现场施工和经济造价。

展望：更精准地预测海况。各个海域的海况不同,设计参数也不尽相同,保护电流密度随着水深、温度、流速等有很大的差异,详见各种设计标准。因此,优化设计的前提是掌握精确的海况,尤其是内波的存在。

　　优化阴极保护设计以及修复均需要数值计算，数值计算除了数学模型的建立外，最重要的是物理参数。未来有望将牺牲阳极阴极保护和外加电流阴极保护联合使用；将脉冲阴极保护和临时性涂层联合使用，发挥技术与经济优势。

13.2　海　底　管　线

　　海底管线通常都有涂覆层和配重层，有单层保温管、双层管；其功能主要是油气输送管道以及电力管道。我国海底管线已经有几万千米。

　　海底管线的主要材质是管线钢 API5LX65，未来有可能使用 X70 和 X80。也有含 Cr 不锈钢海管和 316L 不锈钢立管。海管外径从几英寸[①]到几十英寸；长度由几千米到上百千米，每一根海管的长度约 12.2 m，在工厂进行涂覆、配重和牺牲阳极安装，现场施工是采用托管船，现场焊接、探伤、熔覆、铺设，因此管接头往往是薄弱环节。海底管线铺设如图 13-2 所示。

图 13-2　海底管线铺设

　　海管所处的腐蚀分为外腐蚀和内腐蚀。外腐蚀也就是在海水、海泥中，通常有保护涂层，如某海管厚度为 2.6 mm 的 3PE(three layers polyethylene)，厚度 40 mm 的配重层；同时加牺牲阳极的阴极保护，牺牲阳极采用手镯式 Al 合金牺牲阳极，如图 13-3 所示，内径 435 mm、厚度 35 mm、长度 530 mm、间隔宽 120 mm。极化电位最正为–0.80 V（相对于 Ag/AgCl/海水参比电极）。

---

① 1 英寸 = 2.54 cm。

图 13-3 手镯式牺牲阳极

由于海浪或人工操作的缘故，海管往往会有路由的变动，有的架空，有的弯曲，使得海管产生拉应力；管接头也有可能破损，海水渗入，造成腐蚀隐患。因此需要加强检测，检测路由变化、阴极保护电位及漏点，及时进行维护。

海管往往处于海泥中，存在微生物腐蚀，抑制微生物腐蚀最重要的防护措施是阴极保护，但是，目前微生物腐蚀阴极保护的保护电位尚不明确；微生物对牺牲阳极的影响也有待研究。

海管内腐蚀是由内部流体产生的。内部流体因油区位置、开采时间的不同而不同，腐蚀因素主要有水含量及其存在状态（油包水或者水包油）、腐蚀性气体（H_2S，CO_2）少，垢层以及微生物（如硫酸盐还原菌）等，有时温度的变化也会影响腐蚀的发生。主要的腐蚀形态就是垢下腐蚀和微生物腐蚀，也有冲刷腐蚀和露点腐蚀。

海管内腐蚀的防护措施：①选材。通常选用管线钢，特殊情况选用不锈钢。②加腐蚀裕量。按照设计寿命及腐蚀速率，增加裕量。③添加缓蚀剂。这是最重要的防护措施。管路中还会添加破乳剂、阻垢剂和抑菌剂等，需要考虑各种药剂之间的配伍性。缓蚀剂种类和添加量也需要根据开采时间和工艺调整做相应的调整。④加强实施检测/监测。采取的措施之一就是旁路监测系统，图 13-4 就是一个实例。检测管段可以直接作为腐蚀试样，检测材料的腐蚀性以及添加缓蚀剂的效果；还可以在检测管段内采用失重挂片、电阻探针、线性极化法探针以及其他检测探头，实时监测腐蚀的发生和防护措施的有效性。⑤定期清管。

图 13-4　海管内腐蚀监测旁路系统

　　海底管线就像人的血管，担负着极其重要的任务，设计寿命长而且不易修理和维护，是海洋采油工业的重要设施。因此，需要进行完整性管理，从设计之初、工艺改进以及检测/监测、修复、维护等，形成完整的、一系列配套措施。

13.3　舰船及其附属结构

　　舰船及其附属结构包括：舰船、螺旋桨、舵、螺旋桨支架、通海吸水箱、浮箱、通水口助推器等水下部分的外防护；各种船舱，如压载舱、淡水舱、燃油舱；海水管路（冷凝器与热交换器）和船批等。

　　舰船及其附属结构的特点是复杂：①材料种类多，船体用高强钢、各种不锈钢、钛合金、铝合金、铜及铜合金，也有多种涂镀层结构；结构之间连接方式多，结构复杂，容易造成电偶腐蚀、缝隙腐蚀。②环境复杂，外部的海洋环境从海洋大气区、飞溅区、潮差区一直到全浸区都有涉及，同时还有内部静止（如消防水管线内）、快速运动，以及湍流等各种状态，如螺旋桨。③有电化学与力学交互作用、电化学与生物的交互作用。④船体的海洋生物污损也不容忽视。⑤特殊情况下还需要特殊的设计，如消波、隐身、防滑等。因此，舰船及其腐蚀结构涉及海洋腐蚀的所有类型，也用到了防护技术中的所有方法。船体的涂装加阴极保护，以及防生物污损涂层；压载舱的海水电解制氯防海生物污损；海水管路插接式阴极保护；螺旋桨光滑涂层以及阴极保护；船甲板的重防腐涂层以及防滑涂层。

13.4 跨海大桥

跨海大桥成为近年来我国发展最快的海上设施，钢筋混凝土结构是跨海大桥的重要结构物。

钢筋腐蚀引起混凝土结构物的过早破坏，已成为日益突出的世界大灾害，给国民经济造成了巨大的损失。暴露于海洋环境下的钢筋混凝土结构，由于暴露条件不同，其腐蚀介质侵入方式也不相同，因此钢筋的腐蚀程度也有较大差别。混凝土结构的水下部分和潮差区的饱水部分一直接触海水，主要是以混凝土里外氯离子浓度差引起的离子扩散。但由于缺氧，钢筋腐蚀程度相对较低；潮差区和浪溅区部位长期遭受海水浸没、海水飞溅、氧气、氯离子渗入等影响，使得该部位钢筋混凝土结构腐蚀破坏最严重，是防腐保护的重点；大气区部位主要受海洋大气和工业大气污染，造成混凝土碳化破坏。

防止钢筋腐蚀的基本措施在于提高混凝土的性能，以增加对钢筋的防护功能。另外用于控制钢筋腐蚀的措施主要有：应用耐蚀性的钢筋、钢筋表面施加覆盖层、对钢筋实施阴极保护、在混凝土中添加缓蚀剂、混凝土涂覆表面等。这些方法有各自的特点和局限性，应根据具体情况选择应用。

阴极保护法能直接抑制钢筋自身的电化学腐蚀过程，有效保护钢筋，被认为是最有效且经济的方法之一，尤其适用于受氯化物污染的钢筋混凝土结构物。目前，在发达国家，如英国、美国、加拿大、澳大利亚等，阴极保护已被广泛应用于公路、桥梁、停车场、港口工程、隧道和沿海大楼等遭受盐污染的钢筋混凝土结构的腐蚀控制，防腐蚀效果已为大量的工程实践所充分验证，并一致认为，对于因腐蚀造成破坏的已建钢筋混凝土结构物，阴极保护是唯一有效的长期腐蚀控制措施。

钢筋混凝土结构具有耐久性，能经受各种不利环境条件。不过，由于增强钢筋过早腐蚀，结构断裂事故仍有发生。桥梁及建筑的维护和维修，需要有效地用于评定钢筋腐蚀的检查和监测技术。测量混凝土中钢筋的腐蚀速率，有多种电化学和无损检测方法：①开路电位（OCP）测量；②表面电位（SP）测量；③混凝土电阻测量；④线性极化电阻（LPR）测量；⑤塔费尔外插法；⑥恒电量瞬态扰动法；⑦电化学阻抗谱（EIS）法；⑧噪声分析；⑨嵌入式腐蚀监测传感器；⑩覆盖层厚度测量；⑪超声脉冲速度测量法；⑫X射线测量；⑬红外热成像电化学；⑭目视检验。以上各种技术都有各自的优点和局限性，为了获得特定结构钢筋腐蚀状态最多的信息，一般需要同时采用几种测量方法。

参 考 文 献

[1] 杜敏，孙明先，杨朝晖. 海洋构筑物阴极保护[M]. 北京：科学出版社，2016.